中等职业教育国家规划教材
中等职业教育农业农村部"十三五"规划教材

蔬菜生产技术

SHUCAI SHENGCHAN JISHU

（南方本）

陈绕生　主编

中国农业出版社
北　京

　　本教材是中等职业教育农业农村部"十三五"规划教材，主要介绍了蔬菜生产的基础理论、基础设施及基本技术，内容涵盖了瓜类、茄果类、豆类、白菜类、根菜类、绿叶菜类、葱蒜类、薯蓣类、水生蔬菜、多年生蔬菜等的生产特性、类型与品种及生产技术等，特别添加了无土栽培技术和蔬菜标准化生产技术。教材编写过程中注重新品种、新设施、新技术、新工艺、新模式的应用，以项目为载体，以任务为驱动。各项目按项目导读、学习目标、学习任务、项目小结、技能实训、复习思考题等编排。教材内容体现了南方蔬菜生产的特点，突出生产技术的实践性和应用性，通俗易懂，便于操作，注重学生职业技能培养，全面培养学生的综合素质和职业能力，有利于发挥学生的主体作用。

　　本教材可作为中等职业学校园艺技术、作物生产技术等专业的教材，也可作为高素质农民培训及蔬菜生产人员学习的参考书。

第三版编审人员名单

DISANBAN BIANSHEN RENYUAN MINGDAN

主　　编　陈绕生

副主编　张素华　张成尧

编　　者　（以姓氏笔画为序）

　　　　　许冬月（红河职业技术学院）

　　　　　迟焕星（贵州农业职业学院）

　　　　　张成尧（中关村国科现代农业产业科技创新研究院）

　　　　　张素华（赣州职业技术学院）

　　　　　陈绕生（淮安生物工程高等职业学校）

　　　　　季春梅（济宁市高级职业学校）

　　　　　黄慧燕（赣州职业技术学院）

审　　稿　李　慧（淮安生物工程高等职业学校）

　　　　　陈素娟（苏州农业职业技术学院）

第一版编审人员
DIYIBAN BIANSHEN RENYUAN

主　　编　韩世栋
副　主　编　董绍辉　陈国元
编　　者　（按姓名笔画排序）
　　　　　　孙新政　单玉文　徐小方
审　　稿　沈玉英　徐贵平
责任主审　邹冬生
审　　稿　蔡雁平　艾　辛

第二版编审人员

DIERBAN BIANSHEN RENYUAN

主　编　陈素娟（苏州农业职业技术学院）

副主编　曾瑞廉（广西钦州农业学校）

　　　　张　敏（广东省惠州农业学校）

参　编　王国章（浙江省余姚市第二职业技术学校）

　　　　范四莲（福建省龙岩市农业学校）

　　　　莫荣军（广西百色农业学校）

　　　　陈绕生（江苏省淮安生物工程高等职业学校）

审　稿　吴志行（南京农业大学）

　　　　陈国元（苏州农业职业技术学院）

中等职业教育国家规划教材出版说明

为了贯彻《中共中央国务院关于深化教育改革全面推进素质教育的决定》精神，落实《面向 21 世纪教育振兴行动计划》中提出的职业教育课程改革和教材建设规划，根据教育部关于《中等职业教育国家规划教材申报、立项及管理意见》（教职成〔2001〕1 号）的精神，我们组织力量对实现中等职业教育培养目标和保证基本教学规格起保障作用的德育课程、文化基础课程、专业技术基础课程和 80 个重点建设专业主干课程的教材进行了规划和编写，从 2001 年秋季开学起，国家规划教材将陆续提供给各类中等职业学校选用。

国家规划教材是根据教育部最新颁布的德育课程、文化基础课程、专业技术基础课程和 80 个重点建设专业主干课程的教学大纲（课程教学基本要求）编写，并经全国中等职业教育教材审定委员会审定。新教材全面贯彻素质教育思想，从社会发展对高素质劳动者和初、中级专门人才需要的实际出发，注重对学生的创新精神和实践能力的培养。新教材在理论体系、组织结构和阐述方法等方面均作了一些新的尝试。新教材实行一纲多本，努力为教材选用提供比较和选择，满足不同学制、不同专业和不同办学条件的教学需要。

希望各地、各部门积极推广和选用国家规划教材，并在使用过程中，注意总结经验，及时提出修改意见和建议，使之不断完善和提高。

教育部职业教育与成人教育司

2001 年 10 月

第三版前言

本教材根据《国务院关于印发国家职业教育改革实施方案的通知》（国发〔2019〕4号）和《职业院校教材管理办法》等文件精神，在《蔬菜生产技术（南方本）》第二版的基础上编写而成。教材紧密结合南方蔬菜生产实际，理念先进、结构合理，根据教学对象的培养目标，遵循"理论知识'必需、够用'，专业技能'适用、熟练'"的原则，突出针对性和实践性，以尽可能满足学生的实际需求。

本教材以培养从事蔬菜生产、经营与技术推广的技术技能型人才为目标，以项目为载体，以任务为驱动，推动专业知识与技能的教学。本教材根据南方蔬菜生产实际，在保证基本理论和技能教学的前提下，突出新技术、新工艺、新模式、新设施的运用，并将现代化育苗技术、蔬菜无害化生产编入其中，蔬菜种类侧重南方蔬菜，生产技术以介绍南方蔬菜生产技术为主，突出塑料拱棚、防虫网等设施生产技术。考虑到中职学校的教学实际，教材中安排了技能实训环节，以培养学生的职业技能。

本教材由陈绕生担任主编，张素华、张成尧任副主编。陈绕生编写项目二、项目三、项目四、项目十，张素华编写项目一、项目七、项目十五，迟焕星编写项目五、项目十四，许冬月编写项目六、项目十一，季春梅编写项目八、项目十三，黄慧燕编写项目九、项目十二。张成尧参与了教材中技能实训内容的编写，并从企业对人才的要求方面提出了许多中肯的建议。全书由陈绕生负责统稿。本教材承蒙淮安生物工程高等职业学校李慧教授、苏州农业职业技术学院陈素娟教授审稿。本教材在编写过程中参考了大量相关文献资料，在此对其作者表示感谢。

由于编写时间仓促，加之编者水平有限，教材中难免存在不足之处，恳请广大读者批评指正。

编　者

2020年6月

第一版前言

本教材是根据国家教育部 2000 年制定的《中等职业学校三年制种植专业教学计划》和中等农业职业学校三年制种植专业《蔬菜生产技术教学大纲》的要求，结合各地的教学需要编写的中等职业教育国家规划教材。

该教材以培养能直接从事蔬菜生产，适应岗位要求的中等职业技术人才为目标，以现代蔬菜生产的发展要求为指导，以基本生产理论和技能为重点，突出了基础知识的教学，同时对一些生产上推广应用的新模式、新技术、新品种等也作了适当的介绍，并扩大了设施蔬菜生产的教学内容，以适应我国设施蔬菜生产的发展要求。对诸如绿色蔬菜生产技术、商品蔬菜采收与产后处理、蔬菜病虫害防治等内容也编入了教材中，以便系统学习和掌握蔬菜生产技术。

为满足我国南北方不同地区的教学需要，在教学内容安排上，以常规蔬菜和通用技术教学为主，对一些带有明显区域性的内容作有专门的说明。另外，主要单元还安排有一定的区域性教学内容，以便于各学校选择教学。

本教材的总教学时数 85 学时，其中含有 10 学时的选择教学内容，各学校可根据教学需要进行适当增减。教材由昌潍农业学校、玉溪农业学校、河南省农业学校、苏州农业学校、万县农业学校、海安农业工程学校合作编写。绪论及第1、2、3 单元由韩世栋编写；第 4 单元由陈国元编写；第 5、8 单元由孙新政编写；第 6 单元由董绍辉编写；第 7 单元由徐小方编写；第 9 单元由单玉文编写。教材由嘉兴农业职业技术学院沈玉英主审，山东省昌潍农业学校徐贵平参审。

教材编写过程中，坚持扩宽知识面、突出重点以及增强适应性的原则，注重理论联系实际，生产技术和管理操作力求规范，力争编出符合种植专业应用的中职教材。

由于编者水平所限，编写时间仓促，书中不妥之处在所难免，恳请各学校师生提出批评和修改意见。

编　者

2002 年 3 月

第二版前言

本教材是落实《教育部关于进一步深化中等职业教育教学改革的若干意见》（教职成〔2008〕8号）的精神和要求进行编写的，为中等职业教育农业部规划教材，教材紧密结合南方蔬菜生产实际，理念先进，结构合理，遵循理论知识"必需、够用"，专业技能"适用、熟练"的原则，突出应用性和实践性，适合中等职业院校园艺、农艺、生物技术等相关专业教学使用。

本教材以培养从事蔬菜生产、经营与技术推广的技能型人才为目标，以南方现代蔬菜生产发展要求为依据，在保证基本理论和基本技术教学的前提下，突出新技术、新设施、新模式的运用，并将无公害蔬菜生产、现代化育苗技术编入教材内。在蔬菜种类安排上，侧重南方蔬菜为主，适当编入部分特色蔬菜，生产技术以南方栽培技术介绍为主，突出塑料拱棚、防虫网、避雨栽培等设施栽培技术。在教材编写过程中为适应中职教学理念，安排了实验、实训等项目，培养学生的职业技能。本教材计划教学时数为128学时。绪论、第一章由张敏编写；第二章、第五章、第十一章由陈素娟编写；第三章、第七章由曾瑞廉编写；第四章、第六章由莫荣军编写；第八章、第十章由陈绕生编写；第九章由范四莲编写；第十二章、第十三章由王国章编写。全书由陈素娟统稿。本书承蒙南京农业大学吴志行教授担任主审，苏州农业职业技术学院陈国元副教授承担了部分审稿任务，编写过程中参考了相关的书籍和资料，在此表示感谢。

由于编写时间仓促，加之编写水平有限，教材中的不妥之处在所难免，恳请读者提出宝贵意见，以便再版时修改。

编　者

2011年2月

目　录

项目一

XIANGMU 1

蔬 菜 生 产 基 础 理 论

项目导读 ◇

本项目主要介绍蔬菜及蔬菜生产的含义、特点，蔬菜的分类方法、生长发育周期、对环境条件的要求。重点应掌握设施的运用与环境调控技术。

学习目标 ◇

知识目标：了解蔬菜的营养价值、生产特点及生长发育周期，掌握蔬菜的3种分类方法，掌握不同蔬菜对温度的需求。

技能目标：能识别当地常见蔬菜，会对蔬菜进行分类，能判断蔬菜所处的生育时期，能采取适当的措施调控环境。

蔬菜生产是农业生产中不可缺少的组成部分，在我国其地位仅次于粮食生产。我国蔬菜生产历史悠久，蔬菜资源非常丰富，为便于学习和研究，应采用适当的分类方法对蔬菜进行分类。蔬菜的一生是指从种子发芽到获得新种子的整个过程，可细分为若干时期。蔬菜的生长发育及产品器官的形成与外界条件有着密切的关系，很大程度上受环境条件的制约，蔬菜生长发育的好坏是外界环境条件综合作用的结果。

学习任务 ◇

任务一 蔬菜生产概述

蔬菜是人们日常生活中必不可少的副食品，它既可以提供人体必需的营养物质和能量，又可以调节人体内的酸碱平衡。蔬菜生产就是对蔬菜进行种植，达到一定的产量和品质，从而获得适当的经济效益的过程。

一、认识蔬菜

(一) 定义

蔬菜有广义和狭义之分。广义上讲的蔬菜指一切可供佐餐的植物的总称，包括一二年生

1

及多年生草本植物，一些藻类及蕨类植物，少数木本植物的嫩茎、嫩芽（如香椿、竹笋），食用菌类以及具有多汁的、可作为副食品食用的植物产品器官。有人把调味的八角、茴香、花椒、胡椒等也列为蔬菜，还有许多野生或半野生的种类，如马齿苋、马兰头等也作为蔬菜食用。狭义上讲的蔬菜指以柔嫩多汁的产品器官作为菜食的一二年生及多年生草本植物，即常见的一般蔬菜，如番茄、辣椒、黄瓜、大白菜等。

（二）作用

蔬菜营养丰富，是人们日常生活中不可缺少的副食品。它含有人体必需的多种维生素、矿物质、纤维素等，也是维持人体内酸碱平衡及热能补充的来源。

1. 维生素　维生素是人体正常生长发育所必需的微量有机物，若缺乏维生素，人就会发生维生素缺乏症。如缺乏维生素 A 会出现夜盲症、眼干燥症和皮肤干燥；缺乏维生素 C 人体的抵抗力下降，易患感冒，严重时可患坏血病；缺乏维生素 B_1 易得脚气病，缺乏维生素 B_2 可患唇炎、口角炎。

蔬菜中含有人体需要的多种维生素，尤其维生素 C、类胡萝卜素是其他食物中少有的，此外还含有维生素 E、维生素 K、叶酸等。如辣椒、番茄、芥菜、黄瓜、甘蓝等维生素 C 含量较多；绿色和橙色蔬菜，如韭菜、胡萝卜、菠菜、白菜、甘蓝等，含有丰富的胡萝卜素，在人体内可以转化成维生素 A；黄花菜、芫荽、石刁柏、芥菜等含 B 族维生素较多。

2. 矿物质　矿物质是人体重要的组成部分，具有调节人体生理活动的功能，是维持生理活动不可缺少的要素。人缺铁易出现缺铁性贫血，黑木耳、菠菜、芹菜、大白菜、姜等蔬菜含铁较多；缺磷会导致佝偻病和牙龈溢脓等疾患，豆类蔬菜、马铃薯、黄花菜、洋葱、茄子、海带、紫菜等蔬菜含磷较多；儿童缺钙会导致佝偻病的发生，老年人缺钙易得骨质疏松症，豆类蔬菜、叶菜类蔬菜、海带、紫菜等蔬菜含钙较多；儿童缺碘生长发育受影响，成年人缺碘易得甲状腺肿和碘致甲状腺功能亢进，海带、紫菜等海产品含碘较多。

3. 纤维素　纤维素是一种重要的膳食纤维，不能被分解利用，但它可促进肠蠕动，加快粪便的排泄，缩短致癌物质在肠道内的停留时间，减少对肠道的不良刺激，从而可以预防肠癌的发生。含纤维素多的蔬菜有韭菜、芹菜、大白菜、菠菜、菜花、南瓜、茴香、蕨菜等。

4. 蛋白质及糖类　蔬菜是人体热能的补充来源，豆类蔬菜富含蛋白质，菜豆、毛豆、豇豆中含 3%～7%的蛋白质；马铃薯、豆薯、甘薯、芋、莲藕含淀粉多，可以代粮；西瓜、南瓜、甜瓜含 8%～14%的糖。

5. 酶及多种芳香油和有机酸　酶是一种特殊的蛋白质，具有催化作用，能帮助人体消化食物，如萝卜含有丰富的淀粉酶，西瓜含有蛋白酶。许多蔬菜中还含有多种挥发性芳香物质和有机酸，如姜、大蒜、辣椒、茴香、芫荽等，能产生各种特殊风味，促进人们的食欲。

6. 调节体内酸碱平衡的物质　人体内酸过剩时，容易得胃病、神经衰弱、动脉硬化、脑出血等。蔬菜是一种碱性食物，可以中和由于食用米、肉类食物产生的胃酸，对维持人体酸碱平衡起着重要作用，有利于人体健康。

二、认识蔬菜生产

(一) 意义

蔬菜是人们每日必不可少的副食品,蔬菜生产在农业产业、食品工业以及农民致富中有着极其重要的作用,蔬菜是保障人类健康、丰富人们生活的重要农产品。

1. 蔬菜生产是农业产业的重要组成部分 近年来,随着我国经济建设的持续发展,人民生活水平的日益提高以及对外贸易的不断扩大,蔬菜生产作为农业的支柱产业发展极为迅速,在我国蔬菜是仅次于粮食的重要副食品。

2. 蔬菜生产为食品工业提供重要原料 蔬菜不仅可供鲜食、出口创汇,而且是食品工业的重要原材料。例如,我国的榨菜、甜酸藠头、咸酸菜、咸萝卜、大头菜等腌渍品在国内外享有盛誉,许多蔬菜都可以制成蔬菜汁、蔬菜食品或加工成脱水蔬菜、速冻蔬菜等,辣椒酱、番茄酱、番茄罐头已成为世界性食品,还有大宗化的青豆、竹笋、芦笋、蘑菇、荸荠等清水或盐水罐头。

3. 蔬菜生产是农民致富的重要途径 随着我国经济社会和城镇的发展,人民生活方式的普遍改善以及蔬菜市场的进一步开放,人们对蔬菜的数量和质量要求越来越高,在"吃好""营养""安全"和"改善结构"等诸多方面提出了新需求。目前,商品蔬菜生产的布局已经从主要在城镇郊区生产逐渐向广大农村扩展,广大农村需要改变种植结构,发展蔬菜生产,商品蔬菜种植已经成为增加农民收入的一个重要途径。

(二) 特点

1. 种类多,技术强 蔬菜种类繁多,每类蔬菜又有众多的品种。如地方原有品种、研究单位培育的杂交品种、国外引进品种,早熟、中熟、晚熟品种等。新品种层出不穷,品种更新的速度加快,周期缩短。不同的蔬菜种类和品种,其特征特性和生产技术有一定的差异,有的甚至差异很大。如有的喜温怕冷,有的喜凉耐寒;有的需要育苗移栽,有的只能直播生产。就同一品种而言,因生产环境(如设施栽培和露地栽培)和栽培季节不同,其生产技术也有明显的差异,所以,在生产中要区别对待,种植不同的蔬菜要采取相应的技术措施,通过不同生产方式的结合解决蔬菜的周年均衡供应问题。

2. 周期短,见效快 大多数蔬菜从播种或定植到采收仅需 2~3 个月,有的更短。如早熟菜薹播种后 30d 左右即可收获,早熟甘蓝定植后 45~50d 即可采收上市。正是因为蔬菜的生产周期短,生长速度快,一方面要周密计划,合理安排茬口,充分利用土地,不断提高产投比例;另一方面还要把握好蔬菜播种、定植以及田间管理的时间,务必做到及时、适时。

3. 投入大,效益高 俗话说:"一亩*园十亩田。"这里的园就指菜园,田就是指普通种粮的大田。这句话的意思是说种植 1 亩菜园所投入的生产资料和劳力工时相当于 10 亩大田的投入。蔬菜的复种指数高,同一块土地上可多茬口生产,所需的种子、肥料、农药、人工等投资也是大田作物的好几倍。但蔬菜的产值是相当可观的,1 亩蔬菜的产值少说也有数千元。当然,蔬菜作为一种特殊的商品,其市场价格受时间、地点、供求关系等多因素的影响,要想获得较高的经济效益,生产者必须要掌握生产管理技术和一定的营销知识,注意市场走向。

---

* 亩为非法定计量单位,1 亩≈667m²。

（三）现状

1. 生产持续发展　我国既是蔬菜生产大国，又是蔬菜消费大国，在我国，蔬菜是除粮食作物外生产面积最广、经济地位最重要的作物。全国蔬菜生产快速发展，产量大幅增长，种植面积由 1990 年的近 1 亿亩增加到 2017 年的近 3 亿亩，产量由 2 亿 t 提高到 6.9 亿 t，常年生产的蔬菜达 14 大类 150 多个品种，逐步满足了人们多样化的消费需求。

2. 质量明显提高　在当前市场开放、菜源扩大、品种增多的情况下，消费者对蔬菜质量的要求越来越高，绿色蔬菜、有机蔬菜等高品质蔬菜受市场欢迎程度日益增加，蔬菜生产由数量向质量转型。自 2001 年全国"无公害食品行动计划"实施以来，农产品质量安全工作得到全面增强，蔬菜安全水平明显提高。据农业农村部农产品质量安全监测结果显示，2016—2018 年蔬菜农药残留监测合格率稳定在 95% 以上，蔬菜质量总体上是安全、放心的。同时在蔬菜的商品化处理上，如净菜整理、分级、包装、预冷等方面也有明显提高。

3. 布局逐步优化　近年来，我国蔬菜生产逐步向优势产区集中，特别是华南与西南热区冬春蔬菜、长江流域冬春蔬菜、黄土高原夏秋蔬菜、云贵高原夏秋蔬菜、北部高纬度夏秋蔬菜、黄淮海与环渤海设施蔬菜等六大传统优势区域集中度进一步增强，呈现生产品种互补、上市档期不同、区域协调发展的格局，有效缓解了淡季蔬菜供求矛盾，为保障全国蔬菜均衡供应发挥了重要作用。

4. 科技水平不断提高　我国蔬菜品种、生产技术、设施类型不断创新与优化，蔬菜产业科技含量和生产技术水平显著提高。全国选育各类蔬菜优良品种 3 000 多个，主要蔬菜良种更新 5～6 次，良种覆盖率达到 90% 以上；蔬菜设施栽培比例越来越高；蔬菜集约化育苗技术快速发展，年产商品苗达 800 亿株以上；蔬菜病虫害综合防治、无土栽培、集约化栽培及喷灌、滴灌节水等技术的推广势头较好。

5. 加工业迅速发展　蔬菜生产的迅速发展，带动了蔬菜加工业的迅速发展，特色优势明显，促进了出口贸易。据统计，2018 年全国蔬菜出口量 1 124.64 万 t，比 2017 年小幅增长 2.69%，增速有所放缓，2014—2018 年国内蔬菜出口量复合增长率达 3.61%。

（四）发展目标

1. 实现产业转型　以现代蔬菜科技和现代工业技术为依托，逐步走产供销一体化发展道路，实现由传统生产向以现代科技和现代经营管理为基础的现代化生产的转变。

2. 提高蔬菜经济效益　运用现代科技，提高土地和设施的利用率、劳动生产率、产品的商品率，降低生产成本，大幅度提高蔬菜的产量、品质和产值。

3. 完善流通体系　健全蔬菜批发市场、农贸市场、社区菜店等，进一步完善功能，使产销关系更加紧密，逐步形成立足蔬菜主产区和主销区、覆盖城乡、布局合理、效率高、成本低、损耗少的现代蔬菜流通体系。

4. 选育蔬菜专用品种　加强对抗逆境、抗病虫、耐贮运和适宜加工、适宜机械化生产的专用品种选育，以适应现代化蔬菜生产的需要。

任务二　蔬菜的分类

我国蔬菜资源丰富，种类很多，近年来通过不断地培育和驯化，产生了新的类型和变种，每一变种中还包括许多品种。蔬菜的种类、品种如此繁多，为便于学习和研究，需要对蔬菜进行整理和分类。现在常采用的蔬菜分类方法有 3 种，分别为植物学分类法、食用器官分类法和农业生物学分类法。

一、植物学分类法

此分类法依照植物的自然进化系统，按科、属、种和变种将蔬菜进行分类。我国常见蔬菜按科分类如下：

（一）单子叶植物纲

1. 禾本科　如茭白、甜玉米、毛竹笋。

2. 泽泻科　如慈姑。

3. 莎草科　如荸荠。

4. 天南星科　如芋、魔芋。

5. 香蒲科　如蒲菜。

6. 百合科　如黄花菜、芦笋、洋葱、韭菜、大蒜、大葱、分葱。

7. 薯蓣科　如山药。

8. 姜科　如姜。

（二）双子叶植物纲

1. 藜科　如菠菜、甜菜。

2. 睡莲科　如莲藕、莼菜、芡实。

3. 十字花科　如萝卜、芥蓝、甘蓝类（结球甘蓝、花椰菜、球茎甘蓝）、小白菜、大白菜、芥菜（叶用芥菜、根用芥菜、茎用芥菜）。

4. 豆科　如菜豆、豌豆、豇豆、扁豆、蚕豆、刀豆。

5. 楝科　如香椿。

6. 伞形科　如芹菜、芫荽、胡萝卜、茴香。

7. 茄科　如马铃薯、茄子、番茄、辣椒、枸杞。

8. 葫芦科　如黄瓜、甜瓜、南瓜、笋瓜、西葫芦、西瓜、冬瓜、苦瓜、蛇瓜、节瓜、丝瓜、瓠瓜。

9. 菊科　如莴苣、茼蒿、牛蒡、蒌蒿、菊花脑、菜蓟。

10. 旋花科　如蕹菜、甘薯。

11. 苋科　如苋菜。

12. 锦葵科　如黄秋葵。

13. 菱科　如菱。

14. 落葵科　如红花落葵、白花落葵。

15. 唇形科　如紫苏、薄荷、草石蚕。

植物学分类法的优点是明确蔬菜所属科、属、种，了解在遗传、自然进化系统上的亲缘关系，对蔬菜病虫害防治、杂交育种以及制订科学的管理措施等有较好的指导作用。但植物学分类法也有它的缺点，有些虽属同科的蔬菜，但由于食用器官的不同，常在生物学特性和生产方法上有较大差异。如茭白和竹笋同属禾本科，其特性、繁殖方法、生产技术差异很大；马铃薯和茄子同属茄科茄属，豆薯和其他豆类同属豆科，但它们之间的生物学特性和生产技术完全不同。

二、食用器官分类法

此分类法适用范围只限于种子植物的蔬菜种类，一些特殊的蔬菜种类如食用菌类除外。根据蔬菜食用部分的器官形态，将蔬菜分为根、茎、叶、花、果等 5 类。

（一）根菜类

以肥大的肉质根部为产品的蔬菜。

1. 直根类　如萝卜、胡萝卜、芜菁等。

2. 块根类　如豆薯、甘薯等。

（二）茎菜类

以肥大的茎部为产品，也包括一些食用假茎的蔬菜。

1. 肉质茎类　以肥大的地上茎为产品，如茭白、茎用芥菜、莴苣、球茎甘蓝等。

2. 嫩茎类　以萌发的嫩芽为产品，如芦笋、竹笋等。

3. 块茎类　以肥大的地下块茎为产品，如马铃薯、菊芋等。

4. 根茎类　以肥大的地下根茎为产品，如姜、莲藕等。

5. 球茎类　以地下的球茎为产品，如慈姑、芋、荸荠等。

6. 鳞茎类　以肥大的鳞茎为产品，如大蒜、百合、洋葱等。

（三）叶菜类

以叶片及叶柄为产品的蔬菜。

1. 普通叶菜类　如小白菜、菠菜、苋菜、茼蒿、叶用芥菜等。

2. 结球叶菜类　如结球甘蓝、抱子甘蓝、大白菜、结球莴苣等。

3. 香辛叶菜类　如葱、韭菜、芹菜、芫荽、茴香等。

（四）花菜类

以花朵或肥嫩的花枝为产品的蔬菜。

1. 花朵类　如黄花菜、菜蓟等。

2. 花枝类　如花椰菜、菜薹等。

（五）果菜类

以果实或种子为产品的蔬菜。

1. 瓠果类　如南瓜、黄瓜、西瓜、甜瓜、冬瓜、丝瓜等。

2. 浆果类　如茄子、番茄、辣椒等。

3. 荚果类　如菜豆、豇豆、豌豆等。

4. 杂果类　如甜玉米、菱等。

这种分类方法的特点是它们的食用器官相同，彼此在形态及生理上有相似的关系，其生产技术及生物学特性也大体相同。但有的类别食用器官相同，而生长习性及生产技术却相差很远，如根茎菜类的莲藕和姜，肉质茎类的莴苣和茭白等。

三、农业生物学分类法

此分类法是从农业生产的要求出发，将生物学特性和生产技术基本相似的蔬菜归为一类，综合了上面两种方法的优点，比较适合农业生产。具体分类如下：

（一）白菜类

这类蔬菜都是十字花科的植物，包括大白菜、芥菜、甘蓝、花椰菜等十字花科芸薹属植物，大多为二年生植物，第一年形成产品器官，第二年抽薹开花，食用柔嫩的叶片、叶丛、叶球、花球或肉质茎等。该类蔬菜生长期喜冷凉、湿润的气候和肥沃、湿润的土壤；异花授粉，同种间极易杂交，留种须注意隔离；均用种子繁殖。

（二）根菜类

这类蔬菜以肥大的肉质直根为食用产品，包括十字花科的萝卜、芜菁、根用芥菜，伞形科的胡萝卜、根芹菜、美洲防风，黎科的根用甜菜，菊科的牛蒡、婆罗门参等，多数为二年生植物，生长的当年形成肉质直根，第二年开花结实。该类蔬菜以种子繁殖，宜直播，一般适合凉爽的气候和疏松、深厚的土壤，有利于形成良好的肉质根。

（三）绿叶菜类

这类蔬菜以幼嫩叶片、叶柄和嫩茎为产品，包括黎科的菠菜、叶用甜菜，伞形科的芹菜、芫荽，菊科的莴苣，苋科的苋菜，旋花科的蕹菜等。大多数植株矮小，生长期较短，生长迅速，适于间、套作。除苋菜、落葵、蕹菜等耐热外，多数蔬菜喜冷凉，以种子繁殖为主，生产上要求充足的水分和氮肥。

（四）葱蒜类

这类蔬菜包括洋葱、大蒜、韭菜、大葱等，为食用叶、假茎及鳞茎的百合科葱属植物。根系不发达，要求土壤湿润肥沃，适应性较广，耐寒性和抗热性都很强。在长日照下形成鳞茎，而要求低温通过春化。可用种子（如洋葱、大葱等）或营养器官（如大蒜、分葱及韭菜）繁殖。

（五）茄果类

这类蔬菜包括番茄、茄子、辣椒等，属茄科植物，食用成熟或幼嫩的果实。要求深厚、肥沃的土壤，温暖的气候，充足的阳光，不耐霜冻，对日照长短要求不严，枝叶生长过旺不利于开花结果，需常整枝。自花授粉，依靠种子繁殖。

（六）瓜类

这类蔬菜包括黄瓜、瓠瓜、南瓜、西葫芦、冬瓜、节瓜、丝瓜、西瓜、甜瓜、苦瓜、佛手瓜等，为葫芦科蔓生植物，食用成熟或幼嫩果实，多数雌雄同株异花。生育期要求较高的温度和充足的光照，不耐寒，要求温暖的气候，肥沃、疏松的土壤。种子直播或育苗移栽，生产上宜用摘心、整蔓等措施调节营养生长和生殖生长的关系。

（七）豆类

这类蔬菜包括菜豆、豇豆、豌豆、蚕豆、毛豆、扁豆等，为豆科植物，食用嫩荚或嫩豆粒。豌豆、蚕豆好冷凉，其余为喜温或耐热蔬菜。豆类蔬菜根部具有根瘤菌，有固氮作用，故需要氮肥少。根系不耐移植，需种子直播。

（八）薯芋类

这类蔬菜包括茄科的马铃薯、天南星科的芋、姜科的姜、薯蓣科的山药等，以地下根、茎为产品，富含淀粉，耐贮藏。除马铃薯不耐热外，其余都喜温耐热，要求深厚、疏松、肥沃、排水良好的土壤，多无性繁殖。

（九）水生蔬菜类

这类蔬菜包括茭白、莲藕、慈姑、荸荠、芡实、豆瓣菜、菱和水芹菜等。除菱和芡实外，其余都用营养器官繁殖，豆瓣菜可用种子繁殖，也可分株繁殖。要求一定的水生环境及肥沃的土壤，除水芹和豆瓣菜要求凉爽气候外，其余生长期都要求温暖的气候。

（十）多年生蔬菜类

这类蔬菜包括竹笋、黄花菜、百合、香椿、芦笋（石刁柏）等，一次种植可连续采收多年。除竹笋、香椿冬季地上部可能存活外，其他多年生蔬菜大多数以地下根或茎越冬。

（十一）食用菌类

这类蔬菜包括双孢蘑菇、香菇、木耳等，以子实体为食用器官。

（十二）芽苗菜类

这类蔬菜包括黄豆芽、豌豆苗、香椿苗、萝卜苗、荞麦苗、苜蓿苗、花椒苗、芽球菊苣、菊花脑芽球、马兰头、枸杞头、辣椒尖等，是利用植物种子或其他营养贮存器官，在黑暗或弱光条件下直接生长出芽、芽苗、芽球、幼梢或幼茎，供人们食用。

（十三）野生蔬菜类

这类蔬菜包括野黄花菜、蒲公英、荠菜、马齿苋、麦瓶草、升麻、沙参等，是自然分布、野外生长、未经人工栽培的野生或半野生植物，其根、茎、叶或花、果实等器官可采集作为蔬菜食用。

任务三　蔬菜的生育周期

一、生育周期的划分

蔬菜的生育周期指从种子发芽到重新获得种子的整个过程。根据不同阶段的生育特点，通常将蔬菜的生育周期划分为种子时期、营养生长时期、生殖生长时期3个时期。

（一）种子时期

种子时期是指从母体卵细胞受精到种子萌动发芽的阶段，经历胚胎发育期和种子休眠期。

1. 胚胎发育期　胚胎发育期从形成合子开始到种子成熟为止。这一时期种子在母体上，有显著的营养物质合成和积累过程，要求良好的营养、温度和光照等环境条件，以保证种子的健壮发育。

2. 种子休眠期　种子成熟后大多都有不同程度的休眠期。处于休眠状态的种子，代谢水平很低，需要低温、干燥的环境条件，以减少养分消耗，维持更长的寿命。种子经一段时间的休眠以后，遇到适宜的环境条件就会萌发。

（二）营养生长时期

营养生长时期是指从种子萌动发芽到开始花芽分化的阶段，可细分为发芽期、幼苗期、营养生长旺盛期、产品器官形成期和营养休眠期等5个分期。

1. 发芽期　从种子萌动到真叶露出时为发芽期。经过休眠期的种子，在温度、氧气、水分等适宜的环境条件下即可发芽。发芽时，种子呼吸旺盛，体内代谢加快，生长迅速。此期所需营养主要来自种子本身贮藏的养分，因此，种子质量的好坏对发芽影响重大，播种前测定种子的发芽率非常必要。生产上，应选用优质的种子并保持适宜的发芽环境，确保芽齐、芽壮。

2. 幼苗期　真叶露出后即进入幼苗期。幼苗期的植株绝对生长量很小，但生长迅速，代谢旺盛；对土壤水分和养分吸收的绝对量虽然不多，但要求严格；对环境的适应能力比较弱，但可塑性较强，在经过一段时间的定向锻炼后，能够增强对某些不良环境的适应能力。生产中，常在定植前对幼苗进行适应性锻炼，以提高幼苗定植后的存活率，缩短缓苗时间。

3. 营养生长旺盛期 幼苗期结束后，蔬菜进入营养生长旺盛期。此期，植株一方面迅速扩大根系，扩大吸收面积；另一方面迅速增加叶面积，为下一阶段的养分积累奠定基础。

4. 产品器官形成期 对以营养贮藏器官为产品的蔬菜，营养生长旺盛期结束后，开始进入养分积累期，这是形成产品器官的重要时期。产品器官形成期对环境条件的要求比较严格，要把这一时期安排在最适宜其养分积累的环境条件之下。

5. 营养休眠期 对于二年生蔬菜，在产品器官形成以后，有一个休眠期。休眠有生理休眠和被迫休眠两种形式。生理休眠由遗传决定，受环境影响小，必须经过一定时间，才能自行解除；被迫休眠是环境不良导致的休眠，通过改善环境能够解除。

（三）生殖生长时期

蔬菜在营养生长时期，经历了一系列变化后，开始花芽分化进入生殖生长时期。生殖生长时期一般分为花芽分化期、开花期、结果期3个分期。

1. 花芽分化期 花芽分化期指从花芽开始分化至开花前的一段时间。花芽分化是蔬菜由营养生长过渡到生殖生长的标志，在生产条件下，二年生蔬菜一般在产品器官形成并通过春化阶段后开始花芽分化，果菜类蔬菜一般在苗期开始花芽分化。

2. 开花期 从现蕾开花到授粉受精为开花期，是生殖生长的一个重要时期。此期对外界环境的抗性较弱，对温度、光照、水分等变化的反应比较敏感。光照不足、温度过高或过低、水分过多或过少，都会妨碍授粉及受精，引起落蕾落花。

3. 结果期 授粉受精后，子房开始膨大，进入结果期。结果期是果菜类蔬菜产量形成的主要时期，根、茎、叶菜类结实后不再有新的枝叶生长，而是将茎、叶中的营养物质输入果实和种子中去。值得一提的是，对于多次开花多次结果的种类，要注意调节好营养生长和生殖生长的平衡，既要有一定的营养生长为果实的发育提供养分，又要防止因叶徒长而抑制生殖生长，同时过旺的生殖生长又会抑制正常的营养生长，使植株早衰。对于叶菜类和根菜类等不是以果实为产品的种类，营养生长和生殖生长有很明显的界限。

二、生育规律

蔬菜生长发育及其产品器官的形成，一方面取决于蔬菜本身的遗传特性，另一方面受外界环境条件影响。

（一）温度

1. 春化现象 春化现象是指蔬菜在生长发育过程中，必须经过一定的低温条件才能开花的现象。采用人为方法满足蔬菜植物对低温的要求，使其通过春化，称为春化处理。

2. 春化类型 根据植物感受低温时间的早晚与部位的不同，可将其分为两种类型。

（1）种子春化型。从种子萌动开始即可感受低温并通过春化阶段的类型称为种子春化型，如白菜、萝卜、芥菜、菠菜等，所需温度在0～10℃，以2～5℃为宜，低温持续时间10～30d。生产中如果提前遇到低温条件，容易在产品器官形成以前或形成过程中就抽薹开花，称为"先期抽薹"或"未熟抽薹"。

（2）绿体春化型。幼苗长到一定大小后才能感受低温而通过春化阶段的类型称为绿体春化型，如洋葱、芹菜、甘蓝等。不同的品种通过春化阶段时要求苗龄大小、低温程度和低温持续时间不完全相同。因不同蔬菜品种对完成春化所需温度有一定差异，通常把对低温条件要求不太严格，比较容易通过春化阶段的品种视为冬性弱的品种；春化时要求条件比较严格，不太容易抽薹开花的品种视为冬性强的品种。

（二）光照

1. 光周期现象　在蔬菜的生长发育过程中，需要一定长短的昼夜交替的光周期条件才能开花的现象称为光周期现象。

2. 光周期类型　根据植物对光周期反应的不同，可将其分为 3 种类型。

（1）长日性蔬菜。14h 以上的日照促进植株开花，短日照条件下延迟开花或不开花。代表性的蔬菜有白菜、甘蓝、芥菜、萝卜、胡萝卜、芹菜、菠菜、豌豆、莴苣、大葱、大蒜等，在春季长日照条件下抽薹开花。

（2）短日性蔬菜。12h 以下的日照促进植株开花，在长日照下不开花或延迟开花。代表性的蔬菜有豇豆、扁豆、苋菜、丝瓜、蕹菜、茼蒿、佛手瓜、落葵等，在秋季短日照条件下开花。

（3）日中性蔬菜。开花对光照时间要求不严，在较长或较短的日照条件下都能开花。代表性的蔬菜有黄瓜、辣椒、番茄、菜豆等。

三、生育规律的应用

掌握蔬菜的生育规律，可以有目的地调控其营养生长或生殖生长，对提高蔬菜产量和品质有重要作用。

（一）延长营养生长，抑制抽薹开花

对以营养器官为产品的蔬菜，过早生殖生长必然会降低产量和品质，甚至不能形成商品。延长营养生长、抑制抽薹开花是一个关键性的增产途径。例如秋播的洋葱、甘蓝等，播种过迟，秧苗过小，影响越冬生长；播种过早，秧苗过大，易于通过春化阶段，导致第二年提早抽薹，妨碍产品器官（鳞茎与叶球）的正常膨大，故必须适期播种，控制越冬幼苗的大小，使其营养体不易通过春化过程，以保证第二年继续进行充分地营养生长。对于小白菜及一年中多次播种的蔬菜，因环境条件适宜通过春化阶段而造成先期抽薹，必须通过品种选择、加强肥水管理等技术措施，抑制生殖生长，促进营养生长，以保证产品器官的正常形成。

（二）促进营养生长向生殖生长转化，提早开花结实

对于以生殖器官为产品的果菜类蔬菜，在一定的营养生长基础之上，需要及时开花结实，创造转向生殖生长的良好环境条件，使生殖器官（花、果实和种子）良好地发育，才能达到早熟、高产的目的。例如对于茄果类、瓜类等蔬菜在苗期培育壮苗，能及时花芽分化，定植后能提早开花，提早结果。同时也可通过控制营养生长期间的肥水供应，如"蹲苗"等措施，防止植株徒长，促进营养生长向生殖生长的过渡，保证生殖生长的正常进行。

（三）根据品种特性指导引种

不同地区的品种对低温和光周期的要求不完全相同。从北方引种到南方生产的长日性蔬菜，不易收到种子；从南方引种到北方的品种，应注意其因易通过春化作用而未熟抽薹。

任务四 蔬菜的生产环境

蔬菜的生长发育离不开环境条件，其生育特性一方面取决于本身的遗传特点，另一方面取决于外界环境条件。蔬菜的生长发育及产品器官的形成与外界条件有着密切的关系，很大程度上受环境条件的制约，蔬菜生长发育的好坏是外界环境条件综合作用的结果。各种蔬菜植物及其不同的生育期对外界环境条件的要求各不相同，创造合适的环境条件，才能促进蔬菜的生长发育，达到高产优质的目的。为了掌握蔬菜植物与环境条件的关系，以采用正确生产技术，必须了解各种环境条件以及条件总体对蔬菜生长发育的影响，同时还要了解各种蔬菜对不同环境条件的适应性。影响蔬菜生产的环境条件主要包括温度、湿度、光照和土壤等，现将主要环境条件与蔬菜生产的关系分述如下。

一、温 度

温度是影响蔬菜生长发育各环境因素中最敏感的环境因子。每种蔬菜的生长发育对温度的要求都有一定范围，即温度的"三基点"——最高温度、适宜温度、最低温度。了解每一种蔬菜对温度适应的范围及其与生长发育的关系，对于合理安排茬口与科学管理有极其重要的意义。

（一）各类蔬菜对温度的要求

按蔬菜对温度的适应能力和适宜的温度范围不同，一般将蔬菜分为 5 种类型（表 1-1）。

表 1-1 各类蔬菜对温度的要求

单位：℃

类别	主要蔬菜	最高温度	适宜温度	最低温度	特 点
多年生宿根蔬菜	韭菜、黄花菜、芦笋	35	20～30	-10	地上部能耐高温，冬季地上部枯死，以地下宿根越冬
耐寒蔬菜	芫荽、菠菜、大葱、洋葱、大蒜等	30	15～20	-5	较耐低温，大部分可露地越冬
半耐寒蔬菜	大白菜、萝卜、豌豆、蚕豆、结球莴苣等	30	17～25	-2	耐寒力稍差，产品器官形成期温度超过21℃生长不良
喜温蔬菜	黄瓜、番茄、辣椒、菜豆、茄子等	35	20～30	10	不耐低温，15℃以下开花结果不良
耐热蔬菜	冬瓜、南瓜、丝瓜、苦瓜、西瓜、豇豆	40	30	15	喜高温，有较强的耐热能力

（二）不同生育时期对温度的要求

1. 发芽期 种子发芽要求较高的温度，以使芽苗快速出土。一般喜温性蔬菜的发芽适温为 20～30℃，喜凉性蔬菜为 15～20℃。但此期内的幼苗出土至第一片真叶展开期间，下胚轴生长迅速，温度高时胚轴易徒长而容易形成高脚苗，出苗后应注意降低温度。

2. 幼苗期 幼苗期的温度适应范围相对较宽，如经过低温锻炼的番茄苗可忍耐 0～3℃

的短期低温。根据这一特点，生产上多将幼苗期安排在适应温度范围内。

3. 产品器官形成期 此期的温度适应范围较窄，对温度的适应能力弱。喜温性蔬菜适宜温度一般为 20～30℃，喜凉性蔬菜一般为 17～20℃。生产上，应尽可能将这个时期安排在温度最适宜的时期，保证产品的优质高产。

4. 营养器官休眠期 此期要求较低温度，以降低呼吸消耗、延长贮存时间。

5. 生殖生长期 不论是喜温性蔬菜，还是耐寒性蔬菜，此期间均要求较高的温度。果菜类蔬菜花芽分化期，日温应接近花芽分化的最适温度，夜温略高于花芽分化的最低温度。开花期对温度的要求比较严格，温度过高或过低都会影响花粉的萌发和授粉。结果期和种子成熟期，要求较高的温度，促进种子的成熟。

（三）土壤温度对蔬菜生长的影响

土壤温度的高低直接影响蔬菜的根系发育及其对土壤养分的吸收。土壤温度过低，根系生长受抑制，蔬菜易感病；土壤温度过高，根系生长细弱，易早衰。蔬菜冬春生产土壤温度较低时，应控制浇水，通过中耕松土或覆盖地膜等措施提高土壤温度和保墒。夏季土壤温度偏高，宜采用小水勤浇、培土和畦面覆盖等办法降低土壤温度，保护根系。此外，在生长旺盛的夏季中午不可突然浇水，否则会导致根际温度骤然下降而使植株萎蔫，甚至死亡。一般蔬菜根系生长的适宜土壤温度为 24～28℃，最低温度为 6～8℃，最高温度为 34～38℃；根毛发生的最低温度为 6～12℃，最高温度为 32～38℃。不同蔬菜对土壤温度的要求差异比较明显（表 1-2）。

表 1-2 主要蔬菜的土壤温度要求指标

单位：℃

蔬菜	根伸长温度			根毛发生温度	
	最低	最适	最高	最低	最高
茄子	8	28	38	12	38
黄瓜	8	32	38	12	38
菜豆	8	28	38	14	38
番茄	8	28	36	8	36
芹菜	6	24	36	6	32
菠菜	6	24	34	4	34

（四）高低温危害及预防

1. 高低温危害

（1）高温危害。当气温升高到生长最适温度以上时，呼吸消耗大于光合积累，蒸腾作用增强，生长速度反而降低。在高温下，菜豆、茄果类易落花落果；冬瓜、西瓜、南瓜、番茄、甜椒等易受日灼；萝卜肉质根瘦小、纤维增多，甘蓝结球不紧、叶片粗硬，严重影响产量和品质。高温给病害的蔓延提供了有利条件，致使病害加重。

（2）低温危害。温度过低，会使蔬菜发生冷害和冻害，甚至死亡。

2. 预防措施

（1）合理安排栽培季节。把产品形成及产品旺盛生长期安排在温度最适宜的月份。

（2）利用自然地势对气温的影响。如夏季高山生产，避免炎热气候对蔬菜的影响；利用向阳坡、河湖旁生产蔬菜，可减轻早春或冬季骤然降温对蔬菜的危害。

（3）利用农业措施调节温度。如与高秆作物间、套种，可减轻夏季的高温危害；地面覆盖可降低土壤温度；调节灌水时间和方法；对蔬菜秧苗进行低温锻炼、低温处理；增施磷、钾肥，减少氮肥的使用，增强植株的抗性。

（4）利用保护设施，改善温度条件。利用温室、塑料棚、保温被等设施增温保温；夏季遮阳网遮阳降温，可创造适宜的温度条件，进行育苗和生产。

二、光　　照

光照提供了植物光合作用所必需的光能，是植物生长发育中必不可少的一个环境因素。光照主要是通过光照度、光照时间（光周期）和光质等 3 方面对蔬菜产生影响，其中以光照度与蔬菜生产的关系最为密切。

（一）光照度对蔬菜生长的影响

光照度直接影响到叶片的光合作用及作物的光能利用率，最终影响作物的产量。光照度存在分布不均匀的情况，上部的光照度大于下部。此外，光照度还与栽植密度、畦向、植株调整、间套作等有着密切关系。不同蔬菜对光照度都有一定的要求，一般用光补偿点、光饱和点、光合强度（同化率）来表示。大多数蔬菜的光饱和点在 50klx 左右，光补偿点 1 500～2 000lx。生产中可以根据蔬菜对光照度的不同要求，在早春或晚秋采取适宜措施，增加光照，促进蔬菜生长；在夏季强光时节，选择不同规格的遮阳网及覆盖措施降低光照度，保证蔬菜正常生长。蔬菜不同生育时期对光照度的要求不同，发芽期除个别蔬菜外一般不需要光照，幼苗期比成株期耐阴，开花结果期比营养生长期需要较强的光照。

根据蔬菜对光照度的要求范围不同，一般把蔬菜分为以下 3 种类型：

1. 喜强光蔬菜　喜强光蔬菜包括西瓜、甜瓜等大部分瓜类和番茄、茄子、芋、豆薯等。此类蔬菜喜强光，光照充足情况下生长良好，遇连续阴雨天气产量低、品质差。

2. 喜中等光强蔬菜　喜中等光强蔬菜包括大部分白菜类、萝卜、胡萝卜和葱蒜类。此类蔬菜生长期间不要求很强的光照，但光照太弱时生长不良。

3. 耐弱光蔬菜　耐弱光蔬菜包括生姜和莴苣、芹菜、菠菜等大部分绿叶菜类蔬菜。此类蔬菜在中等光强下生长良好，强光下生长不良，耐阴能力较强。

（二）光周期及光质对蔬菜生长发育的影响

光周期除影响植物的开花外，还影响产品器官的形成。如豆薯、马铃薯、芋以及许多水生蔬菜，产品器官的形成都要求在较短的日照条件下进行；而鳞茎类蔬菜，如洋葱、大蒜等鳞茎的形成则要求有较长的光照时数。

光质对蔬菜生长发育也存在一定的影响。光质是指光的组成成分，太阳光中被叶绿素吸收最多的是红橙光和蓝紫光部分。一般长光波对促进细胞的伸长生长有效，短光波则抑制细胞过分伸长生长。露地栽培的蔬菜，处于完全光谱条件下，植株生长比较协调；设施栽培的蔬菜由于中、短光波透过量较少，容易发生徒长现象。

三、水　　分

水分是蔬菜生长发育的重要条件，良好的水分供应不仅能保证根系的正常生长，而且能显著地扩大叶面积，提高叶的净同化率。

（一）蔬菜种类对水分的要求

蔬菜对水分的要求主要受它本身消耗水分的多少以及吸收水分能力的影响。一般根系强大、能从较大的土壤体积中吸收水分的种类抗旱力强；叶面积大、组织柔嫩、蒸腾作用旺盛的种类抗旱力弱。但也有水分消耗量小，却因根系弱而不耐旱的种类。根据蔬菜作物需水特性不同，可将其分为5种类型（表1-3）。

表1-3　不同蔬菜种类对水分的要求

类别	代表蔬菜	形态特征	需水特点	要求及管理
耐旱蔬菜	西瓜、甜瓜、苦瓜、胡萝卜等	叶片多缺刻、有茸毛或被蜡质，蒸腾量小，根系强大、入土深	消耗水分少，吸收力强大	对空气湿度要求较低，能吸收深层水分，不需多灌水
半耐旱蔬菜	茄果类、豆类、南瓜、马铃薯等	叶面积中等、组织较硬、多茸毛，水分蒸腾量较小，根系较发达	消耗水分较多，吸收力较强	对土壤和空气湿度要求不太高，适度灌溉
半湿润蔬菜	葱蒜类、芦笋等	叶面积小、表面有蜡质，根系分布范围小，根毛少	消耗水分少，吸收力弱	耐较低空气湿度，对土壤湿度要求较高，应经常保持土壤湿润，但灌水量不宜过大
湿润蔬菜	黄瓜、白菜、甘蓝、多数绿叶菜等	叶面积大，组织柔嫩，根系浅而弱	消耗水分多，吸收力弱	对土壤湿度和空气湿度要求均较高，应加强水分管理
水生蔬菜	藕、茭白、荸荠、慈姑、菱等	叶面积大，组织柔嫩，根群不发达，根毛退化，吸收力很弱	消耗水分最多，吸收力最弱	要求较高的空气湿度，需在水田、池沼和多雨湿润气候下生产

各种蔬菜除了对土壤水分有不同的要求之外，蔬菜间由于叶面积大小以及叶片的蒸腾能力不同，对空气相对湿度的要求也不相同（表1-4）。

表1-4　蔬菜对空气相对湿度的要求

单位：%

类别	代表蔬菜	空气相对湿度
潮湿性蔬菜	绿叶菜类、水生蔬菜	85～95
喜湿性蔬菜	白菜类、茎菜类、马铃薯、豌豆、蚕豆、黄瓜、根菜类（胡萝卜除外）	75～80
喜干燥性蔬菜	茄果类、豆类（蚕豆、豌豆除外）	55～65
耐干燥性蔬菜	西瓜、南瓜、甜瓜、胡萝卜以及葱蒜类	45～55

（二）不同生育期需水特点

1. 发芽期　此期要求充足的水分，以供种子吸水膨胀。如胡萝卜、葱等需吸收种子自身质量100%的水分才能萌发，豌豆甚至需要吸收自身质量150%的水分才能萌发。尤其是播种浅的蔬菜，在播种后容易缺水，播后保墒是关键。

2. 幼苗期　此期植株叶面积小，蒸腾量少，需水量不多，但由于苗期根群小、分布浅、吸水能力弱，不耐干旱，因而要求加强水分管理，保持一定的土壤湿度。此期的需水量一般较发芽期偏低，适宜的土壤湿度为地表半干半湿。

3. 营养生长旺盛期 植株在营养生长旺盛期要进行营养器官的形成和养分的大量积累，细胞、组织迅速增大，此期是需水量最多的时期，应勤浇水，经常保持地面湿润。但在养分贮藏器官形成前，水分不能过多，否则易发生徒长而抑制或延迟产品器官形成。进入产品器官生长盛期后，需加大水分的供应。

4. 开花结果期 开花期对水分要求严格，缺水影响花器生长，水分过多易引起茎叶徒长，所以此期不管是缺水还是水分过多，均易导致落花落蕾。进入结果期特别是结果盛期，果实膨大需较多的水分，应充足供应。

四、土 壤

蔬菜属高度集约化生产的作物，且复种指数高，在南方多的可达 5～6 次，因此要求土壤较肥沃。蔬菜吸收土壤中营养元素的多少，主要取决于根系的吸收能力、作物的产量、生产时间、作物生长速度以及总体环境条件等因素。蔬菜作物种类、品种繁多，供食部位和生长特性各异，对土壤的要求也各不相同。

（一）蔬菜生长与土壤条件

多数蔬菜对土壤的要求是"厚、肥、松、温、润"。"厚"即熟土层深厚，"肥"即养分充足、完全，"松"即土壤松软透气，"温"即温度稳定、冬暖夏凉，"润"即保水性好、不旱不涝。要满足以上条件，必须在逐年深耕的基础上，施用大量有机肥进行土壤改良，并改善排灌条件。

1. 土壤质地 不同蔬菜对土壤质地的要求不同，土壤质地是构成蔬菜特产区的基本条件。

（1）沙壤土。沙壤土土质疏松，通气排水好，不易板结、开裂，耕作方便，地温上升快，适于生产吸收力强的耐旱性蔬菜，如南瓜、西瓜、甜瓜、薯蓣类蔬菜等。

（2）壤土。壤土土质松细适中，结构好，保水保肥能力较强，含有效养分多，适于绝大部分蔬菜生长。

（3）黏壤土。黏壤土土质细密，保水保肥力强，养分含量高，有丰产的潜力；缺点是排水不良，土表易板结开裂，耕作不方便，地温上升慢。适于晚熟生产及水生蔬菜生产。

2. 土壤溶液浓度和酸碱度 不同蔬菜对土壤溶液浓度的适应性不同。适应性强的有瓜类（除黄瓜）、菠菜、甘蓝类，在 0.25%～0.30% 的盐碱土中生长良好；适应性中等的有葱蒜类（除大葱）、小白菜、芹菜、芥菜等，能耐 0.20%～0.25% 的盐碱度；适应性弱的有茄果类、豆类（除蚕豆、菜豆）、大白菜、萝卜、黄瓜等，能耐 0.1%～0.2% 的盐碱度；适应性最弱的菜豆等，只能在 0.1% 盐碱度以下的土壤中生长。蔬菜在不同生育时期耐盐能力不同，随着植株长大，细胞液浓度增加，耐盐力也随着增加，一般而言，成株的耐盐力比幼苗高 2.0～2.5 倍，所以苗期不能施用浓度太高的肥料，配制营养土时，要注意选用富含有机质的土壤。

土壤酸碱度直接影响植物根系对各种元素的吸收，大多数蔬菜在中性至弱酸性（pH 6.0～6.8）的条件下生长良好。不同蔬菜种类对土壤酸碱度要求也有所不同，韭菜、菠菜、菜豆、黄瓜、花椰菜等要求中性土壤，番茄、南瓜、萝卜、胡萝卜等能在弱酸性土壤中生长，茄子、甘蓝、芹菜等较能耐盐碱性土壤。

（二）蔬菜生长与土壤营养

1. 不同种类蔬菜对营养元素的吸收量不同 蔬菜种类不同，对不同养分的需求量也不同。叶菜类对氮的需求量较大，根、茎类和叶球类蔬菜对钾的需求量相对较大，而果菜类需磷较多。除氮、磷、钾外，一些蔬菜对其他土壤营养也有特殊的要求。如大白菜、芹菜、莴苣、番茄等对钙的需求量比较大；嫁接蔬菜对缺镁反应比较敏感，镁供应不足时容易发生叶枯病；芹菜、菜豆等对缺硼比较敏感，需硼较多。一般生长期长、产量高的蔬菜品种需肥多，如大白菜、胡萝卜、马铃薯等；而生长快、产量低的速生性蔬菜需肥量较小，如菠菜、小白菜、苋菜等。

2. 不同生长时期对营养元素的需求量不同 同种蔬菜不同生育期对土壤营养的要求差异较大。一般苗期的总需肥量较少，在营养的种类上对氮的吸收比例较大，磷、钾较少，但果菜类的花芽分化期对缺磷比较敏感。进入营养生长旺盛期后，需肥量加大，对各种营养的需求量剧增。产品器官形成期为一生中需肥量最大的时期，如根、茎、叶球类蔬菜的产品器官形成期，对钾的需求量明显增大，对缺钾反应敏感，果菜类进入结果期后，则需要较多的磷。但蔬菜对土壤营养元素的总吸收量不能作为对土壤施肥的标准，如黄瓜根系不太发达，不能吸收利用土壤深层的养分，施肥不足就难以获得高产。

3. 不同季节施肥量不同 低温季节宜加大施肥量，减少施肥次数，高温季节则以薄肥勤施为宜。雨水较多时，土地过湿，可开穴干施化肥；天旱土干时，则应水肥并举。

前面我们叙述了蔬菜对温度、水分、光照和土壤营养等的要求，事实上，蔬菜在生长发育过程中，这些条件时刻都在变化着，每一条件的变化又影响或带动其他条件的变化，蔬菜就是在这些既相互依赖又相互制约的环境中生长发育的。因此，在生产过程中，应全盘考虑、综合调节。

项目小结 ◆

蔬菜含有丰富的营养物质，是人们日常生活中不可或缺的副食品。蔬菜种类很多，对其分类主要有植物学分类、食用器官分类和农业生物学分类3种分类方法。蔬菜的生育周期分为种子时期、营养生长时期和生殖生长时期3个时期。影响蔬菜生产的环境因素主要是温度、光照、水分和土壤，不同蔬菜对环境条件的要求有所差别，同一种蔬菜的不同生育时期对环境的要求也不相同。

实训指导 ◆

技能实训　主要蔬菜种类识别与分类

一、目的要求

学习蔬菜的分类方法，重点掌握农业生物学分类方法，掌握主要蔬菜的重要特征与分类地位。

二、材料用具

各种蔬菜的实物、挂图、图片及标本等。

三、相关知识

蔬菜的种类多、范围广，初步统计，全国有种和变种130余个，在同一种类中有许多变种，每一变种又有许多品种，为了便于系统地学习，研究其特征特性和生产技术，必须进行分类。常用的分类方法有3种。

（一）植物学分类法

可以明确科、属、种间在形态、生理的关系以及遗传和系统发育的亲缘关系。但也有缺点，如番茄和马铃薯同属茄科，而在生产技术上相差很大。

蔬菜在植物界中分布于20多科，其中主要的双子叶植物有十字花科、茄科、豆科、葫芦科、伞形科、菊科、藜科等，单子叶植物以百合科、禾本科为主。

（二）食用器官分类法（指种子植物）

1. 根菜类　食用肉质根的有萝卜、胡萝卜、根用芥菜、根用甜菜等，食用块根的有豆薯等。

2. 茎菜类　食用嫩茎、花茎、根状茎、块茎、球茎等，如莴苣、菜薹、莲藕、马铃薯、芋等。

3. 叶菜类　普通叶菜有不结球白菜、菠菜、苋菜、芹菜等，结球叶菜有结球白菜、结球甘蓝等，香辛菜有葱、韭菜、茴香等，鳞茎类有洋葱、大蒜、百合等。

4. 花菜类　花菜类有花椰菜、黄花菜、菜蓟等。

5. 果菜类　瓠果类有南瓜、黄瓜、冬瓜、丝瓜、瓠瓜等，浆果类有番茄、茄子、辣椒等，荚果类有菜豆、豌豆、豇豆等。

（三）农业生物学分类法

1. 根菜类　根菜类主要包括萝卜、胡萝卜、牛蒡、根用芥菜等蔬菜。

2. 白菜类　白菜类主要包括大白菜、花椰菜、结球甘蓝等十字花科蔬菜。

3. 茄果类　茄果类主要包括茄子、辣椒、番茄等茄科蔬菜。

4. 瓜类　瓜类主要包括黄瓜、南瓜、西瓜、甜瓜、冬瓜、丝瓜、苦瓜、蛇瓜等葫芦科蔬菜。

5. 豆类　豆类主要包括菜豆、豇豆、豌豆、蚕豆、扁豆等豆科蔬菜。

6. 葱蒜类　葱蒜类主要包括洋葱、大葱、大蒜、韭菜等百合科蔬菜。

7. 薯蓣类　薯蓣类主要包括马铃薯、山药、姜等蔬菜。

8. 绿叶菜类　绿叶菜类主要包括莴苣、芹菜、菠菜、茼蒿、蕹菜等蔬菜。

9. 水生蔬菜　水生蔬菜主要包括莲藕、茭白等蔬菜。

10. 多年生蔬菜　多年生蔬菜主要包括黄花菜、芦笋、香椿等蔬菜。

（四）方法步骤

老师示范，学生识别。

四、作　　业

识别各种蔬菜，填写表1-5。

表 1－5　蔬菜分类

蔬菜名称	植物学科别	农业生物学分类	食用器官	繁殖方法	主要形态特征

复习思考题

1. 蔬菜分类有几种方法？
2. 蔬菜生育周期分为哪几个时期？
3. 什么是蔬菜的春化现象？
4. 根据蔬菜对温度的要求，蔬菜可分为哪几类？
5. 蔬菜不同生育时期对水分的要求有何特点？
6. 光照时间与蔬菜产品的形成有什么关系？
7. 同一蔬菜不同生育时期对营养元素的需求有何不同？
8. 什么是蔬菜的光周期现象？

项目二

XIANGMU 2

蔬菜生产基础设施

项目导读 ◇

本项目主要介绍蔬菜生产设施的类型、性能和应用，设施环境特点及其调控技术。重点应掌握设施的运用与环境调控技术。

学习目标 ◇

知识目标：了解简易设施、塑料拱棚、温室的结构、类型及应用，掌握设施内温度、光照、湿度、气体及土壤的特点。

技能目标：学会覆盖地膜及设置电热温床，能建造大棚、温室，能进行设施内环境调控。

蔬菜生产方式据有无覆盖物分为露地栽培与保护地栽培。保护地栽培要有一定的设施，是为保护蔬菜而建立的一个系统。常用的设施有地膜覆盖、风障畦、阳畦、温床、塑料拱棚、温室等。对设施的结构有所了解，才能在生产中加以应用。设施上的覆盖物有透明与不透明之分，常用的透明覆盖物有塑料薄膜、玻璃、阳光板等，塑料薄膜应用较多，有聚氯乙烯（PVC）、聚乙烯（PE）、聚乙烯-醋酸乙烯酯（EVA）膜等普通膜和防老化、无滴、聚酯镀铝膜等特殊膜；常用的不透明覆盖物有草帘、保温被等。据设施内温度、湿度、光照等特点进行环境控制，可以为蔬菜生长发育提供适宜的环境条件，实现蔬菜的高产优质。

学习任务 ◇

任务一　蔬菜生产设施类型

一、简易设施

在一些地区，在畦面北侧用秸秆、稻草等材料挡风，在畦面上用地膜或农膜简单覆盖，相对于露地栽培而言，能够起到增温保湿的效果，这些简易设施包含地膜覆盖、风障畦、阳畦、温床等。

（一）地膜覆盖

地膜覆盖是指用厚度为 0.005～0.015mm 的塑料薄膜紧贴地面进行覆盖的一种生产方式。地膜覆盖具有增加地温、减少土壤水分蒸发、防治病虫和杂草等作用，成本低、使用方便、增产幅度大，增产效果可达 20%～50%，全国各地应用广泛。

1. 地膜的类型

（1）普通透明地膜。普通透明地膜透光增温性好，具有保水保肥、疏松土壤等多种效应，是使用量最大、应用最广的地膜种类，约占地膜总量的 90%。根据其原料不同可分为三大类：

①高压低密度聚乙烯（LDPE）地膜。高压低密度聚乙烯地膜简称高压地膜，由高压低密度聚乙烯树脂吹塑制成，厚度（0.011±0.017）mm，每亩用量为 8～10kg。该膜透光性好，保温效果好，容易与土壤黏着。

②低压高密度聚乙烯（HDPE）地膜。低压高密度聚乙烯地膜简称低压地膜，由低压高密度聚乙烯树脂吹塑制成，厚度为 0.006～0.008mm，每亩用量为 4～5kg。该膜强度高，光滑，但柔软性差，不易黏着土壤，故不适于沙土地覆盖，其增温保水效果与 LDPE 基本相同，但透光性稍差。

③线性低密度聚乙烯（LLDPE）地膜。线性低密度聚乙烯地膜简称线性地膜，由线性低密度聚乙烯树脂吹塑制成，厚度为 0.005～0.009mm，每亩用量与低压高密度聚乙烯地膜基本相同。其特点除了具有高压低密度聚乙烯地膜的特性外，机械性能良好，拉伸强度比高压低密度聚乙烯地膜提高 50%～75%，伸长率提高 50% 以上，耐冲击强度、穿刺强度均较高，其耐候性、透光性均好，但易粘连。

（2）有色地膜。

①黑色地膜。黑色地膜是在聚乙烯树脂中加入 2%～3% 的炭黑吹塑而成，厚度为 0.01～0.03mm，每亩用量为 7～12kg。该膜主要特点是透光率低，能有效地防除杂草。在高温季节黑色薄膜比透明薄膜增温效果小，生产夏萝卜、白菜、菠菜、秋黄瓜、晚番茄等可降低高温危害。

②银灰色地膜。银灰色地膜厚度为 0.015～0.020mm，该膜对紫外线的反射率高，可有效地驱避蚜虫和白粉虱，减轻病毒病的发生。另外，银灰色地膜还有抑制杂草生长、保持土壤湿度等作用，其增温效果介于透明膜和黑色地膜之间。

③黑白双色地膜。该膜由黑色地膜和乳白色膜两层复合而成，厚度为 0.020～0.025mm，每亩用量 10kg，主要适用于夏秋高温季节蔬菜、瓜类的抗热生产。覆盖时，乳白色向上、黑色向下，具有增加近地面反射光、降低地温、保湿、灭草、护根等功能。

④银黑双面膜。该膜由银灰和黑色地膜复合而成，厚度为 0.020～0.025mm，每亩用量 10kg。覆盖时，银灰色膜向上，黑色膜向下，具有反光、避蚜、防病毒病、降低地温等作用，同时具有除草、保湿护根等功能。主要用于夏秋季节蔬菜的抗热、抗病生产。

（3）特殊功能性地膜。

①除草地膜。除草地膜是在聚乙烯树脂中加入适量的除草剂，经挤出吹塑制成。除草膜覆盖土壤后，其中的除草剂会迁移析出并溶于地膜内表面的水珠之中杀死杂草。除草地膜不仅降低了除草的投入，而且地膜保护和除草效果好，药效持续期长。

②耐老化长寿地膜。耐老化长寿地膜是在聚乙烯树脂加入适量的耐老化助剂，经吹塑制成，厚度 0.015mm，每亩用量 8～10kg。该膜强度高，使用寿命较普通地膜长 45d 以上，适用于"一膜多用"的生产方式，且便于旧地膜的回收加工利用，不致使残膜留在土壤中，但该膜价格较高。

③降解地膜。降解地膜有 3 种。第一种是光降解地膜。该种地膜是在聚乙烯树脂中添加光敏剂，在自然光的照射下加速降解，最后老化崩裂。这种地膜的不足之处是，只有在光照条件下才有降解作用，而土壤之中的地膜降解缓慢。第二种是生物降解地膜。该种地膜是在聚乙烯树脂中添加高分子有机物，如淀粉、纤维素等，借助土壤中的微生物将地膜彻底分解，使其重新进入生物圈。该种地膜的不足之处在于耐水性差，强度低，虽然能成膜但不具备普通地膜的功能。第三种就是可控光-生物的双降解地膜。该种地膜就是在聚乙烯树脂中既添加了光敏剂，又添加了高分子有机物，从而具备光降解和生物降解的双重功能。这种地膜覆盖后，经一定时间，由于自然光的照射，薄膜自然崩裂成为小碎片，而这些残膜可为微生物吸收利用，对土壤、作物均无不良影响。

2. 地膜覆盖的方式　地膜覆盖的方式依当地自然条件、作物种类、栽培季节及栽培习惯不同而异。

(1) 平畦覆盖。利用地膜在平畦畦面上覆盖。可以是临时性覆盖，于出苗时将薄膜揭除；也可是全生育期的覆盖，直到生产结束。平畦的畦宽一般为 1.2～1.6m，可单畦覆盖，也可连畦覆盖。平畦覆盖便于灌水，初期增温效果较好，但后期由于灌水带入的泥土盖在薄膜上，影响阳光射入畦面，降低增温效果。一般多用于种植洋葱、大蒜以及高秧支架的蔬菜，小麦、棉花等农作物以及果林苗木扦插也采用。

(2) 高垄覆盖。畦做成垄状，垄底宽 50～85cm，垄面宽 30～50cm，垄高 10～15cm，垄距 50～70cm。垄面上覆盖地膜，每垄种植单行或双行作物，如马铃薯、黄瓜、甘蓝、莴苣、甜椒、花椰菜等。其增温效果一般比平畦高 1～2℃。

(3) 高畦覆盖（图 2-1）。高畦可分为窄高畦与宽高畦两种。一般窄高畦畦面宽度为 0.8～1.0m，覆盖成单畦，主要用于需要设立支架蔬菜的生产，如番茄、黄瓜、菜豆、豇豆等；宽高畦畦面为 1.2～1.6m，可用地膜覆盖成单畦或双畦，可提高土地的利用率，用于种植无须搭架的作物，如辣椒、茄子、矮生菜豆等。利用两个窄畦合成一个宽畦，可克服因畦面过宽不便于灌水的缺点，便于生产管理。

图 2-1　黑色地膜高畦覆盖

（4）沟畦覆盖。将畦做成宽 50cm 左右的沟，沟深 15～20cm，把育成的苗定植在沟内，然后在沟上覆盖地膜。当幼苗生长顶到地膜时，在苗的顶部将地膜割成"十"字，称为割口放风。晚霜过后，苗自破口处伸出膜外生长，待苗长高时再把地膜划破，使其落地，覆盖于根部，俗称"先盖天，后盖地"。如此可提早定植 7～10d，保护幼苗不受晚霜危害，起着保苗、护根的作用，从而达到早熟、增产、增加收益的效果。早春可提早定植甘蓝、花椰菜、莴苣、菜豆、甜椒、番茄、黄瓜等蔬菜，也可提早播种西瓜、甜瓜等瓜类及粮食等作物。

3. 地膜覆盖的效应 地膜覆盖是一项土壤管理的实用技术，具有以下综合效应：

（1）提高地温。地膜覆盖后具有增温效应，东西延长的高垄比南北延长的增温效果好，晴天比阴天的增温效果好，无色地膜比其他有色地膜的增温效果好。

（2）改善光照。地膜覆盖后，中午可使植株中、下部叶片多得到 12%～14% 的反射光，比露地增加 3～4 倍的光量，因而可以使植物下部的果实着色好，花卉的花朵鲜艳，烟叶的成色好。通过地膜覆盖，番茄的光合作用强度可增加 13.5%～46.8%，叶绿素的含量增加 5% 左右，更可以使中、下部叶片的衰老期推迟，促进干物质积累，故可提高产量。

（3）提高土壤保水能力。地膜覆盖后，由于薄膜的阻隔，水蒸气变为小水滴又回到土壤中去，减少了水分蒸发。盖膜与不盖膜相比，土壤耕层含水量一般可提高 4%～6%，能保持良好的土壤湿度。在较干旱的情况下，0～25cm 深的土层中土壤含水量一般比露地高 50% 以上，随着土层的加深，水分差异逐渐减小。在雨水过多的情况下，地膜覆盖又能防止雨水冲刷，具有防涝作用。

（4）改善土壤理化性状。地膜覆盖能防止土壤板结，保持土壤疏松，改善通气性能，促进植株根系的生长发育。据测定，盖膜后土壤孔隙度增加 4%～10%，密度减少 0.02～0.3g/cm³，土壤的稳性团粒增加 1.5%，根系的呼吸强度有明显增加。由于地膜覆盖有增温保湿的作用，因此有利于土壤微生物的增殖，使腐殖质转化成无机盐的速度加快，有利于作物吸收。据测定，覆盖地膜后氮可增加 30%～50%，钾增加 10%～20%，磷增加 20%～30%。地膜覆盖后可减少养分的淋溶、流失、挥发，可提高养分的利用率，但是地膜覆盖下的养分，在作物生长前期较高，而后期则有减少的趋势。

（5）减轻盐碱危害。盖膜后抑制土壤水分上升蒸发，控制盐碱随水分上升，降低土壤表层盐分含量，减轻盐碱对植物的危害。

（6）降低空气相对湿度。覆盖地膜后减少了水分蒸发，可降低设施内空气湿度，故可抑制或减轻病害发生。

（7）抑制病虫杂草的生长。覆盖地膜后薄膜紧贴在地面上，畦面四周压紧实，地膜与地表之间在晴天高温时，经常出现 50℃ 左右的高温，致使草芽及杂草枯死。如果采用黑色膜、绿色膜等，能阻止阳光进入膜下，从而有效地抑制杂草的生长。覆盖银灰色反光膜更有避蚜作用，可减少病毒病的传播危害。

4. 地膜覆盖的应用

（1）露地栽培。地膜覆盖可用于蔬菜的春早熟栽培。

（2）设施栽培。地膜覆盖可用于大棚、温室果菜类蔬菜栽培，以提高地温和降低空气湿度，一般在秋、冬、春栽培中应用较多。

（3）播种育苗。地膜覆盖可用于各种蔬菜的播种育苗，以提高播种后的土壤温度和保持土壤湿度。

（二）风障畦

风障畦由风障和生产畦组成。风障起着阻挡北方季节寒风、提高其南侧生产畦内地温和气温的效果。风障畦多用于我国晴天多、季候风明显的北方地区。

1. 风障畦的结构

（1）风障。风障设置在阳畦的北面。完全风障一般由篱笆、披风和土背 3 部分构成，高 1.5～2.5m。篱笆由秸秆、芦苇或竹竿等夹设而成，披风由稻草、苇席或旧塑料薄膜等围于篱笆的中下部，基部用土培成 30cm 高的土背，能增温 5～6℃，防风增温效果明显。

（2）生产畦。生产畦不覆盖或用草、马粪、沙等作简单覆盖。

2. 风障畦的类型 风障畦按简易程度分为小风障畦和大风障畦两种。大风障畦又分完全风障畦和简易风障畦两种。

（1）小风障畦。小风障畦结构比较简单，只在菜畦的北侧立高约 1m 的芦苇、稻草、玉米秆、草苫等防风材料构成的风障畦。小风障由于矮且稀，防风效果差，只能保护 2m 内的生产畦，且多限于短期使用。一般只用于早春定植作物前期的防风、保温防护。

（2）简易风障畦。简易风障畦又称迎风障，生产畦北侧只设一排篱笆，高 1.5～2.0m，材料和小风障一致，仍较稀疏，前后可以透视。简易风障的防风效果和使用时间均优于小风障，但不及完全风障效果好。

（3）完全风障畦。完全风障畦是最好的风障畦，由篱笆、披风、土背和生产畦 4 部分组成（图 2-2）。风障高 1.5～2.0m，并夹附高 1.0～1.5m 的披风，披风较厚以增加保温、防风效果。

图 2-2 完全风障畦结构示意

3. 风障畦的应用

（1）保护葱蒜类幼苗、韭菜根株、根茬菠菜等越冬。

（2）用于春季提早播种耐寒叶菜类、葱蒜类、豆类等蔬菜。

（3）用于春季提早定植瓜类、茄果类、甘蓝类及十字花科蔬菜采种株。

（三）阳畦

阳畦又称冷床，由风障畦演变而成，是一种白天利用太阳光能增温，夜间利用风障、畦框、不透明覆盖物保温防寒的简易园艺设施。

1. 阳畦的结构 阳畦由风障、畦框、透明覆盖物和不透明覆盖物 4 部分组成（图 2-3）。

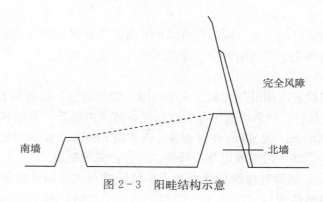

图 2-3　阳畦结构示意

（1）风障。传统风障由玉米秸秆、芦苇、稻草、山茅草、苇席、草包片、旧草苫、高粱秸秆等材料构建，现代风障由无纺布、彩条布、塑料布、阳光板等材料构建。

（2）畦框。畦框由土或砖砌成，分为南北两框及东西两侧框，一般北框高 40～60cm，南框高 20～40cm，畦框呈梯形，底宽 40cm，顶宽 30cm，畦面下宽 1.66m，上宽 1.82m，畦长 6～10m。

（3）透明覆盖物。透明覆盖物主要有玻璃窗和塑料薄膜等，玻璃窗的长度与畦的宽度相等，窗宽 60～100cm，玻璃镶入木制窗框内，或用木条作支架覆盖散玻璃片。现在生产上多采用竹竿在畦面上做支架，而后覆盖塑料薄膜的形式。

（4）不透明覆盖物。不透明覆盖物为阳畦的防寒保温材料，大多采用草苫或蒲席覆盖。

2. 阳畦的设置

（1）设置时间。每年秋末开始施工，最晚应在土壤封冻以前完工，让土墙干透，防止冻裂，第二年夏季拆除。应该注意的是，为了达到良好的防寒保温目的，土墙的厚度应大于当地的冻土层的厚度，否则保温效果差，易造成生产失败。

（2）场地选择。选择地势高燥、土质肥沃、排水良好的地块设置阳畦，并且要求东、南、西三方无高大遮阳物遮光，北侧则有围墙、树木、高大建筑等挡风物为好。

（3）田间布局。阳畦的方向以东西延长为好，两排阳畦的距离以 5～7m 为宜，避免前排风障遮挡后排阳畦的阳光，不设立风障时，两排的间距可缩小至 2m 左右。也可在阳畦群的最北侧设立一排风障，既可省成本，又可提高阳畦的保温能力。

3. 阳畦的应用

（1）阳畦多用作蔬菜冬春季育苗，为春季早熟栽培提供秧苗。

（2）早春菜的春季提早栽培或假植栽培。

（3）芹菜、莴苣等耐寒蔬菜越冬栽培，韭菜软化栽培。

（四）温床

温床是在阳畦基础上增设了人工加温设施补充热源而形成的简易园艺设施，温床人工加热的能量源有酿热、火热、水热、地热和电热等。下面以电热温床为例介绍。

1. 电热温床结构　电热温床是将阳畦、小拱棚、大棚和温室中小拱棚内的生产床做成育苗用的苗床，然后在育苗床内铺设电加温线而成。电加温线埋入土层深度一般为 10cm 左右，但如果用育苗钵或营养土块育苗，则以埋入土中 1～2cm 为宜。电热温床的横断面如图 2-4 所示。

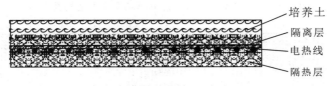

图 2-4 电热温床横断面示意

2. 电加温线加温原理 电加温线加温是利用电流通过电阻较大的导体，将电能转变成热能而使床温升高，并通过控温仪实现床温的自动控制。用电加温线对土壤进行加温，具有升温快、温度均匀和便于调控的优点。

目前使用较多的是上海市农业机械研究所生产的电加温线系列和 WKQ-1 型控温仪，主要技术参数如表 2-1、表 2-2 所示。

表 2-1 电加温线的主要技术参数

型号	电压/V	电流/A	功率/W	长度/m	色标	使用温度/℃
DV20205	220	1	250	50	粉红	≤40
DV20406	220	2	400	60	棕	≤40
DV20608	220	3	600	80	蓝	≤40
DV20810	220	4	800	100	黄	≤40
DV21012	220	5	1 000	120	绿	≤40
DKV-800	220	4	800	50	橘红	≤40
VDK-1000	220	5	1 000	60	紫红	≤40

注：DV 系列电加温线主要用于土壤的加温，DKV 系列、VDK 系列电加温线主要用于空气加温。

表 2-2 控温仪的型号及参数

型号	控温范围/℃	负载电流/A	负载功率/kW	供电形式
BKW-5	10~50	5×2	2	单相
BKW	10~50	40×3	26	三相四线制
KWD	10~50	10×1	2	单相
WKQ-1	10~50	5×2	2	单相
WKQ-2	10~40	40×3	26	三相四线制
WK-1	0~50	5×1	1	单相
WK-2	0~50	5×2	2	单相
WK-10	0~50	15×3	10	三相四线制

3. 电热温床的铺设

（1）确定电热温床的功率密度。电热温床的功率密度是指温床单位面积在规定时间内（7~8h）达到所需温度时的电热功率，用 W/m² 表示。电热温床功率密度选用参考值见表 2-3。我国南方地区冬春季阳畦育苗，电加温功率密度以 80~100W/m² 为宜，温室内育苗时以 70~90W/m² 为宜。

表 2-3 不同基础地温电热温床功率密度选用参考值

单位：W/m²

设定温度/℃	基础地温/℃			
	9～11	12～14	15～16	17～18
18～19	110	95	80	—
20～21	120	105	90	80
22～23	130	115	100	90
24～25	140	125	110	100

（2）根据电热温床面积计算所需电加温线的总功率。

电热线总功率（W）＝电热温床面积（m²）×功率密度（W/m²）

（3）根据电热总功率和每根电加温线的额定功率计算电加温线数量。

电加温线数量（根）＝总功率（W）/电加温线的额定功率（W/根）

由于电加温线不能剪断或私自改变其电阻的大小，计算出来的电加温线根数必须取整数，因此，实际使用的功率可能会大于或小于计划的功率密度，可根据具体情况来定。

（4）布线行数。功率密度选定后，根据不同型号的电加温线，计算布线行数。电加温线采用"回"字形排法，行数一般取偶数。

布线行数＝（电加温线长度－床宽）/床长

布线间距＝床宽/（行数－1）

（5）布线方法。在苗床底铺好隔热层，压少量细土，用木板刮平，就可以铺设电加温线。布线时，先按所需总功率的电加温线总长，计算出或参照表 2-3 找出布线的平均间距，按照间距在床的两端距床边 10cm 处插上短竹棍作为固定桩，竹棍间距一般按线间距边缘密些，中间的可稍稀些。然后如图 2-5 所示，把电加温线贴地面绕好，电加温线两端的导线（即普通的电线）部分从床内伸出来，用于与电源及控温仪等的连接和固定。布线完毕后，在上面覆盖 8～10cm 床土。电加温线在铺设时，

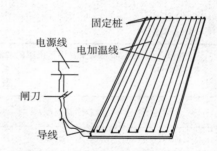

图 2-5 单根电加温线的连接方法

不可相互交叉、重叠、打结。布线的行数最好为偶数，以便电加温线的引线能在一侧，便于与电源的连接。若所用电加温线超过 2 根以上时，各根电加温线都必须并联使用。电加温线不能接长剪短，不可和根系接触。

4. 电热温床的应用　电热温床主要用于冬春季蔬菜的育苗和扦插繁殖，以果菜类蔬菜育苗应用较多。由于其具有增温性能好、温度可精确控制和管理方便等优点，在生产上已广泛推广应用。

二、塑料拱棚

塑料拱棚是将竹竿、毛竹片、钢管、钢筋或钢筋水泥等作为骨架，在骨架上覆盖塑料薄膜后形成一定生产空间，从而进行蔬菜生产的设施。根据塑料拱棚的大小和结构，可分为塑料小拱棚、塑料中棚、塑料大棚等。

（一）塑料小拱棚

1. 塑料小拱棚的结构 塑料小拱棚的跨度一般为 1.0～3.0m，高度 1.0～1.5m，长度不限，主要由拱架和农用塑料薄膜构成。用作拱架的材料主要有竹片、细竹竿、荆条、钢筋（直径为 4～6mm）、水泥预制件或其他可弯成拱形的材料。塑料小拱棚的结构简单，取材方便，容易建造，造价较低，在农业生产中应用的形式多种多样，可因地制宜，灵活设计，并且可以与温室大棚、连栋温室等大型设施结合使用。

2. 塑料小拱棚的类型

（1）拱圆形小拱棚。拱圆形小拱棚在生产上应用最多，也称为小温棚（图 2-6）。主要使用毛竹片、竹竿、荆条、钢筋或薄壁钢管等材料，弯成宽 13m、高 1m 左右的拱圆形拱架，用竹竿、铁丝将每个拱架连在一起，在拱架上面扣上塑料棚膜，四周拉紧后将边缘用土埋好，棚膜上面再用压杆或压线将其固定。

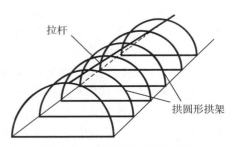

图 2-6 拱圆形小拱棚示意

（2）半拱形小拱棚。半拱形小拱棚北面有长度约为 1m 的土墙，南面为半拱圆的棚面。这种小拱棚一般为无柱棚，跨度大的，中间可设 12 排立柱。也有的用钢筋、钢管做成一侧立、一侧半拱圆形的。

（3）双斜面拱棚。棚面呈屋脊形或三角形，棚架方向东西、南北延长均可，在脊的下方一般设有立柱，以支撑负荷。

3. 塑料小拱棚的应用 小拱棚在我国少风、多雨的南方地区广泛应用。由于小拱棚可以采用草苫覆盖防寒，因此在早春主要用于耐寒性蔬菜的生产及喜温蔬菜的提早定植，也可用于蔬菜的育苗。但小拱棚棚体矮小，内部空间较小，升温快，降温也快，棚内温湿度不易调节，在生产应用时应加强管理。

（二）塑料中棚

中棚的面积和空间比小拱棚大，是小拱棚和大棚的中间类型，常用的中棚主要为拱圆形结构，如图 2-7 所示。

图 2-7 拱圆形中棚

1. 塑料中棚的结构 拱圆形中拱棚一般跨度为 3～6m。跨度 6m 时，以高度 2.0～2.3m、肩高 1.1～1.5m 为宜；跨度 4.5m 时，以高度 1.7～1.8m、肩高 1m 为宜；跨度 3m 时，以高度 1.5m、肩高 0.8m 为宜。长度可根据需要及地块长度确定。塑料中棚主要由拱架和农用塑料薄膜构成，根据中棚跨度的大小和拱架材料的强度来确定是否设立立柱。以竹木或钢筋作骨架时需设立柱，以钢管作拱架则不需设立柱。

2. 塑料中棚的类型

（1）竹片结构中棚。用双层竹片作拱架，间距 1.1m，用铅丝绑紧。

（2）钢架结构中棚。拱架分为主架和副架，主架 1 根，副架 2 根，相间排列，拱架间距 1.1m。

（3）竹片与钢架混合结构中棚。拱架分为主架和副架，主架为钢架，副架为用铅丝绑紧的双层竹片。主架 1 根，副架 2 根，相间排列，拱架间距 1.1m。

3. 塑料中棚的应用　中棚可加盖草苫防寒，由于中棚较小拱棚的空间大，其性能也优于小拱棚，主要用于草莓和瓜果类蔬菜的春早熟和秋延后生产。

（三）塑料大棚

塑料大棚是以竹木、水泥柱或钢材等作骨架，上覆塑料薄膜的大型设施，如图 2-8 所示。与温室相比，其具有结构简单，建造和拆装方便，一次性投资较少等优点；与中小拱棚相比，又具有坚固耐用，使用寿命长，棚体空间大，作业方便，利于作物生长，便于环境调控等优点。大棚向大棚加保温被和大型化方向发展。

图 2-8　塑料大棚

1. 塑料大棚的结构　塑料大棚由骨架和棚膜组成。骨架由立柱、拱杆（拱架）、拉杆（纵梁）、压杆（压膜线）等部件组成，俗称"三杆一柱"，是塑料大棚最基本的骨架构成，其他形式都是在此基础上演化而来的。另外，为便于出入，一般在大棚的一端或两端设立棚门。

（1）立柱。立柱是大棚的主要支柱，具有承受棚架、棚膜的质量以及雨、雪负荷和风压的作用，因此立柱要垂直或倾向于引力。立柱可采用竹竿、木柱、钢筋水泥混凝土柱等，使用的立柱不必太粗，但立柱的基部应设柱脚石，以防大棚下沉或被拔起。立柱埋置深度为 40～50cm。

（2）拱杆。拱杆是支撑棚膜的部分，横向固定在立柱上，两端插入地下呈自然拱形，是大棚的骨架，决定大棚的形状和空间形成。拱杆的间距为 1.0～1.2m，由竹片、竹竿或钢材、钢管等材料焊接而成。

（3）拉杆。拉杆纵向连接拱杆和立柱，固定压杆，使大棚骨架成为一个整体。用较粗的竹竿、木杆或钢材作为拉杆，距立柱顶端 30～40cm，紧密固定在立柱上，拉杆长度应与棚体长度一致。

（4）压膜线。扣上棚膜后，于两根拱杆之间压一根压膜线，使棚膜绷平压紧，压膜线的两端固定在大棚两侧设的地锚上。

（5）棚膜。棚膜是覆盖在棚架上的塑料薄膜，有顶膜与裙膜之分，可采用聚氯乙烯（PVC）、聚乙烯（PE）或乙烯-乙酸乙烯酯共聚物（EVA）薄膜。多层共挤技术和干涂技术应用于制膜生产工艺中，增强了薄膜的功能。

①多层共挤技术。薄膜分多层（5层、3层），各层加不同物质，具不同特性。最内层加表面活性剂，具流滴防雾功能；中间层加红外线阻隔剂，还有一些厂家加特殊物质；最外层加抗静电物质，具防尘功能。

②干涂技术。在薄膜内层用干涂法涂上一层涂层，具流滴防雾功能。目前生产出无滴膜、长寿膜、耐低温防老化膜等多功能膜，作为设施新型覆盖材料。

（6）门窗。门设在大棚的两端，作为出入口。门的大小要考虑作业方便，太小不利进出，太大不利保温。大棚顶部可设天窗，两侧设进气侧窗，作为通风口。

（7）连接卡具。大棚骨架的不同构件之间均需连接，除竹木大棚需线绳和铁丝连接外，装配式大棚均用专门预制的卡具连接，包括套管、卡槽、卡子、承插、螺钉、接头、弹簧等。

2. 塑料大棚的类型

（1）竹木结构大棚。竹木结构大棚是大棚初期的一种类型，目前在我国北方仍广泛应用。一般大棚跨度 8～12m，长度 40～60m，中脊高 2.4～2.6m，两侧肩高 1.1～1.3m，有 4～6 排立柱，横向柱间距 2～3m，柱顶用竹竿连成拱架，纵向间距为 1.0～1.2m。其优点是取材方便，造价较低，且容易建造。缺点是棚内立柱多，遮光严重，作业不方便，不便于在大棚内挂天幕保温，立柱基部易朽，抗风雪性能较差等。为减少棚内立柱，建造了悬梁吊柱式竹木结构大棚，即在拉杆上设置小吊柱，用小吊柱代替部分立柱。小吊柱使用长 20cm、粗 4cm 的木杆，两端钻孔，穿入细铁丝，下端拧在拉杆上，上端支撑拱杆。

（2）混合结构大棚。混合结构大棚的棚型与竹木结构大棚相同，使用竹木、钢材、水泥构件等多种材料。一般拱杆和拉杆多采用竹木材料，立柱采用水泥柱。混合结构大棚较竹木结构大棚坚固耐用，抗风雪能力强，在生产上应用较多。

（3）钢架结构大棚。钢架结构大棚一般跨度 10～15m，高度 2.5～3.0m，长度 30～60m。拱架采用钢筋、钢管或两者结合焊接而成的弦形平面桁架。平面桁架的上弦用 16mm 钢筋或 25mm 钢管制成，下弦用 12mm 钢筋，腹杆用 6～9mm 钢筋，两弦间距 25cm。制作时先按设计在平台上做出模具，再在平台上将上下弦按模具弯曲成所需的拱形，然后焊接中间的腹杆。拱架上覆盖塑料薄膜，拉紧后用压膜线固定（图 2-9）。这种大棚造价较高，但无立柱或少立柱，棚内宽敞，透光性好，作业方便，现在生产上已广泛推广应用。

（4）装配式钢管结构大棚。装配式钢管结构大棚是由工厂按照标准规格生产的组装式大棚，材料多采用薄壁镀锌钢管，一般大棚跨度 6～10m，高度 2.5～3.0m，长度 20～60m。拱架和拉杆都由薄壁镀锌钢管连接而成，拱架间距 50～60cm，所有部件用承插、螺钉、卡槽或弹簧卡具连接。采用镀锌卡槽和钢丝弹簧压固棚膜，用手摇式卷膜器卷膜通风（图 2-10）。这种大棚的优点和钢结构架大棚相同。

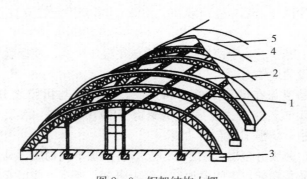

图 2-9　钢架结构大棚
1. 纵梁　2. 钢筋桁架拱梁　3. 水泥基座　4. 塑料薄膜　5. 压膜线

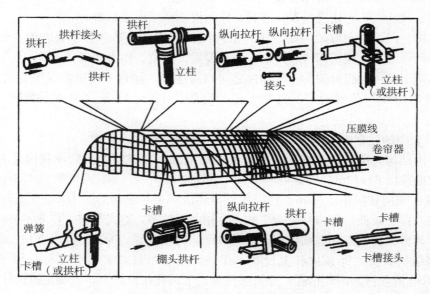

图 2-10　钢管组装式大棚的结构

3. 塑料大棚的应用　在蔬菜上塑料大棚的主要用于春季果菜类早熟栽培，秋季延后栽培，或春季为露地栽培培育茄果类、瓜类、豆类蔬菜幼苗；秋冬季进行耐寒性蔬菜的加茬栽培，如莴苣、菠菜、小白菜、青蒜、芫荽等越冬栽培。

三、温　室

温室又称暖房，指有防寒、加温和透光等设施，能控制或部分控制植物生长环境的建筑物。温室结构既密封保温，又便于通风降温，现代化温室中具有控制温湿度、光照等条件的设备，通过电脑自动控制以创造植物所需的最佳环境条件。在不适宜植物生长的季节，能提供植物生育期需要的环境条件，增加产量，多用于低温季节喜温性蔬菜、花卉、林木等植物生产或育苗等。大型连栋式塑料温室是近十几年出现并得到迅速发展的一种温室形式，具有质量小、骨架材料用量少、结构部件遮光率小、造价低、使用寿命长等优点，成为现代化温室发展的主流。

（一）温室类型

我国温室结构和类型经历了由低级、初级到高级，由小型、中型到大型的发展过程，结构形式多样，温室类型繁多。

1. 按覆盖材料分类 可分为硬质覆盖材料温室和软质覆盖材料温室。硬质覆盖材料温室最常见的为玻璃温室，近年来出现有聚碳酸酯（PC 板）温室，软质覆盖材料温室主要为各种塑料薄膜覆盖温室。

2. 按屋面类型分类 可分为单屋面、双屋面和拱圆形温室。

3. 按连接方式分类 可分为单栋和连栋温室类型。

4. 按主体结构材料分类 可分为金属结构温室，包括钢结构、铝合金结构；非金属结构温室，包括竹木结构、混凝土结构等。

5. 按有无加温分类 分为加温温室和不加温温室，其中日光温室是我国特有的不加温或少加温温室。

（二）日光温室

日光温室又称不加温温室，其无采暖设备仅依靠日光进行越冬蔬菜生产。前屋面采用透明覆盖材料，夜间用保温被覆盖，东、西、北面为围护墙体的单坡面塑料温室。

大多以塑料薄膜为采光覆盖材料，以太阳辐射为热源，靠采光屋面最大限度采光和加厚的墙体及后坡、防寒沟、纸被、草苫等最大限度地保温，充分利用光热资源，创造植物生长适宜环境。高效节能型日光温室的透光率一般在 $60\% \sim 80\%$，室内外气温差可保持在 $21 \sim 25℃$，具保温好、投资低、节约能源等优点，非常适合我国经济欠发达的农村地区使用。

1. 日光温室的基本结构 日光温室主要由墙体、后屋面和前屋面 3 部分组成，简称日光温室的"三要素"（图 2-11）。

图 2-11 日光温室

（1）墙体。墙体分为后墙（北墙）和东、西山墙。土墙通常做成上窄下宽的梯形墙，一般基部宽 1.2～1.5m，顶宽 1.0～1.2m，高 1.5～3.0m；砖石墙一般建成"夹心墙"或"空心墙"，宽度 0.8m 左右，内填蛭石、珍珠岩、炉渣等保温材料，后墙高 1.5～3.0m，山墙前高 1m 左右，后高同后墙，脊高 2.5～3.8m；现代墙是多层异质墙，内层热容量大，外层绝缘性好，如基于相变的主动蓄热墙。

（2）后屋面。普通温室的后屋面主要由粗木、秸秆、草泥以及防潮薄膜等组成，砖石结构的后屋面多由钢筋水泥预制柱或钢架、泡沫板、水泥板和保温材料等组成。

（3）前屋面。前屋面由屋架和透明覆盖物组成。屋架分为半拱圆形和斜面形两种基本形状，使用竹竿、钢管及硬质塑料管、圆钢等材料的多加工成半拱圆形屋架，角钢、槽钢等材料的则多加工成斜面形屋架。透明覆盖物使用材料主要有塑料薄膜、玻璃和聚酯板材等。塑料薄膜是目前主要的透明覆盖材料，因其质量小、成本低、易于操作并且薄膜的种类较多，选择余地也较大；玻璃的使用寿命长，保温性能较好，但费用较高，并且自身质量大，对温室的骨架材料要求较高，目前使用相对较少；聚酯板材的相对密度小、保温好、透光率高、使用寿命长，一般可连续使用 10 年以上，在国际上成为发展趋势。

（4）立柱。普通温室内一般有 3～4 排立柱。立柱主要为水泥预制柱，横截面规格为 (10～15)cm×(10～15)cm，一般深埋 40～50cm。钢架结构温室和管材结构温室内一般不设立柱。

（5）保温覆盖物。保温覆盖物的主要作用是在低温期保持室内的温度。传统保温材料主要有草苫、纸被、无纺布、宽幅薄膜以及保温被等。其中草苫的成本低、保温性好，是目前使用最多的保温覆盖材料；纸被多用牛皮纸缝合而成；保温被虽然保温性能好，便于操作和管理，但其成本较高，有待今后进一步推广。现代新型保温材料有镀铝膜加微孔泡沫塑料和保温毯加防水布，保温效果好，并且防水。

（6）卷帘机。卷帘机用于卷放保温被，目前，市面上常见的大棚卷帘机主要有两种：一种是后墙固定式大棚卷帘机，也称为后卷轴式，危险系数高；另一种是棚面自走式大棚卷帘机，也称为前屈伸臂式大棚卷帘机。

（7）耳房。耳房为温室的附属用房，用于存放工具、肥料、农药等物品，起到缓冲作用。

2. 日光温室的类型

（1）琴弦式日光温室。这种温室起源于辽宁省瓦房店市，跨度一般为 7m，后墙高 1.8～2m，后坡面长 1.2～1.5m，每隔 3m 设一道钢管桁架，在骨架上按 40cm 间距横拉 8 号铅丝固定于东西山墙，在铅丝上每隔 60cm 设一道细竹竿作骨架，上面盖薄膜，在薄膜上面压细竹竿，并用铁丝与骨架细竹竿固定（图 2-12）。该种温室采光好，空间大，作业方便。

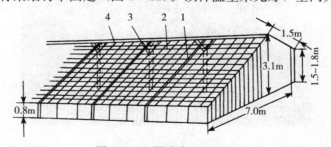

图 2-12 琴弦式日光温室
1. 钢管桁架 2.8 号铅丝 3. 中柱 4. 竹竿骨架

（2）全钢架无支柱日光温室。这种温室是近年来研制开发的高效节能型日光温室，跨度 6～8m，矢高 3m 左右，后墙为空心砖墙，内填保温材料，钢筋骨架，由 3 道花梁横向连接，拱架间距 80～100cm。温室结构坚固耐用，采光好，通风方便，有利于内室保温和室内作业，属于高效节能日光温室，代表类型有辽沈Ⅰ型、改进冀优Ⅱ型日光温室（图 2-13）。

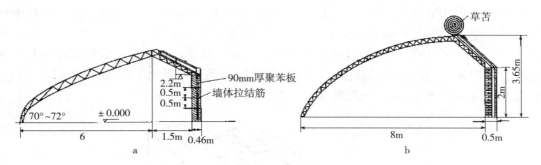

图 2-13　全钢架无支柱日光温室

a. 辽沈Ⅰ型日光温室　b. 改进冀优Ⅱ型日光温室

（3）钢竹混合结构日光温室。这种温室集合了以上几种温室的优点，跨度 6m 左右，每 3m 设 1 道钢拱杆，脊高 2.3m 左右，前屋面无支柱，设有加强桁架，结构坚固，光照充足，便于内部保温（图 2-14）。

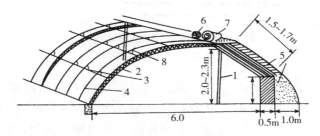

图 2-14　钢竹混合结构日光温室

1. 中柱　2. 钢架　3. 横向拉杆　4. 拱杆　5. 后墙后坡　6. 纸被　7. 草苫　8. 吊柱

3. 日光温室的应用

（1）蔬菜育苗。可以利用日光温室为大棚、小拱棚和露地果菜类蔬菜生产培育幼苗，还可以培育草莓、葡萄、桃等果树幼苗和各种花卉苗。

（2）蔬菜周年生产。目前利用日光温室生产的蔬菜已有几十种，其中包括瓜类、茄果类、绿叶菜类、葱蒜类、豆类、甘蓝类、食用菌类、芽苗菜类等蔬菜的春茬、冬春茬、秋茬、秋冬茬生产。各地还根据当地的特点，创造出许多高产高效益的生产茬口安排，如一年一大茬、一年两茬、一年多茬等。日光温室蔬菜生产，已成为我国北方地区蔬菜周年均衡供应的重要途径。

（三）现代化温室

现代化温室又称连栋温室、智能温室，是目前园艺设施的最高级类型，其内部环境实现了自动化调控，基本不受自然条件的影响，能全天候进行园艺作物生产。

1. 现代化温室的类型

（1）芬洛型玻璃温室。芬洛型温室是我国引进玻璃温室的主要形式，是荷兰研究开发后流行全世界的一种多脊连栋小屋面玻璃温室。温室单间跨度一般为 3.2m 的倍数，如 6.4m、9.6m、12.8m，近年也有 8m 跨度类型；开间距 3m、4m 或 4.5m，檐高 3.5～5.0m。每跨由 2 个或 3 个双屋面的小屋脊直接支撑在桁架上，小屋脊跨度 3.2m，矢高 0.8m。根据桁架的支撑能力，可组合成 6.4m、9.6m、12.8m 的多脊连栋型大跨度温室。覆盖材料采用 4mm 厚的园艺专用玻璃，透光率大于 92%。开窗设置以屋脊为分界线，左右交错开窗，每窗长度 1.5m，一个开间（4m）设两扇窗，中间 1m 不设窗，屋面开窗面积与地面积比率（通风比）为 19%。若窗宽从传统的 0.8m 加大到 1m，可使通风比增加到 23.43%，但由于窗的开启度仅 0.34～0.45m，实际通风比仅为 8.5%～10.5%（图 2-15）。

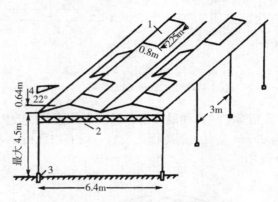

图 2-15　芬洛型玻璃温室结构示意
1. 天窗　2. 桁架　3. 基础

（2）里歇尔温室。法国瑞奇温室公司研究开发的一种流行的塑料薄膜温室，在我国引进温室中所占比例最大。一般单栋跨度为 6.4m、8.0m，檐高 3～4m，开间距 3～4m，其特点是固定于屋脊部的天窗能实现半边屋面（50%屋面）开启通风换气，也可以设侧窗卷膜通风。该温室的通风效果较好，且采用双层充气膜覆盖，可节能 30%～40%。构件比玻璃温室少，空间大，遮阳面少，根据不同地区风力强度大小和积雪厚度，可选择相应类型结构。但双层充气膜在南方冬季多阴雨雪的天气情况下，透光性会受到影响。

（3）卷膜式全开放型塑料温室。是一种拱圆形连栋塑料温室，这种温室除山墙外，顶侧屋面均可通过手动或电动卷膜机将覆盖薄膜由下而上卷起，达到通风透气的效果，可将侧墙和顶屋侧面或全屋面的覆盖薄膜全部卷起成为与露地栽培相似的状态，利于夏季高温季节生产作物。由于通风口全部覆盖防虫网而有防虫效果，我国国产塑料温室多采用这种形式。其特点是成本低，夏季接受雨水淋溶可防止土壤盐类积聚，简易、节能，利于夏季通风降温。例如上海市农机所研制的 GSW7430 型连栋温室和 GLZRW7.5 智能型温室等，均是一种顶高 5m、檐高 3.5m，冬夏两用，通气性能良好的开放型温室。塑料薄膜连栋温室见图 2-16。

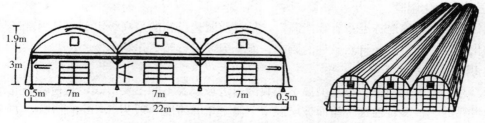

图 2-16　韩国双层薄膜覆盖三连栋温室示意

（4）屋顶全开启型温室。最早是由意大利 Serre Italia 公司研制的全开放型玻璃温室，近年在亚热带地区逐渐兴起。其特点是以天沟檐部为支点，可以从屋脊部打开天窗，开启度可达到垂直程度，即整个屋面的开启度可从完全封闭直到全部开放状态。侧窗则用上下推拉方式开启，全开后达 1.5m 宽。全开时可使室内外温度保持一致，中午室内光强可超过室外，也便于夏季接受雨水淋洗，防止土壤盐类积聚。其基本结构与芬洛型玻璃温室相似。

2. 配套设备与应用　现代温室除主体骨架外，还可根据情况配置各种配套设备以满足不同要求。

（1）自然通风系统。自然通风系统是温室通风换气、调节室温的主要方式，一般分为顶窗通风、侧窗通风和顶侧窗通风等 3 种方式。侧窗通风有转动式、卷帘式和移动式 3 种类型，玻璃温室多采用转动式和移动式，薄膜温室多采用卷帘式；顶窗通风，其天窗的设置方式多种多样，如图 2-17 所示。

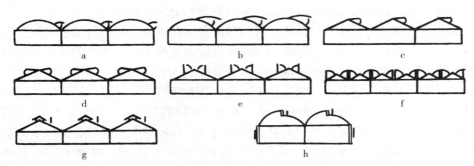

图 2-17　顶窗通风温室的天窗种类
a. 谷肩开启　b. 半拱开启　c. 顶部单侧开启　d. 顶部双侧开启　e. 顶部竖开式
f. 顶部全开式　g. 顶部推式　h. 充气膜叠层垂幕式开启

（2）加热系统。目前冬季加热多采用集中供热、分区控制的方式，主要有热水管道加热和热风加热两种系统。

①热水管道加热系统。由锅炉、锅炉房、调节组、连接附件及传感器、进水及回水主管、温室内的散热管等组成。温室散热管道有圆翼型和光滑型两种，设置方式有升降式和固定式之分，按排列位置可分垂直和水平排列两种方式。

在我国，热水管道加热系统通常采用燃煤加热，其优点是室温均匀，停止加热后室温下降速度慢，水平式加热管道还可兼作温室高架作业车的运行轨道；缺点是室温升高慢，设备材料多，一次性投资大，安装维修费时费工，燃煤排出的炉渣、烟尘污染环境，需要占用土地。

②热风加热系统。利用热风炉通过风机把热风送入温室各部分加热的方式。该系统由热风炉、送气管道（一般用 PE 膜做成）、附件及传感器等组成。

热风加热系统采用燃油或燃气加热，其特点是室温升高快，但停止加热后降温也快，且易导致叶面积水，加热效果不及热水管道加热系统。热风加热系统还有节省设备资材、安装维修方便、占地面积少、一次性投资小等优点，适于面积小、加温周期短、局部或临时加热需求大的温室选用。温室面积规模大的，应采用燃煤锅炉热水供暖方式。

此外，温室的加温还可利用工厂余热、太阳能集热加温器、地下热交换等节能技术。

（3）幕帘系统。包括帘幕和传动系统。

帘幕依安装位置的不同可分为内遮阳保温幕和外遮阳幕两种。

①内遮阳保温幕。内遮阳保温幕是采用铝箔条或镀铝膜与聚酯线条相间经特殊工艺编织而成的缀铝膜。按保温和遮阳不同要求，嵌入不同比例的铝箔条，具有保温节能、遮阳降温、防水滴、减少土壤蒸发和作物蒸腾从而节约灌溉用水的功效。著名产品为瑞典劳德维森公司 XLS 系列内遮阳保温幕。

②外遮阳系统。外遮阳幕利用遮光率为 70％或 50％的透气黑色网幕或缀铝膜（铝箔条比例较少）覆盖于离温室屋顶以上 30～50cm 处，较不覆盖的可降低室温 4～7℃，最多时可降 10℃，同时也可防止作物日灼伤，提高产品质量。

传动系统有钢索轴拉幕系统和齿轮齿条拉幕系统两种。前者传动速度快，成本低；后者传动平稳，可靠性强，但造价略高。两种都可自动控制或手动控制。

（4）降温系统。常见的降温系统有微雾降温系统和湿帘降温系统。

①微雾降温系统。普通水经过微雾系统自身配备的两级微米级的过滤系统过滤后进入高压泵，加压后的水通过管路输送到雾嘴，高压水流以高速撞击针式雾嘴的针，从而形成微米级的雾粒。形成的微雾在温室内迅速蒸发，大量吸收空气中的热量，然后将潮湿空气排出室外达到降温目的，如配合强制通风效果更好。其降温幅度在 3～10℃，是一种最新的降温技术，一般适于长度超过 40m 的温室采用，该系统还具有喷洒农药、施加叶面肥和加湿等功能。

②湿帘降温系统。湿帘降温系统是利用水的蒸发降温原理来实现降温的技术设备。通过水泵将水打至温室特制的疏水湿帘，湿帘通常安装在温室北墙上，以避免遮光影响作物生长，风扇则安装在南墙上，当需要降温时启动风扇将温室内的空气强制抽出并形成负压。室外空气在因负压被吸入室内的过程中以一定速度从湿帘缝隙穿过，与潮湿介质表面的水汽进行热交换，导致水分蒸发冷却，冷空气流经温室吸热后再经风扇排出达到降温目的。在炎夏晴天，尤其是中午温度高、相对湿度低时，降温效果最好，是一种简易有效的降温系统。

此外，还可以通过幕帘遮阳、顶屋面外侧喷水、强制通风等方式降温。

（5）补光系统。补光系统成本高，目前仅在效益高的工厂化育苗温室中使用，主要是为了弥补冬季或阴雨天光照不足，提高育苗质量。所采用的光源灯具要求有防潮专业设计、使用寿命长、发光效率高，光输出量比普通钠灯高 10％以上。人工补光一般用白炽灯、日光灯、高压汞灯以及钠光灯等，常见灯源的功率见表 2-4。

表 2-4　常见灯源的功率

单位：W

灯型	标注功率	输出功率			
		400～500nm	500～600nm	600～700nm	总计
白炽灯	100	0.8	2.2	3.9	6.9
荧光灯 CW	40	2.7	4.5	1.9	9.1
荧光灯 CW（1.5A）	215	13.5	22.5	9.5	45.5
汞磷灯	400	11.6	28.4	18.3	58.3
金属卤灯	400	26.6	50.3	12.1	89.0
高压钠灯	400	10.3	55.3	39.6	105.2

（6）补气系统。补气系统包括二氧化碳施肥系统和环流风机两部分。

①二氧化碳施肥系统。CO_2 气源可直接使用贮气罐或贮液罐中的工业用 CO_2，也可利用 CO_2 发生器将煤油或石油气等碳氢化合物通过充分燃烧而释放 CO_2，我国普通温室多使用强酸与碳酸盐反应释放 CO_2。

②环流风机。封闭的温室内，CO_2 通过管道分布到室内，均匀性较差，启动环流风机可提高 CO_2 浓度分布的均匀性，此外，通过风机还可以促进室内温度、相对湿度分布均匀，从而保证室内作物生长的一致性，改善品质，并能将湿热空气排出，达到降温效果。

（7）灌溉和施肥系统。灌溉和施肥系统包括水源、储水池及供给设施、水处理设施、灌溉和施肥设施、田间管道系统、灌水器如喷头和滴头等。进行基质栽培时，可采用肥水回收装置，将多余的肥水收集起来，重复利用或排放到温室外面；在作物生产时，应在作物根区土层下铺设暗管，以利排水。水源与水质直接影响滴头或喷头的堵塞程度，除符合饮用水水质标准的水源外，其他水源都应经各种过滤器进行处理。现代温室采用雨水回收设施，可将降落到温室屋面的雨水全部回收，是一种理想的水源。整个灌溉施肥系统中，灌溉首部配置是保证系统功能完善程度和运行可靠性的一个重要部分，首部的典型布置如图 2-18 所示。

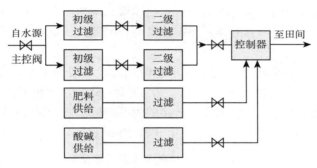

图 2-18　灌溉设施首部的典型布置

常见的灌溉系统有适于土壤生产的滴灌系统，适于基质袋培和盆栽的滴箭系统，适于温室矮生地栽作物的喷嘴向上的喷灌系统或向下的倒悬式喷灌系统以及适于工厂化育苗的悬挂式可往复移动的喷灌机（行走式洒水车）。

在灌溉施肥系统中，肥料与水的均匀混合十分重要，目前多采用混合罐方式，即在灌溉水和肥料施到田间前，按系统设定的范围，首先在混合罐中将水和肥料均匀混合，同时进行检测，当 EC（电导率）值和 pH 未达设定标准值时，至田间网络的阀门关闭，水肥重新回到罐中进行混合，直至达到设定的标准值时，阀门才会开启。同时为防止不同化学成分混合时发生沉淀，设有 A、B、C 罐与酸碱液罐。在混合前有二次过滤，以防堵塞。在首部布置中肥料泵是非常重要的部分，依其工作原理分为文丘里式注肥器、水力驱动式肥料泵、无排液式水力驱动肥料泵和电驱动肥料泵等不同种类。

（8）计算机自动控制系统。自动控制系统是现代温室环境控制的核心技术，可自动测量温室的气候和土壤参数，并对温室内配置的所有设备实现优化运行和自动控制，如开窗、增温、降温、加湿、调节光照和补充 CO_2、灌溉施肥和环流通气等。该系统是基于专家系统的智能控制，完整的自动控制系统包括气象监测站、主控器、温湿度传感器、控制软件、计算机、打印机等。

3. 现代化温室的应用　目前，现代化温室主要用于科研和高附加值的园艺作物生产上，在蔬菜生产中主要用于喜温性果菜类蔬菜如番茄、辣椒、黄瓜等的生产。一些现代化温室运用生物技术、工程技术和信息管理技术，以程序化、机械化、标准化、集约化的生产方式，采用流水线生产工艺，充分利用温室的空间，加快蔬菜的生长速度，使蔬菜产量比一般温室提高 10～20 倍，充分显示了现代化设施园艺的先进性和优越性。但当前因设施、水、电及管理成本过高，蔬菜价格较低，往往还难以大面积推广，在一些经济条件较好的地区可适当推广，进行中高档蔬菜生产。

四、夏季生产设施

夏秋季节炎热多雨，在此期间进行蔬菜栽培和育苗时，就需要适当通风、搭建防雨棚、覆盖遮阳网等，可有效降温防雨。同时高温多雨季节又是病虫害高发时期，使用防虫网可有效预防病虫发生，减少农药使用量，达到绿色生产的要求，取得良好的经济效益与社会效益。

（一）遮阳网

塑料遮阳网简称遮阳网，又称凉爽纱，它是以聚乙烯为原料，通过拉丝后编织而成的网状新型农用覆盖材料。遮阳网具有体积小、强度高、耐老化、质量小等特点，主要作为夏季降温覆盖材料。

1. 遮阳网的类型　遮阳网在外观上要求色泽均匀，网表面平整，排列整齐均匀，没有断丝或绞丝。生产上常用的遮阳网的透光率为 35%～65%，颜色有黑、银灰、白、果绿、蓝、黄、黑与银灰相交等色。生产上使用较多的为 SZW-12 和 SZW-14 两种型号，颜色以黑色和银灰色为主，使用寿命一般为 3～5 年（表 2-5）。

表 2-5　不同类型遮阳网的遮光率

型号	遮光率/%	
	黑色网	银灰色网
SZW-12	35～55	35～45
SZW-14	45～65	40～55

2. 遮阳网的覆盖方式

（1）浮面覆盖。在夏季，由于气温高，土壤温度也高，水分蒸发较快，对于蔬菜播种来说，土壤温度过高往往会导致土壤湿度低而影响种子的正常发芽。播种后及时覆盖遮阳网，利用遮阳网的半封闭性和较强的遮光性，可有效地降低土壤温度，减少水分的蒸发，提高土壤湿度，促进种子发芽（图 2-19）。

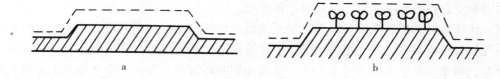

图 2-19　浮面覆盖示意

a. 播种后至出苗前地表浮面覆盖　b. 定植后至活棵前植株浮面覆盖

（2）设施外覆盖。在夏季，采用遮阳网进行设施外覆盖，可大大降低进入设施内的太阳能，因此能有效地降低设施内的温度，其降温效果优于设施内覆盖。

（3）设施内覆盖。设施内覆盖是现代化温室的主要配套设备之一，多采用机械化的作业方式。此外，可利用铁丝作二道幕的形式或利用连栋大棚内层拱架进行覆盖。

（4）平棚覆盖。用水泥柱或钢管作支柱，在水平与垂直方向上每隔 3m 左右放置 1 根，然后在支柱的上端固定好拉杆形成方格状，最后将遮阳网用细铁丝固定在拉杆上制作成遮阳棚。遮阳棚在南方主要用于夏季蔬菜生产。

3. 遮阳网覆盖效应

（1）遮光降温。遮光率 25%～75% 不等，炎夏覆盖地表温度可降 4～6℃，最大可降 12℃，5cm 地温下降 3～5℃，作地表浮面覆盖时可降低地温 6～10℃。

（2）防雨抗雹。因遮阳网机械强度较高，可避免暴雨、冰雹对蔬菜的机械损伤，防止土壤板结及雨后暴晴引起的倒苗、死苗。

（3）保墒抗旱。相关研究表明，浮面和封闭式大小棚覆盖，土壤水分蒸发量可比露地减少 60% 以上；半封闭式覆盖秋播小白菜，生长期间浇水量可减少 16.2%～22.2%。

（4）避虫防病。覆盖遮阳网可阻碍害虫进入，减少虫口密度，银灰色遮阳网还能驱避蚜虫，既能减轻蚜虫的直接危害，也可减轻或避免因蚜虫传播而引起的病毒病的发生。

（5）保温抗寒。江南地区主要用于夏季抗热防暴雨生产，也用于秋季防早霜、冬季防冻害、早春防晚霜。相关研究表明，冬、春覆盖气温可提高 1.0～2.8℃，对耐寒性叶菜越冬有利，早春茄果类、瓜类、豆类蔬菜可提早 10d 播种、定植。

4. 遮阳网的应用

（1）夏季覆盖育苗。夏季覆盖育苗是遮阳网最常见的利用方式。南方秋冬季蔬菜如甘蓝类蔬菜、芹菜、大白菜、莴苣等都在夏季高湿期育苗，为减轻高温、暴雨危害，以遮阳网替代传统芦帘遮阳育苗，可以有效地培育优质苗，保证秋冬菜的稳产、高产。

（2）越夏生产。在南方地区夏秋季节采用遮阳网覆盖生产喜凉怕热或喜阴的蔬菜，典型的如夏季生产小白菜、大白菜、芫荽、伏芹菜等。

（3）秋菜越冬浮面覆盖生产。秋播蔬菜如白菜类、根菜类、绿叶菜类蔬菜在严寒的冬季容易产生冻害，为防止低温危害，可采用遮阳网浮面覆盖，提高温度，延长产品的供应期。

（二）防虫网

防虫网是一种新型的覆盖材料，以添加防老化、抗紫外线等化学助剂的聚乙烯为原料，经拉丝编织而成，通常为白色，形似窗纱，具有抗拉强度大、抗紫外线、抗热、耐水、耐腐蚀、耐老化和无毒等性能，是 20 世纪 90 年代开发应用的覆盖材料。目前在全国绿色农产品生产上广泛应用，经济效益与社会效益显著。

1. 防虫网的规格　防虫网按目数分有 20 目、24 目、30 目、40 目等（目数越大，密度越大），按宽度分有 100cm、120cm、150cm 等类型，按色泽分有白色、银灰色等。蔬菜生产中一般以 20 目、24 目的白色防虫网最为常用，使用寿命为 3～4 年。

2. 防虫网的覆盖方式

（1）完全覆盖。将防虫网完全封闭地覆盖于生产作物的表面或拱棚的棚架上，每亩的用量约为 900m²（图 2-20）。蔬菜生产中采用全期覆盖，防虫效果好。

（2）局部覆盖。只在大棚和日光温室的通风口、通风窗、门等部位覆盖防虫网，在不影响设施性能的情况下达到防虫效果（图2-20）。

a   b

图2-20 防虫网覆盖形式
a. 完全覆盖　b. 局部覆盖

3. 防虫网的作用

（1）防虫。可根据害虫大小选择合适目数的防虫网，对于蚜虫、小菜蛾等害虫使用20～24目防虫网即可阻隔其成虫进入网内。

（2）防暴雨、冰雹对秧苗和植物的伤害。

（3）结合防雨棚、遮阳网进行夏、秋蔬菜的抗高温育苗或生产，可防止病毒病发生。

（4）遮光调湿。25目白色防虫网的遮光率为15%～25%，低于遮阳网和农膜，银灰色防虫网为37%，灰色防虫网可达45%。覆盖防虫网，早上的空气湿度高于露地，中午和傍晚都低于露地。网内相对湿度比露地高5%左右，浇水后高达10%左右，特别适合夏、秋生产使用。

4. 防虫网的应用 防虫网可用于叶菜类小拱棚、大中棚、温室的防虫覆盖生产；茄果类、豆类、瓜类等的大中棚、日光温室防虫网覆盖生产；特别适用于夏秋季节病毒病的防治，切断其产生源头；还可用于夏季蔬菜的育苗，与遮阳网配合使用效果更好。

（三）防雨棚

防雨棚是南方地区夏秋季节生产常用的设施。夏秋季节进行蔬菜生产和育苗时，为了防止暴雨的冲击，同时加大通风量，将塑料拱棚四周的塑料薄膜（围裙）去掉仅留顶部塑料薄膜，这种覆盖形式即为防雨棚。防雨棚结构简单，便于操作，是夏季果菜类蔬菜生产最为经济有效的手段，与遮阳网配合使用，其生产作用更加突出。

1. 防雨棚的类型 根据拱架大小的不同，可分为小拱棚式防雨棚和大棚式防雨棚两种。

（1）小拱棚式防雨棚。利用小拱棚的拱架，在顶部覆盖塑料薄膜，四周通气。

（2）大棚式防雨棚。在夏季将大棚四周的塑料薄膜除去，仅留顶部塑料薄膜防雨，气温过高时还可在顶部塑料薄膜上加盖遮阳网。

建造防雨棚时，注意四周应设排水沟，提高土壤的排水能力。

2. 防雨棚的作用

（1）预防暴雨危害，维持土壤良好结构。防止暴雨直接冲击土壤，避免水、肥、土的流失和土壤板结，促进根系和植物的正常生长，防止作物倒伏。

（2）改善小气候条件。与遮阳网相结合，可有效地改善设施内的小气候条件，降低气温和地温，避免暴雨过后因土壤水分和空气湿度过大而造成病害的发生和流行。

（3）减轻病害的发生。在园艺作物生产中，有许多病害主要是通过雨水传播，利用防雨棚可以有效地防止土壤中的病菌随雨水的传播，显著减少病害的发生。

（4）提高坐果率。对于开花结果的植物来说，可以改善授粉受精条件，提高坐果率和果实的品质。

3. 防雨棚的使用与维护　防雨棚可以用新膜也可以用旧膜，主要根据生产作物而定，在使用过程中应注意加强固定，防止被大风吹翻，对破损部分及时进行修复，防止防雨效果的下降。

任务二　设施环境综合调控技术

一、温度条件及调控

在影响作物生长发育的因素中，温度是主导因素。设施内温度高，昼夜温差大（夏季使用降温设施除外），变化具有规律性，温度分布不均匀。

（一）设施内温度的分布

1. 气温的日变化规律　密闭状态下设施内气温的变化比较有规律。在实际生产中，作物对生长环境的温度有一定的要求，但实际气候条件、管理目标的变化等常需要通过自然通风、强制通风、遮阳覆盖等措施来调节设施内的温度，以达到作物生长理想的温度范围，因此，一天中的温度变化经常随着管理措施而发生变化，相应比较复杂。

对于不同类型的设施来说，大型设施由于其空间比较大，土壤和空气的贮热能力比较强，温度变化比较缓慢，即白天升慢，夜间降温也慢，气温日较差较小；相反，小型设施空间较小，对热能的缓冲能力较弱，所以白天升温快，夜间降温也快，气温日较差大，不利于作物的正常生长，同时管理也比较烦琐。据调查，在密闭状态下，小拱棚春天的最高气温可达50℃，大棚只有40℃左右；在外界温度为10℃时，大棚的日较差约为30℃，小拱棚高达40℃。

无论是大型设施还是小型设施，其设施内一天的最高气温都出现在13时前后，最低温度出现在日出前或揭草帘前，通过加强覆盖或采用多层覆盖等措施，都能有效地提高设施的保温能力。设施内的气温与季节呈同步变化趋势。

2. 地温的日变化规律　一天中，设施内的地温随着气温的变化而发生变化，变化规律相似，最高地温一般比最高气温晚出现2h左右，最低地温值较最低气温也晚出现2h左右。晴天光照充足时，地表地温最高，向下随深度的增加而降低。地表最高温度出现在13时，5cm最高地温出现在14时，10cm最高地温出现在15时左右。地温的日较差以地表最大，向下随深度的增加而减少，在20cm深处地温日较差很小。

此外，设施内地温的季节变化规律也非常明显，从冬季到春季，随着外界气温的升高，地温也随之升高。不同的天气状况，设施内的地温也有明显的差异。以改良型日光温室为例，一般冬季晴天温室内10cm地温为10～23℃，连续阴天时的最低温度可达8℃。

3. 设施内温度分布特点

（1）气温的水平分布。据河北师范大学杨献光等人的研究表明，在日光温室中，气温的水平分布（南北跨度上）较为均匀，温度变化不大，温度极差最高值出现在10时，为

1.71℃；从温度的水平分布平均值可以看出，距南膜约0.5m处温度最高，距南膜约1.5m处温度最低，但极差仅为0.4℃。在东西方向上，由于受光辐射量、受光时间、山墙的遮阳、进出口等不同的影响，各部位的温度也有较大差异，通常以中部温度最高，东墙、西墙附近温度最低。夜间在不加温的条件下，设施内一般中部温度高于四周。

（2）气温的垂直分布。设施内气温垂直方向的变化要比水平方向的变化剧烈得多。白天由于阳光照射的作用，设施内上部气温较高，下部气温较低；越是靠近薄膜的部位其在一天中的气温变化越大，越是靠近中下部的地方，其一天中的气温变化越小。夜间，由于热岛效应，靠近地表的气温最高；而靠近薄膜的地方，由于贯流放热、有效辐射作用，气温最低。

（3）地温的水平分布。日光温室内由于光照水平分布的差异、各部位接受太阳光的强度和时间长短、与外界土壤邻接的远近不同以及受温室进出口的影响，地温的水平分布表现为：5cm地温不同部位差异较大，以中部地带温度最高，由南向北递减，后屋面下地温稍低于中部，比前沿地带高；东西方向上温差不大，靠进出口的一侧受缝隙放热的影响，地温变化较大，东西山墙内侧地温最低。地表温度在南北方向上变化比较明显，但晴天和阴天表现不同，白天和夜间也不一致。晴天和白天中部最高，向北、向南则递减；夜间后屋面下最高，向南递减；阴天和夜间地温变化的幅度较小。

（4）地温的垂直分布。冬季日光温室内的地温，在垂直方向上的分布与外界明显不同。自然界0～50cm的地温，随深度的增加温度不断提高，不论晴天和阴天都是一致的。而日光温室情况则完全不同，晴天表层地温最高，随着深度的增加，地温逐渐降低；阴天特别是连续阴天，下层地温比上层地温高。原因是晴天地表接受太阳辐射，温度升高后向下传递；遇到阴天，特别是连续阴天，因为太阳辐射能极少，气温下降，由土壤贮存的热量释放出来进行补充，越靠近地表处，交换和辐射出来的热量越多，所以深层土壤温度高于浅层。日光温室冬季遇到连续阴天，太阳辐射能极少，温室内的温度主要靠从土壤中贮存的热量来补充，地温不断下降。连续7～10d处在这种情况下，地温只能比气温高1～2℃，对某些园艺作物会造成低温冷害或冻害。

（二）设施内温度的调控

1. 保温措施

（1）增强设施自身的保温能力。设施的保温结构合理，场地安排、方位与布局等也要符合保温要求，最好北侧有挡风的建筑、树林、风障等。

（2）用保温性能优良的材料覆盖。如采用保温性能好的塑料薄膜进行覆盖。夜间覆盖保温的草帘要密，并保持干燥、疏松状态，草帘的厚度要适中，过薄则保温效果差；要注意草帘与草帘之间要有一定的重叠，不能留有缝隙，以免降低保温效果。

（3）减少缝隙散热。设施密封要严实，特别是有围裙的塑料大棚，两薄膜之间的缝隙要小，尽可能减少窜风。要经常对设施的状况进行检查，对于薄膜破孔以及墙体的裂缝等要及时粘补和堵塞严密。通风口和门也是缝隙散热的主要场所，应注意关闭严实，门的内、外两侧应张挂保温帘。

（4）多层覆盖。多层覆盖材料主要有塑料薄膜、草苫、纸被、无纺布等，可以用多层进行覆盖，增加保温能力。在日光温室中，特别要注意对南部温度的管理。因为温室北部的空间最大，容热量也大，又有后墙的保温，夜间温度下降较慢，降温幅度较小，温度较高；而南部的采光面，夜间主要利用草苫等进行覆盖，保温能力相对较差，温度下降快，温度低，作物容易受害。

（5）保持较高地温，增加土壤的贮热能力。设施夜间保温能力的好坏主要取决于设施内土壤贮热的多少，因此，加强土壤管理，提高土壤的贮热能力，也是提高设施夜间保温能力的有效措施。主要方法有：

①覆盖地膜。最好覆盖透光率较高的白色、无滴地膜，可有效提高土壤的贮热量。

②合理浇水。低温期应于晴天上午浇水，不在阴雪天及下午浇水。一般当 10cm 地温低于 10℃时不得浇水，低于 15℃时要慎重浇水，只有在 20℃以上时浇水才安全。另外，低温期要尽量减少浇水的次数，要浇经过预热的温水或温度较高的地下水，不浇冷水；要浇小水、暗水，不浇大水和明水。

③挖防寒沟。在设施的四周挖深 50cm、宽 30cm 左右的防寒沟，内填干草、牛粪等，上用塑料薄膜封盖，以减少设施内土壤热量的横向传导散热，可使设施内四周 5cm 地温增加 4℃左右。

④增加有机肥和深色肥料的使用。在土壤中增加有机肥和深色肥料的使用，可使土壤保持良好的结构，增加持水能力，减少浇水次数，同时深色肥料有助于增强土壤的蓄热能力。

（6）设置风障。一般多于设施的北部和西北部设置风障，不仅可以降低风速，保护设施，而且可以减少贯流放热，提高设施的保温能力，以多风地区设置风障的保温效果较为明显。

2. 加温措施　设施内人工加温的方法很多，各地运用的情况也不完全一样，主要有临时性加温和长时间加温两类。由于使用的目的不同，加温方法和设备投入也有较大的差别，常用方法有：

（1）火炉加温。火炉加温是用炉筒或烟道散热，将烟排出设施外。该法多见于简易温室及小型加温温室，通常将烟道安置在北墙中部或北墙墙脚，方法简便，成本低，可用于临时或长时间加温。

（2）暖水加温。暖水加温是利用分布在生产行间或生产床底部的散热片或散热管道散发热量进行加温。其加温均匀性好，安全性高，温度便于控制，但是投资高，加温成本也较高，主要用于玻璃温室以及其他大型温室和连栋塑料大棚中，作长时间加温用。

（3）热风炉加温。热风炉加温是用带孔的送风塑料管道，将燃油炉燃烧产生的热风送入设施内。其显著特点是升温快，但由于受燃油机功率、风扇功率等的影响，加温的范围、均匀性均不如热水加温，主要用于中小型连栋温室或连栋塑料大棚中，也可作临时加温用。

（4）明火加温。在设施内设置燃烧炉，直接点燃干木材、树枝等易燃烧且生烟少的燃料，利用烟筒将燃烧产生的烟排出温室的同时，散发热量进行加温。其方法简便，加温成本低，升温也比较快，但容易产生有害气体危害。该法对燃烧材料及燃烧时间的要求比较严格，主要作为临时应急加温措施，用于日光温室以及普通大棚中。

（5）电加温。主要使用电炉、电暖器以及电热线等，利用电能对设施进行加温。具有加温快、无污染且温度易于控制等优点，但也存在着加温成本高、受电源限制较大、加温时热量扩散范围小等问题，主要用于小型设施的临时性加温。

除了对设施内空气加温外，还有土壤加温，这方面在国外利用较多，其中利用热水管道对土壤进行加温已较普遍。国内目前这方面运用还不太多，主要是受设备投入和加温成本的约束，今后可以在设施栽培上加以利用。

3. 降温措施

（1）自然通风。通过开启通风口、门、窗等，散放出热空气，同时让外部的冷空气进入设施内，使温度下降。

（2）强制通风。当外界风速较小，自然通风作用不明显时可采取强制通风措施，利用风扇将热空气抽出设施或将冷空气送入设施进行降温。

（3）遮阳。遮阳是目前常用的最经济有效的降温方法，主要手段是利用覆盖遮阳网和棚膜或玻璃表面涂白进行遮光降温。

（4）喷雾。利用高压水泵将冷水通过管道输送到设施的上部，然后通过雾化喷头将水雾化（使水形成极细的颗粒），喷洒到设施内，当水雾与热空气充分接触时，吸收空气中的热量而使空气温度下降。设施内喷雾降温见效快，降温效果明显，但为了维持设施内一定的温度需要持续或间断地进行喷雾，因此容易造成设施内湿度过高，诱发病害，有条件的应加强通风排湿。

（5）湿帘。在温室北墙设置湿帘，在湿帘对应的南侧墙安装风扇，风扇将室内空气强制抽出，形成负压，同时水泵启动，通过给水槽将水淋在湿帘上，使进入设施的空气温度降低，进而降低设施内温度。我国南方高温高湿地区，由于空气湿度大，降温效果受到限制，但在夏季中午高温时使用，仍是一种有效的降温方式。

自然通风和强制通风措施只有在外界气温明显低于设施内空气温度时，才能取得很好的降温效果；当外界气温接近设施内气温时降温较差，应采取遮阳、湿帘、喷雾等措施降温。

二、光照条件及调控

园艺设施的主要光源来自太阳能，因此当地的气候条件直接影响着设施性能的好坏和设施作用的发挥，也直接影响着园艺作物的生产。设施内的光照条件主要包括光照度、光照分布、光照时数与光质，其中，对设施栽培影响较大的是光照度和光照时数。总的来说，设施内光照弱，分布不均匀，且光质发生了变化。

（一）设施内光照条件的特点

1. 光照分布

设施内的光照分布与设施结构、设施的方位等有密切关系，总体来说，越接近透明覆盖物其光照越强，越接近地面其光照越弱。

（1）温室内的光照分布特点。单屋面温室的等光线（光照度相等点线的连线）与前屋面平行，但由于受温室内不同部位的屋面角度大小、后屋面的角度和长短、侧墙以及生产作物的不同的影响，温室内各部位的光照存在着明显的差异。西北农林科技大学温室课题组于1992年1月调查陕西咸阳温室光照分布情况的结果表明：从南北方向来看，南面前排光照占总光量45％，中排占40％，后排占15％，光照存在明显差异；从东西方向来看，由于受东墙和西墙的影响，靠近东墙和西墙的部位相对光照较弱，而在中部则光照较强；垂直方向上，不同部位的光照度差异也比较明显，一般表现为由下而上光照度逐渐增强（表2-6）。

表 2-6　温室内垂直方向不同部位的光照度

单位：klx

设施内的位置	西葫芦区		黄瓜区			露地
	地面	上部	地面	架中部	架上部	
南部	15.0	26.0	8.6	23.2	23.5	
中部	13.0	26.0	4.7	19.0	22.5	47.0
北部	10.5	26.0	4.2	15.3	21.0	

由表 2-6 中可以看出，蔬菜的生产方式对温室内光照分布的影响很大。利用高架生产黄瓜时，叶面积指数大，上部叶片对中下部的遮光比较严重，地面光照度较弱，仅为爬地西葫芦区的 40% 左右，故冬季搭架或引蔓生产蔬菜时，合理密植、及时进行植株调整、摘除老叶病叶、利用有反光作用的地膜等措施，有利于提高植株中下部的光照度。

（2）塑料大棚内的光照分布特点。塑料大棚的方位主要有南北延长和东西延长两种，因此光照的分布相对日光温室来说较为简单，其光照分布的主要特征见表 2-7 和表 2-8。

表 2-7　东西延长棚（南北向对称棚）内各部位太阳辐射能及透光率

项目	棚外	棚南部	棚北部
太阳能/[J/(cm² · min)]	0.084	0.040	0.020
透光率/%	100	48.3	25.1

注：表中数据为 1973 年 1 月 11 日 6 次观测的平均值。

表 2-8　南北延长棚（东西向对称棚）内各部位太阳辐射能及透光率

项目	棚外[a]	棚西部[a]	棚中部[a]	棚东部[a]	棚外[b]	棚南部[b]	棚北部[b]
太阳能/[J/(cm² · min)]	0.195	0.103	0.106	0.103	0.179	0.059	0.059
透光率/%	100	52.6	54.6	52.9	100	33.0	33.0

注：a 为 1997 年 4 月 4 日 8 次观测的平均值，b 为 1973 年 3 月 20 日 7 次观测的平均值。

2. 光照度　设施内的光照度一般比自然光要弱，这是因为自然光要透过透明屋面覆盖材料才能进入设施内，这个过程中会由于覆盖材料的吸收、反射，覆盖材料内面结露的水珠的吸收、折射等而降低透光率。尤其在寒冷的冬春季节或阴雪天，透光率只有自然光的 50%～70%，如果透明材料不清洁，或因使用时间长而染尘、老化等因素，透光率会不足自然光的 50%。

3. 光照时数　设施内的光照时数因设施类型而异。塑料大棚和大型连栋温室，因全面透光，无外覆盖，设施内的光照时数与露地基本相同。但单屋面温室内的光照时数一般比露地要短，因为在寒冷季节为了防寒保温，覆盖的蒲席、草苫揭盖时间直接影响受光时数。在寒冷的冬季或早春，一般日出后才揭苫，而日落后或刚刚日落盖苫，一天内受光时数不过 7～8h，在高纬度地区冬季甚至不足 6h。

4. 光质　一年四季中，随着气候的改变，光的组成也有明显的变化。如紫外光以夏季的阳光中最多，秋季次之，春季较少，冬季则最少。夏季阳光中紫外光的比例是冬季的 20

倍，而蓝紫光比冬季仅多 4 倍。因此，这种光质的变化可以影响到同一种植物不同栽培季节的产量及品质。

光质除了与季节有关外，还与覆盖材料有密切的关系。塑料薄膜的可见光透过率一般为 80%～85%，红外光为 45%，紫外光为 50%。聚乙烯和聚氯乙烯薄膜的总透光率相近，但聚乙烯膜的红、紫外光的透过率稍高于聚氯乙烯膜，散热快，因而保温性较差。玻璃透过的可见光为露地的 85%～90%，红外光为 12%，紫外光几乎不透过，因此玻璃的保温性优于塑料薄膜。有色薄膜能改变透过的太阳光的成分，例如浅蓝色膜能透过 70% 左右可见光的蓝、绿光和 35% 左右的 600nm 波长的光，绿色膜能透过 70% 左右可见光的橙、红光和微弱透过 600～650nm 波长的光。

光质还会影响蔬菜的品质。紫外光与维生素 C 合成有关，玻璃温室栽培的番茄、黄瓜等果实维生素 C 的含量往往没有露地栽培的高，就是因为玻璃阻隔紫外光的透过，塑料薄膜温室的紫外光透光率就比较高。光质对设施园艺作物的果实着色有影响，设施栽培的颜色一般较露地的淡，如茄子为淡紫色，番茄、葡萄等也没有露地栽培风味好，味淡。

（二）设施内光照条件的调控

1. 增加光照的措施

（1）合理的设施结构和布局。据不同地区的具体气候特点，合理选择相应的设施类型和设施结构、设施建设场所，合理设置大棚群或温室群，以此来增加设施的自然采光量，增强设施的保温性能。

（2）合理选用透明覆盖物。不同的薄膜，其透光性、保温性都存在着较大差距，可以选择耐老化性能强、防雾效果好、无滴的薄膜来增加透光性。不同颜色的薄膜其透光率也不一样，我们可根据生产植物的要求，合理选用。薄膜受水滴、灰尘等污染后，透光率明显降低，定期清除覆盖物表面上的灰尘、积雪等，是提高设施光照度的重要措施；保持塑料薄膜膜面平紧，减少光的反射；在地面铺设具有反光作用的地膜，可增加植物群体中下部的散射光，如铺银灰色地膜、黑白双色地膜等；在设施的内墙或风障南面等张挂反光薄膜，可使北部光照增加 50% 左右；将温室的内墙面、立柱表面等涂成白色，可增加反射光的能力，改善设施内的光照分布。

（3）合理安排畦向。畦的方向关系到作物的行向，行向不仅与作物受光状态有关，而且也与通风、热量和湿度有关。畦的方向对于高秆和搭架的蔓性蔬菜影响较大，对于矮生蔬菜影响较小。

（4）加强田间管理。合理的农业措施和科学的管理方法有助于设施内光照度的提高。例如，由于设施内生长环境长期保持较为适宜，植物在设施内生长的时间相对较长，因此植株生长旺盛，生产时可适当稀植；可采用搭架、引蔓的生产方法来提高种植密度，但应及时进行整枝、摘除老叶和病叶等，提高植株间的通风、透光性；在保证设施内温度的前提下，早上应早揭草帘，下午应晚盖，延长光照时间。总之，应根据作物对光照度及光周期的反应等特点，科学合理地进行管理，才能达到预期的生产目标。

（5）人工补光。在连续阴雨天气，设施内的光照度明显不能满足作物对光照的需求，影响作物生长，或作物生长的特殊时期，或为了促进作物发育需要延长光照时要进行补光。根据不同的补光目的，所采用的光源有较大的差别，应加以了解和区分。对于促进其光合作用的人工补光来说，首先，灯源所发出的光照度必须大于该作物的光合作用的光补偿点；其次，最理想的是采用多种光源的组合，模拟该作物生长发育最适的光谱，即光源的光谱特性与植物产生生物效应的光谱灵敏度尽量吻合，以便最大限度利用光源的辐射能量；最后，由于补光增加了设备的投资和生产成本，所以一定要考虑其经济效益和可行性。

2. 减少光照的措施　外界光照度大，需要通过遮阳来降低设施内的光照度，使其能更好地适应作物对光照度的需求，同时在炎热季节通过遮阳也可起到降低设施内的温度的作用。目前生产上用于遮阳的主要设施有遮阳网、荫障、苇帘、芦帘等。此外，塑料大棚和温室还可以采取薄膜表面涂白灰水、白涂料或泥浆等措施，减少其透光量，达到减小光照度、降低室温的作用。一般薄膜表面涂白面积 30%～50% 可减小光照度 20%～30%。

3. 调整光照的措施

（1）转光膜的应用。转光膜是在生产普通棚膜的原材料中添加"转光功能性母料"后制成的新型高科技功能膜。膜中的"转光母料"吸收转换阳光中的紫外光（会灼伤植物组织）和绿光（会被植物反射而损失），释放出利于植物生长的蓝光和红光，增加棚内的蓝色和红色光谱成分，提高了光能利用率。该膜除具有强度高、耐老化、透光好、保温、流滴等功能外，主要作用是调整太阳光谱，使作物生长快、坐果好、结果多、抗逆性强、早熟、增产和品质好。如稀土转光膜，将紫外光的绝大部分转变为植物光合作用能直接利用的红橙光，通过改进作物的光照质量，提高作物产量 7%～48%。

（2）散光膜的应用。农用散光膜为多层膜层铺连接结构，从外到内依次为保护层、调光层、折光层和基膜层。保护层下表面设置有调光层；调光层上表面设置有朝上的凸起，下表面设置有折光层；折光层包括一号折光层和二号折光层，二号折光层下表面设置有基膜层。保护层的材质为聚偏氟乙烯材料，厚度为 $5\sim10\mu m$；调光层上表面的凸起为多面棱镜形；一号折光层的材质为聚甲基丙烯酸甲酯材料，厚度为 $8\sim12\mu m$，二号折光层的材质为聚对苯二甲酸乙二醇酯材料，厚度为 $3\sim5\mu m$；基膜层的材质为聚乙烯材料，厚度为 $20\sim60\mu m$。农用散光膜具有很好的折光散光效果。大棚早上升温快，中午散光快，炎热的天气里也不会烧苗，植株生长健壮。

三、湿度条件及调控

设施内湿度的主要特点是空气湿度大、土壤湿度容易偏高。空气湿度的表示方法有两种：一种是绝对湿度，表示的是每立方米空气中所含水蒸气的质量，单位 g/m^3；另一种是相对湿度，表示的是空气中的实际含水量与同温度下饱和水蒸气含量的百分比。在农业生产上所说的湿度通常是指相对湿度，相对湿度与作物的生长发育、病害的发生有着密切的关系，在此主要介绍设施内相对湿度的一般规律。

（一）设施内湿度的变化规律

1. 空气湿度　在密闭设施内，一天中相对湿度最大值出现在设施揭除保温覆盖物、温度开始上升之前。此时，在不通风的情况下，设施内相对湿度达到 95% 以上。随着阳光照射到设施上，设施内温度逐渐升高，相对湿度逐渐下降；中午前后，气温达最大值时，空气相对湿度降到一日中的最低值，一般低于 75%；午后，随着光照的减弱，设施内的温度也逐渐下降，此时设施内的相对湿度逐渐升高。过饱和的水蒸气在遇到寒冷的覆盖物表面后冷凝成水滴，滴落到地面或顺着覆盖物的内表面滑落到地面，空气的相对湿度因此略有下降，但总体上维持在95％以上，直至第二天揭开保温覆盖物，设施内温度开始回升，相对湿度进入下一次循环。

在实际生产过程中，白天往往因为通风而将水蒸气带走，使设施内的相对湿度下降（低于75％）；晚上，设施内的相对湿度常达到饱和。白天相对湿度过大会影响植物的蒸腾作用，抑制了作物对于水分和养分的吸收，从而阻碍了作物的光合作用和生长发育；夜间，相对湿度高，再加上温度管理偏高，容易导致病害的发生。

影响空气湿度变化的主要因素包括土壤的湿度大小、作物的叶面积大小、设施的大小等。土壤湿度大时，相应地土壤水分蒸发量也大，空气湿度增加，反之，空气湿度减小。作物的蒸腾作用是空气湿度的来源之一，作物叶面积指数大时，其叶面积也大，蒸腾作用强，空气湿度相应增加。设施越大，其内部的空间也越大，因此空气湿度的变化相对较缓和；相反，设施越小其空气的湿度变化剧烈，管理的难度增加，在有条件的情况下可建造较大的设施，来提高设施内的土地利用率，方便湿度、温度等的管理。

2. 土壤湿度 设施内土壤湿度主要来自灌水，此外，由于覆盖物的遮挡作用，使得外界的雨水不能进入，因此形成设施内土壤水分独特的循环方式。

由于土壤的蒸发作用和作物的蒸腾作用，土壤表层的水分减少，同时通过土壤毛细管的作用，土壤深层的水分不断地向表层移动进行补充，维持较高的土壤湿度。蒸发和蒸腾到空气中水分，由于设施的封闭性而保留在设施内，当水蒸气遇到寒冷的覆盖物、拱架、支柱等时，往往冷凝成水滴回落到土壤表面或形成水膜沿覆盖物的表面滑落到土壤表面，使土壤表层的含水量增加。水分循环的结果，往往是土壤浅表层湿度较大，而土壤深层水分严重不足，影响了作物根系对水分和土壤深层养分的吸收。

设施覆盖下的水量变化与地膜覆盖的不同之处在于前者内部增加了土壤蒸发和作物蒸腾作用，这些蒸发、蒸腾的水分在设施的内面或骨架材料上结露，不断地顺着设施的内面滑向两侧或顺着骨架下落，逐渐使设施内中部的土壤变得干燥而两侧以及局部地区的土壤水分增加，引起土壤局部湿差和温差，同时由于水分的不断蒸发，也使土壤深层的盐类物质向土壤表层集结。地膜覆盖时，由于地膜的封闭作用，抑制了土壤水分的蒸发，有效地抑制了土壤深层的盐类物质向土壤表层的集结，减轻或缓解了盐类危害的发生，尽管一个生产畦的中部和两侧的土壤湿度有所差异，但总体上差异较小。

（二）设施内湿度的调控

1. 空气湿度的调控 空气湿度调控的主要任务是通过合理的手段来保持设施内一定的湿度，即在设施内湿度较高时，采用通风等手段降低设施内的湿度；在夏季设施内湿度较低时，通过喷雾等手段来提高设施内的湿度，维持作物的正常生长，有效地防止病害的发生。具体方法有：

（1）通风排湿。通风排湿是棚室管理中最常用、最经济有效的方法。应注意掌握通风时间、通风口开启的大小等，并与通风降温结合起来考虑。

设施的通风排湿效果最佳时间是中午，此时设施内温度升高，大量水分蒸发到空气中，设施内外的空气湿度差异最大，湿气容易排出。其他时间温度较低时，水分蒸发量少，排湿效果也下降。在保证温度要求的前提下，尽量延长通风时间。温室排湿时，要特别注意加强以下5个时期的排湿：浇水后的2～3d、叶面追肥和喷药后的1～2d、阴雨（雪）天、日落前后的数小时内（相对湿度大，降湿效果明显）和早春（温室蔬菜的发病高峰期，应加强排湿)。

通风排湿时要求均匀排湿，避免出现通风死角。一般高温期温室通风量较大，各部位间的通风排湿效果差异较小，而低温期则由于通风不足，容易出现通风死角，一般可利用风扇促进设施内空气的循环和流动。

（2）减少地面水蒸发。通过覆盖地膜，采用膜下滴灌技术或在膜下开沟浇水来减少水分蒸发，降低空气湿度。对于不采用地膜覆盖的大型保护地设施，在浇水后的几天内，应升高温度，保持 32~35℃ 的高温，加快地面的水分蒸发，降低地表湿度；平时在墒情合适时，及时进行中耕松土，可有效地降地土壤水分的蒸发。对于育苗床，浇水后可向畦面撒干土压湿。

（3）合理使用农药和叶面追肥。低温期，设施内尽可能采用烟雾法或粉尘法进行防病、治虫，提高防治病虫的效果，不用或少用叶面喷雾法，避免空气湿度升高。进行叶面追肥或喷洒农药时，应选在晴天的 10—15 时进行，保证在日落前留有一定的时间进行通风排湿，同时应考虑叶面追肥与喷洒农药相结合，减少叶面追肥及喷洒农药的次数。

（4）其他降低空气湿度的方法。选用无滴膜，保持薄膜表面排水流畅；加温除湿，使用除湿机、除湿型热交换通风装置（能防止随通风而产生的室温下降）、热泵等除湿。

（5）增加设施内空气湿度的方法。增加设施内空气湿度的措施很多，主要有灌水、喷雾加湿等。灌水直接提高了土壤湿度，从而加大了土壤的蒸发量，能有效地提高空气湿度。利用喷灌直接将水喷洒到植物和土壤的表面，能使设施内的湿度迅速提高。在现代化温室中，多配备有喷雾系统，在温度较高、湿度较低时，可进行喷雾，起到降温和增加湿度的双重作用。

2. 土壤湿度的调控　主要是保持适宜的土壤湿度，一方面要防止湿度长时间过高，影响作物根系的生长和地温的升高（因为水的热容量比土壤大 2 倍，比空气大 3 000 倍左右）；另一方面要进行水分的补充，满足作物生长发育对水分的需求。从设施园艺小气候的特点看，灌水的实质是满足植物对水、气、热的要求，调节三者的矛盾，促进植物生长。

土壤湿度调控的主要依据是作物根系的吸水能力、作物对水分的需求量、土壤的结构及施肥的多少等。在黏重的土壤中，虽然能有较大的持水量，但灌水过多则易造成根际缺氧；相反沙土持水能力差，则需增加灌水量和灌水次数来满足作物对水分的需求。理想的土壤结构是既有一定的持水力，又有良好的通气性，合适的灌水量能满足作物对水分的需求，多余的水能渗入土壤深层。生产上土壤湿度调控的主要措施有：

（1）高畦或高垄栽培。利用高畦低沟，有利于畦中土壤水分的排出，降低作物根系附近的土壤水分，同时有利于地温的升高，在南方地下水位较高的地区运用较普遍。

（2）地膜覆盖。采用地膜覆盖不仅能有效地提高土壤温度，同时地膜的封闭作用也能很好地减少土壤水分的蒸发，减少灌水次数，提高水分的利用率。

（3）适量适时浇水。低温期为了避免因浇水而引起的土壤温度下降，可采用隔沟（畦）浇沟（畦）法或微灌溉系统等进行浇水，总的原则是浇水量要适量，避免浇水后引起地面漫流，更不宜采用大水漫灌（北方地区特殊季节可用漫灌法）。适量灌溉也应根据作物的生长状况、生育期对水分的要求来进行。适时浇水即选择适宜的灌水时间，晴暖天设施内的温度高、通风量大，浇水后地面水分蒸发快，对土壤湿度影响较小，因此，一般多选择晴天的上午进行灌水；低温阴雨（雪）天空气温度低，地温也低，地面水分蒸发慢，地温提高也慢，不宜浇水。适时适量浇水，还应根据不同的生产方式、设施内不同地方土壤湿度情况等合理地浇水，对设施中部、畦中部等容易干燥的地方可适当多浇，其他则少浇或不浇。

（4）采用微灌技术提高灌溉的利用率。目前微灌技术已在设施栽培上普遍运用，其主要方法有膜下灌溉、滴灌、微喷灌、渗灌等，各种微灌技术都有其相应的特点。总体来说，微灌技术能根据作物的需水要求及时、适量地进行灌溉，提高了灌溉的经济性和有效性，满足了作物正常生长对水分要求。此外，微灌技术中的膜下灌溉、滴灌和渗灌等属于局部灌溉的形式，不会引起土壤温度的明显下降，对作物根系的生长有很好的促进作用，同时能增加土壤的贮热能力，有利于设施内夜间温度的提高。

四、气体条件及调控

设施是一个相对封闭的环境，它与外界的气体交流相应较少（特别是在冬季温度较低的情况下，为了增强设施的保温性而进行多重覆盖），因此，设施内有害气体容易积累并危害植物的生长。与此同时，由于设施的密闭作用，作物光合作用所需二氧化碳不能及时得到补充而影响作物的生长。了解设施内气体条件的特点并合理调控，能起到防止危害、提高产量和品质的良好作用。

（一）设施内的有益气体及调控

1. 设施内的有益气体　设施内的气体通常分为有益气体和有害气体两种。有益气体主要指作物呼吸、根系发育所需的氧气，与作物光合作用原料之一的二氧化碳。

（1）氧气。作物生命活动需要氧气，尤其在夜间，光合作用因为缺少太阳光能不再进行，但作物的呼吸作用仍在进行，需要充足的氧气。作物地上部分生长所需氧气来自空气，而地下部分根系的形成，特别是侧根及根毛的形成，也需要土壤中有足够的氧气，否则根系会因为缺氧而窒息死亡。在蔬菜、花卉生产中常因灌水太多或土壤板结，造成土壤中缺氧，引起根部危害。此外，在种子萌发过程中必须要有充足的氧气，否则会因乙醇发酵毒害种子，使其丧失发芽力。

（2）二氧化碳。二氧化碳是绿色植物进行光合作用、制造糖类的重要原料之一。据测定，蔬菜生长发育所需要的二氧化碳气体最低浓度为 $80\sim100mg/kg$，最高浓度为 $1\,600\sim2\,000mg/kg$；晴天叶菜类二氧化碳适宜浓度为 $1\,000mg/kg$，果菜类为 $1\,000\sim1\,500mg/kg$；阴天适宜的浓度为 $500\sim600mg/kg$。在适宜的浓度范围内，浓度越高，高浓度持续的时间越长，越有利于蔬菜的生长和发育。有时考虑到施用气肥的成本，多按照适宜浓度的下限来进行施肥，以降低生产成本。

设施内二氧化碳不足会严重地抑制作物的光合作用，作物的抗性下降、产量低、产品品质差，据相关报道，增施二氧化碳一般可增加产量 $20\%\sim50\%$。

2. 设施内二氧化碳的日变化特点及调控

（1）二氧化碳浓度的日变化特点。塑料拱棚、温室等设施内的二氧化碳，来自大气补充、植物呼吸作用释放和土壤微生物的分解作用。在揭开草帘、保温被等保温覆盖前，密闭设施内的二氧化碳浓度最高。随着阳光照射到设施内，设施内温度迅速升高，作物的光合作用增强，通常在揭开草帘后 $0.5\sim1.0h$，设施内的二氧化碳被作物的光合作用消耗到最低，

仅为 $80\sim100mg/kg$，与此同时，由于缺少二氧化碳，植物的光合作用处于停滞状态。下午，随着光照的减弱与设施内温度的下降，光合作用消耗二氧化碳的速度下降，但此时植物的呼吸作用仍较强，所以设施内的二氧化碳浓度逐渐升高。傍晚以后，由于没有了植物的光合作用消耗二氧化碳，但植物的呼吸作用、土壤微生物的分解活动仍在进行，设施内的二氧化碳不断积累，到揭开草帘又累积到最高值，为 $500\sim600mg/kg$。

从以上设施内二氧化碳浓度的日变化规律可以看出，在揭开草帘后，由于作物的光合作用消耗了设施内的二氧化碳，使植物处于二氧化碳饥饿状态，在此时如能及时进行二氧化碳的补充，能促进作物保持持续、长时间的光合作用旺盛状态，制造更多的养分，促进作物的生长，提高产量和品质。

（2）二氧化碳施肥。二氧化碳施肥主要是通过采用相应的手段，增加设施内二氧化碳的浓度。二氧化碳施肥的方法很多，可因地制宜地进行选择，同时也应考虑二氧化碳施肥的时期、施肥时间的长短和浓度的高低等，只有这样才能合理利用资源，降低生产成本，提高经济效益。

①二氧化碳施肥的时期。一般植物苗期的生长量小，对二氧化碳的需求总量也相对较少，但此时期增施二氧化碳能明显地促进幼苗的生长发育。有关试验结果表明，黄瓜苗定植前施用二氧化碳，能增产 $10\%\sim30\%$；番茄苗期施用二氧化碳，能增加结果数 20% 以上。苗期补充二氧化碳可从真叶展开后开始，以花芽分化前开始施肥的效果最好。此外，由于苗期的秧苗较矮小，可以利用小拱棚覆盖等措施，减小生长的空间，从而降低了二氧化碳的施肥量，降低成本，提高效益。

作物定植后到坐果前（有些蔬菜是产品器官形成前）的一段时间里，植物主要以营养生长为主，植物制造的养分主要用于营养体的扩大，外观上表现为植物个体的迅速增大，生长速度比较快，对二氧化碳的需求量也增加。但此期施肥却容易引起徒长，须谨慎施用，并与防止作物徒长的措施结合运用才能取得良好的效果。

产品器官形成期为作物对糖类需求量最大的时期，也是二氧化碳施肥的关键时期，此期即使外界的温度已高，通风量加大了，也可进行二氧化碳施肥，将 8—10 时植物光合效率最高时间内的二氧化碳浓度提高到适宜的浓度范围内。生产后期，生产量减少，生产效益也比较低，一般不再进行二氧化碳施肥，以降低生产成本。

②二氧化碳施肥的时间。在一天之中日出后 30min 左右，设施内二氧化碳浓度逐渐下降，此时开始施入二氧化碳最为合适。具体做法为关闭通风口，让棚、室升温，温度达到 $15℃$ 时开始施放二氧化碳。晴天持续施放 2h 以上，并维持适宜的浓度，至通风前 1h 停止。停止施放后的一段时间内，设施内的二氧化碳浓度仍然较高，可让作物继续吸收利用，1h 左右后应根据设施内的温度状况及时进行通风，既可防止设施内的高温危害，同时也可利用通风对设施内的二氧化碳进行补充（大气中的二氧化碳浓度通常在 $330mg/kg$ 左右）。阴雨天气可停止施放。下午施肥容易引起植株徒长，除了植株生长过弱需要促进情况外，一般不在下午施肥。

③二氧化碳的施用浓度。施用二氧化碳的最适浓度与作物种类、生育阶段、天气状况等密切相关。在温度、光照、水肥等条件较为适宜时，一般蔬菜作物在二氧化碳浓度为 $600\sim1\,500mg/kg$ 的情况下，光合速率最快，其中果菜类以 $1\,000\sim1\,500mg/kg$、叶菜类以 $1\,000mg/kg$ 的二氧化碳浓度为宜。阴天阳光不足、温度偏低时，可根据具体情况施用二氧

化碳，浓度控制在 500～600mg/kg，也可不施用。雨天停止施用。

④二氧化碳施肥的方法。进行二氧化碳施肥期间，应注意保持设施的密闭性，防止二氧化碳气体外逸，提高二氧化碳的利用率，可降低生产成本。此外，增施二氧化碳后，作物生长旺盛，在生产技术上也应采取相应措施才能取得丰产。例如加强水肥管理，施肥时间段适当提高温度来促进光合作用，加大昼夜温差，可喷矮壮素（CCC）适当控制生长防止徒长，还可根外追肥补充作物所需的矿质元素等。二氧化碳施肥的具体方法很多，下面做一简单介绍。

a. 增施有机肥。在设施栽培中，可以通过增加有机肥的施用量，利用土壤中微生物的分解活动释放二氧化碳进行施肥。若加外源菌剂，效果更好。此方法简单易行、肥源丰富、成本低，但二氧化碳发生量集中且不易掌握，可采取分层施肥的方法加以调节。

b. 燃烧天然气（包括液化石油气）。其装置为二氧化碳释放器，通常安装在作物的上部，利用风扇将充分燃烧后的气体送出，二氧化碳气体依靠自身密度较大的特点慢慢回落到植物群体中，供作物吸收利用。因为是直接在设施内燃烧天然气等，因此要求天然气的纯度要高，同时控制好燃烧时间，防止设施内因氧气不足而燃烧不完全，引起一氧化碳的危害。

c. 液态二氧化碳。液态二氧化碳为乙醇工业的副产品，经压缩装在钢瓶内，可直接在设施内释放，容易控制用量，肥源较多，成本相应较高。

d. 固态二氧化碳（干冰）。放在容器内，任其自身扩散，可起到良好施肥效果，但成本较高，适合小面积试验用。

e. 燃烧煤和焦炭。燃料来源容易，但直接燃烧产生的二氧化碳浓度不易控制，在燃烧过程中常有一氧化碳和二氧化硫有害气体伴随产生，所以在生产上常使用二氧化碳气肥增施装置，其基本原理是：用燃气过滤器滤除燃烧所产生的粉尘、煤焦油等成分后，再由空气压缩机将燃烧后产生的气体送入反应室，经发泡器分解为微小气泡，在药液中进行汽液两相化学反应，进一步吸收其中的有害成分，最后输出纯净的二氧化碳。

f. 投放二氧化碳颗粒肥。该产品以优质碳酸钙为原料，与营养元素的载体相组合，经机械加工成颗粒状气肥，水分含量≤3％，硬度≥6N。使用时，将颗粒肥埋于作物行间或施于地膜下，每亩用量 40～50kg，释放二氧化碳时间约为 2 个月。

g. 化学反应法。此方法采用碳酸盐或碳酸氢盐和强酸反应产生二氧化碳的原理。我国目前应用此方法最多，现在国内浙江、山东有几个厂家生产的二氧化碳气体发生器都是利用化学反应法产生二氧化碳气体，已在生产上有较大面积的应用。使用化学反应法，方法简便有效而且经济，所以各地运用较多，方法也较多，在此做一简单介绍供大家参考。

方法一：利用工业硫酸和农用碳酸氢铵反应产生二氧化碳气体。在每亩棚室内均匀地设置 40 个容器，如塑料盆、瓷盆、坛子、瓦罐，但不能使用金属器皿。将 90％浓度的工业用硫酸按照硫酸∶水比为 1∶3 比例稀释（注意先将水注入容器内，然后缓慢地将硫酸倒入水中），每个容器倒入工业用浓硫酸 0.5kg。每个盛硫酸溶液的容器中，每天加入碳酸氢铵90g，即可在每亩的棚、室内供给相当于 $1\,000cm^3/m^3$ 的二氧化碳。一般加一次硫酸可供 3d 加碳酸氢铵之用，当加入碳酸氢铵后不再冒泡或白烟时，即表明硫酸已反应完毕，应将生成物清除（可作根际施肥用）。施放二氧化碳的时间在一天之中日出后 30min，棚、室内温度达 15℃时开始，此时要将棚、室密闭。

方法二：将一定数量的塑料桶用铁丝进行固定或吊挂起来（桶数根据棚室大小和施肥浓

度计算），要求桶口高于作物的生长点。然后将施气肥 20～30d 所需的碳酸氢铵用水均匀地溶解在各个塑料桶内，每天施肥时，在各个桶内注入一定量的浓度硫酸即可，此法无须担心不施肥时浓硫酸的挥发。

具体计算方法：

$$每日用碳酸氢铵量（g）=设施内体积（m^3）×所需 CO_2 浓度（cm^3/m^3）×0.003\ 6（g/cm^3）$$

$$每日用硫酸量（g）=每日需要碳酸氢铵量（g）×0.62$$

不同二氧化碳施肥方法比较见表 2-9。

表 2-9 不同二氧化碳施肥方法比较

名称	原理	方式	优点	缺点
通风换气法	与大气交换来补充室内 CO_2 亏缺	强制通风、自然通风	成本低、易操作、应用广泛、安全、易行	CO_2 浓度只能增加到 300mg/kg 而达不到蔬菜所需的 CO_2 最适浓度；受外界气温限制，冬季使用有困难
土壤施肥法	给土壤施入可产生 CO_2 的各种肥料，利用其分解出的 CO_2 来持续不断地补充设施内 CO_2	增施有机肥法、深施碳铵法	成本低、易操作、应用广泛、兼有他用、安全、易行	效果缓慢、易产生有害气体、不易控制
		固体 CO_2 颗粒肥法	成本低、方法简单、易行、安全	不易控制
生物生态法	通过室内其他有用生物活动释放 CO_2 来补充蔬菜所需的 CO_2	蔬菜与食用菌培养间作、"种养沼"三位一体	多方面利用、安全、简单易行、成本低	效果缓慢、不易控制
化学反应法	利用酸与碳酸盐的反应生成 CO_2	硫酸碳铵法、固体酸碳铵法	成本较低、效果明显、气体纯	不太安全、操作烦琐
电解法	电解原理	工业式	气体纯、产气量大、易控制	成本昂贵、只适于现代化保护地栽培
燃烧法	通过燃烧反应产生 CO_2	固体燃烧法（如木材、煤、焦等）、液体燃烧法（如白煤油等）、气体燃烧法（如石油气、天然气）	使用方便、易于控制、产气量大、有温度正效应	成本偏高、易产生有害气体
纯 CO_2 法	纯 CO_2 在室温下汽化或升化来产生 CO_2	液态（钢瓶装）法、固体 CO_2（干冰）法	CO_2 纯净、施用方便、劳动强度低、产气量大	成本高、投资大、有显著的温度负效应、运输不便

（二）设施内的有害气体及调控

1. 设施内的有害气体　设施内有害气体主要来自施肥（氨气和二氧化氮）、燃烧燃料（二氧化硫、一氧化碳、乙烯等）及塑料制品（磷酸二甲酸二异丁酯、正丁酯等）等，大气污染也是造成作物受害的因素之一。下面介绍主要有害气体及作物受害后的症状。

（1）氨气。氨气的密度小于空气，在化工、制药、食品、制冷、合成氨等工业中常有排放或逸出，是大气污染物之一。因其毒性相对较小，一般情况下在大气中不致大面积危害植物。设施内氨气是肥料分解的产物，例如施用了未经腐熟的人粪尿、畜禽粪（特别是未经充分发酵的鸡粪）、饼肥等有机肥，遇高温时分解产生；追施化肥不当，在设施内施用碳酸氢铵、氨水；采用撒施、随水浇施等不正确的施肥方式等都会产生氨气危害。

氨气可被土壤水分吸收，呈阳离子状态（NH_4^+）时被土壤吸附，作物根系可以吸收利用。但当氨气挥发到设施内时，它以气体的形式从叶片气孔或水孔进入植物体内，就会发生碱性损害。当设施内空气中氨气浓度达到 5mg/L 时，就会不同程度地危害作物。受害叶片先呈水浸状，颜色变淡，逐步变黄白色或淡褐色，严重时褪绿变白，全株枯死。在高浓度氨气影响下，植物叶片发生急性伤害，叶肉组织崩溃，叶绿素分解，造成脉间点状、块状黑色伤斑，有时沿叶脉产生条状伤斑，并向叶脉浸润扩散，伤斑与正常组织间界限分明。

（2）二氧化氮。二氧化氮是施用过量的铵态氮而引起的。施入土壤中的铵态氮，在亚硝化细菌和硝化细菌作用下，要经历一个由铵态氮→亚硝态氮→硝态氮的过程。在土壤酸化条件下（pH<5 时），亚硝化细菌活动受抑，亚硝态氮不能转化为硝态氮，亚硝态酸积累而散发出二氧化氮。施入铵态氮越多，散发二氧化氮越多。当二氧化氮从气孔进入植物体内时，与水形成亚硝酸和硝酸，酸度过高就会伤害组织。空气中二氧化氮浓度达 2mg/L 时可危害植株，危害症状为最初是叶表现出不规则水渍状伤害，后扩展到全叶，并产生不规则的白色至黄褐色小斑点，以后褪绿，浓度高时叶片叶脉也变白枯死。番茄、黄瓜、莴苣等对二氧化氮敏感。

（3）二氧化硫。二氧化硫又称亚硫酸气体，是我国当前最主要的大气污染物，排放量大，对植物的危害也比较严重。据研究发现，敏感植物在二氧化硫浓度为 0.05～0.50mg/L 时，经 8h 即受害；二氧化硫浓度为 1～4mg/L 时，经过 3h 即受害。不敏感的植物，则在二氧化硫浓度为 2mg/L 时，经过 8h 受害；二氧化硫浓度为 10mg/L 时，经 30min 后受害。

大气中的二氧化硫是含硫的石油和煤燃烧时的产物之一，发电厂、有色金属冶炼厂、石油加工厂、硫酸厂等散发较多的二氧化硫。设施中的二氧化硫主要是在加温时燃烧含硫量高的煤炭，或施用大量的肥料而产生的，如未经腐熟的粪便及饼肥等在分解过程中会释放出大量的二氧化硫。二氧化硫对作物的危害主要是由于二氧化硫遇水（或湿度高）时产生亚硫酸，亚硫酸是弱酸，能直接破坏作物的叶绿体，轻者组织失绿白化，重者组织灼伤、脱水，萎蔫枯死。

（4）氯气。氯气对农作物的危害在空气污染物里仅次于二氧化硫和氟化氢。空气中氯气含量达到 0.4% 时，人在 10min 内就会中毒死亡；含量达 0.1mg/L 时，经过 2h 可使对氯气敏感的作物苜蓿和萝卜叶片受害；含量达 0.5mg/L 时，可以使环境中的许多作物在不到 1h 内就出现病变症状。

污染空气中的氯气，主要来源于食盐电解工业以及制造农药、漂白粉、消毒剂、塑料、合成纤维等工业企业。在园艺设施内氯气的来源主要是使用了有毒的农用塑料薄膜、塑料管等塑料物品。因为这些塑料制品选用的增塑剂、稳定剂不当，在阳光暴晒或高温下可挥发出氯气，危害作物生长。植株受害时，通常中部叶片和下部叶片症状较严重，叶缘和叶脉间组织出现白色、浅黄褐色的不规则斑块，最后发展到全部漂白、叶枯卷干枯死亡。氯气对植物的毒性要比二氧化硫大，在同样浓度下，氯气对植物危害程度是二氧化硫的 3～5 倍。

（5）乙烯。乙烯是链式碳氢化合物的代表，它对人体一般无害，但对植物生长发育影响十分显著，这是因为乙烯是植物的内源激素之一，植物本身就能产生微量乙烯，控制、调节生长发育过程。当设施环境中乙烯浓度达到一定水平时，通常认为在 $0.05 \sim 1.00 \text{mg/L}$，就会干扰植物的正常发育，引起许多植物生长异常，主要表现为生长受到抑制，叶片和果实失绿变黄；较常见的症状是落蕾、落花、落果，或造成果实畸形、开裂，严重时叶片、花蕾、花和果实均能脱落，造成生产损失。乙烯使植物产生各种形态的异常反应是诊断乙烯污染的有价值的参考依据，有助于区别其他污染物的伤害。

2. 设施内的有害气体的调控

（1）合理施肥。有机肥要充分腐熟后施肥，并且要深施，施后覆土。不用或少用挥发性强的铵态氮肥，如碳酸氢铵、氨水等。追肥时可开沟或开穴施入，不直接地面追肥，覆土后及时浇水，追肥时要按"少施勤施"的原则，追肥、浇水后要注意通风换气。

（2）覆盖地膜。采用地膜覆盖，能阻止土壤中的有害气体的挥发，氨气、二氧化氮等遇到地膜内侧上的水分后，也会被溶解，重新落回到土壤中供作物吸收利用，提高了肥料的利用率。

（3）正确选用塑料薄膜与塑料制品。选用厂家信誉好、质量优的农膜、地膜进行设施栽培。选用无毒的农用塑料薄膜和塑料制品，不在设施内堆放塑料薄膜或制品。

（4）安全加温。加温炉体和烟道要设计合理，气密性好。应选择含硫量低的优质燃料加温，并且加温时炉膛和排烟道要密封严实，严禁漏烟。有风天加温时，还要预防倒烟。

（5）通风换气。每天应根据天气情况，及时通风换气，排除有害气体，特别是当发觉设施内有特殊气味时，要立即通风换气。

（6）加强田间管理。经常检查田间，发现植株出现中毒症状时，应立即找出病因，并采取针对性措施，同时加强中耕、施肥工作，促进受害植株恢复生长。

五、土壤条件及调控

在设施栽培上，由于设施的封闭作用使设施内的土壤缺少酷暑、严寒、雨淋、暴晒等自然因素的影响，加上生产时间长、施肥多、浇水少、连作严重等一系列因素的影响，土壤的性状易发生变化，土壤病害也容易累积，虫害暴发严重。通常温室连续栽种 $3 \sim 5$ 年后，各种症状逐渐暴露出来，其中变化较大、对作物生长影响较深的主要有土壤酸化、土壤盐渍化和连作障碍等。下面分别做一些介绍，供大家在生产管理时参考。

（一）设施内的土壤特点

1. 土壤养分失衡　在设施栽培中，一方面，由于作物的适宜生长期长、生长量大，消耗养分较多，同时由于设施内温度较高，土壤微生物活动旺盛，加快了养分的分解，提高了养分的有效性，因此，如果施肥不足，往往会引起缺肥现象，作物表现出缺素症状。另一方面，由于设施栽培轮作换茬比较困难，连作严重，作物对某种元素的吸收过多（作物对某元素的嗜好作用），常常导致土壤中某种元素的缺失而影响到其他元素的平衡，不利于作物的正常生长。此外，作物在生长过程中的分泌物长期积累在土壤中，对同类作物产生自毒作用，会导致作物的抗性下降、产量下滑、产品品质变劣等。

2. 土壤盐渍化　设施内土壤深层的水分通过毛细管的作用不断向土壤表层移动，在这一过程中，土壤深层的矿质元素也随着毛管水的上升而不断地向土壤表层聚集。再加上设施内缺少雨水的淋溶，更加剧了盐分积累的速度，最终导致土壤表层盐分浓度过高而影响了作物的正常生长，使作物表现出叶色深绿、叶小且萎缩、落花及僵果率明显提高、新根少、根系发黄等症状，严重时导致植株枯死等。

3. 土壤酸化 由于大量使用化学肥料，特别是氮肥使用过量和生理酸性肥料的使用，使土壤中积累了大量的酸根离子，土壤酸性增大，许多元素在土壤中发生化学反应而沉淀，变成了作物不可吸收的形态，引起作物出现缺素症状，常见的如磷、钙、镁的缺失。此外，由于土壤酸性加大，一些有害元素例如铝、锰等活性增大，作物易于吸收，吸收过量后抑制了作物体内酶的活性，也抑制了对其他元素的吸收，严重影响作物的正常生长。

4. 土壤中有害病虫源增加 土壤是非常复杂的有机体，一年四季设施内温度都较高，因此含有大量的生物。这些生物中有有益生物（对作物生长发育有利），也有有害生物（对作物生长不利或有毒害作用），还有许多土壤酶类。由于设施内的土壤缺少了利用严寒、太阳暴晒等杀死有害病菌、虫卵的条件，给病菌、害虫的越冬和越夏提供了场所，如果设施内作物残体清理不干净，又人为地为病虫提供了营养物质，再加上园艺作物根系的分泌物，种种因素综合在一起，很容易引发枯萎病、青枯病、黄萎病等土传病害，造成连作障碍或连作危害。病害在生产上常表现为病原菌明显增加，病害发生时间早，持续时间长，病害种类增多，许多病害很难根治；虫害则表现为一年世代繁殖代数增加，世代重叠现象严重，许多在夏季发生较严重的虫害，在秋冬季的温室内也出现并蔓延，治理难度大。

（二）设施内土壤酸化的原因及防治

1. 土壤酸化 土壤酸化是指土壤的 pH 明显低于 7，土壤呈酸性化的现象。土壤酸化对作物的影响很大，主要表现在以下几个方面：

（1）直接破坏根的生理机能，导致根系死亡。

（2）降低土壤中磷、钙、镁等元素的有效性，间接降低这些元素的吸收率，诱发缺素症状；铝、锰等元素的活性增大，作物吸收量提高，抑制作物体内酶的活性和对其他元素的吸收。

（3）抑制土壤微生物活动，肥料分解、转化缓慢，肥效低，易发生脱肥。

2. 发生的原因 引起土壤酸化的原因比较多，其中施肥不当是主要原因。大量施用氮肥导致土壤中积累较多的硝酸是引起酸化最为重要的原因，例如大量使用硝酸铵等化学肥料和含氮量高的鸡粪、饼肥、油渣等。此外，过多地施用硫酸铵、氯化铵、硫酸钾、氯化钾等生理酸性肥也能导致土壤酸化。

3. 防治措施

（1）合理施肥。氮素化肥和高含氮有机肥的一次施肥量要适中，应采取少量多次或分层施肥的方法施肥。

（2）施肥后要连续浇水。一般施肥后连浇 2 次水，稀释、降低酸的浓度。

（3）加强土壤管理。采用地膜覆盖抑制水分的蒸发；进行中耕松土，促根系生长，提高根的吸收能力；在土壤耕作时，撒施生石灰进行预防等。

（4）及时处理。对已发生酸化的土壤应采取淹水洗酸法或撒施石灰中和的方法提高土壤的 pH，并且改变所施肥料种类，减少或不再施用生理酸性肥料。

（三）设施内土壤盐渍化的原因及防治

1. 土壤盐渍化 土壤盐渍化是指土壤溶液中可溶性盐的浓度明显过高现象。当土壤发生盐渍化时，植株生长缓慢、分枝少，叶面积小、叶色加深、无光泽，容易落花落果和形成僵果。危害严重时，植株生长停止，生长点色暗、失去光泽，最后萎缩干枯；叶片色深、有蜡质，叶缘干枯、卷曲，并从下向上逐渐干枯、脱落；新根不能发生，根系发黄变褐最后坏死。

2. 发生的原因　土壤盐渍化主要是施肥不当造成的，其中氮肥用量过大，土壤中剩余的游离态氮素过多，是造成土壤盐渍化最主要的原因。此外，大量施用硫酸盐（如硫酸铵、硫酸钾等）和盐酸盐（如氯化铵、氯化钾等），也能增加土壤中游离的硫酸根和盐酸根浓度，导致的盐害发生。

3. 防治措施

（1）定期检查土壤中的可溶性盐浓度。土壤含盐量可采取称量法或电导率法测量。称量法就是取 100g 干土加 500g 水，充分搅拌均匀，静置数小时后，把浸取液烘干称量，计算出含盐量。一般蔬菜设施内每 100g 干土中的适宜含盐量为 15～30mg，如果含盐量偏高，表明有可能发生盐渍化，要采取预防措施。

电导率法即用电导率（EC）大小反映土壤中可溶性盐的浓度。测量方法为取干土 1 份，加水（蒸馏水）5 份，充分搅拌，静置数小时后取出浸出液，用电导率仪测出浸出液的电导率。一般蔬菜适宜的土壤浸出液的电导率为 $0.5～1.0\mu S/cm$，如果电导率大于此范围，说明土壤中的可溶性盐含量较高，有可能发生盐害。

（2）适时适量追肥。要根据作物的种类、生育时期、肥料的种类、施肥时期以及土壤中的可溶性盐含量、土壤类型等情况确定施肥量。

①施肥前要先取样，测定土壤的有效盐含量，并以此作为施肥依据，确定施肥量。如果土壤中的含盐量较高，要减少施肥量（尤其氮肥），反之则增加施肥量。

②根据肥料的种类确定施肥量。有机肥肥效缓慢，不易引起土壤盐渍化，可增加用量。速效化肥的肥效快，施肥后能迅速提高土壤中盐的浓度，施肥量要少；含硫和氯的化肥，施肥后土壤中残留的盐酸根较多，不宜施肥过多。

③根据施肥时期确定施肥量。高温期肥料分解、转化快，施肥量要少；低温期肥效慢，要增加施肥量。

④根据作物的种类确定施肥量。耐盐力强的蔬菜如茄子、辣椒、洋葱等，一次性施肥量可加大，以减少施肥次数；耐盐力次之的蔬菜如番茄、菠菜及耐盐力差的蔬菜如黄瓜、菜豆等，则要采取少量多次施肥法。

⑤根据作物的生育时期确定施肥量。如蔬菜苗期的耐盐力较弱，要减少施肥量；成株期根系的耐盐力增强，可加大施肥量或缩短施肥期。

（3）淹水洗盐。土壤中的含盐量偏高时，要利用空闲时间引水淹田降盐，也可每 3～4 年夏季休闲 1 次，揭开覆盖物，利用降水洗盐。

（4）种植绿肥或禾本科类作物降盐。因为作为绿肥种植的豆科类植物都具有较强的耐盐力，并且能吸收和固定土壤中的氮肥，种植后收割豆科类作物并移至设施外进行绿肥制作，可起到一定的降盐作用。种植禾本科作物时，可以进行杀青，并将作物的秸秆粉碎后翻入土壤中，利用秸秆的发酵作用，降低土壤中的氮的危害。

（5）换土。如温室连续多年生产后，土壤中的含盐量较高，仅靠淹水等措施难以降低时，就要及时更换耕层熟土，把肥沃的田土搬入温室，用于生产。

（四）设施内土壤管理要点

1. 合理施肥 要保持设施内土壤良好的结构和持续的生产能力，合理施肥是非常必要的。要改变产量与施肥量成正比的错误概念，通过科学管理和合理施肥来提高产量。合理施肥主要指根据不同作物对肥料的需求特点、作物不同生育时期的需肥规律，采取科学的施肥方法，提供适量的作物所需的各种肥料，实行完全施肥，不偏施氮肥。

2. 增施有机肥 有机肥不仅能供给作物生长发育所需的各种元素，特别是生长发育所需的微量元素，同时还能够改善土壤结构，提高土壤的保水保肥能力，提高土壤的贮热量，有助于设施夜间的保温。针对不同的有机肥，在施肥时可采用分层施用的方法，迟效的、肥力低的有机肥施在最底层，肥效快、肥力高的施在中层，随着作物根系的不断扩展逐渐吸收各层肥料，避免肥料过分集中而伤害根系或作物生长后期发生缺肥现象。

3. 合理轮作 在有条件的情况下，一定要实行严格的轮作制度，利用不同作物对土壤中不同养分的吸收特点，平衡土壤中各种元素的比例，保持土壤良好的结构和肥力，避免作物根系分泌物的自毒作用。实行轮作还能有效地控制各种病害的发生，对于降低生产成本、减轻劳动强度、提高经济效益等方面都有积极的作用。在南方地区，有采用竹木结构大棚每年在不同的水稻田块轮换生产番茄、西瓜的成功案例，即常见的水旱轮作，其发病少、产量高、效益佳。如果实在无法进行轮作时，也应该适当减少种植茬口，让土地有一定的休闲时间，进行养地。

4. 土壤改良 土壤改良是针对土壤的不良性状（如过于疏松或过于黏重等）和障碍（如酸化、盐渍化等）因素，采取相应的物理或化学措施，改善土壤性状，提高土壤肥力，增加作物产量的过程。土壤改良工作应根据各地的自然条件、经济条件和设施内土壤的具体特点，因地制宜地制定切实可行的规划，逐步实施，以达到有效地改善土壤生产性状和环境条件的目的。用化学改良剂改变土壤酸性或碱性的一种措施称为土壤化学改良。常用的化学改良剂有石灰、石膏、磷石膏、氯化钙、硫酸亚铁、腐殖酸钙等，视土壤的性质而择用。如碱性土壤需施用石膏、磷石膏等以钙离子交换出土壤胶体表面的钠离子，降低土壤的 pH；对酸性土壤，则需施用石灰性物质。采取相应的农业、生物等措施，改善土壤性状，提高土壤肥力的过程称为土壤物理改良。具体措施有适时耕作，增施有机肥，改良贫瘠土壤；客土、漫沙、漫淤等，改良过沙过黏土壤。

具体来说，沙质土壤的改良可采用大量施用有机肥料，在农闲季节种植绿肥，并翻入土中，或与豆科作物多次轮作等方式。瘠薄黏重土壤的改良可通过增施有机肥，或利用根系较深或耐瘠薄土壤的作物如玉米等与蔬菜轮作、间作或套作来实现。

以上单独介绍了温度、光照、湿度、气体、土壤的调控措施，在生产实践中应该综合调控，充分发挥各因素的综合效应，朝着工厂化、低碳化、网络化方向发展。工厂化现在主要是指植物工厂，其能够达到高产、高效、均衡供应；低碳化是指利用地热、生物质能、太阳能等新能源，如全封闭温室（具有自己的热库、冷库，不与外界交流）；网络化即智能化，指应用物联网技术综合调控温室环境。

项目小结 ◇

本项目主要介绍了蔬菜生产设施的类型、结构及应用，设施的环境调控技术。重点介绍了电热温床、地膜覆盖、塑料拱棚、温室等设施的结构与应用，通过介绍让学生掌握设施的特点，便于在生产中加以应用，同时学会针对不同作物进行环境调控。

实训指导 ◆

技能实训 2-1　地膜覆盖技术

一、目的要求

通过实训，了解地膜的特性，掌握地膜覆盖的方法、步骤和技术要领。

二、材料用具

地膜、铁锹、耙子等。

三、方法步骤

（一）精细整地

精细整地可使土壤疏松、细碎，畦面平整，无砖头、瓦块及大土块，使地膜紧贴畦面，防止透气、漏风，充分发挥保温、保水的作用。

（二）施足底肥

地膜覆盖的地块因温湿度适宜，土壤中有机肥分解快，并且不易追肥，须结合整地施足充分腐熟的有机肥，防止生育后期出现脱肥现象。

（三）保证底墒

保证底墒是覆膜条件下保证苗全、苗齐、苗壮的重要措施。底墒足时可以在较长时间内不必灌水，底墒不足时可以先灌水后覆膜，底墒充足时整地后应立即覆膜，防止土壤水分蒸发。

（四）化学除草

覆膜质量差或地膜出现破损时，会使杂草丛生，争夺土壤中的养分，并且覆膜后田间除草困难，因此可选用化学除草剂进行除草。

（五）覆膜方式

（1）采用先覆膜后播种或定植方式，可同时完成做畦、喷除草剂、铺膜、压膜4个环节。

（2）采用先播种后覆膜的方式，覆膜后要经常检查幼苗出土情况，发现幼苗出土时，及时破膜使幼苗露出地膜外，防止烤苗。

（3）采用先定植后覆膜的方式，需边覆膜边掏苗，膜全部铺完后用土把定植孔压严，否则覆膜的效果会降低。

（六）覆膜方法

覆膜覆膜时3人1组，其中1人拉膜，其余2人在畦（或垄）的两侧压膜。压膜时，要压严、压实，防止透风。

四、作　业

（1）简述地膜覆膜技术的要点。

（2）分析几种覆膜方式的优缺点。

技能实训 2-2　蔬菜生产设施类型

一、目的要求

通过对实训基地园艺设施的实地调查和观看视频、图片等影像资料，了解园艺设施的类型、结构、性能和在生产中的应用。

二、材料用具

园艺设施，多媒体图片、视频，卷尺等。

三、方法步骤

（一）实地调查

到实训基地进行实地调查，主要调查内容如下：

（1）调查、了解当地简易设施、塑料拱棚、温室、夏季园艺设施等类型设施的结构特点，观察各种类型园艺设施的场地选择、设施方位和整体规划情况，分析各种类型园艺设施结构的异同、性能的优劣和节能措施的设置状况。

（2）调查各种园艺设施调控环境的方式，包括防寒保温、充分利用太阳能和人工加温、遮阳降温、通风换气等环境调控措施在生产中的应用情况。

（3）调查记载各种类型园艺设施在本地区的主要利用季节、生产作物种类、周年利用状况等。

（二）观看视频、图片等影像资料

观看地面简易园艺设施（简易覆盖、近地面覆盖）、地膜覆盖、小型园艺设施（小棚、中棚）、大型园艺设施（大棚、温室）等各种类型园艺设施的影像资料，了解各种类型园艺设施的结构特点、性能及使用情况。

四、作　业

（1）根据当地园艺设施的类型、结构、性能及其应用的状况，写出实训报告。

（2）绘制出日光温室、塑料大棚、温床等设施纵断面示意图，并注明各部位名称和尺寸。

（3）对当地设施园艺发展趋势做出评价。

复习思考题 ◆

1. 地膜覆盖有哪些作用？

2. 风障畦分为哪几类？

3. 阳畦由哪几部分组成？

4. 温床主要有哪些类型？

5. 塑料大棚有哪些类型？

6. 塑料大棚主要结构包括什么？

7. 如何建造温室？

8. 遮阳网有哪些作用？

9. 如何科学管理防虫网，提高经济效益？

10. 防雨棚有哪些作用？

11. 如何进行设施保温、降温和人工加温？

12. 如何增加设施内的光照，改善作物生长条件？

13. 如何降低设施内的空气湿度？

14. 如何进行二氧化碳施肥？

15. 怎样防止设施内有害气体的产生？

16. 如何防治设施内土壤酸化？

17. 如何防治设施内土壤盐渍化？

蔬菜生产基本技术

项目导读 ◇

　　本项目主要介绍蔬菜栽培季节与茬口安排技术、蔬菜育苗技术、蔬菜定植技术及田间管理技术。

学习目标 ◇

　　知识目标：掌握栽培季节与茬口安排，理解蔬菜种子的含义，掌握土壤耕作方式；了解定植要求，了解蔬菜生产的管理措施。

　　技能目标：能识别蔬菜种子并进行种子播前处理，掌握生产茬口安排、育苗、定植等技术，能进行生产管理。

　　蔬菜生产首先是计划安排，然后才能在生产上实施。根据季节结合土地情况安排生产茬口，选择适合的复种轮作方式进行蔬菜生产，能够实现蔬菜的周年生产和供应。为了达到高产优质的目的，生产上往往进行育苗，有设施常规育苗、嫁接育苗、穴盘育苗等方式。嫁接育苗能防止土传病害，增强蔬菜的抗逆性，在生产上得到广泛的推广应用。苗长到一定大小时要移栽到大田中，此时要合理密植，形成适宜的群体结构，充分利用地力、光能、空间，达到高产优质。生产上要加强田间管理，采用肥水管理、植株调整、植物生长调节剂使用等措施，根据蔬菜、地力等合理进行管理，生产出高品质的蔬菜产品。

学习任务 ◇

任务一　蔬菜栽培季节与茬口安排

一、蔬菜栽培季节的确定

　　蔬菜的栽培季节是指从蔬菜种子直播或幼苗定植于大田开始，到产品收获完毕为止的全部占地时间。对于育苗移栽的蔬菜，因为育苗期不占用大田面积，故苗期不计入栽培季节。

　　（一）确定蔬菜栽培季节的原则

　　确定栽培季节的原则就是将各种蔬菜的整个生长时期安排在它们能适应的温度季节里，

而将产品器官形成时期安排在温度最为适宜的季节里，以保证产品的优质高产。

蔬菜栽培的季节是由蔬菜的生物学特性、当地自然和经济生产条件等许多因素决定的。但在露地栽培中影响蔬菜栽培季节的主导因素是温度，在确定蔬菜栽培季节时，首先应以符合各种蔬菜生育适温为准，同时参照光照、雨量、病虫害等因素。

这一原则只是决定各种蔬菜在露地栽培的主要季节，生产上如果完全按照这种要求进行，必将造成产品成熟期过分集中。因此，在生产上应根据自然规律尽量设法扩大栽培季节，延长供应期，以利均衡供应。可采用提前育苗、排开播种，早春促成栽培、秋冬延后栽培、夏冬季利用保护设施栽培等方法延长蔬菜的栽培季节。在保护地栽培中，栽培季节的确定与保护地类型、蔬菜种类、栽培方式和自然气候等密切相关。

（二）确定蔬菜栽培季节的方法

1. 根据蔬菜的生态类型确定栽培季节　耐热及喜温性蔬菜的产品器官形成期要求较高温度，故一年当中，以春夏季的栽培效果最好。喜冷凉的耐寒性蔬菜以及半耐寒性蔬菜的生长前期对高温的适应能力相对较强，而产品器官形成期却喜欢冷凉，不耐高温，故该类蔬菜的最适宜的栽培季节为秋冬季。

2. 根据市场需求情况确定栽培季节　要本着有利于缩小蔬菜供应的淡旺季差异、延长供应期的原则，在确保主要栽培季节里蔬菜生产的同时，通过选择适宜的蔬菜品种以及栽培方式，在非主要的栽培季节里也安排一定面积的蔬菜栽培，延长该类蔬菜的栽培时间和供应时间，特别是增加淡季蔬菜的栽培和供应量。近年来，各地采用提前、延后、排开播种和反季节栽培等，不仅延长了产品的供应时间，而且也提高了经济效益。

3. 根据生产条件和生产管理水平确定栽培季节　如果当地的生产条件较差、管理水平不高，就应以主要栽培季节里的蔬菜生产为主，充分利用优良的自然条件，确保产量；如果当地的生产条件较好，管理水平也较高，就应适当加大非主要栽培季节里的蔬菜生产规模，增加淡季蔬菜的供应量，提高生产效益。

二、蔬菜的栽培制度

蔬菜的栽培制度是指在一定时间内，一定土地面积上各种蔬菜安排布局和茬口接替的制度。

根据当地的自然和经济条件制定合理的栽培制度，可以充分利用当地的自然资源，保持良好的生态环境和土壤肥力，不仅可以充分发挥空间、时间和人力的巨大潜力，而且能改进土壤结构，提高肥力，减轻病虫和杂草危害，有利于蔬菜全面持续增产，增加复种次数，提高单位面积的总产量，增加蔬菜种类和品种，调节淡旺矛盾，从而更好地解决蔬菜的周年均衡生产问题。

合理的蔬菜栽培制度应既能保证获得高产，又能够均衡供应优质、多样、鲜嫩的产品，这就需要把种类繁多的蔬菜品种组织到栽培制度中去，而且蔬菜栽培既有露地栽培又有保护地栽培，因此，要制定合理的栽培制度，还必须熟练地掌握各种蔬菜适宜的栽培季节，因地制宜结合运用轮作、连作、间作、套作、多次作等方法进行生产。

（一）轮作与连作

1. 轮作　在同一块土地上，在一定年限内，按预定顺序轮换栽种几种性质不同的作物的种植方式称为轮作，也称为倒茬或换茬。一年单主作地区，就是在不同年份内把不同种类的蔬菜轮换种植；一年多次作地区，则是以不同的多次作方式（或复种方式），在不同年份内轮流种植。大多蔬菜一般都要求实行严格轮作，水旱轮作方式更值得提倡和推广。

（1）优点。

①减轻病虫害的发生和蔓延。防止同科蔬菜间具有的相同病虫害的互相传染，尤其是土传病害（如瓜类枯萎病，茄果类青枯病、黄萎病，十字花科蔬菜软腐病等）的病菌可在土壤中存活几年，若连续种植同种蔬菜则会加重病害，影响产量和品质，因此轮作是减轻病虫害、减少农药施用和污染的有效措施之一。

②合理利用土壤肥力。由于不同种类的蔬菜根系深浅不同，可吸收土壤不同层次的不同营养元素。如深根性的瓜类、茄果类与浅根性的叶菜类、葱蒜类轮作，可充分利用土壤中不同土层的营养元素；不同种类的蔬菜吸收营养元素的种类和数量不同，如消耗氮多的叶菜类与消耗钾较多的根茎菜或消耗磷较多的果菜轮换种植，可平衡土壤营养；而豆科蔬菜的根具有根瘤菌，能固定空气中的氮素营养，增加土壤肥力，安排与豆科蔬菜轮作，可培肥土壤，做到用地和养地相结合。

③调节土壤的酸碱度。由于有的蔬菜种植后会使土壤酸碱度提高，如甘蓝、马铃薯等，有的蔬菜种植后会降低土壤酸碱度，如南瓜、豆类等，合理轮作可调节土壤酸碱度，使酸碱恢复平衡。

④抑制杂草滋生。有的蔬菜叶片大，生长快，抑制杂草能力较强，如南瓜、甘蓝、大白菜等，有的抑制杂草能力弱，如胡萝卜、葱蒜类蔬菜等，将抑制杂草能力强与弱的蔬菜进行合理轮作，可减少杂草危害。

（2）要点。

①利用吸收土壤营养不同、根系深浅不同的蔬菜互相轮作，以充分利用土壤中不同层次的营养元素。产品器官相同的蔬菜对土壤养分的要求较为一致，进行轮作时容易破坏土壤的养分平衡，不宜进行轮作；根系类型（主要是分布深浅）相同的蔬菜进行轮作，不利于改良土壤的结构以及调节土壤养分的均衡分布，也不宜进行轮作。瓜类、果菜类施用有机肥多，轮作时后茬安排根菜类、葱蒜类较好；深根性与浅根性蔬菜轮作，对不同土层中养分的利用大有好处；叶菜类需氮较多，果菜类需磷较多，根菜类需钾较多，相互轮作有利于不同养分的充分利用。

②利用不同科、互不传染病虫害的蔬菜互相轮作，可避免相同病虫害的传播，使病虫失去寄主或改变其生活条件，以达到减轻或消灭病虫害的目的。粮菜轮作或水旱轮作对控制土传病害效果显著，有利于改善生产环境，如葱蒜类茬后接大白菜，能够减轻大白菜软腐病的危害。

③适当配置豆科、禾本科蔬菜轮作，可增加土壤有机质，改良土壤结构，提高土壤肥力，将用地和养地结合。种植豆类蔬菜的土壤中，氮素含量高，后茬种植绿叶菜类、白菜类等的增产效果较为明显。

④考虑不同蔬菜对土壤酸碱度的影响，合理轮作。如甘蓝、马铃薯种植后会增加土壤酸度，若在其后栽培对土壤酸度敏感的洋葱就会减产；而玉米、南瓜种植后可减小土壤酸度，与洋葱轮作就可获高产。对土壤酸碱度要求相近的蔬菜（如黄瓜、南瓜、姜等要求微酸性土壤，甘蓝、马铃薯、洋葱等要求微碱性土壤）进行轮作，容易使土壤酸碱度发生明显改变，不利于保持酸碱度平衡，也不宜进行轮作。

⑤抑制杂草能力强与弱的蔬菜轮换种植，以减少杂草危害。生长势强的蔬菜能抑制杂草，应与生长势弱的相互轮作。株型开展的大白菜、甘蓝等为前作，有利于减少田间草害，后茬接株型直立的大葱、韭菜等，草害发生相对较轻。

（3）轮作周期。轮作中各种蔬菜种植间隔的年限，主要依各类蔬菜主要病原菌在生产环境中成活和侵染的不同情况而定。需间隔 2～3 年轮作的有马铃薯、山药、姜、黄瓜、辣椒等，间隔 3～4 年的有茭白、芋、番茄、大白菜、茄子、冬瓜、甜瓜、豌豆、蒜、芫荽等，而西瓜则宜间隔 6～7 年。一般禾本科常连作，十字花科、百合科、伞形科也较耐连作，但以轮作为好，茄科、葫芦科（南瓜例外）、豆科、菊科连作的危害较大。大白菜、芹菜、甘蓝、花椰菜、葱蒜类、慈姑等在没有严重发病的地块上可连作几茬，但需增施基肥。例如一年三熟区 3 年轮作可以第一年种植茄果类、白菜类或绿叶菜类，第二年种植瓜类、绿叶菜类或葱蒜类，第三年种植豆类、根菜类或甘蓝类。

2. 连作 连作是指在同一块土地上，连年生产同一种蔬菜或者连年采用相同的复种形式种植的方式。例如，在同一块土地上第一年春夏季种植番茄，番茄收获后秋季种植甘蓝或菜薹，到第二年春夏仍种番茄，就属连作。

（1）优点。有利于保持当地蔬菜种类和技术的相对稳定，在现代蔬菜产业化生产中有着重要的作用。

（2）弊端。其主要弊端在于助长病虫害蔓延，不利于土壤营养的合理利用，生产上应尽可能避免，只有在无严重发病的地块上，对禾本科、十字花科、百合科、芹菜、慈姑等耐连作的蔬菜，因土地面积小、不便倒茬时才进行连作，但需增施基肥。长期连作，一方面容易加重蔬菜的病虫草害、破坏土壤结构和养分平衡、诱发蔬菜的生理病害，另一方面也容易导致蔬菜产量和品质下降，降低生产效益。

（3）要点。

①选用耐连作的蔬菜种类和品种。根据蔬菜耐连作程度的不同，一般把蔬菜分为 3 类：第一类为忌连作蔬菜，包括番茄、茄子、菜豆、西瓜、甜瓜等蔬菜；第二类为耐短期连作蔬菜，包括白菜类、根菜类、薯蓣类、葱蒜类、黄瓜、丝瓜等，可进行 2～3 年连作；第三类为耐连作蔬菜，包括大多数绿叶菜类以及禾本科蔬菜，可进行 3 年以上的连作。

②选用抗病虫品种。同一种蔬菜，抗病虫能力强的品种一般较容易感病和遭受虫害的品种耐连作。

③选用配套的栽培方式。如采用无土栽培或嫁接栽培的方式。

④要有配套的生产管理技术。要与土壤消毒技术、土壤改良技术、配方施肥技术、合理灌溉技术等结合进行，以减少连作带来的危害。

（二）间作、混作和套作

1. 概念

（1）间作。在同一块菜地上隔畦或隔行有规则地同时种植两种或两种以上蔬菜或作物的种植方式称为间作，其共同生长时间较长。

（2）混作。在同一块菜地上无规则地混合种植两种或两种以上蔬菜或作物的种植方式称为混作。混作蔬菜的生产管理比较复杂，管理难度也比较大，应用不多。主要用于一些速生的绿叶蔬菜与苗期较长、株形小的蔬菜混作，在主要蔬菜发棵前收获。如秋播大蒜时混种菠菜，翌年大蒜旺长前收获菠菜；夏季韭菜、芫荽、芹菜等喜凉蔬菜露地育苗时，也多与茼蒿、小白菜等速生菜混播，利用速生菜生长快的特点为幼苗遮阳降温，安全越夏。

（3）套作。在某种蔬菜的生长后期，在其行间、畦间或株间种植另一种蔬菜的种植方式称为套作。套作和间作的区别是：套作时前季蔬菜在生育后期与后季蔬菜的生育前期共同生长，前后作共同生长的时间较短。

2. 优点　能利用多种蔬菜不同的生态特性，发挥其种间互利的因素，组成一个合理的群体结构，使单位面积内植株总数增加，有效叶面积增大，充分利用光能、地力、时间与空间，造成相互有利的环境。实行合理间、套、混作后，在同一块地上可同时种植几种蔬菜，可以提高菜田复种指数，较单作增加单位面积产量。通过排开播种，分期收获，可以增加蔬菜品种，丰富菜篮子，缩小蔬菜的淡旺差，利于蔬菜周年均衡供应。此外，合理的间套、混作还能减轻病虫草危害，如大蒜能分泌大蒜素，同其他菜间套作时，可减轻病害。间作后单位面积内植株数增多，地面被作物覆盖，可减少杂草危害。

3. 原则　合理间、套、混作应根据各种蔬菜的生态特性，选择互助互利的蔬菜种类进行搭配，因地制宜地采用合理的群体结构及相应的技术措施，保证增产并尽可能减少作物间的竞争，以免减产。

（1）合理搭配蔬菜的种类和品种。

①应选择生长习性或形态、生态不同的种类进行搭配。如高秆与矮生、直立与塌地的种类搭配，可以解决复合群体高度密植的通风透光问题，如高秆的冬瓜、豇豆与矮生的黄豆、小白菜间套作，直立的洋葱、大蒜与塌地的菠菜、芫荽间套作等。

②要利用生长期长与短、生长快与慢、早熟与晚熟进行搭配。如甘蓝与小白菜、菜薹间套作，生长慢的芹菜、胡萝卜与生长快的小白菜、四季萝卜混作等。

③注意利用深根性与浅根性作物搭配，以合理利用土壤中的水分与养分。如深根性的果菜类与浅根性的苋菜、蕹菜、小白菜搭配等。

④利用喜光与耐弱光的种类进行搭配，以充分利用光能。如瓜类与叶菜搭配。

⑤利用对土壤养分要求不同的种类进行搭配，以充分利用土壤中的营养元素。如需氮多的叶菜与需磷、钾多的根菜、果菜类间作或套作。

（2）安排合理的群体结构，处理好主、副作之间的矛盾。在主、副作配置时，一般以高产、稳产、生长期长的大宗菜为主作，以生长期短、产量较低的蔬菜为副作，以增加淡季蔬菜的多样性。配置时应主次分明，在保证主作的前提下，适当提高副作的密度，但不能影响主作。设计适宜的株行距及种植密度等，可充分发挥边行的优势作用，促进通风透光。播种或定植时间的安排上，要尽量缩短前后茬作物的共生期，以免相互影响。

（3）采取相应的生产技术措施。要做到适时播种，及时间苗、定植和收获。副作蔬菜也可采取育苗移栽措施，缩短与主作蔬菜的共生期，减少相互影响。必须增施肥料，加大肥水投入，保证肥水供应，以满足主、副作的需要。及时整枝搭架，加强病虫防治等田间管理。

（三）多次作与重复作

多次作是指在同一块土地上一年内连续种植超过一茬、收获多次的栽培制度。重复作是指在同一块土地上，在一年的整个生长季节或一部分季节内连续多次种植同一种蔬菜的栽培制度。多次作与重复作又称复种，是中国蔬菜集约化生产的主要特点之一，它能显著提高土地和光能利用率，是实现高产、多种类周年均衡供应的一个有效途径。通常用复种指数来度量复种程度，复种程度依各地气候、蔬菜生长期长短和生产水平而定。例如华东、华中地区基本属一年三熟制地区（如越冬叶菜类→茄果类、瓜类或豆类→秋冬白菜、甘蓝、根菜类等），华南、西南地区为四熟以上（如早熟春白菜→茄果类、瓜类、豆类→伏白菜→早萝卜→迟白菜等）。随着生产水平的不断提高，各种生产设施的建设日趋完善，加上蔬菜种类品种繁多，如能恰当地利用间、套、混作，在同一地区也可增加复种茬口。南方地区基本可以实现一年多茬，周年生产。

多次作制度是将轮作、间作等种植方式综合运用于生产，它能充分发挥地力和获得单位面积最高产量，对调节市场均衡供应，增加市场中蔬菜种类和品种，经济用地，增加收益，提高复种指数等都有重要作用。

三、蔬菜茬口安排

茬口安排是指在同一块地内当年安排蔬菜的种植茬次。综合运用轮、间、套、混作和多次作等方式，科学地安排蔬菜茬口，合理地利用自然资源，最大限度地利用地力、光能、时间和空间，实行用地与养地相结合，不断恢复与提高土壤肥力，减轻病虫危害，提高土地的利用率和增加蔬菜产品，实现高产优质、多种蔬菜周年生产。

（一）茬口安排原则

1. 根据气候条件，合理安排茬口 根据当地气候条件的特点及蔬菜作物对环境条件的要求安排茬口，使作物生长发育特别是产品器官形成阶段安排在最适宜的环境条件下。蔬菜作物的生长发育和产品器官的形成需要一定的温度、光照、水分、肥料和气体等条件。在这些条件中，水分、肥料、气体等条件比较容易控制和满足，而温度和光照条件因目前人为控制的能力还很有限，常常成为蔬菜作物茬口安排的主要限制因素。因此，茬口安排要首先考虑温度、光照条件的季节变化和保护设施对温度、光照条件的影响，以尽量满足蔬菜作物生长发育对温度和光照条件的需求。

2. 突出重点，合理搭配主、副茬 在安排茬口时，首先要安排好主茬，再搭配安排副茬，主茬蔬菜就是产量较高、经济效益最大、种植者最重视的那一茬蔬菜作物。在南方，春季和秋季是一年中温光条件最好的季节，适于春季种植的蔬菜有瓜类、豇豆、茄果类等，这些蔬菜的市场价格较高，种植的经济效益很好，因此应以这些果菜类蔬菜作为主茬进行安排；秋季最适合种植白菜类、莴苣等绿叶菜类蔬菜。在保证主茬作物正常生长的情况下，可以适当穿插种植其他蔬菜，但要突出重点，合理组配。

3. 注意茬口的衔接和合理轮作 一年中多茬种植，应严格掌握茬口的衔接时间，在保证主茬作物适宜生长期的前提下，抢种副茬，以尽量满足副茬蔬菜的生长期。套种时，要尽量减少共生期，避免因共生期过长，对前、后茬蔬菜的正常生长发育产生不良影响。茬口安排要与轮作要求相结合，合理利用土壤肥力，减轻病虫害的发生。在保护地栽培轮作有困难时，可采用无土栽培、嫁接等措施弥补。

4. 根据当地条件，因地制宜安排茬口 凡生产水平高、肥水条件好、离城市近、交通方便的地区可安排较多的茬口，以提高复种指数，增加蔬菜种类，提高单位面积产量，提高经济效益。

（二）主要蔬菜茬口

蔬菜栽培茬口分为季节茬口和土地茬口两种，二者在生产计划中共同组成完整的蔬菜栽

67

培制度。

1. 蔬菜栽培的季节茬口 蔬菜栽培的季节茬口即季节利用茬口，是指一年当中根据季节安排的蔬菜栽培茬口。由于各地气候条件和生产条件不同，栽培季节茬口不尽相同，名称也各异。南方地区露地蔬菜栽培的季节茬口，大体上可分为以下5种：

（1）越冬茬。越冬茬俗称越冬菜，一般在秋冬季直播或育苗，冬前定植，以幼苗或半成株状态露地越冬，翌年2—3月或4—5月收获，如莴苣、菠菜、葱蒜类、白菜类、芥菜类、甘蓝类、芹菜、豌豆等，是解决春淡的主要茬口。生产中要选用耐寒性强、冬性强的品种，以免发生未熟抽薹。

（2）春茬。春茬又称早春菜，常用耐寒性较强、生长期较短的品种，绿叶菜如小白菜、菠菜、小萝卜、春大白菜、茼蒿、芹菜、春甘蓝以及春马铃薯、春花椰菜等。一般于2—3月播种，4—5月收获上市，赶在夏季茄果类、瓜类和豆类大量上市以前，过冬菜大量下市以后的春淡上市，通常多与辣椒、茄子、豇豆、菜豆等间、套作或作为伏菜的前茬。

（3）夏茬。夏茬又称春夏菜或夏菜。一般在冬春育苗，断霜后定植，6—7月大量上市，也可利用保护设施提早育苗，立春后气候转暖后定植露地，可于5—6月提早上市。多为喜温和耐热性蔬菜，如茄果类、瓜类、豆类、苋菜、蕹菜、薯蓣类和水生蔬菜等。常把3—5月播种或定植的蔬菜归入此类，是许多地区的主要季节茬口，是解决夏季和早秋菜的重要茬口。一般在立秋前腾茬出地，后茬种植伏菜或经晒垡后种秋冬菜。

（4）伏茬。伏茬称伏菜、早秋菜，一般6—8月播种或定植，8—10月收获供应，多为耐热性蔬菜或品种，如蕹菜、苋菜、伏豇豆、伏黄瓜、菜豆、早秋白菜、落葵、丝瓜、伏萝卜等，是解决秋淡，增加蔬菜种类的重要茬口，后茬是秋冬菜。

（5）秋冬茬。秋冬茬又称秋茬或秋冬菜，一般在立秋前后直播或定植，10—12月收获上市，是一类不耐热、喜冷凉的二年生蔬菜，如白菜类、甘蓝类、芥菜类、根菜类、葱蒜类、莴苣、芹菜、菠菜、豌豆、秋番茄等，是南方的主要茬口，其后作为越冬菜或冻垡休闲后翌年春季栽种的早春菜。

因地制宜地利用5个季节茬口之间的合理比例，是计划生产、均衡供应的重要内容。除了上述露地栽培的5个茬口外，还有保护地栽培的茬口安排、季节性菜地、水稻冬闲田冬种蔬菜的茬口安排等，在制订生产计划时，都应当考虑进去。

2. 蔬菜栽培的土地茬口 蔬菜栽培的土地茬口即土地利用茬口，是指在同一块菜地上，全年安排各种蔬菜的茬口。

南方地区的蔬菜土地茬口有一年二熟、一年三熟、一年四熟、一年多熟或多次作等类型，还可间作、套作或连续重复种植等，实现一年多茬。南方地区蔬菜土地利用茬口的特点是能充分利用优越的温度、光照资源，一年多茬生产，土地利用率高，复种指数远高于北方。主要的土地茬口形式有：

（1）一年两种两收。如黄瓜→大白菜、豇豆→萝卜。

（2）一年三种三收。如苦瓜→蕹菜→大蒜、春青花菜→夏甘蓝→豌豆。

（3）一年多种多收。如黄瓜→苋菜→萝卜→莜麦菜、豆瓣菜→甜玉米→丝瓜→菜薹。

各地安排蔬菜茬口，应根据不同蔬菜对气候条件的不同要求，安排在适宜的季节，以获得高产。根据当地的生产条件和管理水平因地制宜地安排茬口，以提高复种指数，增加蔬菜种类，提高单位面积产量和经济效益。

任务二 育苗技术

一、设施常规育苗

设施常规育苗是指在温室、塑料大棚、小拱棚或荫棚等保护设施内，利用育苗床进行育苗的方式，是最常见的育苗方式。

(一)认识蔬菜种子

1. 蔬菜种子的概念 蔬菜生产所采用的种子泛指所有的播种材料，从植物学角度可分为 3 类（不包括以真菌的菌丝组织作繁殖材料的食用菌类）：

第一类是植物学上真正的种子，由胚珠发育而成，大多数蔬菜种子都属于这一类，如瓜类、豆类、茄果类、白菜类等蔬菜种子。

第二类种子属植物学上的果实，由胚珠与子房发育而成，如菊科、伞形科、藜科等的蔬菜种子。果实的类型依蔬菜种类不同，有的为瘦果如莴苣的果实，有的为坚果如菱角，还有的为双悬果如胡萝卜、芹菜、芫荽的果实等。

第三类属于营养贮藏器官，如大蒜的鳞茎、芋的球茎、姜的根状茎、马铃薯的块茎等。

2. 蔬菜种子的形态与结构

(1) 蔬菜种子的外部形态。植物学上种子的外部形态是指种子的形状、大小、色泽、表面光洁度等外部特征。蔬菜种子的外部形态差别很大。

蔬菜种子的形状多种多样，有球形、心脏形、肾形、披针形等，也有不规则形状。

蔬菜种子的大小常用千粒重表示，据千粒重差异将种子分为大、中、小粒等（表 3-1），不同种类和品种差别很大。种子大小与播种量、播种深度等也密切相关。

表 3-1 种子大小分类

大小	千粒重/g	举例
特大粒	>100	菜豆、南瓜
大粒	6.5~100	黄瓜、芫荽、芦笋
中粒	2.5~6.5	辣椒、韭菜、番茄
小粒	1.0~2.5	莴苣、樱桃番茄
微粒	<1.0	苋菜、芹菜

蔬菜种子的颜色很多，如红、橙、黄、绿、青、蓝、紫等都有。

蔬菜种子的外部形状，有的光滑、明亮，有的则有沟、棱、毛刺、网纹、蜡质、不规则突起等，常见蔬菜种子的外部形状见图 3-1。

(2) 蔬菜种子的内部解剖结构。各种蔬菜种子的内部解剖结构也各不相同，瓜类、豆类、十字花科种子为双子叶无胚乳种子；茄科种子为双子叶有胚乳种子，胚小线形，呈弯曲状分布在种子四周；百合科种子是单子叶有胚乳种子，胚小线形，呈螺旋状，子叶一片且盘绕；以果实播种的伞形科、菊科、藜科蔬菜，其种子外层是不能分离的内、中、外 3 层果皮，且干硬。

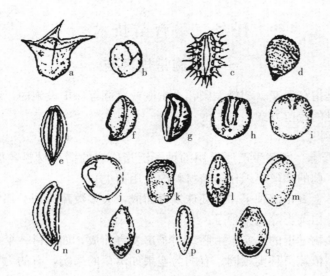

图 3-1 主要蔬菜种子的外部形状

a. 刺籽菠菜 b. 圆粒菠菜 c. 胡萝卜 d. 番茄 e. 莴苣 f. 洋葱 g. 大葱 h. 结球甘蓝

i. 大白菜 j. 豌豆 k. 蚕豆 l. 菜豆 m. 扁豆 n. 芹菜 o. 冬瓜 p. 黄瓜 q. 西瓜

3. 蔬菜种子的寿命与贮藏

（1）种子的寿命。蔬菜种子的寿命是指蔬菜种子收获后，在一定环境条件下，保持发芽能力的年限。种子寿命的长短，首先取决于本身的遗传特性以及种子个体的生理成熟度、种子的结构、化学成分等因素，同时也受贮藏条件等外部因素的影响。

凡组织结构较稳定，果皮、种皮组织坚固的寿命较长，组织结构不稳定，果皮、种皮组织疏松的寿命较短；化学成分较稳定的寿命较长，化学成分易变质的寿命较短；籽粒成熟度高的寿命较长，成熟度低的寿命较短；籽粒完整、饱满充实的寿命较长，籽粒受损的寿命较短。

（2）种子的贮藏。种子应该贮存在干燥、低温、密闭的条件下，抑制酶的活性及物质的分解，才能维持其生活力，延长种子寿命。高温多湿的环境，种子很快就会丧失发芽力。现代蔬菜种子贮藏库，除了创造较低的温度外，还利用微真空干燥技术，既可维持种子正常呼吸所需要的氧气，又不具有种子激活所需的湿度，可以长期保持种子的生活力。南方地区温暖多湿，利用陶制坛罐，内垫生石灰存放种子，坛口再盖上石灰包，是一种简便易行、效果又好的贮藏种子方法。做好种子贮藏工作，可以延长蔬菜种子寿命。

（3）种子的使用年限。种子的寿命和它在农业生产上的使用年限有密切关系。在生产中，种子的发芽率一般应在 60% 以上才有利用价值，所以，种子寿命越长，在生产上可利用年限也越长。通常以保持发芽率在 50% 以上的年限为种子有效使用年限的标准，低于此值即不宜在生产上利用，各种蔬菜种子的寿命及使用年限见表 3-2。

4. 种子质量 蔬菜种子质量用品种质量和播种质量来衡量。种子的品种质量是指品种的真实性、典型性和一致性。从生产角度，首先要注意种子的品种质量。种子的播种质量指种子的净度、发芽率、水分含量、千粒重（饱满度）、活力和病虫害感染率等指标。播种质量的优劣，最终反映在播种后的发芽率、发芽速度、整齐度和秧苗健壮程度等方面。

表 3-2　一般贮藏条件下蔬菜种子的寿命和使用年限

单位：年

蔬菜名称	寿命	使用年限	蔬菜名称	寿命	使用年限
大白菜	4～5	1～2	芜菁	3～4	1～2
甘蓝	5	1～2	根用芥菜	4	1～2
球茎甘蓝	5	1～2	菠菜	5～6	1～2
花椰菜	5	1～2	芹菜	6	2～3
芥菜	4～5	2	胡萝卜	5～6	2～3
萝卜	5	1～2	莴苣	5	2～3
洋葱	2	1	瓠瓜	2	1～2
韭菜	2	1	丝瓜	5	2～3
大葱	1～2	1	西瓜	5	2～3
番茄	4	2～3	甜瓜	5	2～3
辣椒	4	2～3	菜豆	3	1～2
茄子	5	2～3	豇豆	5	1～2
黄瓜	5	2～3	豌豆	3	1～2
南瓜	4～5	2～3	蚕豆	3	2
冬瓜	4	1～2	扁豆	3	2

生产上主要以净度、纯度、发芽率、水分四大指标作为评判种子质量的依据。清洁无杂质，品种纯度高，发芽率高、发芽势强，水分含量低，无病虫害和机械损伤，等等，才是优良的蔬菜种子。

蔬菜种子质量的优劣，直接影响着蔬菜的生长。对于植株群体的生长发育、植株的适应能力以及对未来产量的高低、质量的好坏都有决定性作用。因此，生产上应选用质量优良的种子。

(二) 苗床准备

1. 培养土的准备

(1) 优质育苗培养土应具备的条件。优质育苗培养土应具备良好的理化特性、富含有机质、营养丰富完全、疏松并且透气性好、保水保肥性好，pH 6.5～7.0，不含有病菌、虫卵。

(2) 培养土的配制材料。培养土的配制材料主要有园土、水田土、河泥、塘泥、有机肥、速效化肥等。园土必须用 3～4 年未栽种过与将要育苗的蔬菜同科或有相近病虫害的蔬菜，并且土壤的理化性状优良，以沙壤土、表土为佳。可用作配制培养土的原料很多，如草炭、煤渣、稻壳、甘蔗渣等，各地可充分利用当地资源，低成本、高效益地配制优质培养土。应注意选择病原菌和害虫少、肥力高的土壤。

适合用作蔬菜育苗培养土的有机肥主要有猪粪、马粪、牛粪及鸡鸭粪等禽蓄粪便和厩肥、堆肥、腐殖质等，以质地较为疏松的有机肥为好。速效化肥主要使用优质复合肥、磷肥和钾肥，弥补有机肥中速效养分含量不足，但速效化肥的用量要适当。选择肥料时，除了考虑能够迅速和持久地供应幼苗的生长外，还应重视其对培养土物理性状的改善作用，为培育壮苗打下基础。

（3）培养土的配制。根据需要，按一定的配方将各种原料混合，充分拌匀。培养土的具体配方视不同蔬菜灵活掌握，各地都总结出了许多适用的配方，一般园土占 30%～50%，有机肥占 20%～30%。配制时，土要捣碎并过筛，去掉其中的石块、草根、杂物等，有机肥必须充分腐熟并经翻晒、过筛，使之能均匀混合。

2. 培养土的消毒　为了防治苗期病虫害，除了注意选用病虫少的配料外，还应对培养土进行消毒。一般多用药剂消毒法，其中常用的有：

（1）甲醛消毒。用 0.5%的甲醛水溶液喷洒于配制好的培养土内，并混拌均匀，然后培成堆，用塑料薄膜覆盖密闭 5～7d，充分杀死土中病菌，而后揭开薄膜，待培养土中药味散发完全后再使用。一般每立方米培养土需用 40%甲醛水溶液 200～300mL，加水 25～30kg 处理培养土。可防治茄果类、瓜类幼苗猝倒病和菌核病。

（2）敌磺钠消毒。敌磺钠是一种较好的种子和土壤杀菌剂，并具有一定内吸渗透作用。一般每立方米培养土用敌磺钠 40～60g，并充分混匀，就可达到消毒的目的。可防治蔬菜苗期立枯病、软腐病、黄萎病。

（3）其他消毒。多菌灵、百菌清、高锰酸钾、甲基硫菌灵等，一般每立方米培养土用药 200g 左右，配制成高浓度的药液后，均匀喷洒到培养土中，混拌均匀。

3. 苗床的制作　苗床是种子萌发生长的重要场所，做好苗床的制作工作，是育苗取得成功的基础。制作前先深耕整地，使土层疏松，深度适宜，施足底肥，并将肥与土混匀，耙细整平，然后做床。苗床以南北延长为好，宽度为 1.0～1.5m，长度据实际情况而定，一般为 5～7m，以方便操作为宜，四周设排水沟或走道。

（三）播种技术

1. 播种期的确定　蔬菜育苗适宜的播种期应根据当地蔬菜生产计划、蔬菜种类、生产方式、设施条件、苗龄大小、育苗技术水平等条件综合考虑。一般应根据当地的适宜定植期和适龄苗的成苗时间来确定适宜播种期。即从适宜定植期起，按成苗所需天数向前推算播种期。

2. 播前种子处理　播种前先对种子进行精选，剔除腐烂、破损、瘪粒和虫蛀的种子，然后再进行种子处理。

（1）浸种。浸种是将种子浸泡在适宜温度的水中，使其在短时间内吸水膨胀，满足萌芽对水分需求的措施。浸种还有助于种子内部的各种酶活化，为萌芽做好准备。根据浸泡种子的水温以及作用不同，浸种可分为 3 种方法：

①一般浸种。一般浸种指用室温水（20～25℃）浸泡种子。该方法简单易行，容易操作，但种子吸水速度慢，对种子只起供水作用，无消毒和促进种子吸水作用，适用于种皮薄、吸水快的种子。

一般浸种时，也可以在水中加入一定量的植物生长调节剂或微量元素，有促进种子发芽、提早成熟、增加产量等作用。在生产中，一般喜温暖的蔬菜种子可用 16～25℃的水温浸种，喜冷凉的蔬菜种子可用 0～5℃的水温浸种。菠菜、芹菜、莴苣等的种子浸种水温为 25℃以下，十字花科蔬菜及种皮较薄的蔬菜种子浸种时水温不宜太高。各种蔬菜种子的浸种时间见表 3-3。

②温汤浸种。温汤浸种指用温度为 50～55℃的热水浸种。具体的做法先向盛有种子的容器倒入少量温水，浸泡种子，使种子上携带的病菌吸水后由休眠状态进入活跃状态，再倒

入热水，使水温达到 50～55℃，并随时补给热水和不停搅拌，保持 50～55℃水温 10～15min，然后加入冷水使水温下降至室温，再继续浸种至吸足水。由于 55℃是大多数病菌的致死温度，10min 是在致死温度下的致死时间，因此温汤浸种对种子具有灭菌作用。适用于种皮较厚的种子，如番茄、辣椒、茄子的种子等。

表 3-3 蔬菜种子浸种、催芽的适宜温度与时间

蔬菜种类	浸种		催芽		蔬菜种类	浸种		催芽	
	水温/℃	时间/h	温度/℃	时间/d		水温/℃	时间/h	温度/℃	时间/d
黄瓜	25～30	8～12	25～30	1～1.5	甘蓝	20	3～4	18～20	1.5
西葫芦	25～30	8～12	25～30	2	花椰菜	20	3～4	18～20	1.5
番茄	25～30	10～12	25～28	2～3	芹菜	20	24	20～22	2～3
辣椒	25～30	10～12	25～30	4～5	菠菜	20	24	15～20	2～3
茄子	30	20～24	28～30	6～7	冬瓜	25～30	12	28～30	3～4

温汤浸种能够消灭种子上携带的大多数病菌（如黄瓜炭疽病、番茄叶霉病和枯萎病、辣椒疮痂病等），灭菌范围广，但由于浸种时间不宜过长，对大粒种子内部携带的病菌灭杀作用不大。

③热水烫种。热水烫种指用温度为 70～80℃甚至更高的热水烫种。具体的做法：将充分干燥的种子投入 70～80℃的热水中进行烫种，水量为种子体积的 3～5 倍，烫种时要用两个容器来回倾倒，最初几次动作要快，以翻动种子使热气散发并提供氧气，一直倾倒至水温降至 55℃时改为不停搅动，并保持这一温度 7～8min，再加冷水将水温降至室温进行一般浸种。热水烫种可比温汤浸种的时间缩短一半左右。热水烫种的主要作用是利用热水使干燥的种皮产生裂缝，加速水分进入种子内，促进种子吸水，主要适用于种皮厚、吸水困难的种子，如西瓜、冬瓜、苦瓜、丝瓜等。种皮薄、吸水快的种子一般不宜进行热水烫种，以免烫伤种胚。

浸种时，水质和容器要清洁卫生，防止异物、异味污染，影响发芽率。浸种的水量要适宜，一般为种子质量的 5～6 倍。浸种时应注意搓洗种皮外表上的黏物，以促进种子吸水；浸种时间超过 8h 时，每隔 5～6h 应换水一次。豆类蔬菜等种皮薄的种子浸种时间不宜过长，见种皮由皱缩变鼓胀时及时捞出，防止种子内养分大量渗出而影响发芽势与出苗率。

（2）催芽。催芽是指将浸泡吸足水的种子，放在适宜的温度、湿度和氧气条件下，使其迅速发芽的过程。催芽的主要作用是促使种子迅速萌发，缩短种子的出芽时间，提高种子的发芽率，并使种子出芽整齐、健壮。不同蔬菜种子的催芽温度见表 3-3。

催芽所使用的器具和包布都应当清洁干净，无污染。催芽期间，每 4～5h 翻动包内种子一次，每天用清水冲洗种子 1～2 次，以除去黏液、呼吸热，并补充水分和氧气。种子不宜铺得过厚，要适当翻动，注意检查，防止发热烂种。当有 60%以上的种子"破嘴"或"露白"时，催芽结束，即可播种。若遇恶劣天气不能及时播种时，应将种子放在 5～10℃低温环境下，摊开保湿待播。

（3）种子消毒。用药剂处理种子，可以杀死附着在种子表面的病原菌，以减轻苗期病害。生产中常用的药剂消毒法有：

①药粉拌种法。浸种后将药粉与湿种子充分混合拌匀，使药粉均匀地黏附到种子的表面

上即可，一般用药量为种子质量的 0.2%～0.3%。该消毒法既安全又简便，不仅对种子本身具有消毒作用，而且播种后，对种子周围的土壤病菌也有较好的灭杀作用，药效期较长。在具体实施时，可针对所防治的病虫害选用不同的药剂。

经过药粉拌种的种子通常不宜催芽，适于直播，播种后遇水溶解发挥药效，起到杀菌消毒作用。

常用的拌种药剂主要有敌磺钠、福美双、克菌丹等，杀虫剂主要用敌百虫。

②药液浸种法。先将农药配成一定浓度的药液，再把种子浸入药液中保持一定的时间，以达到对种子的表皮及内部组织进行消毒的目的。该法消毒快，也较为彻底，是目前应用最为普遍的种子消毒法。缺点是消毒后的种子不能长时间存放，种子上残留的药剂也较少，药效期较短，播种后不能有效地防止土壤病菌的侵染。

药液浸种要严格掌握药液浓度和浸种时间。如果药液浓度太低或浸种时间太短，就起不到消毒杀菌的作用；如果药液浓度过高，浸种时间太长，虽然消毒杀菌效果好，但很容易伤害种子，影响发芽率。进行药液浸种时，一定要严格按操作程序进行处理。药液浸种前，先用清水浸种 4～5h，然后捞出浸入药液中，经一定时间后捞出种子，立即用清水冲洗干净，防止产生药害。

药液浸种常用的农药有 40%甲醛、硫酸铜、磷酸钠、多菌灵、百菌清、甲基硫菌灵、硫酸链霉素·土霉素、高锰酸钾、盐酸、磷酸三钠、氢氧化钠等，农药的参考浓度与浸种时间见表 3-4。

表 3-4　蔬菜药液浸种消毒常用农药的参考浓度与浸种时间

农药名称	灭菌范围	参考浓度	浸种时间/min
多菌灵	真菌类	300～500 倍液	30～40
百菌清	真菌类	300～500 倍液	30～40
硫酸链霉素	细菌类	100～200mg/L	30～40
高锰酸钾	多种病菌	100～500 倍液	15～20
磷酸三钠	病毒类	10%	20～30
40%甲醛	真菌类、细菌类	100～150 倍液	10～20

（4）其他处理。

①低温处理。某些耐寒或半耐寒蔬菜在炎热的夏季播种时，往往有不出芽或出芽不齐的现象，为解决这个问题，可于播前对种子进行低温处理。具体做法：将浸种完毕的种子在冰箱内或其他低温条件下，冷冻数小时或十余小时后，再放置于冷凉处催芽，使其在低温下萌发。低温处理使种子发芽迅速而整齐，耐寒能力提高，有利于蔬菜提早成熟和增加产量。

②机械处理。有时根据需要还可对种子进行相应的机械处理。种皮坚硬且厚如西瓜、苦瓜、丝瓜等的种子，或种子本身就是果实如芹菜、芫荽等的种子，其吸水比较难，可在浸种前进行机械处理，以助进水。具体做法：大粒的瓜类种子可将胚端的种壳打破，小粒种子可用硬物（如砖、石等）搓擦使果皮擦破。有的种子如茄子附着的黏质多，有碍透气，影响吸水和发芽，可用 0.2%～0.5%碱液先清洗一下，然后在浸泡过程中不断搓洗、换水，直到种皮洁净无黏感。

③活化处理。为提高种子活力，加快种子的萌发速度，在播种之前可对种子进行活化处理，一般利用赤霉素、硝酸钾及微量元素溶液等浸种即可达到目的。例如，可将茄子种子先用温水浸泡，取出稍加风干后，置于 $500\sim1\,000\mu g/L$ 赤霉素溶液中浸泡 24h 可达到加快种子萌发的目的。用氯化钠溶液处理菠菜、葱等种子，用磷酸钾、硝酸钾等溶液处理胡萝卜种子，都能适当加快种子萌发。

④种子包衣。包衣又称为种子丸粒化处理，是蔬菜育苗现代化的新技术之一，也是适应机械播种的一项重要措施。通常是利用可溶性胶将填充料以及一些有益于种子萌发的辅料黏合在种子表面，使种子成为一个个表面光滑、形状大小一致的圆球形，使其粒径变大，质量增加，其目的是利于播种机工作，节省种子用量，包衣过程中也可加入抗菌剂、杀虫剂、肥料等。种子包衣一般多用于比较小的种子，如甘蓝、芹菜、番茄种子等。

3. 播种方式 播种方式即种子在单位面积土地上的分布方式，除种植密度外，一般根据作物种类、生育特性、耕作制度、播种机具等因素确定。其原则是使作物在田间的分布合理，充分利用地力和光能，又有较好的通风透光条件，以利于个体与群体的协调发展和便于管理。播种方式一般分撒播、条播和点播 3 类。

（1）撒播。撒播即将种子均匀地撒于田地表面，根据作物的不同特性及当地具体条件，撒播后可覆土或不覆土。撒播是一种古老而粗放的播种方式，大多用手工操作，简便省工，但种子不易分布均匀，覆土深浅不一，后期不便中耕除草。

（2）条播。条播即将种子成行地播入土层中。其特点是播种深度较一致，种子在行内的分布较均匀，便于进行行间中耕除草、施肥等管理和机械操作，因而是目前广泛应用的一种播种方式。

（3）点播。点播又称穴播，即在播行上每隔一定距离开穴播种。点播能保证株距和密度，有利于节省种子，便于间苗、中耕。

一般小粒种子用撒播或条播，大粒种子用点播，营养钵（杯）育苗用点播。已催芽露白的种子因表面潮湿，不易撒开，可用干细沙或细土拌匀再撒播。

4. 播种方法

（1）湿播。将已准备好的苗床在播种前浇透水，使培养土含有充足的水分，以供种子发芽出苗生长，浇水量以湿透床土 $7\sim10cm$ 厚为宜，待水渗下后播种，播种后用细土覆盖种子，覆土要均匀，厚度依种粒大小而定，不宜太厚或太薄，$0.5\sim2.0cm$ 不等。该种方法播种效果好，出苗率高，土面疏松、不易板结，但操作复杂，工作效率低。

（2）干播。准备好苗床后，在苗床上均匀播种，播种后用细土覆盖种子，然后浇足水。该种方法操作简单、速度快，但播种时墒情不好、播后管理不当时，土壤易板结，易缺苗。

5. 播种深度 播种深度是由种子的大小和种子发芽的需光性决定的，一般种子的播种深度为种子直径的 $2\sim3$ 倍。

6. 播后覆盖 播种覆土后，冬春季用地膜覆盖，有利于保湿和提高地温；夏季用遮阳网遮盖，能保湿和降温，有利于种子发芽出苗。当 65% 左右幼苗出土后，应及时揭去覆盖物。

（四）苗期管理

蔬菜育苗从播种到定植大致分为 4 个时期，即出苗期、子苗期、小苗期和成苗期。各个时期的幼苗对环境条件的要求、生育特点及其管理的技术都不相同，要根据实际情况，加强管理。

1. 出苗期 播种至出全苗为出苗期。这个时期主要是胚根和胚轴生长，管理的重点是创造适宜种子发芽和出苗的环境条件，促进早出苗及出苗整齐。在冬春季节，重点是维持和保证苗床的温度，要根据各种蔬菜种子萌发的要求，调整好所需的温度，温度过低过高都对种子的出苗有影响。

2. 子苗期　出苗至第一片真叶露心前为子苗期。这是幼苗最易徒长的时期，管理上应以防止幼茎徒长为中心。出苗后适当降低夜温，同时降低苗床湿度是控制徒长的有效措施，喜温性果菜夜温降至 12～15℃，喜冷凉性蔬菜降至 9～10℃，昼间相应的适宜温度为 25℃ 及 20℃左右。对于播种过密的苗床，要适当间苗并改善苗床光照条件，苗床过湿时及时撒干细土吸湿。在温度条件允许的情况下，保温覆盖物应尽量早揭、晚盖，以延长苗床内的光照时间。喜温性果菜在低温多湿条件下易得猝倒病，应尽快分苗，防止扩大蔓延。在子苗期还应注意灾害性天气的管理。

3. 小苗期　第一片真叶露心至第二、第三片真叶展开为小苗期。此期根系和叶面积不断扩大，是培育健壮幼苗的重要阶段，苗床管理的原则是边"促"边"控"，保证小苗在温度、湿润适宜及光照充足的条件下生长。喜温性果菜昼间气温保持在 25～28℃，夜温为 15～17℃，喜冷凉性蔬菜相应温度为 20～22℃ 及 10～12℃。如播种时底水充足不必浇水，可向床面撒一层湿润细土保墒；如底水不足、床土较干，可选晴天一次喷透水然后再保墒，切忌小水勤浇。若床土不肥沃、幼苗营养不良时，可适当进行根外追肥，如用 0.2%～0.3% 的尿素水溶液进行叶面施肥。如遇灾害性天气也应进行相应的管理。

4. 成苗期　第三片真叶展开到定植前为成苗期。此期管理时应做好分苗及定植前的炼苗工作。

（1）分苗。分苗是将幼苗挖起后重新进行栽植，扩大苗间距及营养面积，有利于幼苗茎、叶、根系的生长发育，用营养钵点播的可视苗情进行"拉钵"。不同蔬菜适宜分苗的时期不同，一般掌握在第一片真叶"破心"时至花芽开始分化前进行，分苗 1～2 次。

分苗方法有苗床、营养钵、营养土块等移栽方法。分苗前 3～4d 要通风降温并控制水分，锻炼幼苗，以利于分苗后的恢复生长；分苗前一天浇透水，减少起苗时伤根；分苗宜在晴天进行，起苗时要注意保护根系。分苗后一般需要 3～5d 的缓苗期，此期应注意调节好温、湿度。缓苗后要注意苗床温度和光照的管理，合理浇水施肥，尽量使苗床处于幼苗生长适宜的温度、光照和水分状态，在苗床基肥不足的情况下，可追施速效肥以促苗壮。

（2）炼苗。定植前对幼苗进行适度的低温、控水处理，使幼苗得到锻炼的操作称为炼苗。炼苗可增强幼苗抗逆性，加速缓苗生长。

炼苗的措施主要是降温控水。定植前 5～7d 逐渐加大育苗设施的通风量，降温排湿，停止浇水，特别是要降低夜温，加大昼夜温差，使育苗环境逐渐过渡到与外界环境一致。

（五）育苗时常见问题及预防措施

1. 出苗不整齐　出苗不整齐包括两种情况，一是出苗时间不一致，二是在整个苗床内，幼苗分布不均匀。

（1）主要原因。种子质量不高、播种技术差和苗床管理不善等都可造成出苗不整齐。

（2）主要预防措施。采用发芽势、发芽率高、播种质量高的种子；苗床要精细整地，播前浇足底水，均匀播种，提高播种质量；覆土厚薄一致，通过苗床通风、覆盖等措施，尽量使环境条件一致。

2. 子叶"戴帽"出土　幼苗出土后，种皮不脱落而夹住子叶，随子叶一起出土，这种现象称为"戴帽"或"顶壳"出土（图 3 - 2）。"戴帽"苗的子叶不能够正常伸展开，妨碍以后真叶的生长，易造成叶片卷曲；子叶不能正常地进行光合作用，不能为早期真叶的生长提供必需营养，展叶缓慢，幼苗弱小，不能培育壮苗；被种壳出土夹住的子叶部分，先发黄后枯死，易感染病菌，引发苗期病害。

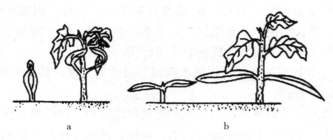

图 3 - 2 "戴帽"苗与正常苗比较
a. "戴帽"苗　b. 正常苗

（1）主要原因。覆土过浅或覆土干燥，对种壳出土的阻力不够；播种方法不当，如瓜类种子立放或侧放；种子生活力弱、脱壳力不足等。

（2）主要预防措施。足墒播种；播种深度要适宜；瓜类播种时，种子要平放；覆土要均匀，厚度适当；覆土后应及时覆盖塑料薄膜等保湿，使种子处于湿润状态，以保持种皮柔软、易脱落；出苗前保持土壤湿润；幼芽顶土时撒盖湿润细土填补土缝，增加土表湿润度及压力，以助子叶脱壳。出现"戴帽"现象时，可趁早晨的高湿度或先用喷雾器喷水使种皮变软，再人工辅助脱掉种皮。

3. 徒长苗　徒长苗又称高脚苗，是指下胚轴过长、苗茎细瘦、叶片细小的蔬菜苗。高脚苗容易发生倒伏，在强光高温下也容易发生萎蔫。

（1）主要原因。光照不足，特别是苗床内幼苗发生拥挤，下部光照不足时；温度过高，尤其是夜间温度偏高时；土壤湿度长时间偏高；等等。

（2）主要预防措施。适量播种，出苗后及时间苗、分苗，避免幼苗间发生拥挤，保持充足的光照；出苗后，加强通风，降低温度和湿度，不偏施氮肥。

4. 老化苗　老化苗也称为僵苗、小老苗，主要表现为茎叶生长缓慢，茎细、叶小，叶色较深、发暗，幼苗低矮或瘦弱。老化苗定植后缓苗慢，易早衰且产量低。

（1）主要原因。苗床长期干旱，供水不足；苗床温度长时间偏低；施肥不当，如施化肥过浓等，发生了伤根。

（2）主要预防措施。保持苗床内适宜的温度，低温期炼苗时不过度控温；保持苗床内适宜的土壤湿度，不过分控水炼苗；合理施肥，切忌施肥浓度过大。

二、嫁接育苗

嫁接育苗是把要生产蔬菜的幼苗、顶芽或带芽枝段等作接穗嫁接到选用的砧木上，形成一株新的蔬菜苗的育苗方法。在设施蔬菜栽培迅速发展、连作病害日趋严重的今天，蔬菜嫁接育苗技术正被广泛应用。

（一）嫁接育苗的意义

1. 防止土传病害危害，实现连作　通过选用抗病性强的砧木进行嫁接育苗，利用砧木根系的抗病性，防止土壤传染性病害的危害。

2. 增强抗逆性　通过选用一些根系吸收功能强大的蔬菜砧木进行嫁接，使植株在耐瘠薄、耐旱等多方面的抗逆作用显著提高，增强蔬菜在瘠薄、偏酸（碱）等地块上和干旱条件下的生长势。嫁接苗还可具有抗线虫等多方面的抗逆作用，有利于提高产量。

3. 增强生长势，改善品质　嫁接用的砧木多为葫芦、瓠瓜、南瓜、野生茄子及野生番茄等，其根系强大，生长迅速，分布范围广，对水肥吸收能力强，嫁接后能促进嫁接幼苗的生长，利于开花结果，对果实品质的提高有促进作用。

4. 提高耐寒性　嫁接后的蔬菜，因砧木抵御低温的能力强，其耐寒性也有所提高。

（二）砧木的选择和应用

应用嫁接育苗的主要目的在于利用砧木的优良抗性防止土壤传染性病害的危害并增强植株的生长势，因此嫁接育苗技术的关键是砧木的选择。砧木选择除注意和接穗具有高度亲和力外，还要将能抗目标病害、促进生长发育、不影响产品品质作为主要的选择标准。

黄瓜用黑籽南瓜作砧木，西瓜、甜瓜用瓠瓜或葫芦作砧木，苦瓜用南瓜作砧木，茄子用赤茄或托鲁巴姆茄作砧木，都能获得较好的嫁接栽培效果（表3-5）。

表3-5　主要蔬菜嫁接砧木与嫁接方法

蔬菜名称	常用砧木	常用嫁接方法	主要嫁接目的
黄瓜	黑籽、白籽南瓜	靠接、插接	增强耐寒能力、防病
西瓜	瓠瓜、南瓜	靠接、插接	防病
番茄	野生番茄	劈接	防病
茄子	野生茄子	劈接	防病

（三）嫁接用具与场地

1. 切削工具　多使用刮须的双面刀片，用来切削苗茎接口以及切除砧木苗的心叶和生长点。为便于操作，可将双面刀片沿中线纵向折成两半，每片大约可嫁接200株。刀片切削发钝时及时更换，以免切口不齐，影响嫁接苗成活。

2. 插孔工具　用于插接法砧木苗茎的插孔，多用竹签自制而成。竹签插孔端的粗细应与蔬菜接穗苗茎的粗细相当或稍大一些，为应对蔬菜苗大小不一致的现象，可多备几根粗细不同的竹签供选用。

3. 接口固定物　嫁接后为使砧木和接穗切面紧密结合，应使用固定物固定接口。常用的固定物有以下几种：

（1）塑料嫁接夹。塑料嫁接夹是嫁接专用固定夹，用来固定嫁接苗的接合部位，有专门厂家生产，小巧灵便，可提高嫁接效率，能多次使用，是较理想的接口固定物。

（2）塑料薄膜条。将塑料薄膜剪成宽0.3~0.5cm的小条，用来捆扎接口。也可将塑料薄膜剪成宽1.0~1.5cm、长5~6cm的薄膜条，在接口绕两圈后用回形针卡住两端。

（3）嫁接专用固定管套。蔬菜嫁接专用固定管套是将砧木斜切断面与接穗斜切断面连接并固定在一起，使其切口与切口间紧密结合。由于管套能很好地保持接口周围水分，又能阻止病原菌的侵入，有利于伤口愈合，能提高嫁接成活率，并且会在嫁接愈合后在田间自然风化、脱落，不用人工拆除，消除了原来使用嫁接夹带来的不方便。使用管套嫁接法的优点是速度快，效率高，操作简便，广泛应用于番茄、茄子、西瓜等蔬菜嫁接育苗上。

4. 消毒用具 消毒用具用于盛装消毒液，以便对刀片、竹签和旧嫁接夹等进行消毒。

5. 嫁接机 嫁接机是一种集机械、自动控制与园艺技术于一体的机器。它根据不同嫁接方法，把直径为几毫米的砧木、接穗嫁接为一体，使嫁接速度大幅度提高，同时由于砧、穗接合迅速，避免了切口长时间氧化和苗内液体的流失，从而又可大大提高嫁接成活率。

6. 嫁接场地 蔬菜嫁接操作应在温室、塑料大棚或凉棚内进行，要求温度适宜（最好在 20～25℃），空气相对湿度在 90％以上，且要适度遮阳，不仅要便于操作，还要利于伤口愈合。冬春季育苗多以温室或塑料大棚为嫁接场所，嫁接前几天，适当浇水，密闭不通风，以提高棚内空气湿度，夏秋季嫁接时应设置遮阳、降温、防风、防雨的设施。

（四）嫁接技术

1. 砧木苗及接穗苗播期的确定 适时播种才能培育出合适的砧木苗及接穗苗，嫁接才能成功。砧木和接穗的播期，要根据作物品种、嫁接方法的不同而定，应分期适时播种，以便培育出合适的砧木苗及接穗苗。如采用靠接法时黄瓜接穗比南瓜砧木一般早播 3～5d，采用插接法时则南瓜应比黄瓜提早播种 3～5d；采用劈接法嫁接时茄子接穗应较砧木晚播 7（赤茄）～30d（托鲁巴姆）。

2. 嫁接方法 嫁接方法有很多种，常用的主要有劈接法、插接法和靠接法 3 种。

（1）劈接法。劈接法也称切接法。瓜类通常去掉砧木苗茎的心叶和生长点，而茄果类则留 2～3 片真叶横切断茎，然后用刀片由顶端将苗茎纵劈一切口，再把削好的接穗插入并固定牢固后形成 1 株嫁接苗。劈接法主要应用于苗茎实心的蔬菜，以茄子、番茄等茄科蔬菜应用较多，在苗茎空心的瓜类蔬菜上应用较少。

劈接法的操作过程一般分为砧木苗去顶、摘心，苗茎劈接口，接穗苗茎削切，接穗苗茎和砧木苗茎接合等几个环节（图 3-3）。

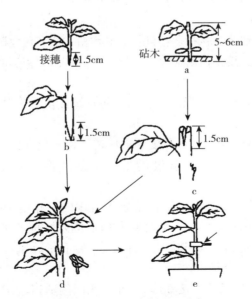

图 3-3 茄果类劈接过程示意

a. 砧木苗去顶、摘心　b. 接穗苗茎削切　c. 砧木苗茎劈接口　d. 接口接合　e. 接口固定当砧木苗茎较粗而接穗苗茎相对较细时，可采用半劈接法，砧木苗茎的切口深度一般只有茎粗的1/2左右。全劈接法是将砧木苗茎纵切一道深1cm左右的切口，适用于砧木苗茎与接穗苗茎粗细相近时。

（2）插接法。插接法是用竹签或金属签在砧木苗茎的顶端插孔，再把削好的接穗苗茎插入插孔内而组成1株嫁接苗。

插接法的操作过程一般分为砧木苗去心和插孔、接穗苗苗茎削切、接穗插入砧木插孔内等几个环节，具体参见西瓜插接过程示意（图3-4）。

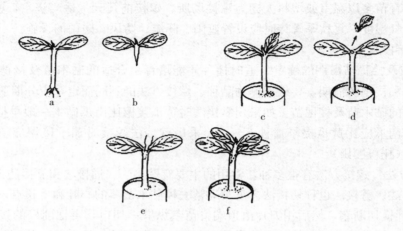

图3-4　西瓜插接过程示意

a. 适合嫁接的西瓜苗（接穗）　b. 西瓜苗茎削接口　c. 适合嫁接的瓠瓜苗（砧木）
d. 砧木苗去心　e. 砧木苗茎插孔　f. 将接穗插入孔内接合

（3）靠接法。靠接法是将接穗苗与砧木苗的苗茎靠在一起，两株苗通过苗茎上的切口互相咬合而形成1株嫁接苗。

靠接法的操作过程一般分为接穗苗茎削切、砧木苗去心和苗茎削切、接穗苗和砧木苗茎切口嵌合以及嫁接部位固定、接穗苗断根等几道环节，具体参见番茄的靠接过程示意（图3-5）。

（五）嫁接苗的管理

嫁接后3～5d，要注意保温、保湿、遮阳，防止嫁接苗失水萎蔫，促进愈合。管理要点如下：

1. 温度管理　嫁接后的5～7d对温度要求比较严格，此期的适宜温度为白天25～30℃，夜间20℃左右。嫁接苗成活后，对温度的要求不甚严格，可按一般育苗方法进行温度管理。

2. 湿度管理　嫁接后，要随即把嫁接苗放入苗床内，并用小拱棚覆盖保湿，使苗床内的空气相对湿度保持在90%以上，不足时要向地面洒水，但不要向嫁接苗上洒水或喷水，避免污水流入接口内，引起接口染病腐烂。嫁接3d后适量放风，降低空气湿度，并逐渐延长苗床的通风时间，加大通风量。

3. 光照管理　嫁接当日以及嫁接3d内，要用遮阳网适当遮阳。从第四天开始，每天上午和下午让嫁接苗接受短时间的太阳直射光照，并随着嫁接苗的成活生长，逐天延长光照的时间。嫁接苗完全成活后，撤掉遮阳网。

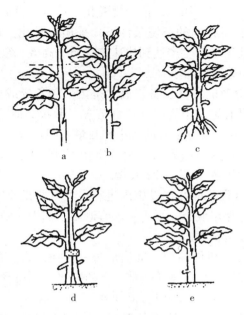

图 3-5 番茄靠接过程示意

a. 砧木苗茎去心、削切接口　b. 接穗苗茎削切接口　c. 砧木苗和接穗苗接口嵌合　d. 接口固定　e. 接穗苗断根

4. 其他管理

（1）分床管理。一般嫁接后 7～10d，把嫁接质量较好、接穗恢复生长较快的苗集中到一起，在培育壮苗的条件下进行管理。把嫁接质量较差、接穗恢复生长也较差的苗集中到一起，继续在原来的条件下进行管理，促进其生长，待生长转旺后再转入培育壮苗的条件下进行管理。对已发生枯萎或染病致死的苗要从苗床中剔除。

（2）抹杈和抹根。砧木苗在去掉心叶后，其苗茎的腋芽能够萌发出侧枝，应随长出随抹掉。另外，对接穗苗茎上产生的不定根也要随见随抹掉。

三、穴盘育苗

在起苗定植的过程中，易造成根系的损伤，需要保护根系，目前使用容器育苗是护根育苗的主要形式。其既能够保护根系，定植后不需缓苗或缓苗期极短，发棵快，收获早；又便于搬运和管理，利于机械化、自动化生产，适应现代化育苗产业发展要求。常用容器有营养纸筒（杯）、塑料营养钵、穴盘等。下面以穴盘为例介绍育苗流程。

穴盘育苗
（胡繁荣）

蔬菜穴盘育苗是指采用特制的分穴育苗盘，装入床土或草炭、蛭石等轻基质材料作育苗基质，采用人工或机械化播种，培养蔬菜幼苗的一种育苗方式。穴盘育苗是现代蔬菜工厂化育苗体系中的关键技术之一。

（一）穴盘育苗的优点

1. 易保全苗　根系完好无损，秧苗移栽后可迅速地吸收水分和养分，成活率高，生长整齐。

2. 管理方便　使用专用的穴盘，质量小，方便起苗、搬运、管理和移栽。

3. 降低成本　采用精量播种或点播，播种时每穴 1 粒种子，节省用种；集约化育苗，批量生产，提高土地利用率，节约用地；适合规模化、产业化发展的要求，节省劳力。

4. 便于工厂化生产　在可控制的环境条件下，采用科学化、标准化的技术措施，进行自动化、机械化操作，使蔬菜秧苗生产达到快速、优质、高效、稳定的生产水平。

（二）穴盘育苗的配套设备

1. 穴盘　穴盘是穴盘育苗的主要设备，通常是由聚苯乙烯或聚氨酯泡沫塑料和黑色聚氯乙烯吸塑压制而成的，具有许多个规则排列育苗穴（形状类似普通育苗杯钵）的塑料盘，一般外形尺寸为54cm×28cm。按育苗穴的大小和数量不同，育苗盘分为50穴、72穴、128穴、200穴盘等多种。黑色穴盘穴壁光滑，利于定植时顺利脱盘，白色聚苯乙烯外托盘质轻，便于运输，生产上常用黑色50穴、72穴盘。

2. 育苗保护设施　穴盘育苗最好在设施内进行，尤其是反季节蔬菜育苗。冬春季需要温室、塑料大棚或小拱棚等保温设施，夏季要求有遮阳、挡雨、防风的遮阳棚等。工厂化穴盘育苗则需配套催芽室、育苗室等。

3. 精量播种机　精量播种机能高效、准确地将种子播入穴盘的穴孔中。现代穴盘工厂化育苗常采用精量播种生产线，可将基质混拌、基质装盘、基质刮平、精量播种、覆盖、洒水等工序一次完成，工作效率高，每小时可播800～1 000盘。

4. 浇水设备　为保证水分供应，应准备浇水工具，安装喷淋装置。

5. 育苗床　穴盘工厂化育苗，需安装活动育苗铁架床，以方便管理。

（三）穴盘育苗技术要点

1. 基质准备

（1）基质的选择与配制。育苗基质要求疏松、透气性好、保水保肥、干净无病害、肥力较好，pH为6.2～6.5。穴盘工厂化育苗基质配方根据不同蔬菜种类而定，主要采用轻型基质，如草炭、蛭石、珍珠岩等。经特殊发酵处理后的有机物如芦苇渣、麦秸、稻草、菌糠等也可以作基质材料与珍珠岩、草炭等按体积比混合制成育苗基质。

常用配方：适于冬春蔬菜育苗的基质配方为草炭：珍珠岩（3∶2），草炭：蛭石（2∶1）；适于夏季育苗的基质配方为草炭：蛭石：珍珠岩（1∶1∶1），草炭：蛭石：珍珠岩（2∶1∶1）。有条件的可直接选购配制好的专用基质。

（2）基质的消毒。基质可以用高温蒸汽消毒或溴甲烷、氯化苦、甲醛、高锰酸钾、多菌灵等处理，其中多菌灵处理成本低，应用较普遍。

2. 穴盘准备

（1）穴盘的选用。根据蔬菜种类和育苗要求，选用适宜的穴盘。一般瓜类如南瓜、西瓜、甜瓜等大型蔬菜多采用20穴或50穴，黄瓜多采用72穴或128穴，茄科蔬菜如番茄、茄子、辣椒采用128穴，叶菜类蔬菜如甘蓝、青花菜、叶用莴苣可采用200穴的穴盘。

（2）穴盘的清理和消毒。先清除穴盘中的残留物，再用清水冲洗干净、晾干，然后将穴盘放到0.1%高锰酸钾溶液中浸泡15min以上或用1%漂白粉溶液浸泡8～12h进行消毒，以消灭穴盘上残留的病原菌和虫卵。穴盘每次使用后要及时清洗干净，晾干后避光保存。

3. 基质装盘　首先把准备好的基质装入穴内，基质装盘时不要装得太满，多余的要刮除，并稍加镇压，然后可用竹棍每穴打一深1cm的播种孔。使用精量播种生产线则装盘、播种等由机械一次完成。为既保证基质的透气性又方便装盘，在基质装盘前，应提前对基质进行水分调节，使基质含水量为 50%～70%。

4. 播种 选择发芽率 90% 以上的籽粒饱满、发芽整齐一致的种子，采用机械或人工播种。机械播种的用干种子直播，人工播种可催芽至露白后点播。播种要精细做到每穴 1 粒，播种数量要计算安全系数，以保证播种的数量和质量，播种深度为 1cm 左右。播种后覆土、浇水，此次浇水一定要浇透，至穴盘底部的穴孔有水滴渗出即可。

5. 催芽 播种完成后将穴盘放入育苗架，运送到催芽室或温室中进行催芽。催芽的温度设置白天为 26～28℃、夜间为 20℃ 左右，空气相对湿度为 90% 以上。经 2～3d，当穴盘中 60% 的种子萌发出土时，即可将穴盘移入育苗温室。如果没有催芽室，可直接将穴盘放入育苗温室中，环境条件要尽可能地符合催芽室的标准。

6. 育苗管理

（1）温度管理。应根据季节及不同蔬菜的生育特点灵活掌握，冬春季温度过低，影响出苗速度，小苗易出现沤根和猝倒病，应加强保温措施，必要时可采用一些加温措施，提高温度，促进秧苗正常生长，防止幼苗冻害发生；夏秋季温度偏高，则应利用遮阳网中午遮阳，防止温度过高。一般瓜类、茄果类温度控制在 23～28℃，叶菜类温度为 20～25℃，既可防止幼苗徒长，又可促进幼苗健壮生长。

（2）水分管理。穴盘育苗时每株幼苗所拥有的基质数量比较少，因此持水量较少，容易干燥，要加强水分管理。一般每天喷水 2～3 次，最好采用微喷灌设备进行喷淋，使基质保持湿润，空气相对湿度保持在 80%～90%。夏季则应加大喷水量和喷水次数，保持秧苗不萎蔫。要根据秧苗长势灵活掌握，避免水分过多幼苗出现徒长现象。

（3）光照管理。在夏秋季育苗时，光照度能够满足幼苗生长的需要。冬春季特别在南方地区阴雨天气较多，常常引起光照不足，除应加强管理外，还应及时清洁温室屋面、撤去遮阳覆盖物，尽可能提高苗床的光照度。

（4）其他管理。育苗期间根据秧苗长势进行适当倒盘，以调整光照和水分条件，使秧苗生长均匀。根据苗情适当补施肥料，注意防治苗期病虫害。

7. 定植前管理 定植前要适当降低温度，控制水分，进行定植前的秧苗锻炼，以适应定植地点的环境。若要定植于塑料大棚内，应提前 3～5d 逐渐降温、通风，进行炼苗；定植于露地的，应于定植前 7～10d 炼苗，使温室内的温度逐渐与露地相近，防止幼苗定植时因不适应环境而发生冷害。起苗的前一天或当天浇透水，以便起苗。

任务三　定植技术

一、土壤耕作

土壤耕作是指在蔬菜生产的整个过程中，根据土壤的特性和作物的要求，通过农具的物理机械作用，改善土壤耕层结构和表层状况，调节土壤中水、肥、气、热等因素，为蔬菜作物播种、出苗或定植、生长发育等创造适宜的土壤环境条件。土壤耕作主要包括翻耕、耙地、耢地、镇压、做畦等。

（一）基本耕作

基本耕作主要是指土壤翻耕。

1. 翻耕的方法 翻耕的方法大体上有两种：一种是半翻垡翻耕，使垡块翻转角度为

135°，耕深为 20～25cm，多在晚秋及早春蔬菜收获后采用这种方法；第二种方法是旋耕法，利用旋耕机将土壤旋耕，深度可达 12～18cm，这种方法破坏性大，使土壤的团粒结构受到破坏，多在夏季倒茬时采用。

2. 翻耕的时期

（1）秋耕。秋耕为最基本的耕作方式，其使底土层土壤翻到地表，通过长期冻垡、晒垡可使之熟化，又可及时灭茬、灭草、消灭虫卵或病原菌，具有蓄墒、保墒的作用。

（2）春耕。秋茬收获晚或早的地块及适耕性差的过湿性黏土常采用春耕，应提早进行，一般应在土壤化冻 16～18cm 或返浆期进行。

（3）夏耕。夏耕在秋菜播种前进行，起灭茬及疏松土壤的作用，翻耕深度应以 13～15cm 为宜。

3. 翻耕深度 采用机引有壁犁翻耕深度为 20～25cm，而以畜力作业的翻耕深度多为 16～22cm。加深耕层可增产，一般在 50cm 以内，随翻耕的加深产量可以相应增长，所以提倡深耕。

（二）表土耕作

表土耕作是基本耕作的辅助措施，是为播种准备条件的耕作方式，包括耙地、耢地、镇压 3 项作业。

1. 耙地 耙地是翻耕后用各种耙平整土地的作业，一般耙深 4～10cm。用圆盘耙、钉齿耙等耙地，有破碎土块、疏松表土、保水、提高地温、平整地面、掩埋肥料和根茬、灭草等作用。耙地可分为干耙和水耙，干耙能碎土，水耙能起泥浆和平地、使土肥相融。

2. 耢地 耢地多在中国北方旱区耙地后进行，可与耙地联合作业。在耙后拖一用柳条、荆条、木框等制成耢（耱）拖擦地面，能使地表形成干土覆盖层，减少土壤表面水分蒸发，同时还有平地、碎土和轻度镇压的作用。

3. 镇压 镇压是在翻耕、耙地之后利用镇压器的重力作用适当压实土壤表层的作业。用镇压器镇压地面，可碎土保墒压紧耕层等。

（三）做畦

菜地经过耕作后，还要做畦，其目的主要是便于灌溉、排水、种植及管理，此外，对土壤温度、湿度和空气条件也有一定调节作用。菜畦主要由畦面和畦沟两部分组成，畦面用于种植蔬菜，畦沟主要用于灌溉、排水、通风及农事操作的走道等。做畦的形式视当地气候条件（主要是雨量）、土壤条件、地下水位的高低及蔬菜种类而定。

1. 菜畦的形式 根据畦面与畦间通道的高低关系不同，常见的菜畦形式有：

（1）高畦。畦面凸起高于畦间通道，畦面宽 1.3～1.5m、高 16～20cm、长 6～10m。高畦可增厚耕层，方便排水，适用于南方降水量大且集中的地区和多雨季节以及地下水位高或排水不良的地块，瓜类、茄果类和豆类等喜温蔬菜的生产。

（2）垄。从实质上讲，垄就是窄高畦。垄底宽，垄顶部窄，垄面呈圆弧形，通常垄高 25～35cm，垄间距离根据蔬菜种植的行距而定，一般垄距 50～60cm。高垄能增厚耕层，且土壤干燥，土壤温度上升快，昼夜温差大。垄作常用于大白菜、大型萝卜、结球甘蓝、芋和山药等蔬菜的生产。

（3）平畦。畦面与畦间通道相平，当菜地平整后，不特别整成畦沟和畦面。一般宽 1.3～1.7m、长 6～10m。平畦的土地利用率比较高，适用于排水良好、雨量均匀、不需要经常灌溉和采用喷灌、滴灌等现代灌溉方式生产的地区。

（4）低畦。畦面低于畦间通道，畦宽 1.0～1.6m、长 10～15m。低畦利于灌溉和蓄水，但土壤易板结，流水容易传播病害。适用于地下水位低、排水良好、气候干燥的地区或季节，密度大且需经常灌溉的绿叶菜类、小型根菜类的生产及育苗畦（图 3-6）。

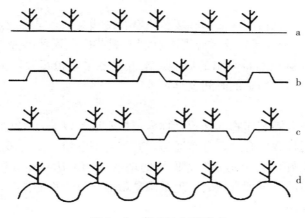

图 3-6　菜畦的主要形式
a. 平畦　b. 低畦　c. 高畦　d. 垄

2. 畦的走向　畦的走向指畦的延长方向，畦的方向关系到作物的行向。冬春季生产应采用东西向，有利于提高畦内温度，促进植株生长；夏季南北向做畦有利于田间的通风排热，降低温度。地势倾斜的地块，应以有利于保持土壤水分和防止土壤冲刷为原则来确定畦的走向。

畦的走向对于植株较为高大和搭架生长的蔓性蔬菜影响较大。在风力较大的地区，当植株的行向与生产畦的走向平行时，畦的走向宜与风向平行，这样可以减少风害，利于行间通风。由于我国地处北半球，冬季和早春太阳辐射以偏向南面的时间居长，且期间的太阳高度角低，因此宜采用东西延长的畦向，植株的受光较好，冷风危害较轻。当植株的行向与生产畦的走向平行时，夏季以南北延长的走向做畦，有利于植株受光和通风透气。

3. 做畦质量要求　按预先规划好的畦距划线，然后按规格开沟做畦。

（1）畦面平坦。畦或垄的高度要均匀一致，以免浇水或雨后湿度不均匀，植株生长不整齐，低洼处还易积水。

（2）土壤要细碎。整地做畦时一定要使土壤细碎，保持畦内无坷垃、无石砾、无残留薄膜等。

（3）土壤松紧适度。做畦后应保持土壤疏松透气，但在干旱地块，在耙地和做畦过程中也需适当镇压，避免土壤过松、大孔隙较多。

二、定　植

经过育苗的蔬菜，当秧苗长到一定大小后，从苗床移栽到大田的过程，称为定植。其为植物植株生长提供更大的空间，有利于植物更好地进行光合作用。

（一）定植时期

秧苗定植时期，应根据当地的气候条件、蔬菜种类和生产目的等不同来确定。我国华南地区终年温暖，各种蔬菜的播种、定植时间虽有一定的差异，但要求不严格。早春在地温不低于10℃的前提下，定植越早，秧苗成活发棵也越早，是争取产品早熟的重要环节。在长江以南地区，一些耐寒、半耐寒性蔬菜，如蚕豆、豌豆、甘蓝、小白菜、芥菜、菠菜和洋葱等，大多在秋冬生产。晚秋和初冬定植的越冬蔬菜，其定植期应以在最寒冷时期以前能够缓苗、恢复生长为标准。

定植时的天气条件与秧苗的成活率和缓苗快慢有密切关系。早春应选无风的晴天上午进行，最好定植后有2～3个晴天，这样温度高有利于缓苗；在夏秋高温干旱季节定植时，应在傍晚或阴天抢栽，以避免烈日高温的影响。南方在冬季定植蔬菜，主要问题是寒流的侵袭，应根据天气情况，抓住回暖的时间及早定植。

（二）定植密度

单位土地面积上栽培园艺作物的株数，称为定植密度，以株行距表示。

单位面积上种植的株数要合适，分布适当，做到合理密植，使之形成一个良好的群体结构，既能使个体发育良好，又能充分发挥群体的增产作用，达到充分利用光能、地力和空间，从而获取高产的目的。合理密植的生理基础是增加单位面积的株数，安排最适叶面积和长时期保持这一叶面积高峰。

对一次性采收的根菜类，如胡萝卜，不同定密植度之间的单位面积产量差异不大，密植的比稀植的单位面积产量稍高些，但密植的单株重小，而稀植的大根型占绝大多数。对于多次采收的茄果类及瓜类，提高定植密度，会明显地增加早期的果实产量；而以幼小植株为产品的绿叶菜类，密植增产的效果更为明显，且能提高产品品质，但个体减弱现象也很明显。

定植密度还与田间管理、整枝方式有关，如瓜类搭架栽培的可比匍匐生长的密度大些，而单蔓整枝的可比双蔓整枝的密些，番茄和豆类的生产情况也大致如此。密植后应及时搭架、引蔓、整枝、摘心，使植株向上部空间发展，摘除过多的不必要的枝条和衰老的叶片，改善通风透光条件。

（三）定植方式

定植穴或单株之间组成的几何图形有正方形、长方形、三角形、带状、篱壁式等（图3-7）。提倡每畦定植两行时，采用三角形交错定植，枝叶均匀分布，充分利用光能。

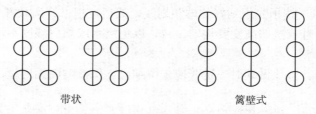

带状　　　　　　　　　　　篱壁式

图3-7　定植方式

（四）定植方法

1. 开定植沟或定植穴，补施基肥　在做好畦后，定植前还需要按照栽植密度（或行株距）要求开定植沟或定植穴。定植沟（或穴）的深浅和大小要根据不同蔬菜种类而定，深浅要适宜。如底肥不足时，可在开好定植沟（或穴）后，补施适量基肥。施肥后在其上再撒一层细土，并充分搅拌均匀，以避免定植苗根系直接与肥料接触。

2. 正确栽苗，浇足定根水　正确的栽植方法和精细的操作是秧苗定植成活的关键。定植的方法有多种：

（1）暗水定植法。在定植沟（或穴）中浇足水后，将秧苗逐一种入泥中。

（2）明水定植法。按株距将秧苗逐一摆入定植沟（或穴）中，扶正秧苗后覆土，轻压根际，再逐株浇定根水。浇水的目的是使秧苗的根与土壤紧密接触并供给根部一定的水分，使其易于吸水和发生新根。

3. 定植深度要适宜　秧苗的定植深度一般比原苗床深度稍深些，以埋至子叶痕下为宜。采用营养钵或穴盘育苗的，则以埋过土坨为宜。但栽苗深浅应根据蔬菜作物根系的深浅、株形、土质、栽培季节等灵活掌握。例如黄瓜根浅，对氧的要求高，所以定植宜浅；茄子根深，需要培土防止植株倒伏，所以定植宜深。早春定植应比夏季要浅些，因为早春地温低，深栽不易发根。地势低洼、地下水位高的地块宜浅栽，否则易导致烂根。土质过于疏松，干旱季节则应适当深栽，有利于保墒。

采用地膜覆盖生产时，多采用先铺膜后定植。在畦面按株行距开好定植穴，直径和深度分别大于育苗营养钵的直径和高度。植苗后浇定根水，待水渗透营养钵后用细土填实孔穴，封严地膜口，使其不漏风。

4. 定植后的保苗措施　蔬菜秧苗定植后，成活率的高低与定植后的管理密切相关。定植后要浇水保墒，保持土壤湿润；防止土面板结，以利根系恢复生长，促进缓苗。夏秋季定植后，最好覆盖遮阳网遮阳、降温、保湿，防止烈日暴晒。还应经常检查，预防病虫危害。秧苗定植后出现死苗缺株现象时，应抓紧时间进行查苗、补苗，以免影响群体产量。

任务四　田间管理技术

一、施　　肥

蔬菜要取得一定的产量，必须有相应的营养供给。蔬菜所吸收的营养一方面来自土壤，另一方面就需要人为供给，即施肥。因此，要及时施肥，以满足蔬菜正常生长的需要。

（一）施肥依据

1. 不同蔬菜种类的需肥特性　生长期长的蔬菜在整个生育期对营养元素的吸收量大，需肥量多，如高产栽培的果菜类；对于一些生长期虽长，而根系强大，分布范围又广的蔬菜，虽然需肥量多，但吸收能力强，追肥量及次数都较少，如南瓜、胡萝卜等；对根系浅弱的种类，吸收能力弱，吸收量少，对土壤溶液浓度比较敏感，总需肥量多，而每次施肥量又不能过多，因此在整个生育期要适当增加追肥次数，如黄瓜；生育期短的蔬菜如绿叶菜类，其生长快，但根系浅，吸收能力弱，因此也要多次追肥，才能获得高产。在肥料种类方面，一般叶菜类需要较多的氮素肥料，果菜类吸收磷较多，根菜类则应多施钾肥。

2. 蔬菜不同生育时期的需肥特性　幼苗期生长量小，在施足基肥的基础上，一般不需追肥；营养器官及食用器官旺盛生长期，是蔬菜一生中需肥最多的时期，也是追肥的重要时期，因此，要适时追肥，多次施肥，以满足蔬菜生长发育的需要。整个生育期施肥的浓度应采取"先淡后浓"的原则，即定植初期及生长前期施肥浓度要低，植株长大后施肥浓度可以高一些。

3. 蔬菜田间苗情　蔬菜缺乏某一种矿质元素时，在植株外观上也会表现出缺素症。应根据植株的长势，发现异常时及时"对症下药"，进行追肥，补充所缺的元素，以满足蔬菜对各种矿质元素的要求。以下是绝大多数蔬菜缺乏氮、磷、钾的一些常见症状。

（1）缺氮。植株矮小，生长缓慢，老叶片颜色呈淡绿色或黄色，慢慢扩展到新叶，茎秆不久也发生同样的变化，最后整个植株可能变成淡黄色或褐色。如番茄缺氮时，除叶片淡绿外，叶脉和茎变紫，花芽变黄并脱落。

（2）缺磷。叶色暗绿，多数蔬菜叶背呈蓝紫红色，茎秆细，须根发育受阻滞，延迟结果和果实成熟。如黄瓜缺磷时，叶片逐渐变为暗绿色，茎细，果实暗绿并带有青铜色。

（3）缺钾。植株下部的叶片呈现灰绿色，慢慢地又变为青铜色和黄褐色，叶缘变为褐色且卷曲，茎细长变硬。如甘蓝缺钾时，早期的表现是沿叶缘处呈现青铜色，严重时叶缘枯焦，在叶的内表面上形成褐色斑点；马铃薯缺钾时，叶片提早衰老，向下弯曲，多发生于老叶。

由于氮、磷、钾、镁等主要元素在植物体内可被重新利用，因此，当发生缺素症时首先表现在叶龄较大的叶片上，而上部叶片和茎秆仍保持正常状态。钙、铁、铜、锰、锌等元素缺乏时，首先表现在顶部幼嫩叶上。

4. 土壤肥力条件　据估计，在一般施肥情况下，中等产量水平时，植物吸收的氮中30%～60%、磷中50%～70%、钾中40%～60%来自土壤。土壤肥沃、基肥充足、水分不足时，适当减少追肥量；瘠薄土壤、新垦地块肥力低，要适当多施；沙壤土肥料易流失，总施肥量多而每次施肥量宜少，应分多次施加，以免损失。要应用测土配方施肥，因地制宜，补充缺素，平衡施肥。

5. 肥料的特性　用人畜粪尿作追肥时，必须充分腐熟，否则肥效慢，且易烧根、烧苗；以化肥作追肥的，肥效快，但要严格控制施用量和浓度。

6. 气候情况　气候条件对施肥效果有较大的影响。温度、降水和光照不仅对土壤养分的转化和作物对养分的吸收有重要影响，而且影响土壤养分的淋失和有效性。温度较高时，作物生长旺盛，需要较多的营养，也促进了肥料的分解和转化，因此，温度适宜的季节可以多施；气温过高或过低时，施肥宜少、宜淡。雨水较多时，为了防止肥料流失要薄施。在比较干旱和降水量过多的条件下，施肥效果不良；在水分充足、光照良好的条件下，施肥效果好。

7. 栽培制度　栽培制度复杂多样，单一的栽培制度常常过度消耗某些养分，导致土壤养分不平衡，轮作、间作、套种等可充分发挥蔬菜营养元素之间的互助作用，提高土壤肥力。

综合上述因素，要进行合理施肥，既要注意有机肥料和化学肥料的配合、各种营养元素比例协调、施肥量得当，又要选择适宜的施肥时期和方法等。

（二）施肥方法

1. 基肥　基肥是指在播种或定植前结合土壤耕翻整地、做畦施入的肥料。基肥可供给蔬菜整个生育期的需要，施肥量应占总用量的60%左右，通常以厩肥、堆肥、河塘泥、土杂肥以及禽畜粪便等迟效性有机肥为主。在无公害蔬菜生产中，更应注重有机肥的施用。基肥对改良土壤，提高土壤肥力有重要的作用。基肥可以在犁耙时全田撒施，随耕作翻入土壤底层，也可以在播种、定植前沟施或穴施。蔬菜施肥要注意氮、磷、钾的平衡配合，基肥要求细碎、腐熟，施后应与土壤充分混合，避免发生烧根现象。

2. 追肥　追肥是指在蔬菜生长过程中施用的肥料，是基肥的补充。追肥的方法多种多样，常用方法有：

（1）地面撒施。蔬菜浇水后或下雨时趁墒将化肥撒施于畦面或植株行间。这种方法简单、省时、省工，但肥料的利用率低，挥发会损失一部分。特别是碳酸氢铵，是一种不稳定的氮肥，容易分解为氨（NH₃）和二氧化碳挥发到空气中，因此不宜撒施。尿素、硫酸铵和硫酸钾可在田间操作不便、蔬菜急需肥料的情况下撒施。撒施化肥时，切忌撒在叶片上，或撒后要结合浇水，及时喷水淋洗，以免烧苗。

（2）随水冲施。将化肥撒在水沟内，使化肥溶化后随水冲施进入蔬菜根际土壤。这种施肥方法，会有部分挥发损失，还会有部分随水渗漏到土壤深层，因蔬菜根系达不到而不能被吸收利用。其优点是方法简单，劳动量小。在大面积蔬菜严重缺肥而不便于埋施的情况下可选用，面积不大或劳动力允许时，也可以将肥料溶解在水桶后淋施。

（3）滴灌施肥。滴灌施肥是将肥料溶解后加入滴灌系统，随滴灌水自动进入蔬菜根系周围的土壤中，既节约肥水，省工、省力，又可根据肥料的主要成分、特点进行施肥，是目前比较先进的施肥方法。缺点是要有配套的滴灌和供水设备，并要有严密的地膜覆盖，需要土壤中营养水平的测定，投资相对较高。

（4）地下埋施。在蔬菜根际周围开沟或开穴，将有机肥或化肥施入后再覆土掩埋，可利用机械打孔深施。这种方法肥料浪费少，但劳动量大且操作不便。采用株行间埋施，由于肥料集中、深度大、离根太近，易损伤根系，因而埋施肥料时，开沟挖穴要距植株基部 10cm以上，一般在蔬菜封行前采用此种方式。深施能提高肥料利用率，有些氮肥，如尿素，施入土壤后，大部分释放出来的氨能作为铵离子（NH₄⁺）保存在土壤里供蔬菜利用，若撒施地面则容易挥发散失；碳酸氢铵等，容易分解为氨和二氧化碳而挥发到空气中去，如果撒施地面则大量的氮会以氨的形式逸失于空气中。在塑料大棚里施用时，产生的氨气等有毒气体易对蔬菜产生毒害作用，且温度和湿度越高，分解速度越快，因此，在施用时应当深施覆土，以减少氨态氮的挥发损失和造成毒害。

（5）根外施肥。根外施肥又称叶面施肥，是将肥料溶解成溶液后，用喷雾器将溶液喷施到蔬菜茎叶上，由茎叶吸收，然后向植物体内运转的施肥方式。一般叶面附着量为 30%～60%，吸收量为附着量的 40%～80%，可结合喷药防病治虫时进行。这种方法肥效快、用量少，是一种经济有效的施肥方法，在植株衰老、根系受到损伤吸收能力不足或在缺素严重的情况下使用，效果更加明显。生产中进行叶面施肥应用较多的是尿素、复合肥、磷酸二氢钾、氯化钙和微量元素等，现许多厂家还研制出了多种适合叶面喷施的微肥或氨基酸肥料，如腐殖酸、氨基酸、芸薹素内酯等，都有良好的效果。由于蔬菜的种类和生产方式不同，需肥特性不同，使用的浓度也有所差异，要根据具体情况，灵活运用。尿素叶面喷施的浓度一般为 0.2%～2.0%（一般禾本科 1.5%～2.0%，果树 0.5%左右，露地蔬菜 0.5%～1.5%，温室蔬菜 0.2%～0.3%）。

二、灌 溉

灌溉是人为补充作物所需水分的技术措施。为了保证作物正常生长，获取高产稳产，必须供给作物以充足的水分。在自然条件下，往往因降水量不足或分布不均匀，不能满足作物对水分要求，因此，必须人为地进行灌溉，以补充天然降水的不足。

灌溉系统主要由水源（井、池、河等）、抽水机械和输水渠道 3 部分构成，可采用多种方式进行灌溉。

（一）灌溉依据

1. 蔬菜种类的需水特性　对根系浅而叶面积大的蔬菜种类，要求土壤湿度高，需经常灌水，应保持畦面湿润，以畦面不干为原则。对根系浅而叶面积小或叶面积大而根系较强大并有一定抗旱能力的蔬菜，应保证畦面"见干见湿"。对速生蔬菜应保持"肥水无缺"。对根深耐旱的蔬菜如南瓜、胡萝卜等，在播种或定植时仍不能缺水，一般先湿后干。水生蔬菜则要生活在水中，更不能缺水。

2. 蔬菜不同生育期的需水特性　种子发芽期需水多，播种前要浇足底水，播种时要灌足播种水，才能满足种子发芽的需要。幼苗期适当控制水分，以防徒长。地上部功能叶及食用器官旺盛生长时需水多，不能缺水。根系生长为主时，要求土壤湿度适宜，水分不能过多，以中耕保墒为主，一般少灌或不灌。食用器官开始形成时，对水分要求最严格，既怕水分过多，又不能过于干旱。对果菜类蔬菜避免始花期浇水，要"浇荚不浇花"，生长旺盛期和结果期则勤浇多浇。果菜类的营养生长与生殖生长并行，要保证水肥供应。食用器官接近成熟时，一般要减少或停止浇水，以免延迟成熟或造成裂球、裂果。

3. 田间苗情　根据植株叶片的姿态变化和色泽深浅、茎节长短、蜡粉厚薄等情况，确定是否需要灌水。如叶片上翘、色泽淡、蜡粉薄、节间伸长，为水分过多，需排水或锄地；反之，如叶片萎蔫严重、叶色浓绿、发暗、生长点蜷缩、叶面蜡质加厚，为缺水表现，需要浇水。如番茄、黄瓜、胡萝卜等叶色发暗，中午有萎蔫现象，或甘蓝、洋葱叶色灰蓝，表面蜡粉增多，叶片脆硬，都是缺水的表现，要及时灌水。

4. 气候情况　南方每年均发生春旱和秋旱，应注意灌溉抗旱；梅雨季及7—9月台风暴雨季节，则以排水为主。在夏秋高温干旱季节，地温高，空气及土壤同时干旱，因此要经常灌溉，以水降温。为了防止温度变化过激影响蔬菜的正常生长，还要注意灌溉应在早晨或傍晚地温较低时进行，切忌中午温度高时灌水。若高温多湿，但雨量不均，则应排灌结合。

5. 土质情况　沙壤土保水力差，要增加灌水次数，并结合增施有机肥改良土壤保水性。黏壤土保水力强，透气性差，灌水次数宜少，要与深耕、多中耕相结合。低洼地小水勤浇，对易积水的地块应挖沟排水。要根据土壤墒情决定是否灌水，缺墒时应及时灌水，合墒时中耕保墒，黑墒时要注意排水。

6. 结合其他农业技术措施进行灌水　如定植时要浇水，追肥必须结合灌水，间苗、定苗后灌水弥缝、稳根等。

（二）菜田灌溉的主要方式

1. 地面灌溉　地面灌溉包括畦灌、沟灌、淹灌等几种形式，是传统灌溉方式。特点是简便易行，不需要特殊设备，投资少，维护保养方便，对水质的要求不太严格，适用于水源充足、土地平整、土层较厚的地块进行大面积蔬菜生产。缺点是浪费水较多，容易引起土壤板结，且渠道占用大量菜田面积，土地利用率低。

2. 地上灌溉　地上灌溉又称空中灌溉，是近年发展迅速的节水灌溉方式，尤其在现代化设施生产中有大量应用。优点是能节约用水，浇灌均匀，对地面平整度要求不高，能保持土壤结构，使土壤松软而不板结，减少沟渠占地等，同时还可以避免由沟灌等引起的土壤盐渍化，在灌溉过程中，可降低气温、增加空气湿度等，造成局部凉爽的条件，调节了田间小气候，使炎热夏季有利蔬菜生长，从而可以提高蔬菜产量，还可以与喷肥、喷洒农药结合，也可用于防霜。但投资较大，技术性较强。

（1）喷灌。喷灌是利用机械设备，使水在一定的压力下通过小孔喷出，在低空中形成细小水滴，然后降落到田间蔬菜上，所以也称为"人工降雨"。可用于设施栽培和露地栽培中。喷灌易于按照蔬菜作物需水量控制灌溉量，做到定额给水，且均匀度高，可比传统的地面灌溉方法节水30%～50%，同时可节约耕地10%以上，喷灌使田间气温比地面灌溉时低2～3℃，而空气相对湿度则比地面灌溉高出4%～8%。但由于蒸发喷灌也会损失许多水，尤其在有风的天气，而且不容易均匀地灌溉整个灌溉面积，水存留在叶面上容易造成霉菌的繁殖，如果灌溉水中有化肥，在炎热阳光强烈的天气会造成叶面灼伤。喷灌有固定式、半固定式和移动式3种形式。

（2）微喷灌。微喷灌是利用低压管道输水至蔬菜行间，通过喷带上的喷孔，以低压力的小水流向作物根部送水而浸润根际土壤，或将水流通过雾化，呈雾状喷洒到土壤表面进行局部供水的灌。微喷灌能连续或间歇地为作物提供需要的水分，节水量大，对整地质量要求不严，作业时可结合追肥使用，装置的安装与拆除方便，广泛应用于蔬菜、花卉、果树、药材等种植场所以及扦插育苗、饲养场所等区域的加湿降温。

（3）滴灌。滴灌是利用滴灌设备将水增压、过滤后，利用低压管道系统输水，通过安装在末级管道上的特制滴头，以滴水的方式将水定时、定量、均匀而缓慢地滴到蔬菜根际土壤的灌溉方式。滴灌在节约用水、促进蔬菜生长和提高产量等方面效果明显，是目前较为先进的节水灌水技术，适合于干旱缺水地区、干旱季节和土壤透水性强的地块以及设施栽培、无土栽培等。但其缺点是滴头易堵塞，对水质要求高，土地容易积累盐分，此外，滴灌系统需要大量的管材和滴头，设备投资高。滴灌系统的组成见图3-8。

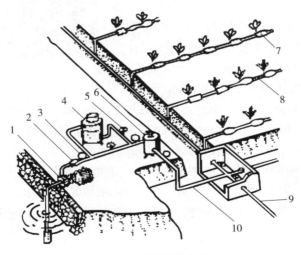

图3-8　滴灌系统的组成
1. 水泵　2. 流量计　3. 压力表　4. 化肥罐　5. 闸阀　6. 过滤器　7. 滴头　8. 毛管　9. 支管　10. 干管

3. 地下灌溉　渗灌技术已经在地下水位较高的地方应用多年，是人工将地下水位抬高，直接从底部为植物根系供水的方法。渗透管带有丰富的毛细孔，水能从孔中慢慢渗出，湿润周边的土壤。因此，将渗透管埋设在距地面15～25cm的地下根附近，不仅可为作物提供所需水分，还能保持土壤表面干燥，降低设施内的湿度，减轻病虫害的发生，一次埋设可连续使用多年，投资较小。

三、植株调整

植株调整是通过人为干预，协调营养生长和生殖生长的管理措施。植株调整能减少养分消耗，平衡地上部和地下部，为植株创造最适宜的空间环境，以提高光能的利用率，促进其产品器官的形成和发育，从而提高产量和品质，同时因通风透光而降低田间湿度，减少病虫草害的发生。

（一）茎蔓管理

1. 搭架　对于蔓生或不能直立生长的蔬菜，如大部分瓜类、豇豆、菜豆、山药、番茄、青椒等，采取搭支架栽培，使植株向上生长，可以充分利用空间，增加有效叶面积和结果部位，扩大栽植密度，增加产量，提高品质。支架的形式因各种条件而不同，有单柱架、人字架、四脚架、篱架、直排架和棚架等，可用竹竿支架或用尼龙绳等吊蔓（图3-9）。

2. 引蔓　引蔓指对一些蔓性、半蔓性蔬菜的茎蔓进行牵引上架，或引导茎蔓沿着牵引绳攀缘生长，使植株在棚架上向适宜的方向生长的措施。

3. 绑蔓　绑蔓也称捆蔓，是指用绳索将茎蔓固定在支架上，使植株能够直立地向上生长的措施。绑蔓能使植株排列整齐、分布均匀、受光均匀、长势均衡，结果部位比较一致，管理方便。生产中多采用∞形绑缚，可防止茎蔓与架竿发生摩擦（图3-10）。绑蔓应分次进行，要注意松紧适度。

图3-9　人字架

4. 落蔓　设施内为减少架竿遮阳，多采用吊蔓，对于黄瓜、番茄、菜豆等无限生长型蔬菜，茎蔓长度可达3m以上，为保证茎蔓有充分的空间生长和便于管理，可根据果实采收情况随时将茎蔓下落，摘除基部老叶、黄叶、病叶，盘绕于畦面上，重新绑蔓，使植株生长点始终保持适当的高度（图3-11）。

5. 压蔓　压蔓是将爬地生长的蔓性蔬菜如瓜类的部分茎节压入土中，以促进不定根的发生，扩大吸收面积，防止大风吹动的措施。其能使植株在田间排列整齐，茎叶均匀分布。压蔓方法有明压、暗压两种，暗压是埋土压蔓，明压用干土块压蔓即可。压蔓可分多次进行。

（二）分枝管理

1. 整枝　整枝就是通过人为修剪，创造一定的株形，减少养分消耗，以促进果实发育的措施。整枝能有效地调节植物体内营养分配，保证生殖器官的生长发育，同时还能改善通风透光条件，提高植株的光合效率，有利于合理密植、提高产量。

摘除侧芽，只留顶芽向上生长，是单干整枝式；除留主干外，又选留一个侧枝作为第二主干作为结果枝，是双干整枝式；除留主干外，再选留多个侧枝作为结果枝，是多干整枝式。

图 3 - 10　绑蔓

图 3 - 11　落蔓

　　整枝时应根据实际情况，分清主次，对多余的枝条一次性用剪刀剪除，但也应注意不可在同一时间切除过多的枝条以造成植株营养状况难以恢复，同时也应避免因雨水等引起植株伤口处的病害感染。整枝应在植株营养生长达到一定程度，特别是在根系比较发达后再进行，以免影响植株的长势。

　　2. 摘心　摘除顶芽，控制延长生长，称为摘心，又称"打顶"或"闷尖"（图 3 - 12）。对于侧蔓结果为主的瓜类（甜瓜、瓠瓜），应在主蔓长出不久即进行摘心，促使其早分枝、早开雌花；对于搭架栽培的果菜，为了抑制营养生长，也要除掉顶端生长点。

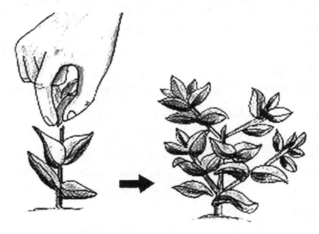

图 3 - 12　摘心

　　3. 打杈　除掉侧枝或腋芽称为打杈，又称抹芽（图 3 - 13）。打杈应多次进行，减少养分消耗，常用于番茄、茄子、瓜类等蔬菜栽培生产中。

　　（三）叶片管理

　　1. 摘叶　摘叶就是摘除果菜类蔬菜过多的叶片，在其生长中后期摘除下部的老叶、黄叶、病叶的措施。其能减少不必要的同化物质消耗，同时有利于下部通风透光，减少病虫害发生蔓延，促使上部茎叶良好发育。

图 3-13　打权

2. 束叶　束叶是指将靠近产品器官周围的叶片尖端聚结在一起，用绳索或黄茅草、藤条等捆扎的作业。束叶常用于花球类和叶球类蔬菜栽培中，如花椰菜在花球即将成熟之前，将部分叶片捆起来或折曲一部分叶片盖在花球上，可防止阳光对花球表面的暴晒，保持花球表面的色泽与质地，使花球洁白柔嫩，提高产品品质；在大白菜生长后期束叶，能促进包心紧实并使叶球软化，还可起到一定的防寒作用。但束叶不能过早进行，以免影响叶片光合作用。

（四）花果管理

1. 摘蕾、疏花　摘蕾就是在花开前把花蕾摘除，疏花是把过多的花朵或弱势花剪除。对花器官及果实的调整各有其不同作用。如大蒜、马铃薯、莲藕、百合、豆薯等不以果实为产品，而是以地下营养器官为产品的块根及根茎类蔬菜，除去花蕾或抽去花薹，能减少生殖生长对同化物质的消耗，有利产品器官的膨大，能提高产量和改善品质。对于果菜类，由于光合产物的有限性，分配上存在矛盾，一部分花根本不可能结果，因此疏掉一部分的花，更加有利于留存花的正常结实。

2. 疏果　疏果就是摘除部分幼果。对果菜类如大型瓜类，根据其营养分配的特点，采取集中营养提高单果重来争取优质高产，如西瓜、甜瓜、南瓜等，一般是每株选留一定数量结果部位优越、发育良好的幼果，其余花果一律除掉。一些番茄品种，一个花序选留适当的果数，可使结果均匀、品质提高和避免后期落果。对部分发育畸形的果实和病果或机械损伤的果实，及早摘除有利果实品质的改善和产量的提高。对陆续开花结果、以采收嫩果为产品的种类如青瓜、丝瓜、苦瓜、西葫芦等，及时采摘嫩果不但保证了产品的品质，而且有利于养分供给后续花序开花结果，提高总产量。

3. 吊果　对于一些搭架的大型瓜类，如甜瓜、西瓜和黑皮冬瓜等，为防止质量过大扯断瓜藤，同时使果实受光均匀和结果形状端正，要用铁钩或网兜、托板等将瓜吊挂在瓜架上。

四、植物生长调节剂的应用

植物生长调节剂是人工合成的类似天然植物激素的一类化合物，它有促进或抑制蔬菜生长与发育的作用，在蔬菜生产上的应用主要有以下几个方面。

（一）防止器官脱落

蔬菜作物的许多器官，如花、果实、叶等在生长过程中，遇到如干旱或过湿、营养不足、温度过高或过低等不良条件时，往往会发生脱落现象，可用植物生长促进剂类物质有效防止，如2,4-滴、防落素等对防止茄果类、瓜类及豆类的落花落果效果显著。

（二）促进生长，增加产量

利用生长促进剂可促进蔬菜生长，增加产量。如赤霉素可促进茎的伸长，增加植株高度，增加叶面积和分枝数。许多绿叶蔬菜如芹菜、菠菜、莴苣、茼蒿、苋菜、蕹菜等，应用赤霉素处理，均可加速生长，增加产量，一般可增产10％～30％。常用的赤霉素使用浓度和方法如表3-6所示。

表3-6　应用赤霉素处理绿叶蔬菜的方法和效果

蔬菜种类	处理浓度/(mg/L)	处理方法	增产率/%	备注
芹菜	20	田间喷洒植株	26.7	
莴苣	40	10～15片叶时喷洒	44.8	提早10d采收
苋菜	100	叶面喷洒	11.6	
茼蒿	10	叶面喷洒	92.0	
芫荽	50	叶面喷洒	94.0	
叶用芥菜	10～100	6～8叶时喷洒植株	30.0	
普通白菜	50	4叶时处理2次	40.0	使用20d后收获

（三）抑制徒长，培育壮苗

在蔬菜育苗中，高温或肥、水充足条件下植株容易发生徒长，应用矮壮素、丁酰肼、多效唑等植物生长延缓剂进行土壤灌浇或茎叶处理后，可抑制徒长，使叶片增厚、叶色变绿，茎的生长减缓，植株变矮，还可增加植株的抗寒抗旱能力，效果可保持20～30d。

（四）抑制抽薹开花

在蔬菜生产上，在产品器官如丛生叶、叶球、肉质根和鳞茎等形成之前，要抑制其抽薹开花，以利提高产量和增进品质，应用植物生长抑制剂或延缓剂处理效果显著。如在莴苣肉质茎开始伸长时，用4～8g/L的丁酰肼喷洒植株2～3次，每隔3～5d喷1次，可以明显地抑制抽薹，增加茎的粗度，提高商品质量。在春季大白菜生产时，由于早春低温影响，很容易造成先期抽薹，可在花芽分化的初期用1.25～2.50g/L的青鲜素（MH）每株喷洒30mL，能有效抑制花芽分化和抽薹开花，促进叶的生长和结球。在马铃薯现蕾期和初花期，分次对马铃薯喷洒1～4g/L的丁酰肼，能抑制马铃薯茎叶的生长，使有机养分更多地向块茎分配，引起落花落蕾，增加块茎数目，从而增加块茎产量。

（五）打破休眠，促进发芽

用植物生长调节剂可以打破休眠，促进萌芽。用春马铃薯行二季生产时，因种薯有休眠期，不易发芽，可将种薯切块后，用0.5～1.0mg/L的赤霉素或50～200mg/L的乙烯利溶液浸泡10min，即可打破休眠，促进提早发芽。莴苣种子的发芽需要一定的光照，用赤霉素处理可以提高其发芽率。

（六）促进扦插枝条生根

应用吲哚乙酸（IAA）、吲哚丁酸（IBA）、吲哚丙酸（IPA）、萘乙酸（NAA）或2,4-滴等生长促进剂，均能促进甘蓝、瓜类、番茄等蔬菜插枝生根，提高成活率。

（七）促进果实发育和成熟

利用释放乙烯类调节剂可促进果菜类蔬菜果实的成熟。番茄果实转色期，用 500～1 000mg/L 的乙烯利溶液喷洒植株，可使果实提早红熟 5～6d；或将进入转色期的青熟番茄采收后，用 1～4g/L 的乙烯利浸果 1min 后取出，沥干后放在竹筐，置于温度 22～25℃的温室内，经 2～3d 后，大部分果实即可变为红色。用乙烯利 200～500mg/L 处理西瓜或 500～1 000mg/L 在甜瓜收获前进行处理，均可达到催熟作用，可使其提早成熟 5～7d。

（八）控制瓜类的性别分化

如用 100～200mg/L 的乙烯利对 4～5 片真叶的黄瓜或具有 5～6 片真叶的瓠瓜进行叶面喷洒，可使植株提早发生雌花，增加雌花数量，从而提高早期产量。用 50mg/L 乙烯利在西葫芦等南瓜类蔬菜 3～4 片真叶时进行处理，每隔 10～15d 喷 1 次，共喷 3 次，可增加雌花数量，使果实提早成熟 7～10d。用 50mg/L 的赤霉素处理黄瓜幼苗，则会抑制雌花的发生而促进雄花的发生。

（九）保鲜

利用植物生长调节剂可以防止蔬菜产品叶绿素分解，抑制呼吸作用，减少核酸和蛋白质的降解，从而达到防止蔬菜组织的衰老变色和腐烂变质，延长蔬菜保鲜期的目的。植物生长调节剂也可以有效地抑制蔬菜贮藏器官如块茎、鳞茎等在贮藏期中的发芽，利于休眠，延长保鲜时间。

项目小结 ◇

确定露地蔬菜的栽培季节要求把蔬菜的产品器官形成期安排在环境条件最适宜的月份，设施蔬菜栽培季节则主要根据市场的供需要求进行确定。蔬菜的茬口安排应以主要栽培茬口为主，并通过合理的轮作与间、套作等方式，合理安排茬口，实现蔬菜的周年生产和供应。生产上蔬菜种子包括真正的种子、果实和营养器官 3 类。蔬菜育苗有设施常规育苗、嫁接育苗、穴盘育苗等方式。播种前的种子处理有浸种、催芽、药剂处理等。嫁接育苗能防止土传病害感染，增强抗逆性；穴盘育苗适合机械化、自动化操作，生产效率高。蔬菜的田间管理有水肥管理、植株调整、植物生长调节剂使用等。要根据蔬菜种类、生长时期和田间苗情合理施肥。滴灌以滴水的方式灌溉，是较先进的节水灌水方式，适合设施栽培、无土栽培等。果菜类的植株调整内容包括搭架绑蔓、整枝摘心、摘叶束叶、花果管理等。在生产上使用植物生长调节剂调控蔬菜的生长发育，协调植株的营养生长与生殖生长。

实训指导 ◇

技能实训 3-1　蔬菜种子识别

一、目的要求

认识主要蔬菜种子的形态特征和解剖结构特点，识别主要蔬菜种子。正确区分蔬菜新、陈种子。

二、材料用具

各种蔬菜种子（包括不同种、变种、品种的种子），几种有代表性的浸泡过的蔬菜种子，新、陈种子，刀片，培养皿，镊子，放大镜，天平等。

三、方法步骤

（一）形态观察

用肉眼和放大镜仔细观察并记载各种蔬菜种子的形态，比较新、陈种子在色泽、气味等方面的区别，绘图并记载如下内容：

1. 种子外形 如球形、扁形、盾形、心脏形、肾形、披针形，纺锤形、棱柱形及不规则形等。

2. 种子大小 有大粒、中粒、小粒 3 级。大粒种有豆科、葫芦科等，中粒种有茄科、藜科等，小粒种有十字花科、百合科等。可用种子千粒重或百粒重表示。

3. 种子颜色 指果皮或种皮色泽，如黄、褐、黑、紫、灰、红、白、杂色等及有无光泽。

4. 种子表面特征 表面是否光滑、有无茸毛或刺毛、呈瘤状突起或凹凸不平、呈棱状或网状细纹、有无蜡质等。

5. 种子边缘情况 有无棱状突起。

6. 种脐 种脐呈楔形（三角形）、圆形、椭圆形、卵形等，种脐位置一般在种子先端、侧面或种子基部，种脐颜色深浅不一。

7. 种子气味 芳香味或其他特殊气味。

（二）新、陈种子的识别

主要从种子的色泽和气味方面进行识别。一般新种子色泽鲜艳光洁，而陈种子则色泽灰暗。另外，一般新种子具香味，陈种子则具霉味。

（三）结构观察

取菠菜、番茄、黄瓜、莴苣、白菜、葱、豇豆等蔬菜浸泡过的种子，并用刀片横剖及纵剖，然后用放大镜观察各部分结构，并绘图说明。

真种子一般由种皮、胚和胚乳 3 个部分组成，也有无胚乳的种子，它们只有种皮和胚 2 个部分，但其子叶非常肥大，如豆类。观察有无胚乳及子叶数目。

四、作　业

（1）简要描述各种蔬菜种子的形态特征及新、旧种子的主要区别，并绘制种子形态示意图。

（2）解剖几种蔬菜种子，绘图说明各部位名称，如种皮、胚根、胚轴、胚芽、子叶及胚乳。

技能实训 3－2　蔬菜种子播前处理

一、目的要求

掌握几种蔬菜种子播种前处理的操作方法。

二、材料用具

有代表性的几种蔬菜种子、恒温箱、冰箱、培养皿、瓦盆、温度计、滤纸、纱布、玻璃棒、烧杯、镊子等。

三、方法步骤

取番茄、茄子、辣椒、黄瓜、西瓜、西葫芦、豇豆、大白菜、萝卜、莴苣种子各100粒，进行以下3种处理。

（一）浸种催芽

根据不同蔬菜种类，分别采取一般浸种（水温20～30℃）、温汤浸种（水温52～55℃）与热水烫种（水温70～75℃）3种方法进行浸种，浸种后按各种蔬菜种子要求的发芽温度进行催芽。

（二）低温处理

把开始萌动的种子放在0℃左右的低温中1～2d，然后再置于适温中催芽。

（三）变温处理

采用变温处理技术进行催芽，把刚萌动的种子先置于−2～0℃低温下12～18h，再放到18～22℃温度下12～16h，高低温反复交替处理，直至出芽为止。

四、作　　业

（1）总结浸种与催芽的操作过程，并指明操作过程中容易发生的问题以及预防措施。

（2）观察记载各种蔬菜种子、几种处理方法种子发芽所需的天数，分析不同处理的效果以及应注意的问题。

技能实训 3-3　蔬菜育苗技术

一、目的要求

学习和掌握蔬菜育苗的主要技术环节，掌握蔬菜播种与育苗的基本技术。

二、材料用具

茄果类或瓜类蔬菜种子、充分腐熟的有机肥、园土、移植铲、铁锹、铁耙、塑料营养钵或育苗穴盘等。

三、方法步骤

（一）苗床育苗

1. 播种前的准备

（1）浸种催芽。按本项目所讲内容因地制宜任选一种浸种、催芽方法。

（2）培养土制作。按腐熟有机肥∶园土＝1∶1的比例配制培养土，使二者充分混合后过筛。

（3）苗床准备。按宽度 1.0～1.2m、长度以实际需要为准来制作苗床。

（4）摊铺培养土。在苗床上平整摊铺厚度 10cm 左右的培养土。

2. 播种 培养土装床后，搂平床面，并浇足底水，然后撒播种子，覆土，覆盖膜密封苗床保温。

（1）撒播。小粒种子可在苗床内撒播。先把床面摊平、浇透水，待水渗下后，将种子均匀地撒到畦面上，覆上细土，再盖上覆盖物。

（2）条播。小粒种子也可进行条播。按行距 20～25cm、深 3～5cm 开沟，把种子均匀地撒到沟内，盖细土，再盖覆盖物即可。

（3）点播。中、大粒种子可采用点播。

3. 播后管理 根据秧苗对温度、湿度、光照等的要求及季节、气候特点进行覆细潮土、覆盖薄膜、通风炼苗等管理，播后用地膜覆盖畦面保湿，低温期播种后还要扣盖小拱棚保温。

（1）保持土壤湿润。要适时喷水，经常保持土表湿润。但忌漫灌，以免土壤板结，影响幼苗出土。

（2）遮阳。春末或夏秋季播种后最好盖草保湿、搭盖遮阳网遮阳，以减少水分蒸发，创造有利于幼苗生长的环境。

（3）及时去掉覆盖物。当种子拱土时，要及时去掉覆盖物，以保证幼苗正常出土。

（4）及时松土、除草。

（5）间苗移栽。当幼苗长到 2 片真叶时，要及时间苗或分苗移栽，移栽前 2～3d 要浇透水，以利根系带土，移苗后也要及时淋水。

（6）炼苗。低温期进行保温育苗的，移栽前 5～7d 要适当炼苗。

（二）穴盘育苗（或营养钵育苗）

1. 培养土装盆 将配制好的培养土装入穴盘或营养钵内。

2. 摆放穴盘 在苗床上整齐摆放装好培养土的穴盘或营养钵。

3. 播种 浇足底水后，点播种子。

4. 盖种 根据种子大小，覆盖 1cm 左右细土。

5. 播后管理 参照苗床育苗。

四、实训提示

（1）本实训可安排在春季或秋季进行。

（2）实训前，根据育苗的需要，选好育苗地，并做好苗床地深耕整地、疏松土层、耙细整平等各项准备工作。

（3）分组实习，每组 3～5 人。实训结束后，要做好苗期管理和观察记录。

五、作 业

（1）根据你培育的秧苗生育状况，总结本次育苗的经验教训，并提出改进意见。

（2）简述育苗床制作过程中应注意的问题。

（3）比较不同育苗方法、不同播种方法的优缺点。

技能实训 3-4　蔬菜定植技术

一、目的要求

学习和掌握蔬菜定植的主要技术环节，掌握蔬菜定植的基本技能。

二、材料用具

栽植蔬菜的菜田、适合定植的适龄秧苗（茄果类或瓜类蔬菜）、锄头、铁铲、移植铲、小锄头、水桶、水勺等浇水用具。

三、方法步骤

（一）定植前的准备

1. 土地准备　及早做好整地、施基肥和做畦等准备工作。定植前，按预先计划好的株行距划线、定点、挖穴或开沟，施入足量的腐熟优质有机肥并与土拌均匀。

2. 秧苗准备　根据需要事前准备足够的秧苗，尽量选用大小一致、生长整齐的秧苗，起苗前 2～3d 淋足水，使土壤湿润，便于起苗。

（二）定植

1. 湿法

（1）灌水。在定植沟（或穴）内灌足水。

（2）起苗。挖苗时尽量少伤根系，近距离移栽的最好随挖随种，以提高成活率。

（3）运苗。运苗时尽量不要捏伤秧苗茎叶，也不能以手捏根，要轻拿轻放，以免散坨伤根。

（4）植苗。将菜苗植入泥中。

2. 干法

（1）摆苗。按预先定好的株距逐次摆好秧苗。

（2）埋根。根据不同蔬菜种类和土壤情况埋至适宜的深度。定植的深度一般应比原苗床深度稍深些，还要考虑到作物根系的深浅、株形、需要氧气情况、土质、栽培季节和方式等。

（3）压根。要尽量取细碎土埋根，并适当按压，使根系与土壤充分接触。

（4）淋定根水。在定植好的秧苗根际淋足水，以保证成活。

（三）定植后的管理

（1）在行间盖草保湿，减少水分蒸发，减少杂草生长。夏秋季移栽的最好搭盖遮阳网，减少光照直射，创造一个阴凉环境条件，有利于苗木的恢复生长。夏季定植要注意预防烈日暴晒，必要时要进行遮阳。冬季或早春要覆盖防寒保暖，若遇霜冻，可以覆土防寒。

（2）注意及时浇水保持土地湿润，直至菜苗成活。

（3）经常检查，预防病虫危害。

四、实训提示

老师在现场先讲解挖苗、运苗、种植的技术要求，并做示范，然后分组进行操作，老师指导。学生完成后，老师逐一考核并讲评。

五、作 业

（1）试分析提高蔬菜秧苗定植成活率的主要措施。
（2）简述穴盘育苗的主要环节。

技能实训 3－5 蔬菜田间管理技术

一、目的要求

掌握蔬菜生产中的主要田间管理技术，能根据植株、天气、土壤等具体情况进行合理灌溉、追肥、中耕除草等。

二、材料用具

生长中的番茄或瓜类蔬菜、肥料（有机肥和化肥）、锄头、铁锹、喷灌设备等。

三、方法步骤

（一）中耕除草

1. 中耕除草的作用 一般中耕、除草同时进行。中耕不但可以消灭杂草，而且可以改善土壤的物理性质，使土壤通气、保水的性能良好，促进有益微生物的活动，使有机质分解，利于根系对养分的吸收，减少土壤水分蒸发以及病原菌的发生。

2. 中耕除草的方法 播种出苗后，雨后或灌水后只要土壤湿度适宜，就应及时进行中耕除草。中耕的深度因蔬菜的种类而异，黄瓜、葱蒜类根系较浅，应进行浅中耕；番茄及南瓜等蔬菜作物根群较深，宜进行深中耕。初期及后期的中耕宜浅，中期的中耕宜深；距植株远处宜深，近处宜浅。中耕的深浅一般为5～10cm。

中耕次数依作物种类、生长期的长短及土壤性质而定。生长期长的作物中耕次数较多，生长期短的次数较少，但必须在植株未全部覆盖地面以前进行。此外，灌溉多、施肥次数多、土壤黏重的地块，中耕次数应较多。

（二）灌溉

1. 灌溉的基本方式 灌溉可以分为地面灌溉、节水灌溉、地下灌溉3种。其中地面灌溉分为沟渠灌溉和管道灌溉，节水灌溉分为喷灌和滴灌等。

2. 灌溉的基本原则 灌溉的基本原则是"看天、看地、看苗"灌溉。

（1）据天气状况灌溉。冬季、早春强调晴天浇水，避免阴天浇水；夏秋高温季节讲究早晚浇水，避免中午浇水。

（2）据土壤质地灌溉。沙质漏水土壤应增加浇水量和浇水次数；黏重土壤浇水次数宜少，水后勤中耕；盐碱地块强调用河水或井水灌溉，且明水大浇。

（3）据蔬菜特性灌溉。水生性蔬菜必须经常生活在水中或沼泽地块，不能缺水；黄瓜、白菜类喜湿性蔬菜需经常浇水，保持湿润状态；茄果类、根菜类、豆类等半喜湿性蔬菜，要求见干浇水；葱蒜类等耐旱性蔬菜浇水量不宜过大，以不旱为原则；南瓜、西瓜、胡萝卜等耐旱性蔬菜宜采用前期湿后期干的浇水方法。

（4）据生育时期灌溉。播种前要求浇足底水；出苗期一般不宜浇水，干旱季节可以连浇小水直到出苗；幼苗期应控制浇水，水量不宜大；产品器官形成之前一般少浇水控制生长；产品器官形成期应勤浇多浇，不可缺水；开花期对水分要求严格，一般开花初期不浇水，开花盛期和后期应适时适量供水。

（5）据植株长势灌溉。如黄瓜"龙头"簇生、颜色墨绿，番茄、黄瓜、胡萝卜叶色发暗、中午萎蔫，甘蓝、洋葱叶色灰蓝、蜡粉增多、叶片脆硬等，都是缺水的表现，应及时浇水。

（三）追肥

追肥是指在蔬菜生长期间施用肥料，其主要作用是满足蔬菜生长期间及不同生育期对某些营养元素的特殊需要。

1. 追肥的基本方式　追肥可以分为根际追肥（土壤追肥）、根外追肥、气体追肥等3种方式，气体追肥即二氧化碳施肥。

2. 追肥的基本原则

（1）据蔬菜种类。绿叶蔬菜以速效氮肥为主，地下膨大器官为产品的根菜类强调钾肥的施用，以花、果实为产品的蔬菜强调氮、磷、钾的配合施用。

（2）据生育时期。幼苗期一般不需追肥，长势较弱时可进行叶面喷肥；营养生长盛期追肥不宜多，注意氮、磷、钾配合施用；产品器官形成期是追肥的重要时期，一般需要进行2～3次甚至更多。

（3）据蔬菜长势。根据缺素症状，及时"对症下药"，进行追肥。

（4）据土壤条件。土质肥沃、基肥充足、水分不足时，应减少施肥；沙质漏肥土壤，应增加施肥次数，每次施肥量不宜过多；黏质土壤强调多施有机肥，适当减少化肥用量。

（5）据气候条件。温度、雨量、光照适宜的季节，可以多追肥；高温或低温季节、干旱或阴天较多的季节应减少追肥；雨季追肥应少量多次。

（6）据肥料特性。如追施人粪尿，必须充分腐熟，一般顺水浇施，掌握"前期淡后期浓""前期少后期多"的原则；追施尿素、碳酸氢铵等化肥应在距离植株8～10cm处开沟或开穴施入；追施微量元素肥料一般采用叶面喷施。

3. 追肥的常用方法　土壤追肥的方式有撒施、条施、穴施、顺水冲施等；根外追肥也称叶面施肥，是将肥料配制成液体后用喷雾器对茎叶喷雾的追肥方式。

四、作　　业

每个实训小组自制一个记载表格，观察记载中耕除草、灌溉、施肥的时间、环境条件以及每一阶段作物的生长状况。（注：实训时设置一对照）

复习思考题 ◇

1. 怎样确定蔬菜的栽培季节？

2. 南方露地蔬菜栽培主要有哪些季节茬口？

3. 土地利用茬口有什么特点？

4. 蔬菜合理间套作应注意哪些问题?

5. 蔬菜种子包括哪些类型?

6. 真种子主要由哪几部分组成?

7. 蔬菜种子播前处理的措施有哪些?

8. 设施常规苗床播种育苗有哪些技术环节?

9. 嫁接育苗的意义与方法是什么?

10. 穴盘育苗有什么优点?

11. 苗床所用的培养土应具备哪些条件?

12. 如何配制培养土?

13. 菜田做畦方式有哪几种?

14. 蔬菜定植有哪些要求?

15. 如何提高蔬菜移栽成活率?

16. 菜田合理灌溉的依据是什么?

17. 蔬菜节水灌溉有哪些方式?

18. 怎样才能做到合理施肥?

19. 蔬菜植株调整包括哪些措施?

20. 蔬菜整枝应注意哪些问题?

21. 蔬菜生产中常用的植物生长调节剂有哪些?

22. 使用植物生长调节剂应注意哪些问题?

瓜 类 蔬 菜 生 产 技 术

项目导读 ◆

    本项目主要介绍瓜类蔬菜生产特性、类型品种、栽培季节与茬口安排及生产技术等，重点介绍黄瓜、西瓜和苦瓜的生产技术。

学习目标 ◆

    知识目标：了解瓜类蔬菜生产特性，掌握瓜类蔬菜生长发育规律，理解瓜类蔬菜的性型分化。

    技能目标：掌握瓜类蔬菜育苗、直播及嫁接育苗技术；能进行瓜类蔬菜生产管理，对瓜类蔬菜生产设施环境进行控制。

    瓜类蔬菜起源于热带地区，为葫芦科一年生草本植物（佛手瓜为多年生草本植物），其种类繁多，品种丰富，包括黄瓜、西瓜、甜瓜、冬瓜、南瓜、丝瓜、苦瓜、菜瓜等。它们在植物形态、生长发育及生产要求上有许多共同之处。如根系一般较发达，容易木栓化，再生能力弱；茎多为蔓性，实心或空心，节上有卷须，易生不定根，分枝能力强；叶大，多为掌状浅裂或深裂，有时上面着生刚毛或蜡粉，平展；多为雌雄同株异花，偶尔也有两性花，影响性型分化的因素有遗传、温度、光照、湿度、营养、植物生长调节剂等，一般低夜温、短日照、湿度较大、氮、磷较多、乙烯利适量有利于雌花分化，两性花一般坐果不良或容易形成畸形果；以嫩瓜食用较多，也有不少为嫩瓜和老瓜兼用型；营养生长与生殖生长并进时间较长；多数喜欢温热、光照充足、昼夜温差大的条件，不耐寒冷；疏松肥沃的沙壤土上生长较好；拥有相似的病虫害；等等。

学习任务 ◆

任务一　黄瓜生产技术

    黄瓜是一年生蔓生或攀缘草本植物，别名青瓜、胡瓜，属葫芦科黄瓜属，原产于印度，现广泛种植于温带和热带地区，在我国栽培普遍，且许多地区均有温室或塑料大棚生产，为我国各地夏季主要蔬菜之一。黄瓜茎藤药用，有消炎、祛痰、镇痉的功效。

一、生产特性

（一）形态特征

1. 根　浅根性，横向分布较宽，再生能力差，木栓化程度高且早。

2. 茎　茎蔓生，粗壮且长，4～5棱，中空，上有刺毛，分枝多少与品种有关。

3. 叶　叶大而薄，掌状浅裂五角形，单叶互生，上有刺毛，刺毛强度是植株生长健壮与否的标志之一。

4. 花　雌雄同株异花，偶尔有两性花，雄蕊3枚，花柱短，柱头3裂，虫媒花，异花授粉。

5. 果实　果实为瓠果，由子房和花托合并而成的假果，筒形或棒状，长10～50cm。幼果果皮颜色有深绿、浅绿、黄白、白、绿白等色，果面有明显的刺瘤和果棱或无刺瘤果棱不明显；老瓜一般呈黄白色，表皮光滑，有的具有网纹。具有单性结实的能力。

6. 种子　种子长椭圆形或扁平披针形，种皮白色或黄白色，表面光滑。每瓜可产种子150～400粒，千粒重20～30g，有效使用时间为3年。

（二）生长发育周期

1. 发芽期　发芽期是指从种子萌动到第一片真叶出现的时期，一般历时5～10d。这一时期的生长特点：主根向下生长，下胚轴明显伸长，子叶展开，生长主要靠种子自身贮藏的养分来供给。生产管理上首先要选用充分成熟、饱满、健壮的种子，保证其正常发芽；其次要注意子叶出土前供给较高的温度和湿度，促进出苗早、出苗全、出苗齐；子叶出土后要适当降低温度和湿度，防止徒长。

2. 幼苗期　幼苗期是指真叶出现到4～5片真叶展开的时期，一般历时20～40d。这一时期的生长特点：主根不断伸长，侧根开始发生，植株基部的4～5片真叶形成，叶芽分化至第23节，花芽分化至第20节，性型分化也已开始。这一时期植株生长较小，却是黄瓜产量形成和品质形成的重要关键时期，幼苗"龙头"（生长点）壮而肥大，植株健壮，无病虫害，株冠大而不尖，株形呈三角形是壮苗标准之一。

3. 抽蔓期　抽蔓期是指从开始抽蔓到第一个雌花坐果前的时期，一般历时10～25d。这一时期的生长特点：以营养生长为主，是由营养生长转向生殖生长的过渡时期，植株根系不断生长，节间开始伸长，叶片迅速生长，卷须出现，陆续开花。生产上此期要加强管理，既要促进根系和叶片的生长，又要促进雌花分化并且使瓜坐稳，同时还要防止徒长和化瓜。

4. 结果期　结果期是指从根瓜坐住到采收结束的时期，一般露地栽培历时40～50d，保护地栽培历时100～150d。这一时期的生长特点：营养器官旺盛生长，生殖器官不断开花结果。生产上要以促开花、保坐果为中心，加强肥水等田间管理，同时要注意病虫害的防治工作，以确保高产优质。

（三）对环境条件的要求

1. 温度　喜温但不耐高温，怕寒。生长发育的适宜温度为10～35℃，最适温度为25～32℃，气温低于10℃生长停止，气温超过35℃生长不良，超过40℃生长停止，昼夜温差在10～15℃较为适宜。不同生长发育阶段对温度的要求有所不同，如发芽期的适宜温度是27～

29℃，低于12℃不发芽；幼苗期适宜温度为22～25℃，低于10℃对幼苗生长不利，若种子经冷冻处理或幼苗经低温锻炼后，则可以忍受短时间5℃低温而不受冷害；抽蔓期适宜温度为20～25℃；结果期白天适宜温度为25～30℃，夜间适宜温度为13～15℃。黄瓜对地温反应也较敏感，适宜根系生长的地温是20～25℃，低于15℃或高于35℃根系生长均会受阻。

2. 光照　喜光但又较耐弱光。光照充足，同化作用旺盛，则产量高，品质好；光照不足，同化作用下降，则产量低，品质差，且容易化瓜。其光补偿点为2～10klx，饱和点为55～60klx，最适宜光照度为40～50klx。黄瓜是短日照作物，幼苗期低温、短日照有利于雌花形成，雌花分化的日照时数以每天8～10h最为适宜。

3. 水分　喜湿润，但不耐涝，也不耐旱。最适宜的土壤湿度为70%～80%，最适宜的空气相对湿度为80%～90%。不同生长发育时期对水分的要求有所不同，如发芽期要求供给充足的水分，才能保证出苗整齐；幼苗期要适当控制水分，以防徒长，培育壮苗；抽蔓期也要适当控制水分，控制地上部分生长，促进地下部分生长，调节地上和地下部分生长的平衡；结果期要供给充足的水分，才能满足果实生长的需要，水分不足容易化瓜和出现畸形瓜。黄瓜生长期间如果湿度过大，则容易发生沤根，导致猝倒病的发生。

4. 土壤　根系较浅，须根较多，喜湿不耐涝，喜肥不耐肥，也不耐贫瘠，最适宜在有机质丰富、土层深厚、疏松肥沃、透气性好的沙壤土中生长。以中性偏酸的土壤生产较好，适宜的土壤酸碱度pH 5.5～7.2，以pH 6.5最为适合。土壤过酸，容易发生生理障碍和枯萎病等，过碱容易烧根，产生盐害。

5. 养分　生长除了需要氮、磷、钾三大元素外，还需要钙、镁、硫、铁、锌、硼等多种元素。不同生育期对土壤养分的要求不同。每生产1 000kg产品需要从土壤中吸收N 1.9～2.7kg、P_2O_5 0.8～0.9kg、K_2O 3.5～4.0kg，三者比约为1∶0.4∶1.6。

二、品种类型

（一）类型

1. 根据分布区域及其生态学性状不同分类　可分为南亚型、华南型、华北型、欧美露地型、北欧温室型、小果型等。

（1）南亚型。分布于南亚各地。茎叶粗大，易分枝，果实大，单果重1～5kg，果短圆筒或长圆筒形，皮色浅，瘤稀，刺黑或白色，皮厚，味淡。喜湿热，严格要求短日照。地方品种种群很多，如锡金黄瓜、中国西双版纳黄瓜及昭通大黄瓜等。

（2）华南型。分布在中国长江以南及日本各地。茎叶较繁茂，耐湿热，为短日性植物，果实较小，瘤稀，多黑刺。嫩果绿、绿白、黄白色，味淡；熟果黄褐色，有网纹。代表品种有昆明早黄瓜、广州二青、上海杨行、武汉青鱼胆、重庆大白及日本的青长、相模半白等。

（3）华北型。分布于中国黄河流域以北及朝鲜、日本等地。植株生长势中等，喜土壤湿润、天气晴朗的自然条件，对日照长短的反应不敏感。嫩果棍棒状，绿色，瘤密，多白刺；熟果黄白色，无网纹。代表品种有山东新泰密刺、北京刺瓜、唐山秋瓜、北京丝瓜青以及杂交种中农1101、津研1号～津研7号、津杂1号、津杂2号、鲁春32等。

（4）欧美露地型。分布于欧洲及北美洲各地。茎叶繁茂，果实圆筒形，中等大小，瘤稀，白刺，味清淡，熟果浅黄或黄褐色。有东欧、北欧、北美等品种群。

（5）北欧温室型。分布于英国、荷兰。茎叶繁茂，耐低温弱光，果面光滑，浅绿色，果长达 50cm 以上。有英国温室黄瓜、荷兰温室黄瓜等。

（6）小果型。分布于亚洲及欧美各地。植株较矮小，分枝性强，多花多果。代表品种有扬州乳黄瓜等。

2. 根据雌花出现节位的高低及结瓜能力不同分类　可分为早、中、晚熟型。

（1）早熟型。第一雌花出现在主蔓 3～4 节处，雌花密度大，几乎节节有雌花，耐低温、弱光能力及单性结实能力均较强，播种后 55～60d 开始收获。如长春密刺、津春 3 号、津优 3 号等。

（2）中熟型。第一雌花出现在主蔓 5～6 节处，雌花密度中等，耐热、耐寒能力中等，播种后 60d 开始收获。如中农 2 号、津研 4 号、津优 4 号等。

（3）晚熟型。第一雌花出现在主蔓 7～8 节处，雌花密度小，空节多，一般 3～4 节出现一雌花，较耐高温，播种后 65d 开始收获。如宁阳刺瓜、津春研 2 号、津研 7 号等。

3. 根据栽培季节不同分类　可分为春黄瓜、夏黄瓜和秋黄瓜等。

4. 根据用途不同分类　可分为腌渍型和鲜食型等。

（二）品种

黄瓜品种非常丰富，适合南方生产的品种也有很多，包括夏青系列、早春系列、津研系列、津春系列、津杂系列等品种。

1. 夏青 4 号　植株生长势强，主侧蔓结瓜，主蔓第 5～6 节着生第一雌花，雌花多。瓜长 21～23cm，长圆形，单果重 220～250g，刺少，深绿色，肉厚，一般亩产 2 800～3 000kg。早熟，播种到采收需 33～35d，较耐热，具有兼抗枯萎病、炭疽病、细菌性角斑病、白粉病、疫病、霜霉病等特性。

2. 津研 4 号　植株生长势弱，叶片较小，深绿色，基本无侧蔓，主蔓结瓜为主。瓜长棒形，深绿色，长 35～40cm，果肉厚且紧密带浅绿色，品质好，一般亩产 2 500～5 000kg。早熟，耐瘠薄，抗霜霉病、白粉病，不抗枯萎病。

3. 津杂 4 号　植株生长势强，叶大而厚，深绿色，分枝多，主侧蔓结瓜，第一雌花着生在第 4～6 节上。瓜长 32cm 左右，绿色，有棱，刺瘤较密，白刺，单果重 200g 左右，一般亩产 6 500kg。早熟，抗霜霉病、白粉病、枯萎病、疫病能力强。

4. 津春 2 号　植株长势中等，株形紧凑，叶大且厚，叶色深绿，分枝少，主蔓结瓜为主，第一雌花着生在第 3、第 4 节上。瓜色深绿，白刺多，棱瘤明显，瓜长 32cm 左右，单果重 200g，果肉厚，商品性好，一般亩产 5 000kg 左右。早熟，抗霜霉病和白粉病。

三、栽培季节与茬口安排

根据黄瓜的特性，露地栽培常以春季栽培和夏秋季栽培较好，温暖无霜地区的冬季也能生长良好。但生产上黄瓜的栽培季节和茬口安排往往是以周年供应为目标，所以在安排黄瓜生产时应注意以下几点：一是根据黄瓜的生长发育特点及对环境条件的要求，露地栽培尽量安排在无霜冻时期，北方地区露地栽培多以春夏黄瓜和夏秋黄瓜为主，南方地区以春黄瓜、夏秋黄瓜和秋黄瓜为主，冬季无霜冻地区一年四季均可进行露地黄瓜栽培。二是根据保护设施的性能，安排适当的栽培茬口。南方地区夏季可用遮阳栽培，北方地区早春和冬季可用大棚或温室栽培。三是要进行合理的轮作，减轻病虫害的发生。南方地区春黄瓜前茬多为越冬的叶菜类或冬闲田，夏秋黄瓜前茬多为豆类、茄果类等。

<h1 style="text-align:center">四、生产技术</h1>

（一）露地栽培技术

1. 栽培季节　南方地区黄瓜露地栽培以春季、夏秋季和秋季为主，高山或高原地区夏季也可以栽培，南方无霜冻地区的冬季也可露地栽培。

2. 品种选择　根据不同的栽培季节，选择主蔓结瓜性强、早熟性好、耐寒或耐热、适应性强、抗病性好、高产稳产优质的品种，如津春 4 号、津研 2 号、津研 4 号、津杂 2 号、中农 8 号等。

3. 培育壮苗　黄瓜壮苗的标准一般为：苗直立，子叶健全肥厚有光泽；苗龄 30～40d，苗高 15～20cm，茎粗 0.5cm 以上，节间短；有 3～4 片真叶，叶片大而厚，颜色深绿；根系发达，白根多且壮；无病虫害，无损伤，生长均匀。播种前可用温汤浸种也可用 1‰硫酸铜溶液浸泡种子 5min，用清水冲洗后催芽，催芽适宜温度为 25～30℃，当种子露白时即可播种。苗期控温控水是壮苗的关键，播种至出苗期温度宜高些，以 25～28℃为宜；子叶期温度宜低，以 20℃左右为宜；第 1～4 片真叶期温度以 20～25℃为宜。

黄瓜嫁接
技术
（胡繁荣）

4. 嫁接育苗　为了提高黄瓜的抗病抗寒能力，促进早开花早结果，通常可采用嫁接育苗。嫁接黄瓜常用的砧木是黑籽南瓜，如美国黑籽南瓜、南砧 1 号（云南黑籽南瓜）等。生产上常用的嫁接方法主要有插接法和靠接法两种。

（1）插接法。先将播种 12～15d 的南瓜砧木苗顶端的心叶和生长点去掉，再用一根粗约为 2.5mm 且一端尖的细竹签顺着右子叶的中脉延长线方向，向左子叶方向朝下斜插约 1cm 深的孔，注意不要插破茎表皮；然后将苗龄 10d 左右的接穗苗的子叶下方 1.0～1.5cm 处削成 0.5～1.0cm 的长楔形插入孔内，使接穗子叶与砧木子叶呈"十"字形插紧（图 4-1）。插接法要防止接穗插入砧木髓腔中产生自根苗。

（2）靠接法。先将播种 8～10d 的砧木苗（黑籽南瓜）生长点去掉，再在砧木苗 2 片子叶连线的垂直线一侧距离生长点 0.5～1.0cm 处自上而下呈 30°～40°角斜切一刀，深度为茎粗的 1/2～2/3，切口长 0.5～1.0cm；然后在苗龄为 12～14d 的接穗苗（黄瓜苗）子叶下 1.0～1.5cm 处自下而上呈 20°～30°角斜切一刀，深度达茎粗的 3/5 左右，切口长 0.5～1.0cm；最后将砧木苗和接穗苗的切口嵌合在一起，嵌合时至少要使斜面的一边对齐，并使接穗苗的子叶在砧木苗的子叶之上，两苗的子叶交叉呈"十"字形，用嫁接夹固定或用嫁接膜绑紧即可（图 4-2）。

砧木　接穗

图 4-1　黄瓜插接法示意

5. 定植　定植前 10d 左右每亩大田撒施腐熟有机肥 2 000～4 000kg、复合肥 20～30kg、过磷酸钙 15～20kg，然后深翻土壤 25～30cm，经两犁两耙后即可整地做畦，一般双行栽植的畦宽 3.5～4.0m，单行栽植的畦宽 1.5～2.0m，畦高 30～40cm。定植前在畦上开定植沟

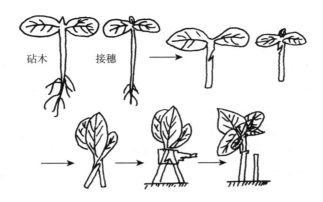

砧木　　接穗

图 4-2　黄瓜靠接法示意

或穴，深 15～20cm，沟或穴内施入少量复合肥，一般每亩施用复合肥 30～40kg，上盖少量细土，防止肥料直接与幼苗根接触造成伤根。定植密度一般为宽畦种 2 行，窄畦种 1 行，株距 50～60cm，每亩种植 500～700 株，定植后浇足定根水。春露地黄瓜定植时间一般在地表下 10cm 处温度稳定在 15℃左右时为好，若要覆盖地膜需适当提前整地和盖膜时间，并待施用除草剂药气散完后才能定植。

6. 田间管理

（1）肥水管理。黄瓜较好肥水，除浇足定根水、施足基肥外，在整个生育期仍需合理浇水和施肥，才能获得高产优质的产品。缓苗期以促进新根发生和生长为主，一般不浇水，以保持土壤湿润为宜；缓苗后到根瓜坐住前，一般也要控制水分，以防徒长；根瓜坐住后，大多数瓜柄颜色变深时开始浇水，结果期间要增加浇水量和浇水次数，保持土壤高度湿润但不能积水，以促进果实膨大。

黄瓜定植后第一次追肥期，一般也是在根瓜坐住后，大多数瓜柄颜色变深时进行，以后追肥通常结合浇水进行，每浇 1～2 次水追 1 次肥，结果期一般每采收 2～3 次果追 1 次肥。追肥以化肥和有机肥交替进行效果较好，每次每亩可施尿素 8～10kg、磷酸氢铵 20kg、复合肥 5～15kg 或腐熟有机肥 2 000～3 000kg，但要注意施肥不宜过浓，否则容易烂根，生产上施肥宜采用勤施、薄施、及时施为好。

（2）中耕除草。黄瓜根系较浅，对肥水要求高，应通过适时适量中耕来提高土壤通透性，促进微生物活动，提高土壤有效养分。中耕一般以浅耕为主，深度以不超过 10cm 为宜，多在搭架前进行，次数以 3～4 次为好。中耕应结合人工除草、清沟培土等进行，以保证土松、草净、水畅通。

（3）植株调整。黄瓜为蔓性植物，直立性较差，一般定植后须立即搭架。搭架方式有人字架、三脚架、篱架等，架高一般 1.5～2.0m，架长依地块而定。当幼苗长有 20cm 高以上且将不能再直立时开始引蔓上架并进行绑蔓，绑蔓方法宜采用∞形绑蔓，瓜蔓上架后每隔 3～4 节绑 1 次蔓，绑蔓时应使蔓茎分布均匀，并使蔓茎高度尽量一致，以便于改善光照条件和方便管理。绑蔓宜在晴天下午进行。

结合绑蔓摘除根瓜以下的所有侧蔓、老叶、黄叶，保留中上部侧蔓。以主蔓结瓜为主的品种，一般在主蔓爬满架后摘心，不留侧蔓；以侧蔓结瓜为主的品种，在主蔓有 4～5 片真

109

叶时摘心，选留根瓜以上的 2～3 条侧蔓结瓜；主侧蔓均能结瓜的品种，一般在主蔓爬满架后摘心，选留根瓜以上的 1～2 条侧蔓结瓜。同时，要及时摘除卷须、老叶、病叶等，以利于通风透光，减少养分消耗和病害发生。

7. 采收 多以采收嫩瓜为主，一般在授粉后 8～15d 采收的果实商品性较好，采收时间还应结合市场、植株长势、雌花多少等来决定。生产上常依据的采收标准是：大小适中，粗细均匀，瓜条直顺，顶花带刺，脆嫩多汁，已具有该品种应有的特征。结果初期每隔 3～4d 采收 1 次，盛果期每隔 1～2d 采收 1 次为宜，勤采收有利于雌花形成。采收时发现有畸形瓜要及时摘除。采收以早晨采收其色泽品质最佳，中午温度高时不宜采收，采收动作要轻，要用剪刀从果柄剪下，不能强拉硬扭，否则会损伤瓜蔓，采下的瓜果要轻放轻装，以防碰伤不利于贮运保鲜。

8. 黄瓜畸形的原因及防止措施

（1）弯曲瓜。产生弯曲瓜的原因多为植株营养不良，通风透光不足，低温或肥水不足，瓜须缠绕，绑蔓过迟，机械损伤等。生产上可通过加强田间管理，及时绑蔓、整枝，适时浇水追肥，提高光合效率等措施来防止弯曲瓜的产生。

（2）大肚瓜。产生大肚瓜的原因多为受精不完全，植株营养不良，果实膨大期水量过大等。生产上可通过供给充足均匀肥水，合理整枝，增加光照等措施来防止大肚瓜的产生。

（3）蜂腰瓜。产生蜂腰瓜的原因多为受精不完全，养分分配不均匀，植株生长过旺或过弱等。生产上可通过增施厩肥，促进植株生长健壮，保证养分供应平衡等措施来防止蜂腰瓜的产生。

（4）尖嘴瓜。产生尖嘴瓜的原因多为受精遇到障碍，植株营养不良，果实膨大期肥水不足或过大，生长不平衡等。生产上可通过供给充足均匀肥水，合理整枝，增加光照，适时早收等措施来防止尖嘴瓜的产生。

（5）苦味瓜。产生苦味瓜的原因多为品种特性，氮肥量过大，高温干旱或早春低温，光照不足，中耕伤根等。生产上可通过选择优良品种，均匀肥水，合理整枝，增加光照，细致管理等措施来防止苦味瓜的产生。

（二）大棚丰产栽培技术要点

南方地区春季多阴雨、光照不足、地温上升较慢，夏季炎热高温多暴雨，所以黄瓜设施栽培多以塑料大棚春茬栽培、大棚遮阳避雨夏季栽培和遮阳网覆盖早秋栽培为多。大棚以竹木结构水泥立柱或钢管结构居多，棚高 2.5m 左右、跨度 6～8m、长 30～60m，棚向多为南北方向延长。其生产要点如下：

1. 品种选择 南方地区冬春茬黄瓜应选用早熟、对温度适应性强、耐低温、耐弱光、抗病的品种，如长春密刺、津春 4 号等，夏秋茬黄瓜应选用耐高温、抗病品种。

2. 播种育苗 南方地区早春茬可在 2 月播种育苗，3 月定植，夏茬可在 4—6 月直播或育苗，秋延后茬可在 8—9 月直播或育苗。育苗一般采用营养杯或穴盘育苗，冬春育苗在大棚或小拱棚内进行，夏秋育苗应选择阴凉处搭架盖遮阳网进行抗热防雨育苗。

3. 整地施肥 提前 1 个月左右扣好棚，提前 1 周以上施足基肥并整地完毕。一般每亩施 1 000～2 000kg 腐熟的有机肥、100kg 过磷酸钙，施后深翻耙碎土壤，按要求起高畦或平畦，畦宽 1.0～1.2m，每畦可栽 2 行。

4. 定植 定植时棚内 10cm 深处地温应稳定在 10℃ 以上为好。宽畦每畦种植 2 行，行距 50～60cm、株距 25～30cm；窄畦每畦种植 1 行，株距 20cm 左右。定植后封好大棚直至幼苗缓苗成活。

5. 田间管理

（1）缓苗期。定植后 2～3d 一般不开棚通风，以高温高湿条件促进缓苗，当棚温高于 35℃时适当通风降温，以防叶片灼伤。当幼苗心叶长出时，说明已缓苗，要及时浇缓苗水，但水量不宜过大，同时结合苗情随水追施促苗肥，每亩施硝酸铵 5～8kg。

（2）抽蔓期。缓苗后至根瓜坐住期为抽蔓期，此期主要以促进根系生长为主，适当控制肥水，以防植株徒长，造成化花、化果。当根瓜坐住、瓜柄颜色变深时，应停止控苗，开始浇水、追肥，每亩施腐熟有机肥 15～25kg 或硝酸铵 15～20kg。此期当棚温超过 32℃时要适当通风，温度降到 25℃以下时闭棚。抽蔓期要及时进行吊蔓、搭架、绑蔓、摘侧蔓、摘心、去除老叶和病叶等植株调整工作。

（3）结果期。此期营养生长和生殖生长同时进行，需水需肥较多，所以应逐渐加大浇水和施肥次数和施肥量。一般结果初期每隔 5～7d 浇 1 次水，结果盛期每隔 3～4d 浇 1 次水，每隔 1～2 次水随水追施 1 次肥，每次每亩施腐熟有机肥 500～1 000kg 或尿素 10kg。结果盛期为了及时补充养分，可每 7～10d 喷施 0.2%的磷酸二氢钾水溶液 1 次。此期棚内温度以上午 30～32℃、下午 20～25℃、夜间 15℃左右为宜。并应加强病虫害防治，及时进行采收。

任务二　西瓜生产技术

西瓜别名水瓜、夏瓜、寒瓜、伏瓜、明月瓜等，属于葫芦科西瓜属，为一年生蔓性草本植物，原产于非洲，被称为"夏季水果之王"。

一、生产特性

（一）形态特征

1. 根　根为直根系，根系发达，分布深且广。

2. 茎　茎蔓性，中空呈五棱形，茎上有节，节上生叶，叶腋间生苞片、雄花、雌花和卷须、根原始体，节上容易形成不定根。西瓜分枝能力较强，一般可分生 4～5 级侧枝，主蔓形成第 5 片真叶前直立向上，生长也较为缓慢，第 5 片形成真叶后，主蔓伸长速度逐渐加快，逐渐匍匐于地面生长。主蔓长度可达 4～7m。

3. 叶　单叶互生，绿色，叶片形状、大小因品种和着生位置不同而有所不同。

4. 花　花单生，雌雄同株异花，多为单性花，少部分雌雄两性花。雄花出现早于雌花，任其生长每株可形成 200～300 朵花，但雌花最多可形成 40～50 朵，真正能坐住瓜的只有 1～4 朵。坐果率最高的是子蔓，其次是孙蔓，最后是主蔓，主蔓上 20～30 节和子蔓上 10～15 节所结的果实最大。

5. 果实　果实为瓠果，分果皮、果肉和种子，果形有圆形、卵形、长圆形、短圆形等，果皮颜色有绿、黑、黄、白等色，果肉颜色主要有红、黄、白 3 种，果实大小因不同品种而不同。

6. 种子　种子扁平，呈卵圆形，种皮颜色有褐、红、橙、黑、白等。

（二）生长发育周期

西瓜全生育期 100～140d，分为发芽期、幼苗期、抽蔓期和结果期 4 个时期。

1. 发芽期 从种子萌动到子叶充分展平的时期为发芽期，历时 10d 左右。生产上此期要注意保护子叶完好，严防下胚轴生长过快造成徒长。

2. 幼苗期 从第一片真叶露心到 4～5 片真叶展开的时期为幼苗期，历时 20～30d。此期叶片和茎的横向生长逐渐加大，新生器官的组织开始分化，叶片、花原基和侧枝旺盛分化，地下部分的根系也在迅速增长。生产上要注意松土增温、防止积水，注意根系营养的需求。

3. 抽蔓期 从 4～5 片真展开到第一雌花开放的时期为抽蔓期，历时 20～25d。此期节间伸长较快，茎叶大量生长，侧蔓、雌花、雄花陆续出现，生产上要促、控相结合，调整好营养生长和生殖生长的平衡，为结瓜做准备。

4. 结果期 从雌花开放到果实成熟的时期为结果期，历时 28～40d。此期可细分为前、中、后期 3 个时段。前期是营养生长向果实生长转折的时期，中期是果实迅速膨大期，后期是果实内部发生一系列生理变化的时期。结果期植株生长量和消耗量最大，生产上要在加强肥水管理的基础上，及时摘除过早、过多的雌花和生长不正常的幼果，防止养分消耗过多，造成蔓叶早衰，以延长叶片有效功能，促进果实膨大，从而获得大瓜，丰产丰收。

（三）对环境条件的要求

西瓜生长要求高温、日照充足、空气干燥、昼夜温差大的气候条件和疏松、通透性好的土壤条件。

1. 温度 喜温、耐热、怕寒，生长适宜温度为 15～32℃，最适宜生长温度为 25～30℃，低于 13℃ 或高于 35℃ 时生长开始受影响。种子发芽适宜的温度为 25～30℃，幼苗生长适宜温度为 22～25℃，抽蔓期适宜温度为 25～28℃，结果期适宜温度为 30～32℃。

2. 光照 喜光，生长发育需要充足的光照，光照不足容易徒长。苗期需要短日照，开花后需要较长的日照，结果期要求强光照条件。西瓜的光饱和点为 80klx，光补偿点为 4klx。

3. 水分 耐旱性强，但需水量也较大，也较怕涝。适宜的土壤湿度为 60%～80%，适宜的空气相对湿度为 50%～60%。在雌花开放前后和果实膨大期对水分较为敏感，要求充足的水分才能满足开花结果、提高产量和品质的需要。西瓜不耐涝，受涝植株会窒息致死，所以雨季一定要做好排水工作。

4. 土壤 对土壤的适应性较强，以土层深厚、排水良好、富含有机质、肥沃的沙壤土最为适宜。西瓜适宜的土壤 pH 为 5～8，酸性土壤不适合生产西瓜，容易发生枯萎病。

5. 养分 西瓜生育期长，产量高，因此需要大量养分。每生产 100kg 西瓜约需吸收氮 0.19kg、磷 0.092kg、钾 0.136kg。不同生育期对养分的吸收量有明显的差异，发芽期占 0.01%，幼苗期占 0.54%，抽蔓期占 14.6%，结果期是西瓜吸收养分最旺盛的时期，约占总养分量的 84.8%，因此，随着植株的生长，西瓜需肥量逐渐增加，到果实旺盛生长时达到最大值。

二、类型与品种

（一）类型

西瓜的种质资源较丰富，类型和品种很多，依据不同的分类方法分为不同的类型。根据对生态条件的要求不同可分为新疆型、华北型、东亚型、俄罗斯型和美国型 5 类；根据雌花着生节位和果实成熟期不同可分为早熟、中熟和晚熟 3 类品种；根据果实大小不同可分为大果型、中果型和小果型 3 类；根据果实有无种子可分为普通型、少籽型和无籽型 3 种；根据果实形状不同可分为扁圆形、圆球形、椭圆形和长椭圆形 4 种；根据果实的食用性不同可分为普通鲜食型、籽用型和饲用型 3 种。

（二）品种

1. 新红宝 适应性强，较抗枯萎病，坐果至成熟约需 35d，植株生势强，结果率高。果实椭圆形，果皮浅绿色，散布青色网纹，厚且坚韧，果肉红色。中心与边缘的可溶性固形物含量梯度较大，品质好，耐贮运，一般亩产 4 000kg 左右。

2. 苏蜜 1 号 早熟，生长势中等偏弱些，分枝力中等。果实椭圆形，果皮黑色，皮薄，果肉鲜红，肉质细脆多汁，品质好，一般单果重 2～3.5kg。

3. 浙蜜 1 号 中晚熟，生长势旺，抗病，耐湿，容易坐果。果实椭圆形，果皮墨绿色有不明显条带，皮厚且坚韧，耐贮运，果肉红色，质细脆甜，一般单果重 5～6kg。

4. 小兰西瓜 是引进台湾农友的品种，属杂交一代（F_1）极早熟品种，全生育期 78d。果实为特小型，含糖量高，小型黄肉西瓜，结果能力强，丰产。果实圆球形至微长球形，单果重 1.5～2.0kg，皮色淡绿，果肉黄色晶亮，种子小而少。

三、栽培季节与茬口安排

各地区生产方式常见有露地栽培和设施栽培两种。长江中下游地区主要以露地春夏栽培和大棚栽培为主，华南地区主要以露地春、秋两季栽培为主，西南地区主要以露地春夏季栽培和小拱棚栽培为主。

四、生产技术

（一）露地栽培技术

1. 季节安排 露地栽培主要将生育期安排在当地无霜期内进行，南方地区以春、秋两季生产较好。

2. 品种选择 露地栽培一般多选用中晚熟、大果型高产品种，南方地区还应注意选用耐热、耐湿、抗病性强的品种。同时，选择栽培品种还应考虑市场的需要、品种的适应性、栽培水平、品种的可靠性等。

3. 培育壮苗 西瓜壮苗的标准一般为：苗直立，子叶和真叶健全宽大而厚实，叶色浓绿，下胚轴粗壮，叶柄短而粗，叶片上茸毛多而粗，上被一层白色蜡质层，根系发达，苗龄 20～35d，苗高 15～20cm，茎粗 0.5～1.0cm，有 3～4 片真叶，无病虫害，无损伤，生长均匀。播种前可先用 55℃温水浸种 30min 左右进行消毒，待水温自然下降到 30℃左右时继续浸种 4～6h，用清水冲洗后催芽。苗期控温控水是壮苗的关键，播种至出苗期温度宜高些，以 25～32℃为宜；出苗到出现真叶期，以 20～22℃为宜；第 1～4 片真叶出现期以 20～28℃为宜。

4. 嫁接育苗 为了提高西瓜的抗病抗寒能力，促进早开花早结果，提高产量和品质，通常可采用嫁接育苗。嫁接西瓜常规的砧木有葫芦、南瓜、瓠瓜等，优良的杂交砧木品种有南砧、豫砧、京欣砧、863A 砧、庆发 1 号等。目前国内外采用的嫁接方法主要有插接、靠接、劈接、断根接、芯长接及二段接等，我国主要采用插接、靠接和劈接3种方法，尤其以插接法最为简单和实用。插接法以砧木第一片真叶出现到刚展开、接穗苗两片子叶尚未展开时嫁接为好，因此，砧木应比接穗提前几天播种。靠接法采用大小相近的砧木和接穗，具体方法与黄瓜嫁接育苗的内容相同。劈接法砧木的苗龄稍大些，一般提前7~10d播种，嫁接时先削去砧木的生长点，后在主轴一侧用刀片自上而下纵向下劈1.0~1.5cm长切口，注意不能将砧木子叶下轴两侧全劈开，然后将接穗下胚轴切面削成长1.0~1.5cm的楔形，再把削好的接穗插入砧木劈口内，用嫁接夹固定或用嫁接膜绑紧即可。

西瓜嫁接苗嫁接好后，需放在保温、保湿、遮光的封闭苗床内进行培养，才能促进嫁接口愈合，利于嫁接苗成活，培育期间要注意苗床内温度、湿度和光照的管理。

5. 定植 西瓜的定植方法与黄瓜定植方法类似，可参照黄瓜定植的相关内容。

6. 田间管理

（1）肥料管理。追肥一般在定植缓苗后开始，施肥原则为勤施薄施提苗肥，先促后控，巧施稳施抽蔓肥，重施狠施结果肥。定植缓苗后抽蔓前，浇稀薄腐熟的人粪尿2~3次，每次每亩施200~300kg，以促进根系和茎叶生长。当瓜苗有5~6片真叶开始抽蔓时即施抽蔓肥，在距离植株根部50cm左右处，开深15cm左右的沟，每亩施饼肥50~70kg或腐熟的禽粪500~750kg，或施尿素10~12kg、过磷酸钙8kg、硫酸钾10~13kg。当瓜果有鸡蛋大小时开始重施结果肥，在距离植株根部40~50cm处开沟施肥，每亩施尿素5~8kg，硫酸钾10~15kg，或单施三元复合肥10~20kg，或将复合肥1~2kg掺入腐熟人粪尿中，浇在畦面空隙处。后期追肥在第一批瓜采收后再追施1~2次，可用叶面施肥法及时补充营养。

（2）水分管理。一般在定植缓苗后开始浇水，抽蔓期浇足催蔓水，开花坐果期间控制浇水促进坐果，幼果有鸡蛋大小时浇膨瓜水，果实膨大期需水量最大，一般每隔4~5d浇1次水，采收前1周左右停止浇水，以防含糖量下降，导致裂果，不利贮运。南方地区雨水多，应注意做好排水工作。

（3）中耕松土。西瓜幼苗期，为促进根系生长，应进行适当中耕，同时去除杂草，一般中耕3~4次，到茎蔓爬满畦后不再中耕。

7. 植株调整

（1）整枝。西瓜的分枝能力较强，生长期间需对枝蔓进行适当的整理，抹去多余的枝蔓，改善通风透光条件，集中养分供给留下的枝蔓和果实生长。整枝的方式因品种、种植密度、土壤肥力等不同分为单蔓式、双蔓式、三蔓式和多蔓式4种。露地栽培西瓜多用三蔓式整枝方式，即除保留主蔓外，在主蔓基部选留2条生长健壮的侧蔓，其余的侧蔓随时摘除。

（2）压蔓。为了防止风吹乱吹伤茎蔓，同时促进不定根生长，扩大营养吸收能力，生长期间应进行压蔓，即用泥土或枝条等将茎蔓压住固定。压蔓有明压和暗压两种方法。明压是在畦面上用泥块将瓜蔓压紧压牢；暗压是在压蔓的部位下开一条浅沟，将2~3节蔓放入沟中用土压好。注意不能对结瓜部位前后瓜节进行压蔓，否则会影响果实的生长。

8. 人工辅助授粉 为了提高坐果率或使所需节位坐果时，应进行人工授粉。即在开花期每天6—9时摘取自然开放的雄花，剥去花瓣后将花药轻轻抹在雌花柱头上，一朵雄花可以授粉2~3朵雌花。

9. 选果、护果 留瓜的部位不同对果实的大小和产量的高低有很大的影响，一般选择主蔓第二或第三雌花坐果、侧蔓第一雌花坐果较好。当果实有鸡蛋大小，脱毛后表明果实已经坐住，所以，应在此期进行选留瓜，摘除多余的果实。一般品种每株只留 1 个果实，稀植、小果型品种、多蔓式整枝栽培时一株可留 2 个或 2 个以上果实。

精心护理果实也是提高西瓜产量和品质的关键环节。护理果实的措施有护瓜、垫瓜、翻瓜和竖瓜等。护瓜即用纸袋、塑料袋等将幼瓜遮盖保护；垫瓜即在果实下铺垫稻草或麦秸，以防果实发病或陷入泥中；翻瓜即不断改变果实着地的部位，使果面受光均匀，果皮颜色一致，成熟度均匀，一般在果实膨大中后期进行，每隔 3～5d 翻动 1 次，可翻 2～3 次，注意翻动角度不宜过大，以免扭伤或扭断果柄；竖瓜即在成熟采收前几天，将果实竖起来，以使果形圆正、果皮着色好，提高果实品质。

10. 采收

（1）判断西瓜成熟方法。

①算。西瓜从播种至收获一般需 80～100d，结瓜后早熟品种 30d、晚熟种 35d 果实就已成熟。

②看。成熟果实邻近果实附近几节卷须枯萎，果柄茸毛消失，蒂部向里凹，果面条纹散开，果皮光滑发亮，果粉退去。

③听。用手指弹瓜，成熟瓜发出"砰砰"浊音，反之生瓜发出"咚咚"清脆声音。

④测。用比重法测定，成熟的瓜密度为 $0.90～0.95g/cm^3$，放在清水中沉下去者为生瓜，出水面部分很大为过熟的瓜，成熟度适当的瓜仅少部分浮出水面。

（2）采收方法。采收时，按不同要求选择不同的成熟度，就地销售的成熟度必须在90%以上，外销的成熟度为 70%～80%。应在晴天上午采收，此时温度低，西瓜汁多、口感好。用剪刀将留瓜节前后 1～2 节的瓜蔓剪断，带一段茎蔓和 1～2 片叶。采收时轻拿轻放，同时注意尽量避免损伤蔓叶和其他未成熟的瓜。

（二）设施栽培技术要点

南方多数西瓜产区常为春季播种，夏季收获。春季是西瓜生长的最适宜季节，容易生产，产量较高。但在无霜期较长的地区，为了延长供应季节，调节市场，提高经济效益，可根据当地气候条件进行夏季、秋季延迟和冬季栽培，需要采取一定的保护措施。保护栽培的方式有地膜覆盖栽培、小拱棚双膜覆盖栽培、塑料大棚栽培等。大棚又以竹木结构水泥立柱或钢管结构居多，棚高 2.5m 左右，跨度 6～8m，长 30～60m，棚向多为南北方向延长。

1. 品种选择 南方地区冬春季生产西瓜应选用中早熟、对温度适应性强、耐低温、耐弱光、抗病、丰产、单果较重、易坐果、适宜密植、适宜搭架或吊蔓生产的品种，如圳宝、琼蜜、苏蜜 1 号、金钟冠龙、郑杂 5 号等。

2. 播种育苗 南方地区早春生产可在 2 月播种育苗，育苗一般采用营养杯或营养土块育苗，冬春育苗在大棚或小拱棚内进行。大棚等固定保护设施内生产西瓜必须采用嫁接苗，嫁接苗成活并长出 1～2 片新生叶后即可移栽定植。

3. 定植 定植时棚内 10cm 深处地温应稳定在 13℃以上，平均气温在 18℃以上为好。提前 1 个月左右扣好棚，提前 10d 以上施足基肥并整好地，一般每亩施 4 000～5 000kg 腐熟的有机肥、150kg 过磷酸钙、硫酸钾 15～20kg、腐熟饼肥 100kg，施后深翻耙碎土壤，按要求起小高垄生产，垄宽 60～70cm，高 15cm 左右，每垄栽植 1 行。不同品种、不同栽培方式、不同整枝方式栽植密度不同，一般爬地栽培中熟品种每亩种 500～600 株，支架（吊蔓）栽培中熟品种每亩种 1 000～1 200 株。定植前在垄上按要求开好定植穴，在穴内施入少量复合肥并用细土盖好，幼苗栽好后立即浇足定根水，然后在垄上盖小拱棚，封好大棚直至幼苗缓苗成活。

4. 田间管理

（1）温湿度管理。定植后5～7d缓苗前，要注意密闭大棚，提高地温，以促进缓苗。当气温高于35℃时，进行遮光降温，地温不能低于12℃。缓苗后可开始通风，一般白天不高于32℃，夜间不低于15℃即可。当蔓长30cm左右时，可拆除小拱棚。缓苗到开花期以白天气温在24～32℃、夜间不低于15℃为宜；结果期气温以上午20～35℃、下午22～32℃、夜间15～20℃为宜。

西瓜喜欢干爽的气候条件，适宜的空气相对湿度为白天50%～60%、夜间75%～80%。

（2）光照管理。西瓜要求较强的光照条件，生长期间要注意做好棚膜清洁工作，同时，还要合理整枝，及时打杈和打顶，使架顶叶片距离棚顶30～40cm，叶片层间距离20～30cm，以利于透光。

（3）追肥浇水。追肥从缓苗后开始，一般在立支架前、拆除小拱棚后，在垄两侧开浅沟施肥，每亩施腐熟豆饼肥75～100kg，或复合肥20kg、硫酸钾10kg。瓜坐住后幼果有鸡蛋大小时第二次追肥，每亩施复合肥20kg、硫酸钾5～10kg。为了防止蔓叶早衰，可在果实定型后，叶片喷施0.2%磷酸二氢钾1～2次。若收二茬瓜，则在第一茬瓜采收后再追施一次复合肥，每亩施复合肥15kg。

大棚西瓜生长前期浇水量不宜太大，以免影响根系的生长。一般缓苗后土壤不干不浇水，以保持土壤见干见湿为宜。抽蔓期需水量逐渐增大，但为了防止化瓜，仍要适当控制浇水。果实膨大盛期需水量最大，应供给充足的水分，才能保证果实的充分生长发育，此期一般浇两次水，一次是幼果坐住后浇，第二次是在第一膨瓜水后的8～10d浇，浇水要浇透。果实定型至成熟期，为了提高品质，应控制浇水。

（4）整枝绑蔓。大棚密植生产，一般采用一主一侧的双蔓整枝法整枝。大棚搭架方法多以立架或吊绳为主，当植株主蔓有30cm左右长时进行搭架，并开始引蔓和绑蔓。绑蔓方法宜采用∞形绑蔓，瓜蔓上架后每隔25～30cm绑一次蔓，直至绑到架顶，绑蔓时应使蔓茎分布均匀并高度尽量保持一致，以便于改善光照条件和方便管理。绑蔓宜在晴天下午进行。

（5）人工授粉。大棚栽培昆虫较少，必须采用人工授粉，才能保证产量。

（6）选瓜吊瓜。当幼果有鸡蛋大小时开始选留瓜，每株选留1个发育最好的瓜，一般优先在主蔓上留瓜，主蔓上留不住时再在侧蔓上留瓜，其余的果实及时去掉。当幼瓜0.5～1.0kg时应及时吊瓜，以防瓜过重而坠落，即在瓜体的下面用草绳圈和3根吊绳或用塑料网兜或吊瓜盘把瓜吊起来挂在支架上或吊架上。

任务三　苦瓜生产技术

苦瓜别名癞瓜、锦荔瓜、癞葡萄、凉瓜等，属于葫芦科苦瓜属，为一年生蔓性草本植物。苦瓜原产于印度，在世界热带到温带地区广泛栽培，我国华南地区栽培较多。

一、生产特性

（一）形态特征

1. 根　直根系，根系比较发达，侧根多，主要分布在30～50cm的耕作层内，根群分布宽 130cm 以上，深 30cm 以上。

2. 茎 茎蔓生，细长，五棱，浓绿色，被生茸毛，有节，主蔓各节腋芽活动力强，易生侧蔓和不定根，分枝能力强。各节除腋芽外还有花芽和卷须。卷须单生，纤细，不分枝。

3. 叶 初生叶 1 对，对生，盾形，绿色，以后的真叶为互生，掌状深裂，叶面绿色，叶背淡绿色，叶片膜质，叶脉放射状，一般具 5 条放射叶脉，叶长 16～18cm、宽 18～24cm，叶柄细长为 9～10cm，黄绿色，柄有沟。

4. 花 单性花，雌雄同株异花，多为雄花先开，雌花后开，主蔓一般第 10～18 节着生第一雌花，侧蔓雌花发生较早，单性结实能力差。

5. 果实 浆果，果实形状主要有纺锤形、短圆锥形、长圆锥形、圆筒形等。果面上有明显瘤状突起，嫩果表皮浓绿色、绿色、绿白色和乳白色等，成熟果表皮为橙红色或黄红色，易开裂，每果含有种子 20～30 粒。

6. 种子 种子较大，盾形，扁平，淡黄色或棕褐色，种皮较厚坚硬，表面有花纹。千粒重 150～180g。

（二）生长发育周期

苦瓜的生长发育周期共有 4 个时期，即发芽期、幼苗期、抽蔓期、结果期。各个时期的长短因品种和生产条件不同而异，不同时期的生长特点也不同。

1. 发芽期 从种子萌动到子叶展平为发芽期，历时 7～10d。此期主要是胚根伸长和子叶生长，供给生长的养分主要来自种子本身贮藏的养分。生产上要促进发芽和保护好子叶。

2. 幼苗期 从第 1 片真叶出现到第 5 片真叶展开并出现卷须为幼苗期，一般历时 15d 左右。此期地下根系开始旺盛生长，腋芽开始萌动，花芽开始分化和形成。生产上要注意对土壤、水分和温度的管理，以培育壮苗。

3. 抽蔓期 从第 5 片真叶展开到现蕾的时期为抽蔓期，一般历时 15～20d。此期茎开始伸长，由直立转向匍匐生长。生产上要注意加强管理，并及时设立支架。

4. 结果期 从植株现蕾到生长结束为结果期，一般历时 50～80d。此期茎、叶生长与开花结果同时进行，是生长的高峰期。生产上要加强肥水及植株的管理。

（三）对环境条件的要求

1. 温度 喜温，耐热，不耐寒。种子发芽适宜的温度为 30～35℃，幼苗期生长适宜的温度为 20～25℃，抽蔓期生长适宜的温度为 20～25℃，结果期生长适宜的温度为 25～30℃，15℃以下、30℃以上不利于生长。

2. 水分 喜潮湿，怕雨涝。苗期需水较少，但不能缺水，开花结果期需水量逐渐增大。一般以土壤含水量 80%～85%、空气相对湿度 70%～80% 为宜。

3. 光照 短日照作物，喜光不耐阴，对光照要求不是很严格，但光照充足有利开花结果，开花结果期光照不足易出现落花落果。

4. 土壤 对土壤要求不太严格，适应性广，但对土壤肥力的要求较高，以肥沃疏松、通透性好、排水良好、富含腐殖质的沙壤土或壤土生产较好。适宜生产的土壤 pH 为 6.0～6.8，过酸或过碱都不利于苦瓜生长。

5. 养分 苦瓜对肥料要求较高，如果有机肥充足，植株生长粗壮，茎叶繁茂，开花结果多，品质好。特别是生长后期，若肥水不足，则植株衰弱，叶色黄绿，花果少，果实细小，苦味增浓，品质下降，因此应及时追肥，特别在结果盛期要求有充足的氮、磷肥。

二、类型与品种

（一）类型

1. 根据果实形状和表面特征分类 分为圆锥形、长圆锥形、纺锤形等。如广东的大顶苦瓜、滑身苦瓜、长身苦瓜和长江流域的白苦瓜。

2. 根据果实颜色深浅分类 分为浓绿、绿和绿白等。绿色和浓绿色品种苦味较浓，长江以南生产较多；淡绿或绿白色品种苦味较淡，长江以北生产较多。

3. 根据果实大小不同分类 分为大型和小型两种。

（二）品种

1. 大顶 早熟，较耐寒，耐肥，生长势强，主、侧蔓均能结果，主蔓第8～15节着生第一雌花，此后每隔3～6节着生1朵雌花。瓜长15cm，绿色，单瓜重250～400g，每亩产1 800～2 000kg。味甘，微苦，品质优。

2. 大朗 耐热，耐肥，主蔓第14～18节着生第一雌花，瓜长24cm，浅绿色，单瓜重100～250g，每亩产1 800kg左右。苦味淡，品质优。

3. 穗新2号 晚熟品种品种，生长势强，耐热，主蔓第19节着生第一雌花。瓜长18cm，淡绿色，单瓜重约300g，每亩产1 800～2 000kg。

4. 扬子洲苦瓜 中熟，耐热，喜湿润。瓜短棒形，长53～57cm，绿白色，单瓜重750g以上，一般亩产2 000～3 500kg，最高可达5 000kg。肉厚，质脆，苦味轻淡，色泽光亮，品质优良。

三、栽培季节与茬口安排

苦瓜为喜温蔬菜，对栽培季节要求较为严格。露地栽培只能在无霜期内进行，北方多作春、夏季栽培，南方地区尤其华南地区，主要作春、夏、秋季栽培。其他季节可采用设施栽培。

四、生产技术

（一）露地栽培技术

1. 季节安排 南方地区在春、夏、秋季均可栽培，一般以春、夏季栽培较多。春季栽培多在12月至翌年3月播种，夏季4—5月播种，秋季7—9月播种。

2. 品种选择 宜选用优质、高产、耐高温高湿、耐贮运的早熟品种。

3. 培育壮苗 播种前可先用55℃温水浸种10min左右进行消毒，待水温自然下降到25～30℃时继续浸种8～12h，用清水冲洗后催芽，催芽适宜温度为28～30℃，每亩用种200～300g。苗期控温控水是壮苗的关键，播种至出苗期温度宜高些，以白天30～35℃、夜间20～22℃为宜；出苗到出现真叶期，以白天25～30℃、夜间15℃为宜；第1～4片真叶期，以白天25～28℃、夜间13～15℃为宜。苦瓜壮苗的标准一般为：苗直立，子叶小而厚，叶色绿，子叶完好，苗龄25～30d，3叶1心或4叶1心，根系发达，茎粗，节间短，植株生长健壮，无病虫害，无损伤，生长均匀。

4. 嫁接育苗 为了防止土传病害的危害，增强植株耐低温能力，强化生长势，促进苦瓜早熟、高产、稳产，通常可采用嫁接育苗，常用的砧木是黑籽南瓜、丝瓜等。生产上应用较多的嫁接方法有插接、靠接和劈接 3 种。插接法以砧木出现第一片真叶、接穗到 1 叶 1 心时嫁接为好，砧木应比接穗提前几天播种。靠接法以砧木出现第一片真叶，接穗出现 1 叶 1 心为嫁接适期。劈接法砧木的苗龄稍大些，一般提前 7～10d 播种。

5. 定植 春露地苦瓜定植时间一般在地表下 10cm 处土温稳定在 12～14℃时定植为好，夏秋露地苦瓜定植要在初霜前进行。定植前 1 周左右，每亩大田撒施腐熟有机肥 2 000～3 000kg、过磷酸钙 30～40kg、氯化钾 20～30kg，然后深翻土壤 25～30cm，经两犁两耙后即可整地起畦，一般畦宽 1.5～2.0m、高 15～20cm。定植前在畦上开定植沟或穴，沟或穴内施入少量复合肥，一般每亩施用复合肥 30～40kg，上盖少量细土，防止肥料直接与幼苗根接触造成伤根。定植密度一般为每畦种 2 行，株距 25～30cm，定植后浇足定根水。

6. 田间管理

（1）肥料管理。苦瓜喜肥耐肥，对土壤肥力要求较高，在施足基肥的基础上，应及时进行追肥。苦瓜前期生长量小，后期蔓、叶、花、果实同时生长，需肥量增大，所以追肥一般按照前期轻、中期重、后期补的原则进行。追肥一般在定植缓苗后开始，定植缓苗后、抽蔓前，浇稀薄腐熟的人粪尿 1～2 次，每次每亩施 200～300kg，以促进根系和茎叶生长。当瓜苗有 5～6 片真叶开始抽蔓时即施抽蔓肥 1～2 次，每亩施腐熟的人粪尿 1 000kg，或施尿素 10～12kg。开花坐果后，逐渐加大施量，追肥和浇水交替进行，每隔 1 次水追 1 次肥，每亩施复合肥 20～30kg。开花结果中后期，每亩施尿素 15～20kg，或施 1～2 次腐熟的人粪尿，用量为每亩 1 000～1 500kg。为了及时补充养分或延长采收期，可施叶面肥，一般施 0.2% 尿素和 0.3% 磷酸二氢钾。

（2）水分管理。苦瓜整个生育期需水量较大，其喜湿，但不耐涝。不同生育期对水分的要求不同，苗期要求较低，抽蔓期要求稍高，开花坐果期水分不能太大，果实膨大期需水量最大。一般在定植缓苗后开始浇水，抽蔓期浇足催蔓水，开花坐果期间控制浇水促进坐果，果实膨大期需水量最大，一般每隔 5～7d 浇 1 次水，浇水宜在 10 时以前或 16 时以后进行。南方地区雨水多，应注意做好排水工作。

（3）中耕除草。定植缓苗后及时进行第一次中耕，深度 10cm 左右，促进根系生长；半个月后进行第二次中耕，深约 5cm 左右；搭架后一般不进行中耕，只进行除草工作。每次中耕应结合除草和培土。

7. 植株调整

（1）搭架绑蔓。一般在株高 30cm 左右时开始搭架，常用的架式有人字架和棚架两种。在瓜秧爬地时进行引蔓绑蔓，在蔓长 30cm 处绑第一道蔓，以后每隔 4～5 节绑 1 道。绑蔓宜在 9 时左右进行，以防断蔓。绑蔓方法宜采用∞形绑蔓较好。

（2）整枝。苦瓜的分枝能力较强，侧枝较多，生长期间需对枝蔓进行适当的整理，抹去多余的枝蔓，改善通风透光条件，集中养分供给留下的枝蔓和果实生长。常用的整枝方法有两种：一种是保留主蔓，将基部 33cm 以下的侧蔓摘除，留上部主蔓和侧蔓结果，侧蔓能结果的则在果前留 2 片叶摘心，不能结果的则全摘除；另一种是主侧蔓结果，即主蔓有 1m 左右长时摘心，促发侧蔓，再选留 2～3 个健壮侧蔓和主蔓一同结果。在整枝的同时，还应及时摘除老叶、黄叶、病叶和多余的侧枝，以利通风透光，提高产量、品质，延长采收时间。

8. 人工辅助授粉 为了提高坐果率或使所需节位坐果时，可进行人工授粉。即在开花期每天 8—10 时摘取自然开放的雄花，剥去花瓣后将花药轻轻涂在雌花柱头上，或在前一天下午采摘第二天将开放的雄花，放在25℃左右干燥处，第二天8—10时授粉，一朵雄花可以授粉2~3朵雌花。

9. 采收 苦瓜以采食嫩果为主，采收要掌握好成熟度，否则品质差、产量低。一般在雌花开花后12~15d，果实条状或瘤状突起饱满，果顶平滑且发亮，顶部花冠变枯、脱落，果皮颜色由暗绿转为鲜绿或青白转为乳白色时为采收的适宜时期。采收过早，果味苦且产量低；采收过迟，肉质变软，不耐贮运。

苦瓜为陆续开花陆续结果的作物，应陆续采收，盛果期可每隔2~3d采收1次。宜在早晨采收，保留部分果柄剪下，轻拿轻放，防止机械损伤。

（二）设施栽培技术

南方多数地区春、夏、秋均可露地栽培，但在无霜期较长的地区，为了延长供应季节，调节市场，提高经济效益，可根据当地气候条件进行秋季延迟和冬季栽培。要在不适合露地栽培的季节种植苦瓜，则需要采取一定的保护措施，保护栽培的方式有地膜覆盖栽培、塑料大棚栽培等。其栽培要点如下：

1. 品种选择 南方地区冬春季栽培苦瓜应选用早熟性好、生长势强、对温度适应性强、耐低温、耐弱光、抗病、丰产、苦味稍淡或中等、浅绿或白色的品种为宜，如株洲长白苦瓜、滑身苦瓜、夏丰苦瓜、蓝山大白苦瓜、农友2号等。

2. 播种育苗 南方地区早春在2月播种，一般采用营养杯或营养土块育苗，冬春育苗在大棚内或小拱棚内进行。大棚等固定保护设施内栽培苦瓜最好采用嫁接苗，一般以苗龄40d左右、苗高20cm左右、4叶1心为适合定植幼苗。

3. 定植 定植时棚内10cm深处地温应稳定在13℃以上，平均气温8℃以上为好。提前1个月左右扣好棚，提前10~20d施足基肥并整地完毕。一般每亩施腐熟的有机肥4 000~5 000kg、复合肥20kg、硫酸钾5~10kg，施后深翻耙碎土壤。按要求起小高畦大小行覆膜栽培，大行距110~120cm，小行距70~75cm，高15cm左右，每畦栽2行，一般株距30cm左右，每亩种2 000~2 500株。栽后盖好土，浇足定根水，盖小拱棚，封好大棚。

4. 田间管理

（1）温湿度管理。定植后5~7d缓苗前，要注意密闭大棚，提高地温，以促进缓苗，棚内白天温度保持在30~35℃，夜间不低于15℃，当温度高于35℃时，可于中午开小口通风。缓苗后可开始通风，白天温度控制在25~28℃，夜间12~15℃，地温保持14℃以上。结果期以白天24~28℃、夜间13~17℃为宜。在生长过程中，当棚内温度低于10℃时应采取增温措施。

苦瓜在适宜温度条件下耐湿能力较强，但在低温少光条件下，空气相对湿度过高，会引发多种病害，所以低温期应注意通风排湿。

（2）光照管理。光照充足有利提高产量和品质，生长期间要注意做好棚膜清洁工作，同时还要合理整枝，及时打杈和打顶，使架顶叶片距离棚顶30~40cm，以利于透光。

（3）追肥浇水。苦瓜喜肥耐肥，追肥应从缓苗后开始，第一次追肥在第一雌花坐住并长到蚕豆大小时进行，第二、第三次追肥分别在植株旺盛生长和第一批瓜采收后进行，每亩施复合肥25kg。结果盛期至采收期一般每收1次果追1次肥，每亩施复合肥10~15kg。

苦瓜喜湿怕涝，一般缓苗后土壤不干不浇水。抽蔓期需水量逐渐增大，但为了防止徒长，仍要适当控制浇水。果实膨大盛期需水量最大，应供给充足的水分，才能保证果实的充分生长发育，一般每隔 8～10d 浇 1 次水。果实定型至成熟期，为了提高品质，应控制浇水。

（4）搭架、绑蔓、整枝。多以人字架或吊绳为主，当植株主蔓有 30cm 左右长时进行搭架，并开始引蔓和绑蔓，引蔓宜用 S 形上升方式，绑蔓方法宜采用∞形绑蔓，瓜蔓上架后每隔 25～30cm 绑一次蔓，直绑到架顶，绑蔓时应使蔓茎分布均匀、高度尽量一致，以便于改善光照条件和管理。绑蔓时结合整枝，将植株基部 50cm 以下的侧蔓全部去掉，其上选留 2 条健壮侧蔓与主蔓平行生长结果，生长中后期摘除下部老叶、黄叶、病叶，可再选留 3～5 条健壮侧蔓结果。主蔓生长到架顶时摘心，并及时将卷须、多余的侧蔓、多余的花果摘除，减少养分消耗。绑蔓宜在晴天下午进行。

（5）人工授粉。大棚内昆虫较少，必须采用人工授粉，才能保证产量。

项目小结

瓜类蔬菜种类较多，均为喜温耐热型蔬菜，利用温室、大棚等设施进行反季节生产，经济效益较高。瓜类蔬菜根系木栓化程度高，伤根后不易恢复，因此生产中必须采用护根育苗。为克服设施连作障碍，瓜类蔬菜设施栽培多采用嫁接换根。茎具攀缘性，设施栽培需吊蔓直立栽培，并根据不同的栽培种类和栽培季节选择适宜的整枝方式。瓜类蔬菜均为雌雄同株异花作物，露地栽培可利用昆虫授粉，设施栽培（除黄瓜外）必须辅以人工授粉才能保证坐果率。瓜类蔬菜产量高、需肥量大，在施足基肥的基础上，结果期还应加强水肥管理，以争取高产。

实训指导

技能实训　瓜类蔬菜嫁接技术

一、目的要求

通过实际操作，熟练掌握黄瓜的嫁接方法及嫁接苗的管理技术，并掌握其他瓜类的嫁接方法及嫁接苗的管理技术。

二、材料用具

南瓜或瓠瓜小苗（作为砧木）、黄瓜或西瓜小苗（作为接穗）、刀片、竹签、操作台、嫁接夹或塑料薄膜或胶带纸、喷水壶、喷雾器等。

三、方法步骤

（一）嫁接前的材料准备

按不同嫁接方法的需要育好砧木和接穗小苗，一般插接法和劈接法砧木要比接穗早播 2～3d，靠接法砧木要比接穗晚播 2～3d，当砧木第一片真叶半展开时，接穗子叶展平时即可嫁接。

（二）嫁接方法及具体操作

1. 插接法　先将砧木小苗生长点及真叶去掉，用长 5～6cm、粗细与砧木下胚轴相同的竹签，从一侧砧木子叶中脉与生长点交接处向另一侧子叶方向向下斜插 0.5～1.0cm 深，注意不能插破砧木茎表皮。接着在接穗子叶下方 0.8～1.5cm 处向下相对斜切两刀，切口均长 0.3～0.5cm，形成双斜面，然后从砧木中拔出竹签，将削好的接穗斜插入砧木孔中，插时要使接穗子叶与砧木子叶交叉呈"十"字形，用嫁接夹夹好或用塑料薄膜绑好即可。

2. 靠接法　先去掉砧木小苗的生长点和真叶，再用刀片从子叶下部 1～2cm 处向下呈 30°～40°角斜切一刀，深度达茎粗的一半，然后将接穗削成一个与砧木切口长短相同、方向相反的切口，削好后将砧木和接穗两者的切口嵌合在一起，用嫁接夹夹好或用塑料薄膜绑好即可。

3. 劈接法　先去掉砧木小苗的生长点和真叶，在两片子叶之间的主茎一侧处纵切一刀，切口长 0.5～1.0cm，注意不能将茎的另一侧劈开，再将接穗子叶下方 1.0～1.5cm 削成楔形，然后将削好的接穗插入砧木切口内，用嫁接夹夹好或用塑料薄膜绑好即可。

（三）嫁接后管理

嫁接后及时将嫁接苗放入小拱棚或保护育苗设施内密闭管理，在嫁接口愈合期间要保持空气相对湿度在 90～100％为好，同时，要注意遮光防晒。白天温度保持在 26～28℃，夜间保持在 24～25℃，3～4d 后逐渐通风降温。6～7d 后温度以白天保持在 23～24℃、夜间保持在 18～20℃为宜。伤口愈合后，温度以白天保持在 28～30℃、夜间保持在 15℃左右为宜。嫁接 15d 后，逐渐去掉嫁接夹或捆扎材料，靠接成活后及时剪断接穗的下胚轴，同时要及时去掉砧木生长点、不定芽等。定植前 7～10d 进行炼苗。

复习思考题 ◆

1. 影响瓜类性型分化的因素有哪些？

2. 黄瓜有哪些类型？

3. 黄瓜畸形瓜产生的原因及防止发生的措施有哪些？

4. 西瓜有哪些类型？

5. 如何护理西瓜果实？

6. 判断西瓜成熟度的方法有几种？

7. 如何提高苦瓜的坐果率？

8. 瓜类常见的嫁接方法有哪些？

项目五 XIANGMU 5

茄果类蔬菜生产技术

项目导读 ◇

本项目主要介绍茄果类蔬菜的生产特性、品种类型、栽培季节与茬口安排以及栽培技术，重点介绍番茄、茄子和辣椒的生产技术。

学习目标 ◇

知识目标：了解茄果类蔬菜生产特性，掌握茄果类蔬菜生长发育规律，熟悉其花果脱落的特性。

技能目标：学会茄果类蔬菜育苗，能进行茄果类蔬菜生产管理，掌握茄果类蔬菜的整枝技术、保花保果技术。

茄果类蔬菜是指茄科植物中以浆果供食用的蔬菜，包括番茄、茄子、辣椒、酸浆、香艳茄等，其中番茄、茄子、辣椒是我国主要的果菜。茄果类蔬菜性喜温暖，不耐霜冻，也不耐炎热，温度低于10℃时生长停止，温度超过35℃时植株容易早衰；属于喜光、半耐干旱性蔬菜，生产期间要求较强的光照和良好的通风条件；幼苗生长缓慢，苗龄较长，要求进行育苗栽培；枝叶茂盛，茎节上容易生不定根，适合进行再生栽培和扦插栽培；分枝较多，需要整枝打杈；生产期长，产量高，对养分需求量大，特别是对磷、钾肥的需求量比较大；具有共同的病虫害，应实行3年以上的轮作。

学习任务 ◇

任务一　番茄生产技术

番茄别名西红柿，原产于南美洲秘鲁等地，属茄科番茄属一年生蔬菜，以成熟多汁浆果为产品。番茄果实营养丰富，具特殊风味，可以生食、煮食，加工制成番茄酱、汁或整果罐藏。由于其具有适应性强、栽培容易、产量高、营养丰富、用途广泛等特点，在我国发展迅速，成为全国各地主要蔬菜之一，也是全世界栽培最为普遍的果菜之一。

走进番茄
（胡繁荣）

一、生产特性

番茄的植物
学特性
（胡繁荣）

（一）形态特征

1. 根　根系发达，分布广而深，生根能力强，较耐移植。移栽番茄的主要根群分布在0.3～0.6m的土层中，吸收力强。

2. 茎　茎呈半直立性或蔓性，需支架栽培。分枝能力强，几乎每一节上均能产生分枝，需要整枝。茎上易生不定根，适合扦插繁殖（图5-1）。番茄茎分枝形式为合轴分枝，茎端形成花芽。

3. 叶　羽状复叶，互生，小叶5～9片，叶面上布满银灰色的茸毛。

4. 花　完全花（图5-2）。小型果品种为总状花序，每花序有花十到几十朵；大型果为聚伞花序，着花5～8朵。花小，黄色，为合瓣花冠，花药5～9枚，呈圆筒状，围住柱头。花药成熟后向内纵裂，散出花粉，自花授粉，但也有0.5%～4.0%的异花授粉率。花梗着生于花穗上，花梗上有一明显凹陷圆环，称为"离层"，在环境条件不适时，便形成断带引起落花。

图5-1　番茄茎上不定根

图5-2　番茄的完全花

5. 果实　果实为多汁浆果，果皮由外果皮、中果皮和内果皮组成，中果皮及胎座是食用的主要部分。大型果实有心室5～6个，小型果只有2～3个。优良品种的果肉厚，种子腔小。果实有圆球形、扁圆形、卵圆形、梨形、长圆形、桃形等，颜色有红色、粉红色、橙黄色、黄色等，是区别品种的重要标志。单果重50～200g，小于70g为小型果，70～200g为中型果，200g以上为大型果。

6. 种子　扁平略呈卵圆形，灰黄色，表面有茸毛。种子千粒重平均为3.25g。种子成熟早于果实，一般在授粉后35～40d就有发芽力。种子发芽力高，发芽年限能保持5～6年，但1～2年的种子发芽率最高。

（二）生长发育周期

1. 发芽期　由种子萌发到子叶充分展开为番茄的发芽期，一般为期3～5d。

2. 幼苗期　由第一片真叶出现到现蕾为幼苗期，一般需要40～50d。当幼苗具有2～3片真叶时，生长点开始分化花芽。

3. 开花坐果期　由第一花序的花蕾膨大到坐果为开花坐果期，是番茄由营养生长向生殖生长过渡和并进的转折期，春季番茄一般需要20～30d。

4. 结果期　从第一果穗膨大到整个番茄果实采收完毕为结果期，一般从开花授粉到成熟需要 40~50d。

（三）对环境条件要求

1. 温度　喜温，生长发育适温为 20~25℃，低于 15℃时授粉受精和花器发育不良，低于 10℃植株生长停止，-1~2℃下植株死亡，高于 30℃光合作用减弱，高于 35℃停止生长。种子发芽适宜温度 25~30℃，幼苗期适宜温度白天 20~25℃，夜间 10~15℃；开花期适宜温度白天 20~30℃，夜间 15~20℃；结果期适宜温度白天 25~28℃，夜间 15~20℃。适宜地温为 20~22℃。

2. 光照　喜光，光饱和点为 70klx，一般应保证 30klx 以上的光照度。

3. 水分　吸水力强，属于半耐旱性蔬菜。适宜的空气相对湿度为 45%~55%，土壤湿度为土壤持水量的 60%~80%。

4. 土壤　对土壤要求不严格，但高产栽培须选土层深厚、排水良好、富含有机质的肥沃园地。适宜的土壤酸碱度为中性至微酸性。生育前期需要较多的氮、适量的磷和少量的钾肥，以促进茎叶生长和花芽分化；坐果以后，需要较多的磷和钾肥，施肥时氮、磷、钾合理的配比为 1∶1∶2。

二、类型与品种

（一）类型

1. 根据植株生长习性不同分类　分为有限生长型和无限生长型两种类型。

（1）有限生长型。主茎生长 6~7 片叶后，开始着生第一花序，以后每隔 1~2 叶形成一个花序，当主茎着生 2~4 个花序后，主茎顶端形成花序，不再发生延续枝，由腋芽所生的侧枝也只能形成 1~2 个花序而自行封顶。如早丰、浦红 1 号、浙杂 805、浙杂 7 号、浙杂 804、皖红 1 号、湘番茄 1 号、东农 704、苏抗 9 号、渝抗 4 号等。

（2）无限生长型。主茎生长 7~9 片叶后着生第一花序，以后每隔 2~3 片叶着生一个花序，条件适宜时可无限着生花序，不断开花结果。如武昌大红、粤农 2 号、弗洛雷德、玛娜佩尔、强力米寿、浙杂 5 号、苏抗 7 号、浦红 5 号、双抗 2 号、中蔬 6 号、中杂 4 号、浦红 7 号、浦红 8 号、洪抗 1 号、毛粉 802 等。

2. 根据成熟期分类　分为早熟种、中熟种、晚熟种。

3. 根据生长季节分类　分为春番茄、夏番茄、秋冬番茄。

4. 根据番茄的用途分类　分为鲜食番茄和加工番茄。

（二）品种

1. 红冠 1 号　大红果，3~4 穗自封顶，长势旺盛。果实圆形，果脐小，无青肩，色泽鲜亮，平均单果重 350g，大果可达 850g 以上，大小均匀，果皮韧性强，耐阴雨，不易裂果。果肉特硬，特耐贮运，抗病丰产性好。最适宜露地栽培，也可作秋番茄和春大棚栽培。

2. 粉冠 1 号　特早熟，无限生长型。植株生长势强，叶片较小。果色粉红，大小均匀，坐果集中，多心室，皮厚，果大，肉厚，果实紧硬，坐果率高，平均单果重 300~350g，亩产 15t 左右。耐低温、耐热性强，抗病，耐贮运。果实膨大快，低温寡照情况下坐果良好，是日光温室，春、秋大棚和春提早中小棚栽培的优良品种。

3. 夏星　植株生长强健，半停心型。结果力强，果实呈短椭圆形，果形美观整齐，果

125

色鲜红亮丽，色泽一致，富有光泽，果蒂青绿，单果重 16～20g。果实较硬，不易裂果，耐运输，品质特佳，风味优美，是小型番茄最佳品种之一。

4. 皇妃　植株生长强健，半停心型。早熟，结果力强。果实黄色，长椭圆形，果形整齐，果色亮丽，单果重 18～20g。易采收，果蒂不易脱落，果实硬，不易裂果，耐贮运，是日光温室，春、秋大棚和春提早中小棚栽培的优良品种。

三、栽培季节与茬口安排

番茄不耐霜冻，也不耐高温，整个生长期必须安排在无霜期内。我国南方主要城市露地番茄栽培季节见表 5-1。

表 5-1　南方主要城市露地番茄栽培季节

城市	栽培季节	播种期	定植期	收获期
上海	春番茄	12月上、中旬	3月下旬至4月上旬	5月下旬至7月下旬
武汉	春番茄	12月下旬至翌年1月上旬	4月上旬	6月上旬至7月下旬
成都	春番茄	12月下旬至翌年1月上旬	3月下旬至4月上旬	6月上旬至8月上旬
广州	春番茄	12月至翌年1月	2月	3—5月
	秋番茄	2—3月	3—4月	5—6月

南方设施番茄栽培以塑料大棚春提早栽培为主。番茄不耐连作，在发病严重的地块应进行 3 年以上轮作。

四、生产技术

（一）大棚番茄春提早栽培技术

1. 品种选择　宜选择耐低温弱光、抗病性好、生育期短、早熟性好的有限生长类型品种或早熟性特别突出的无限生长类型品种。

2. 播种育苗

（1）播种时期。大棚番茄春提早栽培的播种期一般在 10 月下旬至 12 月上中旬，并根据各地气候的差异作适度调整。

（2）苗床选择。选择保水、保肥、透气性好、富含有机质、前茬不是茄科作物、无病虫害污染的菜园地进行育苗。

（3）消毒催芽。播种前可把种子放入 55～60℃的热水中浸烫 10min，并不断搅动，对种子进行消毒。处理过的种子放入 25℃左右的温水中浸泡 4～6h，取出放入纱布袋内，置于 25～30℃的环境下催芽。在催芽过程中，每天用清水冲洗 1～2 次，并不断翻动种子。待出芽后，温度降至 15～18℃，一般 80% 的种子露白后即可播种。

（4）播种。选晴天上午，浇足床水，待水分渗入土内，开始播种。播种时将种子均匀撒于苗床上，每平方米播种量为 10g，再覆盖 0.5～1.0cm 厚营养土，刮平，畦面平盖地膜，并扣小拱棚保温。出苗后揭去地膜，夜间温度低时可采用双层薄膜覆盖，也可在棚膜上覆盖草帘。

（5）苗期管理。大棚番茄春提早栽培壮苗标准为苗龄 50～60d，苗高 18～20cm，6～7

片真叶，茎粗 0.6cm 以上，叶色深绿，根系发达。苗期应注重温度、水分管理，并及时分苗和炼苗。

①温度管理。出苗前白天温度控制在 25～30℃，夜间保持 18～20℃。出苗后白天气温达到 18～20℃时可揭开棚膜，夜间气温稳定在 10℃以上时不必覆盖薄膜。当第一片真叶出现后，白天温度应提高到 25～28℃，夜间保持 15～18℃。

②水分管理。视苗情进行水分调控。如幼苗生长健壮，以控为主，加大通风，控制浇水；反之，则应适时补水，以促为主。

③分苗。当 70％～80％的幼苗出土后或当 2～3 片真叶展开时进行分苗。分苗容器可选用 9cm×9cm 或 10cm×10cm 的塑料营养钵，分苗时钵与钵之间一定要用土填平，分苗后要浇足水分，促进小苗成活。

④炼苗。定植前 7～10d，揭去薄膜，并加大通风量，苗床温度控制在白天 20～25℃，夜间 10～15℃。定植前 5～7d 不宜浇水。

3. 定植 一般在 2 月中下旬至 3 月下旬定植。定植前 15～20d，采用扣棚烤地或用 45％百菌清烟剂对大棚进行消毒。每亩施入 5 000kg 农家肥、50kg 三元复合肥、50kg 钾肥。定植密度一般早熟品种（50～60）cm×25cm，中熟品种（50～60）cm×30cm，晚熟品种（50～60）cm×35cm。定植应选择晴天下午进行，定植后浇足定根水，采用穴浇或膜下滴灌，忌大水漫灌。

4. 田间管理

（1）温度管理。定植初期以防寒保温为主。定植后 3～4d 内一般不通风或稍通风，维持白天棚温 30℃左右，并深锄培土，提高地温，加快缓苗。缓苗后适当加大通风量，降低棚内气温，白天保持 25～28℃，夜间 13～15℃。随着外界温度的升高，加大放风量，延长放风时间，控制白天温度不超过 26℃，夜间不超过 17℃。

（2）肥水管理。开花初期控制浇水，防止茎叶徒长，促进根系发育，减少落花落果。当新生花序坐果后，要加强肥水管理。第一花序坐果后，及时追肥浇水，第二、第三花序坐果后，再各浇水 1 次。

（3）整形修剪。搭架在缓苗之后、花蕾即将开放时进行，常规生产一般采用人字架（图 5-3）。采取连续摘心换头整枝，或在越夏时由基部换头，利用再生枝越夏。越夏期间管理以薄水勤浇、促进侧枝生长为主，适时摘除病叶、老叶。

番茄整枝
技术
（胡繁荣）

图 5-3　番茄人字架栽培

（4）花果管理。花期用 15～20mg/L 2，4-滴蘸花或 30～50mg/L 防落素喷花，防止落花落果。当日平均气温降至 16℃时进行扣膜，当棚内温度降到 2℃时采收全部果实，红果立即上市，青果进行简易贮藏，待转色后陆续上市。

番茄的采收
与食用
（胡繁荣）

5. 采收 番茄采收要在早晨或傍晚温度偏低时进行。中午前后采收的果实，含水量少，鲜艳度差，外观不佳，同时果实的温度也比较高，不便于存放，容易腐烂。番茄一般在开花后 40～45d 成熟。依据番茄果实的采收目的不同，通常将番茄的采收时期划分为绿熟期、转色期、成熟期和完熟期 4 个时期。

（1）绿熟期。果实已充分长大，果皮由绿转白，种子发育基本完成，但食用性还很差，需经过一段时间的后熟，果实变色后，才可以食用。此期采收的果实质地较硬，比较耐贮存和挤压，长期贮存或长途运输销售的果实多在此期采收。

（2）转色期。果实脐部开始变色，采收后经短时间后熟即可全部变色，变色后的果实风味也比较好。但果实质地硬度较差，不耐贮存，也不耐挤碰。此期采收的果实只能用于短期贮存和短距离运输销售。转色期催熟常采用的植物生长调节剂为乙烯利，田间使用浓度为 500～1 000mg/L，采摘后使用浓度为 2 000～4 000mg/L。

（3）成熟期。果实大部分变色，表现出该品种特有的颜色和风味，品质最佳，也是最理想的食用期。但果实质地较软，不耐挤碰，挤碰后果肉很快变质。此期采收的果实适合于就地销售。

（4）完熟期。果实全部变色，果肉变软、味甜，种子成熟饱满，食用品质变劣。此期采收的果实主要用于种子生产和加工番茄果酱。

（二）番茄春露地栽培技术

1. 品种选择 应根据不同地区的气候特点、栽培形式及栽培目的等，选择适宜本地区的品种。四川及重庆地区多选用西粉 3 号、早丰、合作 903、渝抗 2 号等品种。

2. 播种育苗 采用小拱棚或酿热温床进行播种育苗，适宜苗龄为 50d。

3. 定植 应提早深翻土壤，整地做畦，基肥沟施，覆盖地膜。在当地晚霜期后，耕层 5～10cm 地温稳定在 12℃时定植。一般长江流域在清明前后，重庆及四川盆地可在 3 月上旬定植，但要覆盖棚膜以防"倒春寒"。在适宜定植期内应抢早定植，定植最好选择无风的晴天进行，栽苗时不要栽得过深或过浅。定植密度取决于品种、生育期及整枝方式等因素，如早熟和自封顶品种采用 50cm×30cm，中晚熟和无限生长型品种采用 60cm×（30～50）cm。

4. 田间管理 强化肥水管理，及时进行植株调整。疏花疏果，防止落花落果。加强病虫害防治。采收前可采用乙烯利进行人工催熟。

（三）生产中常见问题及防止对策

1. 落花落果

（1）主要原因。番茄在环境条件不利、植株营养不良时，容易落花落果，特别是落花。不同栽培形式及栽培季节落花落果原因不同。春早熟番茄栽培，低温和气温骤变，妨碍花粉管的伸长及花粉发芽是落花落果的主要原因；越夏番茄栽培，高温干旱或连续阴雨天是主要原因。另外，生产管理不当，如密度过大、整枝打杈不及时引起疯秧等也都会引起落花落果。

（2）防止措施。

①培育壮苗。加强苗期管理、提高秧苗质量是保花保果的基础。

②加强花期管理。应根据具体情况和原因，加强花期肥水管理，及时进行植株调整。保护地番茄栽培应采取增温保温和增光措施。夏季应遮光降温，防止高温干燥。番茄坐果后，营养生长和生殖生长同时进行，要及时整枝打杈、摘叶摘心、疏花疏果，使其平衡生长。

③人工辅助授粉。9—10时可摇动植株或架材或通过人来回走动来振动植株，以促进花粉扩散。

④植物生长调节剂处理。生产上常用2,4-滴和防落素进行处理。

2. 畸形果

（1）主要原因。早春番茄栽培，由于日照时间短、气温低等不利因素，导致番茄畸形果现象较普遍，严重影响了番茄的商品性。番茄的畸形果包括果顶乳突果、空洞果、棱角果、裂口果等。

（2）防止措施。

①加强苗期温度管理。当番茄幼苗2～3片真叶时，正值第一果穗花芽分化，这时白天温度应保持在22～27℃，夜间12～15℃，保证花芽正常分化，避免连续出现8℃以下的低温。定植前10d是幼苗低温锻炼期，白天应保持20℃左右，夜间保持8～10℃进行低温锻炼，让幼苗适应定植后的气候条件。

②坐果时合理肥水。

③正确使用植物生长调节剂。施用浓度应适宜，避免重复蘸花，并掌握好蘸花时间。

④及时摘除畸形花或畸形果。

任务二　茄子生产技术

茄子为茄科茄属以浆果为产品的蔬菜，野生种果实小且味苦，经长期生产驯化，风味改善，果实变大。茄子最早起源于印度，最晚在西汉末已经从印度传到了中国四川，因此有学者认为中国是茄子的第二起源地。

一、生产特性

（一）形态特征

1. 根　直根系，根系发达，深可达1m以上，主要根群分布在30cm土层中。木质化相对较早，再生力稍差，不定根的发生力也弱。

2. 茎　茎直立，粗壮，分枝较多，姿态开张，分枝较为规律，属假二杈分枝。

3. 叶　茄子为单叶，叶形大，互生。

4. 花　两性花，多为单生，也有2～4朵簇生的，白色或紫色。开花时花药顶孔开裂散出花粉。花萼宿存，其上有刺。茄子自花授粉率高，自然杂交率在3%～6%。根据花柱长短不同，可分为长柱花、中柱花和短柱花（图5-4）。长柱花柱头高出花药，花大，色深，容易在柱头上授粉，为健全花；中柱花的柱头与花平齐，授粉率比长柱花低；短柱花的柱头低于花药，花小，花梗细，柱头上授粉的机会非常少，通常完全落花，为不健全花。

5. 果实　茄子果实为浆果，圆形、长棒状或卵圆形，皮色有深紫、紫、紫红、绿、绿

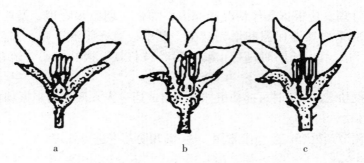

图 5-4　茄子的花型
a. 短柱花　b. 中柱花　c. 长柱花

白等色，果肉白色。

6. 种子　扁圆形，外皮光滑而坚硬，千粒重 5g 左右。

（二）分枝结果习性

茄子分枝结果较为规律。当主茎达一定叶数、顶芽分化形成花芽后，其下端邻近的两个叶腋抽生侧枝，代替主茎，构成双杈假轴分枝；侧枝上生出 2～3 片叶后，顶端又现蕾封顶，其下端两个腋芽又抽生两个侧枝，如此继续向上生长，陆续开花结果。按果实形成的先后顺序，分别称"门茄""对茄""四门斗""八面风""满天星"（图 5-5）。实际上一般只有 1～3 次分枝比较规律，结果良好，往上的分枝和结果好坏在一定程度上取决于管理技术水平的高低。

图 5-5　茄子的分枝结果习性
1. 门茄　2. 对茄　3. 四门斗　4. 八面风

（三）生长发育周期

茄子生长发育周期分为 3 个时期，即发芽期、幼苗期和开花结果期。

1. 发芽期　从种子播种到第一片真叶出现为发芽期，需 10～15d。

2. 幼苗期　第一片真叶出现到第一朵花现蕾为幼苗期，需 50～60d。

3. 开花结果期　门茄现蕾到果实采收完毕为开花结果期，果实发育历经现蕾期、露瓣期、开花期、凋瓣期、"瞪眼"期、商品成熟期和生理成熟期。各期经历的天数随生产条件、品种的不同而异。一般从开花到"瞪眼"需 8～12d，从"瞪眼"到商品成熟需 13～14d，从商品成熟到生理成熟期约需 30d。

（四）对环境条件的要求

1. 温度　喜温，对温度的要求高于番茄、辣椒，耐热性较强。结果期间适温为 25～30℃，在 17℃以下时生育缓慢、花芽分化延迟、花粉管的伸长也大受影响，因而引起落花，低于 10℃时新陈代谢失调，5℃以下就会受冻害。

2. 光照　喜光，对光照时间及光照度的要求都较高，茄子光饱和点为 40klx。在日照长、强度高的条件下茄子生育旺盛，花芽质量好，果实产量高、着色佳。

3. 水分　茄子枝叶繁茂，生育期间需水量大，通常土壤湿度以土壤持水量的 70%～80%

为宜。门茄形成之前，需水量较少，不宜多浇水，防止秧苗徒长，门茄生长以后需水量逐渐增多，水分不足会影响产量和品质。

4. 土壤及养分　适于在富含有机质、保水保肥能力强的土壤中生长。茄子对氮肥的要求较高，缺氮时延迟花芽分化，花数明显减少，尤其在开花盛期，如果氮不足，短柱花变多，植株发育也不好。在氮肥水平低的条件下，施用磷肥效果不太显著。后期对钾的吸收急剧增加。

二、类型与品种

（一）类型

根据茄子果实的形状，可分为圆茄、长茄和卵茄 3 种类型。

1. 圆茄类　圆茄类植株高大，茎秆粗壮，叶片大，宽而厚，植株长势旺，多较晚熟。果实大型，有圆球形、长圆形、扁圆形等，质地致密，皮厚硬，较耐贮运。耐阴、耐潮湿的能力比较差。多作为露地茄子栽培用种，小拱棚以及部分大棚茄子栽培也有选择该类品种进行晚熟高产栽培的，温室栽培较少选择该类品种。较优良的品种有北京五叶茄、六叶茄、丰研 2 号、天津快圆茄、高唐紫圆茄、天津二民茄、大民茄、安阳大红茄、西安大圆茄等。

2. 长茄类　长茄类植株高度及生长势中等，分枝比较多，枝干直立伸展，叶小而狭长，绿色，株形较小，适合密植。花较小，多为淡紫色。结果数多，单果较轻。果实长棒状，依品种不同，长度在 25～40cm，果形指数在 3 以上。果皮较薄，果肉较软嫩，种子较少，果实不耐挤压，耐贮运能力比较差。该类品种多较早熟，较耐阴和潮湿，比较适合于保护地栽培。露地栽培中除了一些长茄类品种的传统栽培区外，其他地区一般较少选用。较优良的品种有杭州红茄、紫阳长茄、鹰嘴长茄、宁波藤茄、徐州长茄、济南长茄、苏崎茄、苏长茄、齐茄 1 号等。

3. 卵茄类　卵茄类又称矮茄类。植株较矮，枝叶细小，生长势中等或较弱。花小，多为淡紫色。果实较小，卵形、长卵形或灯泡形，果皮黑紫色或赤紫色，种子较多，品质不佳。产量较低，早熟性好，主要用于早熟栽培。该类茄子的适应性比较强，露地和保护地栽培均可，但因其结果期短，并且果实的品质也多较差，目前主要用于春季露地栽培、小拱棚栽培和塑料大棚春季早熟栽培。较优良的品种有济南早小长茄、茄冠、辽茄 2 号、辽茄 3 号、内茄 2 号等。

（二）品种

1. 京茄 15　早熟、丰产、抗病长茄一代杂交种。植株生长势强，果实长棒形，果长 30～40cm，果实横径 4～6cm。果皮紫黑色、有光泽，果肉浅绿白色，肉质细嫩，品质佳，商品性极好。

2. 旺优 3 号　中早熟品种，植株长势壮旺，抗病性强，耐寒耐热，适应性广，中后期果商品性好。果形长大，头尾均匀，尾纯圆，果皮光滑，果色紫红，肉质嫩滑，商品性好，果长约 35cm，径粗约 6cm，每亩产量约 5 500kg。

3. 园杂 5 号　中早熟品种，门茄在第 7 片叶处着生。果实近圆形，纵径 8～11cm，横径 11～13cm，果色紫黑，有光泽，肉质细腻，味甜，单果重 350～600g。

4. 瑞丰 3 号　中早熟品种，从定植至始收春茬为 65～75d，秋茬为 50～55d。叶片绿色、长椭圆形、边缘波浪状，叶脉、果柄、萼片均呈紫色，有芒刺。花紫色，门茄着生于第9～10节，果实长棒形，下端钝，商品果长 30～35cm，直径约 4.5cm，平均单果重 250g，成熟果实外皮紫黑色、有光泽，果肉白色，肉质细嫩，品质佳。

三、栽培季节与茬口安排

茄子对光周期要求不严，只要温度适宜，四季均可栽培。长江流域可进行春提早栽培、露地栽培和秋延后栽培。由于茄子耐热性较强，夏季供应时间较长，成为许多地方填补夏秋淡季的重要蔬菜。华南无霜地区一年四季均可露地栽培，冬季于 8 月上旬播种育苗，10—12月采收，为南菜北运的主要种类之一。云贵高原由于低纬度、高海拔的地形特点，无炎热夏季，适合茄子生长的季节长，许多地方可以越冬栽培。长江流域多在清明后定植，前茬为春播速生性蔬菜，后茬为秋冬蔬菜。

四、生产技术

（一）大棚春提早栽培技术

1. 品种选择 选择耐低温和弱光、抗病性强、植株长势中等、开张度小、适合密植的早熟或中早熟品种。优良品种有杭茄 1 号、湘茄、蓉杂茄、渝早茄、粤丰紫红茄、苏崎茄等。

2. 培育壮苗

（1）播种时期。大棚早春栽培需在保护地中育苗，苗龄 90～100d，以此可推算播种时期。播种过早，茄苗易老化，影响产量；播种过晚，上市时间延迟。长江流域 10 月播种，华南地区 9—10 月播种，华北地区 12 上旬至翌年 1 月上旬播种。

（2）播种方法。精选种子并适当晒种。用 55℃温水浸种 15min，待水温降至室温后再浸泡 10h 左右。也可用 50％多菌灵可湿性粉剂 1 000 倍液浸种 20min，或 0.2％高锰酸钾浸种 10min，或 40％甲醛水剂 100 倍液浸种 10min。将种子用湿纱布包好，放于 28～30℃的条件下催芽。若对种子进行变温处理，即每天 25～30℃高温 16h、15～16℃低温 8h，则出芽整齐、粗壮。2/3 的种子露白时即可播种。播种前搭建好大棚，平整播种苗床，浇足底水，水渗透后薄撒一层干细土。把种子均匀撒播床面，每平方米苗床用种 5～8g。播后覆盖 1cm 细土，稍加镇压，再覆盖地膜，以提高地温，加快出苗。

（3）苗期管理。出苗前棚内温度白天保持 25～30℃，夜间 15～18℃。出苗后及时撤掉地膜，适当降低棚内温度，以防止幼苗徒长，白天保持 20～25℃，夜间 14～16℃，超过28℃要及时放风。2～3 片真叶期分苗至营养钵，分苗后保温保湿 4～5d 以利缓苗，后期控制浇水。定植前 7～10d 逐渐加大通风量，降温排湿，进行低温锻炼，夜间温度可降至12℃左右。壮苗的标准为茎粗，节间短，有 9～10 片真叶，叶片大，颜色浓绿，大部分现蕾。

3. 嫁接育苗 利用嫁接苗栽培可大大减轻茄子黄萎病、枯萎病、青枯病、根结线虫病等土传病害的发生，同时可增强植株抗性，提高产量和品质。生产中可选择托鲁巴姆、托托斯加、赤茄等作砧木，多采用劈接法、斜切接法、贴接法进行嫁接。

（1）劈接法。在砧木 6～8 片真叶时，切去 2 片真叶以上部分，在茎中垂直竖切 1.2cm左右深的切口；接穗 5～7 片真叶时，取 2～3 片真叶以上部分，削成楔形后插入砧木切口，对齐后用嫁接夹固定。

（2）斜切接法。嫁接苗的苗龄与劈接法的相同，将砧木第二片真叶的上部节间斜削成长 1.0～1.5cm、呈 30°角的斜面，去掉以上部分；接穗取 2～3 片真叶以上部分，削成与砧木斜面形状和面积相同但方向相反的斜面，把 2 个斜面迅速对齐贴紧，用嫁接夹固定。

（3）贴接法。贴接法也称为贴芽接法。砧木长到 3～4 叶 1 心时用刀片在砧木苗茎离地面 10～12cm 高处斜削，去掉顶端，并形成 30°左右的斜面，斜面长 1.0～1.5cm。接穗长到 2～3 叶 1 心时保留 2 片真叶，用刀片将苗茎下端削成与砧木相反的斜面，去掉下端，斜面大小与砧木的斜面一致。将砧木与接穗的斜面紧密贴合在一起，并用夹子固定牢固。

4. 整地施肥 选择保水保肥、排灌良好的土壤。茄子连作时黄萎病等病害严重，应实行 5 年轮作。茄子耐肥，要重施基肥，结合翻地，每公顷施腐熟有机肥 75t、磷肥 750kg、钾肥 300kg，耙平后做包括沟在内 1.2m 宽的小高畦。

5. 定植 茄子喜温，定植时要求棚内温度稳定在 10℃以上，10cm 地温不低于 12℃。长江中下游地区采用大棚＋小拱棚＋地膜覆盖栽培时，11—12 月定植；大棚＋地膜覆盖，2 月定植；小棚＋地膜覆盖，3 月上旬定植。选择寒尾暖头的天气定植，按照品种特性和栽培方式确定密度，一般采取宽窄行定植，每畦栽 2 行，大行 70cm，小行 50cm，株距 35cm 左右。栽植宜采用暗水定植法，地膜覆盖要求地膜拉紧铺平，定植孔和膜边要用泥土封严。

6. 田间管理

（1）温光调节。定植后一周内，要以闭棚保温为主，促进缓苗。缓苗后，白天温度保持在 25～30℃，夜间 15～20℃，以促发新根，晴天棚内温度超过 30℃时，要及时通风，降温排湿。开花结果期，白天棚温不宜超过 30℃，夜间在 18℃左右，以后随外界温度的升高，加大通风量和延长通风时间。根据当地温度适时撤掉小棚，当气温稳定在 15℃以上时应将围裙幕卷起，昼夜通风。南方早春季节阴雨天气较多，光照相对不足，应在晴天或中午温度较高时，部分或全部揭开小棚，增加光照。同时也要保持棚膜清洁干净，及时更换透光不良的棚膜。

（2）肥水管理。茄子定植后气温较低，缓苗后可浇 1 次小水。门茄开花前适当控水蹲苗，提高地温，促进根系生长；门茄"瞪眼"后，逐渐加大浇水量。浇水应选择晴天上午进行，最好采用膜下暗灌，浇水后适当放风，以降低棚内空气湿度。茄子盛果期蒸腾旺盛，需水量大，一般每隔 7～8d 浇 1 次水，保持土壤充分湿润。

茄子喜肥耐肥。缓苗后施 1 次提苗肥，每公顷施尿素 112.5kg 或腐熟粪肥 15t，兑水施入。开花前一般不施肥。门茄"瞪眼"后结束蹲苗，结合浇水每公顷追施尿素 150～225kg。对茄采收后，每公顷追施磷酸二铵 225kg、硫酸钾 150kg 或三元复合肥 375kg。以后根据植株生长情况适当追肥，一般可隔水补施氨肥，化肥与腐熟有机肥交替使用效果更佳。生长期内叶面交替喷洒 0.2%尿素和 0.3%的磷酸二氢钾，可提高产量。

（3）植株调整。大棚内植株密度大，枝叶茂盛，整枝摘叶有利于通风透光，减少病害，提高坐果，改善品质。门茄开花后，花蕾下面留 1 片叶，再下面的叶片全部打掉（图 5-6）；对茄坐果后，除去门茄以下侧枝；四门斗 4～5cm 大小时，除去对茄以下老叶、黄叶、病叶及过密的叶和纤细枝。早春低温和弱光照易引起茄子落花和果实畸形，利用 40～50mg/L 的防落素喷花或涂抹花萼和花瓣可进行有效防止。

图 5-6　茄子植株调整

（4）病虫害防治。茄子的主要病害有立枯病、绵疫病、灰霉病、黄萎病、褐纹病等，主要虫害有红蜘蛛、茶黄螨等。可用福美双、百菌清、三乙膦酸铝、噁霜·锰锌防治立枯病、绵疫病，用腐霉利、百菌清等防治灰霉病，用甲基硫菌灵、多菌灵等防治黄萎病、褐纹病，可用炔螨特、三唑磷、噻螨酮乳油等防治红蜘蛛、茶黄螨。

7. 采收　在适宜温度条件下，果实生长 15d 左右达到商品成熟。果实的采收标准是根据宿留萼片与果实相连部位的白色环状带（俗称"茄眼"）的宽窄来判断。若环状带宽，表示果实生长快，花青素来不及形成，果实嫩；环状带不明显，表示果实生长转慢，要及时采收。采收时间最好是早晨，其次是下午或傍晚，应避免在中午气温高时采收，中午含水量低，品质差。采收时最好用剪刀采收，不要生硬扭拽，防止折断枝条或拉掉果柄。

（二）早春露地栽培技术

1. 培育壮苗　终霜前 3 个月进行温床育苗，晚霜后定植于露地。

2. 定植　待气温度稳定在 10℃以上，10cm 地温稳定在 12℃以上时定植，定植前施足底肥。株行距因品种而异，一般早熟品种 40cm×50cm，中晚熟品种 （40～50)cm×（60～70)cm，采用"品"字形交错定植，定植后浇定根水（图 5-7）。

图 5-7　"品"字形交错定植

3. 田间管理　及时浇缓苗水，深中耕 1～2 次后控水蹲苗。门茄膨大时开始追肥浇水，每公顷施尿素 225kg、硫酸钾 150kg。以后每 7～10d 浇 1 次水，追肥 3～4 次。追肥应多施氮肥，增施磷、钾肥，同时配合施加有机肥。门茄坐果后打去基部侧枝，门茄采收后摘除下部老叶，生长后期摘心。

（三）生产中常见问题及防止对策

早春茄子由于受低温等环境条件的影响，容易落花或形成畸形果，严重影响产量和品质。

1. 主要原因

（1）环境条件。早春长期弱光或苗期夜温过高易形成短柱花，土壤干旱、空气干燥使花发育受阻，空气湿度过大且持续时间长影响授粉等均可导致落花。

（2）营养因素。营养不足，植株长势弱，花小，花柱短，易落花；营养过旺，植株徒长，易落花。

（3）植物生长调节剂处理。植物生长调节剂处理时间过晚、浓度过大或处理时温度过高均易形成畸形果。

2. 防止措施

（1）改善环境条件。保持棚膜清洁以增加透光率，早揭晚盖草苫以尽量延长光照时间，地膜覆盖以增加近地面光照，也可采用人工补光措施。适当浇水以保持土壤和空气湿润，浇水后适当放风以降低棚内空气湿度。

（2）加强肥水管理。保证养分充足供应，使植株生长健壮而又不贪青徒长。

（3）植物生长调节剂处理得当。可应在开花当天或提前 1～2d 使用防落素进行处理，浓度以 40～50mg/L 为宜，低温下用高浓度，温度高时降低浓度。

任务三　辣椒生产技术

辣椒原产于南美洲热带地区，属茄科辣椒属一年生或多年生植物，能产生有辣味浆果，以嫩果或成熟果供食用，可生食、炒食、干制、腌制和酱渍等，是我国人民喜食的鲜菜和调味品。

一、生产特性

（一）形态特征

1. 根　主根不发达，根群多分布在 30cm 的耕作层内，根系再生能力比番茄、茄子弱。

2. 茎　茎直立，一般小果类型品种分枝较多，植株高大；大果类型品种分枝较少，植株矮小。

3. 叶　单叶，互生，叶卵圆形、长卵圆形或披针形。

4. 花　花单生，也有的簇生。雌雄同花，是常异交植物，天然杂交率约 10%。花的类型与茄子相似，在营养不良时，短柱花增多。一般主干以及靠近主干侧枝上的花发育较好，植株外围的花发育相对差一些。

5. 果实　果实为浆果，汁液少，空腔大，具 2～4 心室。果实形状有扁圆形、圆球形、四方形、圆三棱或多纵沟形、长角形、羊角形、线形、圆锥形、樱桃形等多种形状。单果重从几克到数百克不等。

6. 种子　种子短肾形，扁平稍皱，淡黄色，千粒重 5～6g。

（二）分枝结果习性

辣椒的分枝结果很有规律，当植株生长到 8～15 片叶时，主茎顶端出现花蕾，蕾下抽生出 2～3 个枝条，枝条长出一叶，其顶端又出现花蕾，蕾下再生二枝，不断重复，形成了不同级次的分枝和花（果）。处在同一级次上的花，几乎是同日开放。

根据植株的分枝能力强弱不同，一般将辣椒分为无限分枝型和有限分枝型两类。无限分枝型的分枝级数多，植株高大；有限分枝型的植株矮小，主茎长出 5～13 片叶时，形成顶生花簇而封顶，花簇下面的腋芽抽生侧枝，侧枝的腋芽还可发生副侧枝，在侧枝和副侧枝的顶端都形成花簇封顶后，一般不再分枝生长，簇生的朝天椒和观赏的樱桃椒属于此类型。

（三）生长发育周期

1. 发芽期 自种子播种萌动到子叶展平、真叶显露为发芽期，在正常的育苗条件下需 7～10d，经催芽的种子一般 5～8d 子叶出土。

2. 幼苗期 自真叶出现至第一朵花蕾显露为幼苗期，一般需 80～100d，温床或温室育苗只需 70～90d。当植株 2 片真叶展开、苗端分化有 8～11 片叶时，开始花芽分化，一般是在播种后 35～45d。

3. 初花期 自第一朵花蕾显露到第一个果实（"门椒"）坐果为初花期，需 15～20d。这一时期辣椒的营养生长与生殖生长同时进行，植株正处于定植缓苗后期的发秧阶段，同时也是植株早期花蕾开花坐果、前期产量形成的重要时期，栽培上应创造适宜的环境条件，促使秧果均衡发展。

4. 结果期 自"门椒"坐果至采收完毕为结果期。随着各层次分枝不断产生，植株连续开花结果，"门椒""对椒""四母斗椒""八面风椒""满天星椒"陆续收获，直至拉秧。

（四）对环境条件的要求

1. 温度 辣椒属喜温性蔬菜，不耐严寒。种子发芽的最适温度为 25～30℃，低于 15℃或高于 35℃均不利于正常发芽。幼苗期的适宜温度为 20～25℃，但在 15～30℃均可正常生长。开花结果期的适宜温度为 20～30℃。辣味型品种的抗热能力强于甜椒品种。

2. 光照 辣椒属中光性植物，对光照度的要求也属中等，光饱和点为 30klx，光补偿点为 1 500lx，较耐弱光，但光照太弱，也将导致徒长、落花落果。

3. 水分 辣椒不耐干旱，也不耐涝，属于半干旱性蔬菜。一般空气相对湿度 60%～80%有利于茎叶生长及开花结果，空气湿度过高，不利授粉受精，并易发多种病害。

4. 土壤及养分 辣椒又对土壤的适应能力比较强，在各种土壤中都能正常生长，但以壤土最好。需肥量大，对氮（N）、磷（P_2O_5）、钾（K_2O）的吸收比例为 1：0.5：1。氮肥不足或过多会影响营养生长及营养分配，导致落花；充足的磷、钾肥则有利于提早花芽分化，促进开花及果实膨大，并使植株健壮，增强植株抗性。

二、类型与品种

（一）类型

根据辣椒栽培品种果实的特征分类，将辣椒分为 5 个变种。

1. 樱桃椒 叶中等大小，圆形、卵圆形或椭圆形。果小如樱桃，圆形或扁圆形，红、黄或微紫色，辣味甚强。制干辣椒或供观赏，如成都扣子椒、五色椒等。

2. 圆锥椒 植株矮，果实为圆锥形或圆筒形，多向上生长，味辣，如仓平鸡心椒等。

3. 簇生椒 叶狭长，果实簇生，向上生长。果色深红，果肉薄，辣味甚强，油分高，多作干辣椒栽培。晚熟，耐热，抗病毒力强，如贵州七星椒等。

4. 长椒 株形矮小至高大，分枝性强，叶片较小或中等。果实一般下垂，为长角形，先端尖，微弯曲，似牛角、羊角、线形，果肉薄或厚。肉薄，辛辣味浓，供干制、腌渍或制辣椒酱，如陕西大角椒；肉厚，辛辣味适中，供鲜食，如长沙牛角椒等。

5. 甜柿椒 植株粗健而高，分枝性较弱，叶椭圆形或卵圆形。果大，基部凹陷，果皮常有纵沟，果为椭圆形、苹果形、柿形，红或黄色，辣味少，略带甜味。

（二）品种

1. 湘研 5 号 湖南省蔬菜研究所育成。植株生长势强，中熟，耐热性、耐旱性、抗病性都比较突出。果实长牛角形，淡绿色，平均单果重 35g。肉质细软，味辣而不烈，辣椒素含量 0.28%左右。产量高而稳定，适宜在中国各地作越夏丰产栽培。

2. 中椒 6 号 中国农业科学院蔬菜花卉研究所育成。中早熟，植株生长势强，抗病毒病能力突出。果实粗牛角形，黄绿色，果面光滑，外形美观，品质优良。高产稳产，主要适于广西、云南等地露地栽培。

3. 苏椒 5 号 江苏省农业科学院蔬菜研究所育成。前期生长快，结果多，为连续结果型，耐寒性强，抗烟草花叶病毒和炭疽病。果实长，灯笼形，淡绿色，单果重 30～40g，果面光滑，肉脆味鲜，每 100g 鲜重维生素 C 含量为 72.38mg，商品性好。适于全国各地露地春季早熟栽培和长江中下游地区塑料大棚、温室栽培。

4. 赣椒 1 号 江西省南昌市蔬菜科学研究所选育的一代杂交品种。植株生长势强，株形较高大。耐寒，耐湿，较抗炭疽病、病毒病和青枯病，也比较耐热。果实粗牛角形，绿色，单果重 30g 左右，辣味较轻，品质优良。适宜塑料大棚和露地早熟栽培。

三、栽培季节与茬口安排

露地辣椒多于冬春季育苗，终霜后定植，晚夏拉秧后种植秋菜。也可行恋秋栽培至霜降拉秧。长江中下游地区多于 11—12 月利用温床育苗，3～4 月定植。辣椒的前茬可以是各种绿叶菜类，后茬可以种植各种秋菜或休闲。设施栽培主要有大棚春提早栽培。

四、生产技术

（一）大棚春提早栽培技术

1. 品种选择 应选用株型紧凑、适于密植、耐低温、耐弱光、连续坐果能力强、丰产的早熟品种，果色与风味应适合当地消费习惯。如甜杂 6 号、中椒 5 号、翠玉甜椒、辣优10 号以及国外的红英达、紫贵人、白公主、黄欧宝、天使系列等。

2. 培育壮苗 多进行保护地设施育苗，有时还利用电热或酿热温床提高地温，或利用穴盘或育苗盘进行无土育苗。

（1）播前准备。选择 3 年未种过茄果类蔬菜的土壤作床土，整细整平，用 50%多菌灵进行土壤消毒，也可将用量为 5～7g/m² 的精甲霜·锰锌与苗床土壤均匀混合，对苗期立枯病和猝倒病有很好防治效果，底层撒上毒死蜱等杀虫剂防治地下害虫。播种前将种子摊晒1～2d，特别是陈种子必须晒种。播前也应进行温汤浸种，放入 55～60℃ 的热水中烫种15min，再用 35℃ 左右的温水继续浸泡 2～3h，然后在 28～30℃ 的温度条件下催芽，每天用清水淘洗 1～2 次，4～5d 后种子大部分"露白"时即可播种。

（2）播种。应根据品种特性、当地气候条件和设施条件确定定植期，再依据辣椒的适宜苗龄确定播种期，一般辣椒的适宜苗龄为 90～100d，长江流域一般于 10 月上旬至 12 月上旬播种，华南地区多于 12 月至翌年 1 月播种。苗床播种量为 25～30g/m²，播前浇足底水，待底水渗下后用撒播法播种，播后覆盖 1cm 厚的湿润细土，再覆盖 1 层地膜保温保湿，出苗后及时揭去。当幼苗子叶平展以后要及时间苗，间苗后再行覆土护根。幼苗长至 2～3 片真叶时进行分苗，分苗密度为 8cm×8cm，每穴 2 株。

（3）苗期管理。苗期应注意保温，白天温度为 25～30℃，夜温保持在 15℃ 以上，地温 18～20℃，若地温低于 16℃，生根缓慢，低于 13℃，则停止生长，甚至死苗。定植前 10d 逐渐降低温度，适度控水，进行定植前的秧苗锻炼。出苗后应在保证温度条件的前提下，白天尽量揭膜以加强透光。分苗后的 2～3d 应适当遮阳，以免幼苗失水萎蔫。缓苗后应加强透光，白天尽量揭开棚膜，特别是阴天，只要温度适宜也要揭膜。苗床应保证充足的水分，但又不能过湿，若浇足底水一般在分苗前不用再浇水，若床面湿度大，可在床面撒草木灰。分苗后，若心叶开始生长可根据情况于晴天上午浇水，一次性浇足浇透，并根据秧苗生长情况，适当追施尿素、复合肥等化肥，浓度不宜超过 0.3%。

苗期主要病害有猝倒病、立枯病和灰霉病，可通过加强管理，如高温期间注意通风降温、减少浇水次数、防止低温和冷风等措施来防止病害发生，发现个别病株应立即拔除。幼苗出齐后用 50% 多菌灵可湿性粉剂 400 倍液、75% 百菌清可湿性粉剂 600 倍液等轮换进行喷药防治，每隔 7～10d 喷 1 次，连喷 2～3 次。

3. 嫁接育苗　辣椒嫁接育苗主要防治疫病，此外对青枯病、枯萎病等土传病害也有防病增产效果。目前辣椒嫁接所用砧木有 LS279、PFR-564、土佐绿 B 等抗病辣椒，也可用茄子作砧木，如托鲁巴姆、赤茄等。嫁接方式多采用劈接法，将砧木从根部留 2～3 片真叶处横切断，再从横切面中间纵切 1cm 深的切口，接穗则从顶部留 2～3 片真叶，向下斜切成楔形，然后插入砧木切口，对齐后用嫁接夹固定。此外，还可采用靠接法或插接法。

4. 定植　辣椒春提早栽培定植期越早越有利于早熟，获得高效益，一般大棚内 10cm 地温稳定在 12℃ 以上时即可定植，长江流域地区多于 3 月上中旬定植。无前茬的大棚，应在定植前 20～30d 扣棚烤地，提高地温；若有前作，则应在整地做畦后扣棚 2～3d 烤地，提温后定植。前茬采收后应及时深耕晒垡，结合整地每亩施入腐熟的有机肥 5 000～8 000kg、过磷酸钙 50kg 及硫酸钾 30kg，或施用复合肥 70kg 作基肥。为方便农事操作及排灌，多做成畦面宽 1.0～1.2m、畦高 20～25cm、沟宽 40cm 的高畦并覆盖地膜，一般在定植前 20d 完成。定植前一天苗床浇透水。定植密度为每畦定植 2 行，穴距 30～33cm，每穴 2 株。晴天时破膜开穴栽苗，定植深度应以苗坨与畦面相平为宜，栽后密封定植孔，并浇足定植水。

5. 田间管理

（1）温度调节。定植后 5～6d 不通风，保持较高温度，促进缓苗。缓苗后，适当通风，保持棚温白天 25～30℃，夜间 18～20℃，地温 20℃ 左右。开花坐果期适温为白天 20～25℃，夜间 15～17℃，并应有较大的通风量和较长通风时间，以提高坐果率。夏季高温期间应将棚膜四周揭开，保留棚顶薄膜，起到遮阳、降温和防雨作用。

（2）浇水与中耕。定植缓苗后根据土壤墒情浇水，并中耕蹲苗。蹲苗期应中耕 3 次，第一次宜浅，第二次宜深，第三次宜浅，结合中耕进行培土。蹲苗期间少浇水，若土壤干旱可浇 1 次小水。门椒坐住后、停止蹲苗开始大量浇水，保持土壤湿润，每隔 7d 浇 1 次水，结果盛期每隔 4～5d 浇 1 次。早春气温低，宜在晴天上午浇水、浇水量不宜过大。浇水后以及阴天应适当通风排湿，棚内空气相对湿度保持在 70% 为宜。

（3）追肥。辣椒为多次采收蔬菜，生育期长，结果期应多次追肥、缓苗后至门椒坐果前，一般不轻易追肥，尤其忌偏施氮肥，若缺肥可每亩追施夏合肥10kg。一般门椒坐果后追第一次肥，每亩追施复合肥20kg，此后结合浇水追肥，一般每采收2次追肥1次。盛果期还可叶面追施，每周喷1次0.2%～0.3%磷酸二氢钾。

（4）植株调整。门椒坐果后，及时将分杈以下的叶及侧枝全部摘除。生长后期枝叶过密，应及时去掉下部的病、老、黄叶及采后的果枝。大棚辣椒生长旺盛，为防倒伏应在每行植株两侧拉铁丝或设立支架，并于封行前结合中耕除草在根际培土，厚5～6cm。高温期植株结果部位上移，植株衰弱，花果易脱落，可采取剪枝更新措施，保证秋季多结果，将第三层果以上的枝条留2个节后剪去，重发新枝开花结果。

6. 采收 大棚春提早栽培辣椒主要是为了提早上市，应及时采收。青椒一般于开花后25～30d，即果肉变硬、果皮发亮时采收。门椒、对椒宜早采，长势弱的植株应早采，长势旺的可适当晚采。雨天不宜采摘，以减少发病。

（二）早春露地栽培技术

早春露地栽培一般于冬、春季播种育苗，晚霜过后定植，4—6月开始采收，紧随春提早辣椒上市。在夏季温度不很高的地区可越夏，于10月拉秧下市。

1. 培育壮苗 南方各省份应根据定植时期和气候情况确定播种时期，尽早播种，培育适龄壮苗，一般适宜苗龄为80～90d。

2. 整地做畦 整地施肥与春提早栽培相同。南方地区多雨，一般采用深沟高畦栽培，畦高20～25cm，沟宽33～40cm，畦宽1.0～1.2m，每畦栽植2～3行。

3. 适期定植 晚霜过后及时定植，一般10cm地温稳定在15℃左右即可定植。采用地膜覆盖可提早5～8d上市。栽植密度应根据品种特性、土壤肥力及管理水平而定，株距26～35m，定植密度为3 000～5 000株/亩。定植后浇定根水。

4. 田间管理 定植后坐果前应抓好促根、发秧，缓苗后及时追施1次提苗肥，每亩施尿素10kg。开花结果期应促秧、攻果，协调营养生长和生殖生长。门椒开花后到大部分门椒坐果前应控水，防止落花落果，门椒坐果后结束蹲苗，适当增加供肥量，并结合中耕除草培土1次；盛果期要加强水肥供应，每采收1次每亩追施尿素10～20kg。雨季加强田间排水。门椒以下的侧枝和叶片应及时疏除，并插杆搭架防植株倒伏。病虫害防治同大棚春提早栽培。

（三）生产中常见问题及防止对策

辣椒生产中常见问题是落花、落果、落叶现象（通称"三落"），影响辣椒的产量。

1. 主要原因

（1）温度过高或过低。温度过高或过低是引起落花的主要原因，早春落花就是由于低温阴雨、光照不足等引起。

（2）生产管理措施不当。氮肥施用过多，植株徒长，或栽植过密，通风透光不良以及氮、磷素营养缺乏等，常会引起落花、落果。

（3）生产环境不利。如7—8月遇高温、干旱，或过干过热后突遇暴雨，导致土壤水分失调，过干、过湿或涝渍均易引起落花、落果、落叶；大棚内通风不良且湿度过大时，辣椒花不能正常授粉也易落花、落果、落叶。

（4）病虫害。辣椒病毒病、炭疽病、轮纹病（早疫病）等易引起落花、落果，白星病、炭疽病、轮纹病、叶斑病及病毒病等易引起落叶，烟青虫、棉铃虫蛀果也易造成落果。

2. 防止措施

（1）选用抗病、抗逆性（耐高温、低温等）强的优良品种。

（2）加强肥水管理，氮、磷、钾肥配合施用，氮肥注意不能过多或过少。

（3）合理密植，及时整枝，设施栽培时加强通风排湿管理，保持良好的通风透光条件。

（4）早春低温季节应用植物生长调节剂处理，如用 40～50mg/L 的防落素喷花，可防止落花，提高早期产量。

（5）加强病虫害防治。

项目小结 ◇

茄果类蔬菜的苗期比较长，一般 60～120d 不等，需要进行分苗、炼苗等。苗茎的生根能力比较强，适宜深栽和培土。植株的分枝能力比较强，但很规律，主要的整枝方式有单干整枝、双干整枝以及多干整枝等，番茄以单干整枝为主，茄子、辣椒设施栽培以双干整枝为主。设施栽培需要用植物生长调节剂保花保果，常用的有 2,4-滴和防落素。生长过程中喜湿但不耐涝，适宜的土壤湿度为半干半湿至湿润，科学的浇水方法为小水勤浇。结果期对磷、钾肥的需求量比较大，应平衡施肥。果实的采收适期比较长，可根据需要灵活采收。

实训指导 ◇

技能实训　茄果类蔬菜的分枝结果习性观察与整枝

一、目的要求

了解番茄、茄子、辣椒的类型品种及结果习性，掌握番茄、茄子、辣椒的植株调整技术。

二、材料用具

番茄、茄子、辣椒各种类型的代表品种植株及架材、绳子等。

三、相关知识

番茄、茄子、辣椒等茄果类蔬菜因其类型品种不同，经济价值、结果习性、植株调整方式、支架方法等也各异。茄果类植株调整包括整枝、摘心、打杈等内容，它是人工控制营养生长与生殖生长的技术措施，通过植株调整可以改善通风透光的条件，有利于减少病害，清洁果实，促进早熟，提高产量。其中以番茄应用最普遍，茄子也需打杈、摘叶，辣椒一般不必整枝，在热带地区辣椒生长期长的，或秋季辣椒老株再植时，也需修去交叉重叠或有病虫枝条。

（一）茄果类蔬菜的种类及其类型

1. 番茄　根据植物学分类，番茄包括秘鲁番茄、细叶番茄、普通番茄 3 个种；普通番茄又分为普通番茄、大叶番茄、直立番茄、樱桃番茄、梨形番茄 5 个变种。

2. 茄子 根据植物学分类，茄子可分圆茄类、卵茄类、长茄类 3 个变种。

3. 辣椒 根据辣椒果实的特征分类，辣椒分为 5 个变种，分别为樱桃椒、圆锥椒、簇生椒、长椒、甜柿椒。

（二）茄果类的开花结果习性及植株调整

1. 番茄 番茄的生长习性分为有限生长型和无限生长型两种类型。

番茄的植株调整主要有：

（1）单干整枝。只留主干，摘去所有侧枝。这种方法单株结果少而大，适于密植，增加早期产量，也可在丰产田应用，适用于无限生长型品种。

（2）双干整枝。除留主干枝，再将第一花序下的第一条侧枝保留。这种方法在缺少秧苗时使用，早期产量及总产量不及单干整株，适用于有限生长型品种。

2. 茄子 茄子的开花结果习性很有规则，一般早熟品种在主茎生长 5～6 片叶即生第一朵花，晚熟种要到 8～9 叶以后才生第一朵花。在花的叶腋中所生侧枝特别强健和主茎大小相仿，呈 Y 形，第一朵花所结果实称为"根茄"。向上主茎及侧枝各结一果实称"对茄"，以后结 4 个果实称"四门斗"，再上称"八面风""满天星"，但实际上到"满天星"结不到 16 个茄，侧枝过多相互遮阳，生长不良，所以应除去多余的侧芽。

3. 辣椒 植株较矮小，茎直立，分枝也很有规则，按其开花结果习性可分为两类：

（1）花单生型。主茎第一朵花着生以后，一般每节能着生 1 朵花，果实大多下垂、许多主要生产品种都属于这一类。

（2）花簇生型。主茎着生花簇以后，不是每节都能分枝，也不是每节都着生花朵，而是隔数节着生 1 个花簇，在着生花簇的节位抽生分枝，这类品种果梗多数朝上。

（三）茄果类的缚蔓和支架

辣椒一般不需支架，茄子只在留种时为防止植株倒伏及果实腐烂，有时会将留种株立支柱防倒伏或将果实架高。

番茄支架方式有下列几种：

1. 单干支架 宜用于直立矮秆早熟品种。

2. 人字架 通风透光好，生产上使用最多。

3. 喜鹊窝形支架 抗风力强，但通风透光差。

一般采用∞形绑蔓方法防止缢蔓，绑蔓时将绳子绑于花序下部，并使花序向外不贴于架材。

四、方法步骤

（1）观察茄果类各类型品种的开花结果习性。

（2）练习番茄整枝、绑蔓的操作。

（3）练习茄子打老叶的操作。

五、作　　业

（1）绘制示意图，说明番茄、茄子和辣椒的开花结果习性及整枝方法。

（2）根据实际操作，简述番茄的整枝绑蔓技术。

复习思考题 ◆

1. 番茄、茄子、辣椒的根系有哪些特点？生产上怎样利用这些特点？

2. 比较番茄、茄子、辣椒对环境条件要求的共同点。

3. 番茄落花落果的原因是什么？如何从栽培和植物生长调节剂的应用上克服落花落果现象？

4. 简述防止番茄畸形果产生的措施。

5. 茄子的品种类型有哪些？

6. 观赏辣椒的品种类型有哪些？

项目六

XIANGMU 6

豆类蔬菜生产技术

项目导读 ◆

　　本项目主要介绍菜豆、豇豆生产特性，生长发育规律，豆类落花落荚的原因及防止措施，高产高效生产技术。

学习目标 ◆

　　知识目标：了解豆类蔬菜的生产特性，掌握豆类蔬菜生长发育规律，理解豆类蔬菜落花落荚的原因。

　　技能目标：学会豆类蔬菜直播育苗技术，能进行豆类蔬菜栽培管理，能防止豆类蔬菜落花落荚。

　　豆类蔬菜都属于豆科植物，主要包括菜豆、豌豆、豇豆、扁豆、毛豆、蚕豆等，有的种类近年来已实现周年生产和供应。豆类蔬菜营养价值高，富含蛋白质、脂肪、糖类、矿物盐及各种维生素。嫩豆荚和嫩豆粒可供鲜食，也可制罐和脱水，蚕豆、毛豆、豌豆及菜豆中的部分品种还可采收干豆作粮食。

　　各种豆类的根系都与根瘤菌共生，这是豆科作物的特点之一。当根瘤菌在豆类作物根系上形成根瘤后，根瘤菌虽能在根瘤中固定空气中的氮素，但还需要从豆科植物体内获得其他养料才能进行生长发育，而根瘤菌所固定的氮素又能为豆类作物提供氮源。据研究，豆类作物所摄取的氮素养分，大约 2/3 是根瘤菌从空气中得到的，平均每亩可从空气中得到的氮素养料相当于 25kg 左右的硫酸铵。因此根瘤菌的活动对豆类作物的生长有重要作用，豆类作物要增产，必须创造根瘤菌所需的生活条件。

学习任务 ◆

任务一　菜豆生产技术

　　菜豆又称为四季豆、玉豆、芸豆、棉豆、荷包豆、白豆等，属于豆科菜豆属的草本植物，原产于美洲热带地区，我国各省份都有生产，但以南方生产较多。

一、生产特性

（一）形态特征

菜豆的植株形态见图 6-1。

图 6-1 菜豆的植株形态

1. 根 直根系，根系发达，分布较深而广。根上有根瘤，根容易木栓化，再生能力弱，一般不进行育苗移栽。

2. 茎 茎蔓细，有矮生、蔓生两种，茎上光滑或被有短茸毛，有棱。矮生型株高 50cm 左右，为有限生长型；蔓生型为无限生长型，一般蔓长可达 2.0～3.5m 或更长，需设立支架栽培，是主要的栽培类型。

3. 叶 三出复叶，小叶不对称，长 5～15cm，有叶枕和托叶。

4. 花 蝶形花，总状花序，腋生或顶生，每个花序上着生 2～8 朵花，为典型自花授粉作物，天然杂交率低。

5. 果实 果实为荚果，根据豆荚中果皮和内果皮纤维的多少可分为软荚和硬荚。果实形状呈长圆筒形或扁圆形，嫩时绿色、淡黄色、浅绿色等，老熟后有黄色、褐色、粉白色等。

6. 种子 种子形状有扁圆形、卵圆形、椭圆形、肾形等，颜色有白、黄、灰、褐色等。

（二）生长发育周期

菜豆的生长发育周期是指从播后种子萌发至嫩豆荚或豆粒成熟采收结束的全过程。在整个生长发育周期中大部分是营养生长和生殖生长同时进行的，一般分为发芽期、幼苗期、抽蔓期（矮生品种为发棵期）和开花结荚期 4 个时期。

1. 发芽期 从种子萌动到第一对真叶展开的时期为发芽期，历时 7～16d。此期主要是下胚轴伸长，子叶形成，第一对真叶生长。栽培时要注意温度和湿度的管理，促进种子早萌动早出苗。

2. 幼苗期 从第一对真叶展开后到第 4～5 片复叶展开的时期为幼苗期，历时 20～30d。此期以营养生长为主，同时又进行花芽分化，地下部分生长快于地上部分，根开始木栓化，根瘤开始形成。第一对真叶的健在可以促进幼苗根系和顶芽生长，因此生产上要保护真叶的完整性，注意温湿度及光照的管理，确保壮苗，以促进花芽分化。

3. 抽蔓期　从第 4～5 片复叶展开到现蕾为蔓生种抽蔓期（或矮生种发棵期），历时 10～15d。此期茎叶生长迅速，逐步形成植株的地上群体，同时，根也迅速生长，形成庞大的根群，生产上要注意肥水管理，既促又控，保证植株健壮生长，为开花结荚做好准备。

4. 开花结荚期　从开始开花到结荚结束的时期为开花结荚期，历时 20～30d。此期开花、结荚和茎蔓生长同步进行，生长量较大，生产上要保证充足的光照、适宜的温度、充足的养分和水分供应，才能获得高产优质。

（三）对环境条件的要求

1. 温度　喜温暖，不耐霜冻，也不耐炎热，适宜的生长温度为 20～30℃，低于 10℃或高于 35℃时生长开始受影响，矮生种的耐低温能力比蔓生种稍强，种子发芽适宜温度为 20～25℃。菜豆幼苗期对温度的反应非常敏感，适宜温度为 18～20℃，幼苗生长的临界温度为 15℃，低于 15℃时菜豆的根系小而短，几乎不着生根瘤，根瘤形成与固氮的最适地温为 23～28℃。开花结荚期适宜的温度为 18～25℃，低于 15℃或高于 30℃花粉丧失生活力，落花落荚加重。

2. 光照　短日照作物，对日照长短要求不严，但在短日照下有利于花芽分化。菜豆为喜光作物，光照不足容易徒长和引起落花落荚，光饱和点为 25～40klx，光补偿点为2 500lx。

3. 水分　需水较多，但其根系较深，又有一定的耐旱能力。生长期间土壤含水量以田间持水量的 60%～70% 为宜，空气相对湿度以 65%～75% 为宜，幼苗期较耐旱，土壤含水量不低于 45% 即可；开花结荚期需水量最大，但水分过多或过少都会引起落花落荚，要掌握"浇荚不浇花"的原则。

4. 土壤　对土壤条件要求不是很严格，从沙壤土到黏土都能生长，但以有机质含量高、富含腐殖质、土层深厚、疏松肥沃、通透性好、排水良好、pH 6.2～7.0 的壤土最适宜种植。低洼积水地不宜种植，也不宜连作。

5. 养分　生长发育阶段需肥量较大，生长初期吸收较多的是氮和磷，开花结荚时氮、钾的吸收量迅速增加。磷肥对植株生长、根系及根瘤的形成、花芽分化、开花结荚及种子的发育都有重要促进作用，因此，菜豆生长发育过程中都需重施磷肥。

二、类型与品种

（一）类型

1. 根据生育期不同分类　分为早熟种、中熟种、晚熟种。

2. 根据食用性质不同分类　分为软荚豆和硬荚豆，其中作为蔬菜的大多都是软荚豆。其中软荚豆据茎的生长习性不同又可分为蔓生型和矮生型（图 6-2）。

（1）蔓生型。蔓生型品种也称"架豆"。顶芽为叶芽，属于无限生长类型。主蔓长达 2～3m，节间长，每个茎节的腋芽均可抽生侧枝或花序，陆续开花结荚，成熟较迟，产量较高，品质好。较优良的品种有碧丰、青岛架豆、芸丰、丰收 1 号、双季豆、老来少、九粒白、意选 1 号、泰国架豆王、春丰 4 号等。

（2）矮生型。植株矮生而直立，株高 40～60cm。通常主茎长至 4～8 节，顶芽形成花芽，不再继续生长，从各叶腋发生若干侧枝，侧枝生长数节后，顶芽形成花芽，开花封顶。

生育期短，早熟，产量低。较优良的品种有优胜者、供给者、新西兰 3 号、沙克沙、英国芸豆等。

图 6-2　菜豆的类型
a. 蔓生型　　b. 矮生型

（二）品种

1. 丰收 1 号　从泰国引进。植株蔓生，分枝多，每个花序结荚 5～6 个。嫩荚绿色，荚弯曲似镰刀形，荚长 21.8cm，宽 1.4cm、厚 0.8cm，荚面略有凹凸不平，其横断面扁圆形。成熟种子肾形，乳白色，种子百粒重 36.4g 左右。播后 60d 左右采收。植株生长势强，抗病，较耐热。嫩荚肉较厚，纤维少，不易老，品质好。每亩产量 2 500～3 000kg。

2. 优胜者　系鲜食菜用品种，植株生长势中等，株高 38cm，开展度 46cm 左右，分枝性强，结荚多。嫩荚近圆棍形，荚先端弯曲，浅绿色，荚长 14.8cm，平均单荚重 8.6g，荚肉厚，耐老，缝线处和荚肉纤维少，品质风味好。全国南北方大部分地区均可种植，适于早春或秋季栽培。

3. 供给者　从美国引进。植株矮生，生长势强，株高 45cm，开展度 50cm，侧枝 3～5个，叶绿色，第一花序着生于第五节，花紫蓝色，单株结荚 30 个左右。嫩荚绿色，圆棍形，长 12～14cm，宽、厚均约 1cm，单荚重 8g，肉厚，质脆，纤维少，品质好。种子紫红色，千粒重 345g。适宜春、秋季露地栽培，每亩产量 1 200～2 000kg，适宜东北、华北、华东等地区栽培。

4. 霓虹神七奇长　经过宇宙射线照射形成的新品种。植株蔓生，主蔓结荚为主，花码密，结荚率高。嫩荚白绿色，圆扁形，肉质厚，荚长 25～35cm。种子白色，肾形。中早熟，生长速度快，长势强，产量高，品质好，商品性好，耐热，高抗病，每亩产量 8 000kg，是目前国内最优秀的菜豆品种之一，全国各地适宜地区均可种植，适合露地保护地栽培。

三、栽培季节与茬口安排

菜豆不耐低温霜冻，同时又怕高温多雨，露地栽培适宜的月平均气温为 10～25℃，以20℃左右最佳。南方地区适宜露地栽培的季节有春、秋两季，生产上通常以春季露地栽培为主。春季露地播种，多在 10cm 地温稳定在 10℃以上进行，各地区气候不同，播种期、播种方式也有所不同。一般南方地区在 3 月上中旬播种，华东地区在 4 月上旬播种，云南暖热地区 1—3 月播种、冷凉地区 4—6 月播种。南方秋季生产以 8 月上旬至 9 月上旬播种为宜。

菜豆栽培设施主要是温室、塑料大棚栽培。塑料大棚以春提早、秋延后栽培为主，日光温室一般有越冬茬、秋冬茬、冬春茬栽培。一般棚内最低温度稳定在 10℃ 以上即可直播或育小苗移栽，生产比较简单。

菜豆与豆科作物连作生育不良，易发病，宜行 2~3 年轮作，前茬最好是白菜、茄科作物或葱蒜类。

四、生产技术

（一）菜豆露地栽培技术

1. 品种选择 春季栽培宜选用耐寒、早熟、抗病性强、产量高、品质好的品种，秋季栽培宜选用耐热、抗病、对光反应不敏感、结荚率高的品种。

2. 播种育苗 菜豆一般采用干籽直播，但南方多地早春低温阴雨，菜豆直播容易烂种死苗，生产上通常提前育好苗，然后定植到露地。菜豆壮苗的标准一般为苗直立，子叶健全，2~3 片真叶，苗龄 25~30d，根系发达，茎粗，节间短，植株生长健壮，无病虫害，无损伤，生长均匀。

（1）种子处理。将种子在阳光下晒 1~2d。为防止土壤病害，可进行种子消毒，可用种子质量的 0.3% 的 40% 甲醛水剂浸泡 20min，或用可湿性粉剂拌种。菜豆一般不建议浸种，如播种后温度低、湿度大，浸种易导致烂种。

（2）直播。播前 2~3d 浇水润畦，待土壤稍干不黏时进行浅翻松土，搂平畦面待播。播种多采用开沟点播方法，菜豆行距 50~65cm，先按行距开 5~8cm 深的沟，再以株距 40~45cm 按穴点播。

（3）育苗。播种前可先用 55℃ 温水浸种 10min 左右进行消毒，待水温自然下降到 25~30℃ 时继续浸种 4~5h，用清水冲洗后催芽，催芽适宜温度为 25~28℃。苗期控温控水是壮苗的关键，播种至出苗期温度宜高些，以 25℃ 左右为宜；出苗到出现真叶以白天 20℃、夜间 15℃ 为宜；第 1~3 片真叶期以白天 20~25℃、夜间 15℃ 为宜。

3. 整地做畦 前作收后进行深翻晒垡，清理残株。碎垡前每亩施农家肥 2 000~3 000kg、普通过磷酸钙 50~100kg、硫酸钾 15~20kg 或草木灰 100kg，然后碎垡平畦，同时使肥料和土壤充分混合，然后深翻土壤 25~30cm。整地做畦，一般畦宽 1.0~1.2m、高 15~20cm，有的地区冬春季生产可以做平畦，雨水较多季节做成高畦，以利于排水。

4. 定植 春季露地菜豆定植时间一般在气温稳定在 10℃ 左右时定植为好，秋季露地菜豆定植时间为 7 月中旬至 8 月中旬，若要覆盖地膜需适当提前整地和盖膜时间。定植时根据不同品种合理密植。密度一般为每畦种 2 行，蔓生型株距 20~40cm，行距 50~60cm，每穴 3~4 株；矮生型株距 30~33cm，行距 35~50cm，每穴 3~4 株。定植后浇足定根水。

5. 田间管理

（1）及时补苗和换苗。播种后保持土壤湿润，促进出苗，出苗后注意观察，如有缺苗要及时补苗，如发现幼苗子叶或第一、第二片真叶残缺或受机械损伤，要及时换苗。当幼苗出土有 2~3 片真叶时可松土除草 2~3 次，同时间苗，每穴留壮苗 1~2 株。

（2）肥料管理。菜豆的生长期短，根瘤菌的生长也较差，在开花前应适当追施氮肥和一定量的磷、钾肥，使植株生长健壮，促进根瘤菌的活动。根据植株生长情况追肥 3～4 次，一般在幼苗长出 2 片真叶时追第一次提苗肥，每亩用腐殖酸肥 8～10kg，兑水 100～200 倍浇施；第二次在第 4～5 片复叶展开或定植后 10～15d，施腐殖酸肥 8～10kg，加尿素 2kg、过磷酸钙 2.5kg、硫酸钾 2.5kg，兑水 200～300 倍浇施，然后搭架；第三次追肥在开花结荚初期进行，施肥时在畦中间，开一条宽 15cm、深 8～10cm 的小沟，将肥施入小沟内，覆土整平，每亩施硫酸铵 7.5kg、普通过磷酸钙 5kg、草木灰 100kg，这次追肥能促进植株结荚良好。在开花结荚中期可喷施 0.2% 硼酸、0.3% 磷酸二氢钾、0.3% 硫酸钾、0.4% 尿素或用 0.5% 过磷酸钙作根外追肥 2～3 次，可以增加后期产量。

（3）水分管理。菜豆生育期需水量较大，但其根系广且较深，也较耐旱。不同生育期对水分的要求不同，苗期要求较低（土壤相对湿度 50%～60%），抽蔓期（发棵期）要求稍高（土壤相对湿度 60%～70%），开花坐果期不能太大。一般从第一片真叶展开后要适当浇水，开花初期适当控制浇水，结荚之后开始增加浇水量。豆荚膨大期需水量最大，一般每隔 5～7d 浇 1 次水。南方地区雨水多，应注意做好排水工作。

（4）中耕除草。定植缓苗后及时进行一次中耕，深度 10cm 左右，促进根系生长，搭架前进行一次中耕除草。中耕多在雨后进行，以划破土表、除掉杂草、保持土壤疏松为目的。搭架后一般不进行中耕，只进行拔草工作。每次中耕应结合除草和培土。

（5）搭架引蔓。蔓生型菜豆豆蔓细长，应及时搭架引蔓，一般当苗高 25～30cm 左右时搭架，常用的有人字架、四脚架、篱架等。抽蔓后及时引蔓上架，使茎蔓均匀分布在架上，减少相互间的缠绕。引蔓一般在晴天下午进行较好，雨天或上午茎蔓含水量大，容易折断。生产上一般不摘除侧枝，部分地区在植株基部侧枝 6cm 长时抹去，中部侧枝长到 30～50cm 时可以摘心，中后期注意去掉老叶、黄叶、病叶和细弱侧枝，以改善通风透光性，促进植株健康正常生长发育。

6. 采收　嫩荚从开花到采收的时间与温度有密切联系，低温时 15～20d，高温时 10d 左右。其采收标准一般为豆荚由扁变圆或略圆，颜色由绿色转为淡绿色或白绿色，荚表有光泽，种子稍显或尚未露。采收过早会影响产量，过迟则豆荚肉质疏松，表皮增厚，荚腔中空，品质变劣，还会导致植株养分消耗过多而引起早衰。结荚前期或后期每隔 3～4d 采收 1 次，结荚盛期每隔 2～3d 可采收一次。采收时要注意保护花序和幼荚。

（二）菜豆设施栽培技术

菜豆的设施栽培，包括大棚、温室、地膜覆盖栽培 3 种方式，大棚、温室两种方式在北方较多；南方各地区气候差异较大，较温暖地区主要是地膜覆盖方式，冬季温度较低地区多采用大棚、温室栽培方式。设施栽培主要是应对秋冬季、早春季低温对菜豆生长发育的不良影响。

1. 品种选择　选用耐寒、早熟、抗逆性强、产量高的品种。设施栽培主要选择蔓生型品种，如芸丰、泰国架豆王、双季豆、老来少、绿龙、日本花皮豆、特嫩 1 号、超长四季豆等。

2. 播种育苗

（1）直播。直播多采用干籽播种。春季直播可在 2 月下旬至 3 月上中旬；秋季直播，长江流域一般在 7 月中旬至 8 月初进行，矮生种宜在 8 月中旬播种，蔓生种宜在 8 月上旬播种。菜豆怕明水浇，故先造畦后播种，播后覆土 3cm，或挖穴浇水，水下渗后撒籽、覆土。播种密度一般蔓生品种 60cm×(25～30)cm 一穴，每穴 2～3 粒，用种量 3～4kg；矮生品种 (35～40)cm×(20～25)cm 一穴，每穴 3～4 粒，用种量 6～7kg。每亩用 5％辛硫磷颗粒剂 2kg 拌土 15～20kg 撒在播种塘内进行防虫。

（2）育苗。长江流域一般在 2 月上旬采用小拱棚、冷床或温床播种育苗。营养土的土肥比例为 4:1，每立方米营养土添加 0.5kg 尿素、3kg 普通过磷酸钙、0.5kg 硫酸钾。苗床、营养钵浇水下渗后，每穴或钵播 2～3 粒种子，覆土 3cm。苗龄短，一般 15～25d，故苗期一般不需浇水、追肥。

3. 苗期管理

（1）温度。播后苗前温度控制在 25～28℃；出苗后温度控制在 15～25℃；定植前 1 周逐渐降温炼苗，温度控制在 12～20℃。

（2）光照。苗期尽可能改善光照条件。

（3）水分。幼苗较耐旱，在底水充足的前提下，定植前一般不再浇水（土壤相对湿度在 50％～60％）。

4. 整地定植　每亩施农家肥 2 000～3 000kg、普通过磷酸钙 20～30kg、硫酸钾 15～20kg 或草木灰 100kg，碎垡平塿，同时使肥料和土壤充分混合，然后深翻土壤 25～30cm。整地做畦，一般畦宽 1.0～1.2m、高 15～20cm，蔓生品种行株距为 60cm×(25～28)cm，矮生品种行株距为 (35～40)cm×(20～25)cm。撒播育苗时，宜用 2 片真叶的小苗带土移栽。

5. 田间管理

（1）温光调节。定植后，闭棚升温，温度保持在 25～30℃。缓苗后，温度保持在 20～25℃。越冬期间，温度保持在 25～30℃。3 月后外界温度升高，需通风降温，使温度保持在 15℃～28℃，棚外最低温度达 15℃以上时需昼夜通风。

（2）水肥管理。缓苗后结合浇水每亩追施尿素 5～8kg。开花结荚前，适当控水蹲苗（土壤相对湿度在 50％～60％），如干旱则浇小水。第一花序豆荚开始伸长时，每亩随水追施复合肥 15～20kg。浇水的原则是浇荚不浇花，浇水后注意通风排湿，深冬季节控制浇水。

（三）生产中常见问题及防治对策

菜豆的花荚脱落比例较高，蔓生品种脱落比率一般高达 60％～80％。

1. 主要原因　造成大量落花落荚的原因有很多，主要是由于不良环境条件引起植株生长发育过程中营养供应失调，如早春低温和盛夏高温，尤其是夜间高温，使花粉数目降低或丧失生活力，导致不孕而落花。其次是空气干燥，花粉不易发芽，或水分过多，花粉不能破裂散出，同时降低雌蕊柱头黏液浓度，不利于授粉发芽，而引起落花。此外，光照不足、氮肥过多、磷钾肥不足、种植过密等也会引起落花落荚。

2. 防止措施　防治主要病虫害以防止落花落荚。选用抗逆性强、适应性广、丰产优质的良种。选择适宜的播期，使开花结荚期避开不利气候影响。合理密植，使植株有良好的通风透光条件，生长健壮，才能多花多荚。施足底肥，适时追肥，不偏施氮肥，增施磷、钾肥，不能过干或过湿，都能防止落花落荚。使用植物生长调节剂，可用 5～25mg/kg 的萘乙酸或 2mg/kg 的防落素，也可以用 5～25mg/kg 的赤霉素喷茎尖，能促进开花结荚。

任务二 豇豆生产技术

豇豆又称豆角、长豆角、带豆、裙带豆等，原产于非洲和印度，属于豆科豇豆属的草本植物，我国各省份都有栽培，但以南方栽培较多。

一、生产特性

（一）形态特征

豇豆的植株形态见图 6-3。

图 6-3 豇豆的形态

1. 根 直根系，根系较深且发达，主根深达 50～80cm，根上有根瘤但根瘤稀少，不及其他豆类蔬菜发达。根容易木栓化，再生能力弱，移栽时注意保护根系。

2. 茎 茎蔓细长，有矮生、半蔓生、蔓生 3 种，茎表皮光滑、绿色，横断面呈圆形。矮生型株高 30～50cm，花芽顶生；蔓生型为无限生长型，一般蔓长可达 2.0～3.5m 或更长，逆时针方向旋转缠绕向上生长；半蔓生型茎蔓生长中等，一般高 1～2m。

3. 叶 叶为三出复叶，互生，小叶全缘，叶面光滑，长 7～14cm，有托叶。

4. 花 花为总状花序，腋生，蝶形花，每个花序上着生 2～10 朵小花，淡紫色或黄色，是自花授粉作物。

5. 果实 果实为荚果，呈长圆条形或线形，长 30～70cm，颜色有绿色、浅绿色、紫红色、银白色等。

6. 种子 种子有椭圆形、肾形等，表面光滑、发亮或皱皮，颜色有白色、红色、褐色、黑色等，每荚含种子 16～22 粒，千粒重 300～400g。

（二）生长发育周期

豇豆自播种到豆荚收获结束需 90～120d，生长发育周期通常分为发芽期、幼苗期、抽蔓期和开花结荚期 4 个时期。

1. 发芽期 从种子萌动到第一对真叶展开的时期为发芽期，历时 10～15d。此期主要是胚根和下胚轴伸长，子叶形成，一般 4～5d 后第一对真叶生长。生产要注意温度和湿度的管理，促进种子早萌动早出苗。

2. 幼苗期 从第一对真叶展开到第 4～5 片复叶展开的时期为幼苗期，正常温度条件下一般历时 15～20d，温度较低或较高，会相应延迟或提前。此期以营养生长为主，同时又进行花芽分化，根陆续开始木栓化，根瘤开始形成。生产上要保护真叶的完整，同时注意温湿度及光照的管理，确保壮苗，以促进花芽分化。

3. 抽蔓期 从第 4～5 片复叶展开到现蕾的时期为抽蔓期（矮生种为发棵期），历时 10～15d。此期营养生长旺盛，节间明显伸长，茎叶生长迅速，根瘤大量发生，并开始孕育花蕾。生产上要及时搭架，并注意肥水管理，既促又控，保证植株健壮生长，为开花结荚做好准备。

4. 开花结荚期 从开始开花到结荚结束的时期为开花结荚期，是产量形成的关键时期，历时 40～70d。此期开花、结荚和茎蔓生长同步进行，生长量较大。生产上要保证充足的光照、适宜的温度、充足的养分和水分供应，协调好营养生长与生殖生长，才能使产品优质，并获得高产。

（三）对环境条件的要求

1. 温度 喜温耐热，不耐寒冷，对低温反应敏感，适宜的生长温度为 20～35℃，低于 15℃或高于 40℃时生长开始受影响。种子发芽适宜温度为 25～28℃；幼苗生长适宜温度为 25～30℃；开花结荚期适宜温度为 25～35℃，低于 15℃或高于 40℃，落花落荚会加重。

2. 光照 属短日照作物，但也有不少品种对日照长短要求不严。日照短可以降低着花节位，提早开花，提高产量，强光照有利于开花结荚。

3. 水分 耐旱不耐涝。发芽期间土壤含水量以保持田间持水量的 60%～70% 为宜；幼苗期较耐旱，土壤相对持水量不低于 45% 即可；开花结荚期需水量最大（土壤持水量不能超过 80%），但水分过多或过少都会引起落花落荚。

4. 土壤 对土壤条件要求不是很严格，从沙壤土到黏土都能生长，但以有机质含量高、富含腐殖质、土层深厚、疏松肥沃、通透性好、排水良好、pH 6.2～7.0 的壤土或沙壤土最适宜种植，低洼积水地不宜种植，也不宜连作。

5. 养分 对氮、磷、钾的需肥量较大，要注意氮、磷、钾肥的施用量，不可缺少。进入开花结荚期以后，对氮肥的需求量猛增，要及时补充。

二、类型与品种

（一）类型

1. 根据食用部位不同分类 分为菜用豇豆和粮用豇豆两类。

（1）菜用豇豆。嫩荚肉质肥厚，脆嫩。

（2）粮用豇豆。豆荚皮薄，纤维多而硬，不堪食用，种子作粮食。

2. 根据荚果的长短不同分类 分为长豇豆、普通豇豆和短豇豆。

3. 根据生长习性不同分类 分为蔓生型和矮生型两类。

（1）蔓生型。主侧蔓均为无限生长，主蔓高达 3～5m，具左旋性，生产时需设支架。叶腋间可抽生侧枝和花序，陆续开花结荚，生长期长，产量高。常见品种如红嘴燕、之豇 28 - 2、扬豇 40、之豇 14、之豇特长 30、长豇 3 号等。南方主要以生产蔓生豇豆为主。

（2）矮生型。主茎 4～8 节后以花芽封顶，茎直立，植株矮小，株高 40～50cm，分枝较多。生长期短，成熟早，收获期短而集中，产量较低。常见品种如美国无架豇豆、南京盘香豇、厦门矮豇豆、武汉五月鲜、安徽月月红等。

（二）品种

1. 中豇 1 号 矮生直立，株型较紧凑，结荚集中，一般株高 50cm 以下，属极矮生型。春、夏、秋播均表现极早熟，生育期 70～85d，荚长 18～23cm。

2. 盛豇 3 号 中早熟，蔓生品种，植株叶片较大，分枝力强，采收期长。豆角顺直长，整齐一致，嫩荚浅绿微白色，不鼓粒，无鼠尾，耐老化，荚长 80～100cm。

3. 挂面红 早中熟品种，植株蔓生，分枝性中等，生长势强，结荚集中，产量高，叶深绿，豆荚紫红色，荚长可达 50～55cm，肉厚不易走籽。

4. 航豇 2 号 是将天水长豇豆种子搭载神舟三号飞船，经太空诱变选育而成。蔓生型，长势强，株高 3.2m。叶色绿，心脏形，茸毛中等。花紫红色，主、侧蔓同时结荚，单株结荚数 14～26 条，荚长 91.1cm，粗 1.1cm，单荚重 25～32g，嫩荚深绿色。种子肾形，种皮黑色，近光滑。播种后 55d 开花，65d 始收，全生育期 158d。

三、栽培季节与茬口安排

1. 露地栽培 豇豆喜温耐热，不耐低温霜冻，露地栽培适宜的月平均气温为 25～35℃。南方地区适宜露地栽培季节有春、夏、秋三季，生产上通常以春、秋两季露地栽培为主，华南可以秋播。

（1）春豇豆栽培。春季是豇豆的主要栽培季节。长江流域播种早的春季在保护地育苗，播种晚的在终霜后直播，夏季陆续收获。华南春、夏播种，供应期达半年以上。

（2）秋豇豆栽培。长江流域多在夏季 6 月播种，8—9 月收获。

2. 保护地栽培 保护地主要为春提早栽培，利用地膜覆盖，即可早播、早收。保护地栽培如小拱棚、大棚、日光温室等，在 2 月播种，3 月定植，4 月中下旬开始收获。保护地栽培主要是以春提早豇豆、秋延后豇豆、越冬豇豆栽培为主。

四、生产技术

（一）豇豆露地栽培技术

1. 季节选择 南方地区可在春、夏、秋三季露地栽培，但以春、秋两季栽培较多。春季 2—3 月播种，夏季 4—5 月播种，秋季 6—8 月播种，根据栽培地区具体气候条件选择适期进行播种。

2. 品种选择 选择抗病、优质、高产、商品性好、符合当地市场消费习惯、对日照要求不严格的品种。春季生产宜选用耐寒、耐热品种，夏季生产宜选用耐热品种，秋季生产宜选用耐寒、耐热的品种。

3. 播种育苗 豇豆一般以直播为主，但为了提早上市，生产上也常用育苗移栽。豇豆壮苗的标准一般为苗直立，子叶健全，苗龄 20～25d，第二片复叶已充分展开，第三片复叶初现，根系发达，叶色深绿，茎粗壮，节间短，无病虫害，无损伤，生长均匀。播种前可先用 55℃温水浸种 10min 左右进行消毒也可以采用 40% 甲醛水剂 100 倍液浸泡 20min 进行消毒，以减少病害的发生，待水温自然下降到 25～30℃时继续浸种 4～6h，用清水冲洗后催芽，催芽适宜温度为 25～28℃。苗期控温控水是壮苗的关键，同时应注意加强温度管理。

4. 整地施基肥 定植前1周左右，深翻土壤25～30cm，经两犁两耙后即可整地起畦，一般畦宽1.3～1.5m、高15～30cm，然后每亩大田撒施或塘施腐熟有机肥3 000～5 000kg、过磷酸钙50kg、硫酸钾10kg或草木灰100kg。

5. 定植 地温稳定在15℃，气温稳定在12℃以上时及时定植。定植密度一般为每畦种2行，株距25～33cm，行距60～70cm，每穴栽植2～3株。定植后浇足定根水。若要覆盖地膜需适当提前整地和覆膜的时间。

6. 田间管理

（1）肥料管理。豇豆在整个生育期对氮、磷、钾三大元素的需求量比较大，在施足基肥的基础上，应及时进行追肥。豇豆开花结荚之前对肥要求不是很高，开花结荚后要求逐渐提高，豆荚盛收期要求量最大，所以追肥一般按照花前少施、花后多施、结荚盛期重施的原则进行。追肥一般在定植缓苗后开始，定植缓苗后抽蔓前，施200倍腐殖酸肥，每次每亩施1 000～2 000kg，以促进根系和茎叶生长；开始抽蔓时即施抽蔓肥1～2次，施200倍腐殖酸肥，每次每亩施1 000～2 000kg，加施尿素8～10kg促进侧枝萌发，提早结荚。开花结荚期要求有充足的肥水，第一花序结荚后开始重追肥，每亩施氮磷钾复合肥（17-17-17）水溶液10～20kg，加200倍腐殖酸肥1 000～2 000kg，以后视植株生长情况每隔7～10d追肥1次。结荚中后期，每亩施氮磷钾复合肥（17-17-17）水溶肥液10～20kg，加200倍腐殖酸肥1 000～2 000kg，减少落花落荚，以防早衰，延长结荚期。为了及时补充养分，提高产量，可施2～3次叶面肥，一般施0.1%硼酸和0.3%磷酸二氢钾。

（2）水分管理。豇豆生育期需水量较大，但其根系较深，也较耐旱，不同生育期对水分的要求也不同。苗期要求较低，抽蔓期要求稍高，开花坐果期水分不能太大，豆荚膨大期需水量最大，一般定植后需及时浇水，3～5d后缓苗时浇一次缓苗水。第一花序开花坐荚时浇一次水，当主蔓上的2/3花序开花时浇一次水，以后地面稍干即浇水，保持土壤湿润状态（即土壤相对湿度为60%～70%）。豇豆不耐涝，南方地区雨水多，应注意做好排水工作，以防积水烂根或造成落花落荚。

（3）中耕除草。齐苗或定植缓苗后开始进行中耕，深度10cm左右，以促进根系生长。搭架前再次进行中耕除草，盛采期结束前4～5d施肥浇水后中耕一次，中耕多在雨后进行，以划破土表、除掉杂草为目的。搭架后一般不进行中耕，只进行拔草工作，每次中耕应结合除草和培土。

（4）搭架、引蔓、整枝。蔓生豇豆蔓细长，生长快，应及时搭架引蔓。一般当苗高25～30cm时搭架，常用的架式有人字架、四脚架、篱架等。一般采用人字架，抽蔓后及时引蔓上架。初期引蔓需绑蔓一次，以后随时引蔓，使茎蔓均匀分布在架上，减少相互缠绕。引蔓一般在晴天下午进行较好，雨天或上午茎蔓含水量大，容易折断。

及时抹芽和打杈，及时抹掉第一花序以下的所有侧蔓，促进主蔓早开花。及时摘除各节上的叶芽，促进花芽生长发育。下部发生较早的侧枝，保留10节左右；中部发生的侧枝，留5～7节；上部发生的侧枝，留2～3节。当主蔓长有20～25片叶、蔓爬到架顶时摘心，促进各花序上的花芽充分发育生长，以利于提高产量。生长盛期及时去掉老叶、黄叶、病叶和细弱侧枝，以改善通风透光性，促进植株健康生长发育，提高结荚率。

7. 采收 嫩荚一般在开花后10～13d采收品质较好。荚条粗细均匀，荚面豆粒处微微鼓起，种子已经开始生长时为商品嫩荚收获的最佳时期。采收过早会影响产量，过迟则豆荚肉质疏松、角皮增厚、荚腔中空、品质变劣，还会导致植株养分消耗过多引起早衰。采收时间以早晨较好，结荚前期或后期每隔 3～4d 采收 1 次，结荚盛期每隔 2～3d 采收 1 次。采收时不要损伤其余花蕾，不能连花序、花柄一起摘下，要保护好花序，使之以后继续结荚。

（二）豇豆设施栽培技术要点

1. 品种选择 一般选用蔓生品种，春季尽量选择适应性强、抗病、丰产、商品性好的品种，如宁豇 3 号、之豇 28 - 2 等都可作为春季生产的品种。秋季可选择早熟、丰产、稳产，尤其是前期产量高、上市集中、抗寒性强的品种。

2. 茬口安排 秋冬茬栽培时，一般从 8 月中旬至 9 月上旬播种育苗或直播，从 10 月下旬开始上市；冬春茬生产一般是 12 月中下旬至翌年 1 月中旬播种育苗，1 月上中旬至 2 月上中旬定植，3 月上旬前后开始采收，一直采收到 6 月。

3. 种子准备 干籽直播的，按每亩用 1.5～3.5kg 备种；育苗移栽的，每亩备种 1.5～2.5kg。为提高种子的发芽势和发芽率，保证发芽整齐、快速，应进行选种和晒种，要剔除饱满度差、虫蛀、破损和霉变种子，选晴天在土地上晒 1～2d。

4. 播种育苗 提前播种培育壮苗，是实现豇豆早熟高产的重要措施。豇豆育苗可以保证苗全和苗旺，抑制营养生长，促进生殖生长，一般比直播增产 20%～30%。

（1）适宜的苗龄。豇豆的根系木栓化比较早，再生能力较弱，苗龄不宜大长。适龄壮苗的标准是：日历苗龄 20～25d，苗高 20cm 左右，开展度 25cm 左右，茎粗 3mm 以下，真叶 3～4 片，根系发达，无病虫害。

（2）护根措施。培育适龄壮苗时，应采用营养钵、纸筒、塑料筒或营养土方进行护根育苗，营养面积 10cm×10cm，并按技术要求配制营养土和进行床土消毒。

（3）播种。直播时按照株距 25～33cm、行距 60～70cm，每穴栽植 2～3 粒种子。育苗播种前先浇水造足底墒，播种时 1 个营养钵点种 2～3 粒，覆土厚度约 3cm。

播后保持白天温度 30℃左右，夜间 20℃左右，以促进幼苗出土。正常温度下播后 7d 发芽，10d 左右出齐苗，此时豇豆的下胚轴对温度特别敏感，温度高必然引起植株徒长，因此要把温度降下来，保持白天 20～25℃，夜间 14～16℃。定植前 7d 左右开始低温炼苗。豇豆日历苗龄短，子叶中又贮藏着大量营养，苗期一般不追肥，但须加强水分管理，防止苗床过干过湿，土壤相对湿度为 70% 左右。重点注意防治低温高湿引起的锈根病以及蚜虫和根蛆。

5. 整地施肥 栽苗前一周深翻土壤 25～30cm，然后按生产的行距起垄或做畦，每亩大田撒施或塘施腐熟有机肥 3 000～5 000kg、过磷酸钙 50kg、硫酸钾 10kg 或草木灰 100kg。

6. 定植

（1）定植（播种）适期。豇豆定植（播种）的适宜温度指标是 10cm 地温稳定在 15℃以上，气温稳定在 20℃以上。温度低时可以加盖地膜或小拱棚。

（2）定植方法。冬春茬的定植宜在晴天 10—15 时进行。一般在栽植垄上按照株距 25～33cm、行距 60～70cm 打穴，每穴放 1 个苗坨（2～3 株苗），然后浇水，水渗下后覆土封严。

7. 田间管理

（1）肥水管理。定植时依茬口不同，进行肥水管理。在定植浇好稳苗水的基础上，秋冬茬缓苗期连浇 2 次水，冬春茬再分穴浇 2 次水，缓苗后沟浇 1 次大水，此后全面转入中耕锄划、蹲苗、保墒，严格控制浇水。现蕾时可浇 1 次小水，继续中耕锄划，初花期不浇水。待蔓长 1m 左右、叶片变厚、根系下扎、节间短、花序坐住荚、几节花序相继出现时，要开始浇 1 次透水，同时每亩水冲追施硝酸铵 20～30kg、过磷酸钙 30～50kg。开始施肥浇水后，豇豆的茎叶生长极快，待叶片的颜色变深、下部的果荚伸长、中上部的花序出现时，再浇水。以后掌握浇荚不浇花、见湿见干的原则，大量开花后开始每隔 10～12d 浇 1 次水。在发生 "伏歇" 时，要特别注意加强肥水管理，促进侧枝萌发、花序再生、植株复原。若后期出现 "脱肥" 现象，可叶面喷施 0.2%～0.3%尿素或磷酸二氢钾。

（2）植株调整。植株高 30～35cm、有 5～6 片叶时，就要及时搭架（可插成单篱壁架或人字架），引蔓上架生长（图 6 - 4）。引蔓时切不要折断茎部，否则下部侧蔓丛生，上部枝蔓少，导致通风不良，落花落荚，影响产量。

图 6 - 4　豇豆支架

（3）温度管理。定植后的 3～5d，闷棚升温，促进缓苗。缓苗后，室内的气温白天保持 25～30℃，夜间保持 15～20℃。秋冬茬栽培的，进入冬季后，要采取有效措施加强保温，尽量延长采收期；冬春茬栽培的，当春季外界温度稳定通过 20℃时，再撤除棚膜，转入露地栽培。

（三）生产中常见问题及防止对策

1. 落花落荚

（1）主要原因。除了自身内部生理因素外，还有很多的外部因素影响，如低温、多雨、干旱、日照少、密度过大、营养不良、授粉不良、氮肥过多、管理不当、病虫危害等都会引起落花落荚。

（2）防止措施。生产上可通过选择合适的品种、调整播种期、适当密植、合理施肥、加强管理、及时采收和喷施植物生长调节剂等措施来减少落花落荚率。

2. 伏歇　第一次结荚高峰过后，恰遇炎夏，植株生长衰弱，叶片脱落，锈根，侧枝长势差，不再出现第二次结荚高峰。

（1）主要原因。播期过晚，消耗过大，营养不足，雨涝伤根，植株调整不当。

（2）防止措施。通过适期播种，施足底肥，整枝摘心解决。

3. 贼豆子　贼豆子就是硬豆子、铁石豆，发芽不良。

（1）主要原因。由暴晒过度或贮藏场所过分干燥引起的。

（2）防止措施。采种时种荚阴干，播种时浸种。

155

4. 早期落叶 采收盛期大量落叶，植株下部光杆，新枝不抽。

（1）主要原因。由定植过早、新根不生、营养不良、干旱、雨涝等引起。

（2）防止措施。选用良种，严格选地，排涝防旱，加强追肥，叶面追肥等。

项目小结

本项目主要介绍菜豆、豇豆等豆类蔬菜的生产技术，其栽培方式以春季露地直播栽培为主，每穴3～4粒，播种量大。设施栽培主要是以塑料大棚春茬及温室秋冬茬和冬春茬。

豆类蔬菜都喜温、喜光照、不耐涝，整地采用高畦，以利于排水；具有独特的根瘤菌系统，田间栽培管理不能偏施氮肥，否则会促进营养生长，不利于开花结荚。菜豆与豇豆主要以蔓生型为主，具有多次采收的特点，追施肥料应该是多次追施，每采收1次追施1次，不断补充氮、磷、钾肥。

实训指导

技能实训　菜豆直播技术

一、目的要求

学习菜豆直播技术。

二、材料用具

菜豆种子、薄膜、肥料、多菌灵、甲基硫菌灵、塑料盆、锄耙等。

三、相关知识

菜豆喜温暖怕霜冻，不耐低温，又怕高温多雨，露地栽培适宜的月平均气温为25℃，以20℃左右最为适宜。南方地区适宜露地栽培的季节有春、秋两季，生产上通常以春季露地栽培为主。春季露地播种，多在10cm地温稳定在10℃以上时进行。各地区气候差异不同，播种期、播种方式也有所不同。一般南方地区在3月上、中旬播种；华东地区在4月上旬播种；云南暖热地区1—3月播种，冷凉地区4—6月播种。南方秋季生产以8月上旬至9月上旬播种为宜。

四、方法步骤

（一）整地施基肥

进行深翻晒垡，清理残株，改善土壤耕层的理化性质，有利于根系发育和根瘤菌活动。碎垡前每亩施农家肥2 000～3 000kg、普通过磷酸钙50～100kg、硫酸钾15～20kg或草木灰100kg，然后碎垡平畦，同时使肥料和土壤充分混合，深翻土壤25～30cm。整地做高畦，一般畦宽1.0～1.2m、高15～20cm。

(二) 种子处理

将种子在阳光下晒 1～2d。为防止土壤病害，可进行种子消毒。将种子用清水湿润后，用 0.3% 种子质量的 50% 多菌灵可湿性粉剂或 70% 甲基硫菌灵可湿性粉剂拌种，种皮见干后播种。

(三) 直播方法

播前 2～3d 浇水润畦，待土壤稍干不黏时进行浅翻松土，耧平畦面待播。播种多采用开沟点播方法。菜豆行距 50～65cm，先按行距开 5～8cm 深的沟，再保持株距 40～45cm 按穴点播，每穴 2 粒，浇足水分，覆膜。

(四) 及时补苗和换苗

播种后保持土壤湿润，促进出苗，出苗后注意观察，如有缺苗要及时补苗，如发现幼苗子叶或第一、第二片真叶残缺或受机械损伤，要及时换苗。当幼苗出土有 2～3 片真叶时可松土除草 2～3 次，同时间苗，每穴留壮苗 1～2 株。

五、作 业

提交一份试验报告，内容包括菜豆种子处理步骤与注意事项，并记录种子直播技术的生长发育过程。

复习思考题 ◆

1. 豆类蔬菜高产优质生产的肥水管理技术要点有哪些？
2. 豆类蔬菜落花落荚的原因及防止措施有哪些？
3. 如何对豆类蔬菜植株进行调整？
4. 菜豆、豇豆在生产管理中有哪些异同点？

项目七

XIANGMU 7

白菜类蔬菜生产技术

项目导读 ◇

　　本项目主要介绍大白菜、花椰菜的生产特性、品种类型、栽培季节与茬口安排以及生产技术。

学习目标 ◇

　　知识目标：了解白菜类蔬菜生产特性，掌握白菜类蔬菜的生长发育规律，理解花椰菜的花球形成原因，理解大白菜的种及变种进化。

　　技能目标：学会白菜类蔬菜育苗及直播技术，能进行白菜类蔬菜栽培管理，能进行花椰菜的花球栽培及保护。

　　白菜类蔬菜属十字花科芸薹属植物，包括芸薹、甘蓝、芥菜3个种。芸薹种分为大白菜亚种和普通白菜（小白菜）亚种；甘蓝种有结球甘蓝、球茎甘蓝、花椰菜、抱子甘蓝、羽衣甘蓝和芥蓝等变种；芥菜种有叶用芥菜、茎用芥菜、根用芥菜和籽用芥菜等变种。

　　白菜类蔬菜原产于温带，它们的共同特点有：

　　（1）均喜温和的气候条件。它们大都有较强的耐寒性，而耐热性很弱。最适于在月均温15～18℃的季节里栽培，在月均温超过21℃时生长不良。

　　（2）都是在低温下通过春化阶段，在长日照下通过光照阶段。因感应春化作用的条件和时期不同分为绿体春化型和种子春化型，掌握这一特性对防止未熟抽薹，获得优质丰产极为重要。

　　（3）根系入土浅，利用深层土壤水肥的能力差。叶面积大，蒸腾量大，生长量也大，因而对土、肥、水等条件的要求较高，适宜的土壤相对湿度为70%～80%。

　　（4）在生产中可行直播，也适于育苗移栽。它们都是异花授粉植物，天然杂交率较高，留种田需注意防杂保纯。

　　（5）有共同的病虫害，生产上应重视综合防治，注意轮作倒茬。

学习任务 ◇

任务一　大白菜生产技术

大白菜又称为结球白菜、黄芽菜，原产于我国，现已成为我国大部分地区的主要蔬菜之一。山东、河北、河南是全国大白菜三大主产区。

一、生产特性

（一）形态特征

1. 根　直根系，主根粗大，侧根发达，主根上着生2列侧根，直播大白菜主根向土下深处延伸，长达100cm以上，但主要根系多分布在10～30cm的土层中。根系的再生能力较弱，直播大白菜的根系发达，病虫害感染率低，与移栽相比产量会有所提高，但移栽大白菜的根量大、侧根多。

2. 茎　在营养生长期，茎为变态短缩茎，粗4～7cm，呈球形或短圆锥形，所有球叶和外叶均生长在短缩茎上，形成一个硕大的叶球。到了生殖生长期，短缩茎顶端抽生高60～100cm的花茎，有明显的节和节间。茎节上着生茎生叶，花茎分枝1～3次，基部分枝较长，上部较短。

3. 叶　异形变态叶，既是同化器官，又是食用器官。在不同生长阶段，先后长出下列各类叶：

（1）子叶。子叶肾形至倒心脏形，有叶柄，平滑，对生。

（2）基生叶。基生叶是继子叶出土后出现的第一对真叶，又称初生叶，与子叶垂直对生而排列成"十"字形。叶片长椭圆形，具羽状网状脉，多数叶缘有锯齿，有明显叶柄，无托叶，有毛或无毛。

（3）中生叶。中生叶自第三片真叶开始轮生，一般早熟品种为2/5叶序，晚熟品种为3/8叶序。中生叶包含幼苗叶和莲座叶，第一叶环的叶较小，构成幼苗叶，第2～3叶环的较大，构成发达的莲座叶，为主要同化器官。莲座叶叶片肥大，皱褶不平，深绿色，呈倒披针形至阔倒卵圆形，无明显叶柄，有明显叶翼，叶面皱褶或平滑，叶色有浓有淡，叶缘波状，叶翼边缘锯齿状，叶片有毛或无毛。

（4）球叶。球叶是结球大白菜的特征叶片，由着生于短缩茎顶端的叶原基长成的叶片向心抱合形成的一个大顶芽，即大白菜硕大的叶球，是植物抵御不良环境条件保护生长点的一种适应性，是营养物质贮藏器官，也是主要食用部分。叶片硕大柔嫩，外层的叶片能见到部分阳光，呈绿色，内部叶片呈白色或淡黄色。球叶的抱合方式有褶抱、叠抱、拧抱3种。

（5）顶生叶。顶生叶又称为茎生叶、花薹叶，是着生于花茎和花枝上的绿色同化叶。花茎基部的叶片较宽大，而上部的叶片较小，先端尖，基部阔，呈三角形，无叶柄，基部抱茎而生（图7-1）。

4. 花　总状花序，花瓣4枚呈"十"字形，黄色，完全花。雄蕊6枚（4长2短），雌蕊1枚，异花授粉，虫媒花。蕾期自花授粉可结实。子房上位。

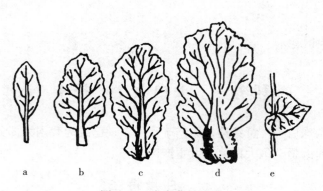

图 7-1　大白菜的叶型
a. 基生叶　b. 幼苗叶　c. 莲座叶　d. 球叶　e. 花薹叶

5. 果实　长角果，成熟后纵裂为二，种子易脱落。

6. 种子　种子近圆球形，黄褐色或棕色，千粒重 2.5～4.0g，种子寿命 5～6 年，但贮藏 2 年以上的种子发芽势弱，生产上多用当年的种子。

（二）生长发育周期

南方大白菜均作为二年生蔬菜生产，当年形成叶球，翌年抽薹开花。一个生长周期包括营养生长阶段和生殖生长阶段，经历发芽期、幼苗期、莲座期、结球期、抽薹期、开花期、结荚和种子成熟期 7 个时期，各期所需时间的长短因品种、气候条件和生产条件的不同而异。

1. 营养生长阶段

（1）发芽期。从种子萌动到真叶显露为发芽期，适宜温度下需 3～4d。此期幼根发生大量根毛，并开始吸收水分和营养。

（2）幼苗期。发芽后基生叶生长到与子叶相同大小，并和子叶垂直排列呈"十"字形，这一现象称为"拉十字"；接着第一叶环的叶片（叶数依据品种 2/5 或 3/8 叶序分别为 5 叶或 8 叶）按一定的开展角，规则地排列呈圆盘状，俗称"团棵"或"开小盘"。从"破心"到"团棵"，早熟品种需 12～13d，中晚熟品种需 17～18d。此期形成大量根系，并发生较多次级侧根。

（3）莲座期。从"团棵"到第 2～3 个叶环形成，早熟品种需 20～21d，中晚熟品种需 27～28d，当莲座叶全部长大时，在植株中心的球叶按不同方式抱合，出现"卷心"现象，这是莲座期结束的临界特征。莲座期叶迅速扩大，同化功能旺盛，根系也迅速扩展，大量吸收水肥，为下一阶段良好的生长结球打下基础。管理关键在于既要促莲座叶充分生长，又要防止旺长影响球叶分化。

（4）结球期。从心叶开始抱合到叶球形成为结球期，早熟品种需 25～30d，中晚熟品种需 35～50d。在结球前期外层球叶迅速生长，构成叶球轮廓约需 15d；结球中期内层球叶迅速生长、充实叶球，俗称"灌心"，历时 15～20d，此期生长锥开始分化花芽而停止分化叶片，故叶片数目不再增加；结球后期已分化的球叶继续长大，内叶充实，增加叶球坚实度，外叶逐渐衰老、发黄、脱落，根系开始衰老，吸收功能明显减弱，球叶生长缓慢而达到成熟，此期需 10～15d。

2. 生殖生长阶段　从花芽分化到现蕾、开花、结果、种子成熟的整个过程为生殖生长阶段。大白菜通过低温春化、长日照光周期就抽生花薹，并开花结实，完成大白菜从种子到种子的一生。这个时期的管理关键主要是保证充足的肥水，使大白菜的种子饱满。从开始抽薹到初花需 10～15d；从初花到全株谢花需 15～20d；谢花后，果荚生长，种子发育、充实，成熟时果荚枯黄，此期需 20～30d。

（三）对环境条件的要求

1. 温度 大白菜喜温和冷凉的气候，是半耐寒性植物。营养生长阶段适宜的温度范围为 5～28℃，种子在 5℃以上可以发芽，发芽期和幼苗期的适宜温度为 20～25℃，莲座期为 18～22℃，结球期为 12～16℃。结球期要求有较大的昼夜温差，以利光合产物的积累，提高产量。

2. 光照 大白菜喜中等光照，是长日照蔬菜。一般在 12～13h 日照和 18～20℃的较高温度下就能抽薹开花。营养生长阶段要求阳光充足。

3. 水分 大白菜叶面积大，角质层薄，因而蒸腾量大，加之根系浅，不能利用土壤深层水分，所以形成消耗水多、吸收力不强的特性。其对土壤湿度要求较高，在营养生长期，适宜的土壤相对湿度为 80%左右，小于 70%时对产量和品质均产生不利影响，若高于 95%则病害严重。适宜的空气相对湿度为 65%～80%。

4. 土壤 大白菜对土壤适应性强，但以保肥保水力强的壤土为宜，黏土、沙土均不利生长。适宜的土壤 pH 为 6.5～7.0。

5. 养分 大白菜较耐肥，整个生长期以氮为主，进入结球期钾占主要地位。生产上应注意氮、磷、钾肥配合施用。一般发芽期至莲座期吸收氮最多，钾次之，磷最少；结球期吸收钾最多，氮次之，磷仍最少。

二、类型与品种

（一）类型

大白菜在进化过程中，形成 4 个变种。

1. 散叶变种 顶芽不发达，以中生叶为产品，耐寒和耐热性强，适于春、夏作为绿叶菜栽培。如奶油小白菜、济南小白菜等。

2. 半结球变种 顶芽较发达，顶生叶抱合成叶球，但包心不实，球顶开放，呈半结球状态。耐寒性强，适于在高寒地区栽培。如辽宁兴城大矬菜、山西阳城大毛边等。

3. 花心变种 顶芽发达，顶生叶褶抱成球，但其先端向外翻卷，白色、淡黄色或黄色，球顶呈花心状，植株矮小。较耐热，多用于早秋或春季栽培。比如北京翻心白、翻心黄，济南小白心和小杂 55 等。

4. 结球变种 顶芽发达，顶生叶全部抱合形成坚实叶球，叶球顶端半闭合或完全闭合，是大白菜的高级变种。生长期较长，适于秋季栽培。叶球充实，品质好，耐贮藏，供应久，栽培最为普遍。

结球变种为最高级的变种，也是目前生产上的主要栽培类型。按照叶球形状及对气候的适应性，又分为 3 个基本生态型（图 7-2）。

（1）卵圆生态型。原产山东半岛的海洋性气候生态型。叶球卵圆形，球叶褶抱或合抱，球形指数（叶球高度与横径之比）约为 1.5，球顶锐尖或钝圆。一般叶片较薄，毛较多，叶色绿或淡绿，生长期 100～110d。要求温和湿润、变化不剧烈的环境。代表品种有福山包头、鲁白 1 号、胶州白菜、青杂 3 号等。

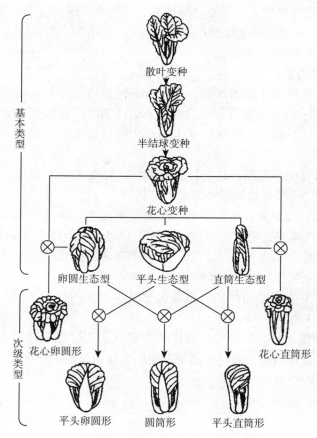

散叶变种

半结球变种

花心变种

卵圆生态型　　平头生态型　　直筒生态型

基本类型

花心卵圆形　　　　　　　　　　　　　　　花心直筒形

次级类型

平头卵圆形　　　圆筒形　　　平头直筒形

图 7-2　大白菜分类和进化过程示意

　　（2）平头生态型。原产河南中部的大陆性气候生态型。叶球呈倒圆锥形，顶平下尖，球叶叠抱，球形指数近于1，叶数较少。叶片厚度中等，毛较少，叶色绿或淡绿，生长期100～120d，主要分布在河南中部以及山东西部和河北南部等地区。适应于气候温和、昼夜温差较大、阳光充足的大陆性气候环境，对气温变化剧烈和空气干燥有一定的适应性。代表品种有洛阳包头、郑州包头、太原包头、山东4号等。

　　（3）直筒生态型。原产河北东部地区的海洋性和大陆性交叉气候生态型。叶球长圆筒形，球叶拧抱，球形指数大于3。球顶尖，近于闭合，叶片较厚，无毛，叶色深绿，生长期80～100d。生产中心地区为天津市和河北东部近渤海湾地区，对气候的适应性强，在海洋性和大陆性气候地区均生长良好。代表品种有天津青麻叶、玉田包尖等。

　　大白菜的4个变种和3个生态型是大白菜的基本类型，它们相互杂交还产生了一些有生产价值的中间类型。

　　（二）品种

　　1. 小杂 56　早熟高产，外叶黄绿色，心叶乳黄色，外舒内抱，净菜率高，生长期55～60d，单球重2～3kg，春秋两季均可播种。

　　2. 新烟杂 3 号　生育期80～85d，叶面较皱，叶脉较细，叶柄薄，外叶浅绿色，心叶淡黄色，球叶叠抱合抱中间型。单球重5～6kg，每亩用种量150g，亩产12t。

3. 春秋 54 炮弹型，生长速度快，约 54d 可收获。耐低温，可密植，每亩可种 1 800～2 200 株，抗病性强，是易栽培的晚抽薹品种。育苗温度保持 10℃ 以上，防止出现抽薹现象。保持土壤的适当温度，防止出现缺钙现象。

4. 四季王 为一代杂交种，炮弹型，叶色深绿，结球紧实，美观。生长速度快，定植后 52～56d 可收获，单球重 4～6kg，抽薹晚，每亩种植 1 800～2 200 株。

三、栽培季节与茬口安排

（一）栽培季节

秋播是全国各地大白菜的主要栽培季节，南方地区的主要栽培季节是温和冷凉的秋冬季节，也可利用冬性强、耐抽薹的品种进行春季栽培。近年来，各地根据市场需要，利用早熟耐热品种和小气候条件，越夏栽培面积逐年扩大，冬季无霜或少霜的冬暖地区可越冬栽培。

（二）茬口安排

1. 秋冬大白菜 8—11 月播种，10 月至翌年 3 月为收获期。根据市场需要，可选用不同熟性品种，排开播种，以提前或延后上市。早播因温度高，常导致病虫害发生严重，应注意做好防治。

2. 越冬大白菜 云南、贵州、四川和福建、广东、广西南部及海南等西南和华南冬季温暖地区，在 10—11 月播种或育苗，翌年 3—4 月采收上市。在高原或有霜冻地方，可采用地膜覆盖等保护设施栽培，以防冻害。

3. 春季大白菜 通常在 2 月中旬（华南）或 3 月初（长江流域）在塑料小拱棚中播种育苗，3 月中、下旬移栽，5—6 月采收供应。宜选用强冬性早熟耐抽薹品种。

4. 夏季大白菜 随着大白菜耐热品种改良的成功和夏季设施栽培技术的进步以及适合夏季栽培品种的引进，各地夏季大白菜栽培面积不断增加。5—8 月可随时播种，更可利用高山冷凉地栽培，7—9 月采收供应，对增加夏秋淡季蔬菜供应起着重要作用。

四、生产技术

（一）秋冬大白菜栽培技术

1. 选用良种 根据当地气候特点和消费习惯选用适宜的优良品种，并注意早、中、晚熟品种互相搭配。

2. 整地施肥 耕深 20～25cm，翻耕时施入基肥。为满足大白菜生长期长、生长量大的特点，应施入大量的有机肥料作基肥。依前茬作物种类和土壤肥力状况，一般按每亩产净菜 5 000kg 计，施充分腐熟的优质农家肥 3 000～5 000kg，并加施过磷酸钙 40～50kg、硫酸钾 15～20kg。基肥的 2/3 可结合耕地撒施后耕翻，其余 1/3 在做畦时结合沟施或穴施。

南方秋季雨水较多，一般采用深沟高畦，畦宽 120～140cm，畦沟深 20～25cm。

3. 播种育苗 大白菜栽培有直播与育苗移栽两种方式。直播根系发达，抗旱、适应性强，抗病力较强，秋冬大白菜行高畦直播是防病重要措施之一。在前作收获晚，不能适时播种，或阴雨连绵或持续干旱高温直播难以进行时，可于春季、夏季利用保护地栽培，多进行育苗移栽。育苗可调节播种期矛盾，延长前作物的收获期，而且便于精细管理，配合穴盘或营养钵育苗，带土移栽，也能获得优质高产。

（1）播种时期。一般在立秋后（8 月中下旬）播种。各地应根据气候特点和使用品种、土壤、肥力、病虫害危害程度的不同，适当提前或延后播种。长江流域冬季气温较低，以处暑前后（8月下旬）播种为宜，选用早熟耐热品种越夏栽培可提早在7月播种；华南地区（广东、广西和台湾等）秋播在9—10月均可。

（2）直播。直播有条播和点播两种方法。条播在畦面按一定行距开0.6～1.0cm深的浅沟，将种子均匀播于沟内，盖土平沟，每亩用种量150～200g；点播（穴播）是按预定行株距开浅穴深约0.5cm，每穴播种子3～5粒，盖土不见种子即可，并稍镇压，使种土密接，每亩播种量100g左右。直播田块应底墒充足，否则要点水播种或播后浇水，18～22℃适温下两天齐苗。为防早秋干旱烈日，也可浮面覆盖遮阳网至子叶出土时揭除。分次间苗，一般可在子叶期、"拉十字"期、3～4片真叶期分别进行间苗。间苗时选留壮苗，间除弱苗、劣苗、病苗等以满足幼苗生长对光照的需要。每次间苗后应浇水1次。

（3）育苗移栽。育苗地块要选择地势较高、排水良好、肥沃、前茬没有种植过十字花科蔬菜的地块，最好距离定植地块稍近些。定植1亩大田需要30～35m²的育苗床，播种量100～125g。播种前整好苗床，施足基肥，整平后浇透水，然后将种子与5～6倍细沙混匀后均匀撒播于苗床内，播后覆厚0.6～1.0cm的细土。育苗床上需搭盖遮阳网降温保湿，播种后要做到"三水齐苗"。幼苗出齐后撤除遮阳网，并及时间苗，以防拥挤徒长。最好采用营养土块、营养钵或穴盘育苗。一般苗龄15～20d，4叶1心至5叶1心期为定植适期。若苗龄过大，在床内易徒长，起苗伤根多，栽后缓苗久，影响产量的提高。育苗移栽比直播要提前4～5d播种，苗龄20d左右。

（4）苗期管理。直播或育苗移栽都要进行间苗。采用直播方式的，当幼苗长出1～2片真叶时进行第一次间苗，具有3～4片真叶时进行第二次间苗，具有5～7片真叶时即可定苗。育苗栽培的应适当稀播，幼苗过密的应间苗1～2次，以便培育壮苗。每次间苗后应浇水1次。

4. 定植 依品种、气候、土壤和肥水条件等合理密植。一般生长期60～70d的早熟、小型品种，每亩种植3 000～4 000株；80～90d的中熟、中型品种，每亩种植2 000～2 500株；100d左右的晚熟、大型品种，每亩种植1 500～2 000株。一般行株距为（50～70）cm×（40～60）cm。

定植时，最好选阴天或晴天16时以后进行。起苗前应先浇一次透水，起苗时应尽量多带宿土，少伤根。定植时，先挖穴，后植苗，覆土，定植深度以土坨与畦面相平为宜，不埋没子叶。定植后浇足定根水，如晴天无雨，需连续浇水2～3d，直至缓苗。

移栽有大苗移栽和小苗移栽两种方式。小苗移栽即在幼苗出土后不进行间苗，当具2～3片真叶时，以3～4株为一丛进行移栽，移栽成活后，间去多余的苗，以后的管理方法和直播大白菜相同。大苗移栽是在大白菜具5～6片叶时进行单株移栽，移栽菜苗不宜过大，过大不易成活，因此最大不应超过8片叶。

5. 田间管理

（1）查苗、补苗。在正常情况下，播后3d齐苗。齐苗后要及时检查苗情，发现漏播或缺苗的，应及时补苗。补苗最好趁浇水或下雨时，挖取别处多余的苗补栽。

（2）中耕、培土、除草。这是一项精耕细作的技术措施，作用在于促使田间土壤疏松、保墒、透气，灭草，促进土壤微生物活动和有机质分解，从而有利于幼苗和成株健壮生长。生长期间中耕2～3次，分别在第二次间苗后、定苗后和莲座中期封行前进行，封行后不再中耕，以免伤根、损叶。中耕按照"头锄浅，二锄深，三锄不伤根"的原则进行。结合中耕进行除草和培土。培土就是将锄松的土培于垄侧和垄面，并把少量松土培到幼苗根部，以防幼根被水冲刷外露，利于保护根系，同时结合清沟，使沟路畅通，方便排灌。中耕应结合除草，以后若有杂草应随时拔除，以免杂草抢光争肥。

（3）肥水管理。根据大白菜的生长动态和需肥需水规律，在施足基肥的基础上，及时合理追肥，使全生长期都不缺水肥。肥水管理依不同生长期分期进行管理。

①幼苗期。幼苗期生长量不大，相对来说对水肥需要量是比较少的。但是，因幼苗根系不发达，吸收水肥能力弱，且此时又处于高温干旱季节，需根据实际情况，及时供给足够的水分和养分。要求勤水薄肥，保持土壤湿润，早秋也有降低地温和防病之效。

浇水：大白菜播种后若遇高温干旱，土壤水分蒸发快，地表干燥易诱发病毒病，宜采取"三水齐苗、五水定棵"的浇水方法。即在播种的当天浇一次水，隔1d幼苗开始拱土时浇第二次水，再过2～3d子叶展开后浇第三次水。间苗、定苗后再各浇一次水。

追提苗肥：大白菜幼苗期需肥少，在基肥充足的条件下，苗期可不施或少施肥。提苗肥一般结合间苗进行，在第一次间苗后用稀粪水或0.2%尿素浇施，第二次间苗后对部分长势弱的幼苗可偏施一次。化肥最好不施于土表，而应挖沟埋施，以增加肥效，应施在距根5cm远的地方，以免烧根。施肥后应立即浇水。

②莲座期。莲座期根系和叶片生长量骤增，对养分和水分的吸收量增多，充分的水肥补充是保证莲座叶健壮生长和丰产的关键，但同时也要注意防止莲座叶徒长而延迟结球。

施肥：在田间有少数植株开始"团棵"时，应及时施用"发棵肥"，一般每亩施用腐熟的人畜粪肥1 500～2 000kg或尿素10kg、过磷酸钙20kg、硫酸钾5～10kg，促进叶的生长。施肥后灌1次水。因为莲座期大白菜尚未封垄，追肥最好不要施在地表，应埋施，以提高肥效。

浇水：莲座期浇水要适当节制，视土壤墒情而定，尽量做到土壤"见干见湿"，防止水分过多引起徒长。

③结球期。此期是养分大量积累形成产品器官的时期，也是肥水吸收量最多的时期。

追肥：追肥占施用追肥总量的50%。如果此期水肥不足，往往结球不实，影响产量和品质，所以结球期需要给予大水和大肥。结球期的水肥管理，重点在结球前期和中期，即所谓"抽桶"和"灌心"的阶段。在开始结球时施用"结球肥"，特别要增施钾肥，每亩用腐熟的人畜粪水2 000～2 500kg，或施用复合肥25kg左右在行间开窝深施。此外，结球期可用0.2%～0.3%的磷酸二氢钾及0.4%～0.5%的稀土液进行根外追肥，每7～10d喷1次，连续喷2～3次，可促进结球充实。

浇水：大白菜结球期是生长量最大、增重最快的时期，也是需水量最多的时期。要保证水分充足、均衡供应，在无雨的情况下，一般每隔5～6d浇1次水。浇水量要大且浇水均匀，保持土壤湿润，应顺垄沟浇，忌漫灌，否则易诱发软腐病并使长势出现差异，最好采用微喷灌或滴灌。收获前1周停止浇水，以免水分过多，不耐贮藏。

6. 收获 手压叶球时球顶有坚实感时，大白菜即达成熟，要及时采收上市。大白菜成熟无严格标准，可根据市场需要，陆续采收上市。早、中熟品种收获期气温较高，容易发生软腐病，应在叶球八成紧时及时采收，防止裂球；晚熟品种可在成熟时采收。在冬季气温较低有霜冻地区，应赶在严霜到来之前及时收获完毕，为避免球叶遭受霜冻危害和散球，可把外叶拢抱起来，包住叶球，用稻草或蔓藤等物在离球顶10～15cm处把外叶捆扎起来，既防冻又便于采收。在冬季无霜的产地，可以将大白菜留在田里过冬，根据市场需要分期采收。

大白菜产量较高，早、中熟品种每亩可产 3 000～4 000kg，晚熟种可产 5 000kg 叶球。

（二）春大白菜栽培技术要点

大白菜在形成叶球之前，经过低温影响完成了发育而孕蕾、抽薹、开花和结实不能形成叶球的现象，称为未熟抽薹。南方春季大白菜的生长期是从低温向适温而达高温期的生育进程，随着气温回升，日照增强，容易通过光照阶段，出现未熟抽薹现象，因此要注意以下生产技术要点。

1. 选择适宜的品种 针对南方地区春季短、夏季高温干旱、梅雨期雨水多的特点，应选择早熟、冬性强、抽薹晚、结球率高、耐热抗病的品种，如夏阳、强势、亚蔬 1 号、鲁白 1 号、阳春等。近年来，国内外相继培育出了一些耐抽薹、生长期短（50～60d）的早熟品种，为春大白菜栽培提供了更多的选择。

2. 适期播种育苗 早春过早播种，大白菜易接受低温感应而通过春化，发生早期抽薹；过迟，后期雨水多，温度高，病虫多，结球不实，产量品质下降。因此，华南地区北部在 1 月中旬至 2 月中旬、南部在 12 月至翌年 1 月播种，苗龄为 25～30d 为宜，一般外界气温稳定在 13℃以上时定植。为避免苗期遇低温通过春化阶段，安排在 15℃以上的条件下生产可避免未熟抽薹，又有足够的生长期，达到较高产量。如利用塑料大棚等保护地进行穴、盆育苗移栽，包心快，结球早，产量较高。

3. 适当密植 依品种特性，每亩可定植 3 500～5 000 株。因春季雨水多，要注意排水。

4. 加强肥水管理

（1）浇水。春大白菜的浇水，要能充分满足大白菜对水分的需求。开始包心后，要隔 1 天浇 1 次水，小水勤浇，以降低地温和气温，利于包心，减少腐烂。灌水以膜下滴灌最理想。生长后期雨水增多，要注意排水和预防霜霉病。

（2）追肥。春大白菜生长期短，应选择肥沃的土壤进行栽培。施肥以基肥为主，早施追肥多施速效肥促进营养生长，加速结球。缓苗后可随水追 1 次提苗肥。开始包心后要陆续追肥，掌握薄肥勤施，前期每次每亩追稀粪水 500～750kg，后期追尿素或硫酸铵 10kg，共追肥 2～3 次。

5. 及时采收 春季大白菜达到商品采收标准后应尽快收获上市，迟收易引起腐烂损失或散球抽薹。一般宜在高温多雨季节前采收完毕。

任务二 花椰菜生产技术

花椰菜也称花菜或菜花，是甘蓝的变种，由结球甘蓝演化而来，演化中心在地中海东部沿岸。因其食用部分花球粗纤维少、营养价值高、风味鲜美，深受消费者欢迎。花椰菜适应性广，在我国广东、福建、广西、台湾等地广泛栽培。花椰菜采用不同熟性的品种排开播种及保护地育苗和栽培，除夏季高温时期外，其他月份均可生产供应。

一、生产特性

（一）形态特征

1. 根 根系较发达，主根基部肥大，上生许多侧根，主、侧根上发生须根，形成极密的网状圆锥根系。根群大多分布在 30cm 以内的土层中，主根不发达，根群入土不深，抗旱能力较差，易倒伏。根系再生能力强，断后易生新根，故适合育苗移栽。

2. 茎 在营养生长期，为粗壮的短缩茎，其上着生叶片。腋芽在整个生长期一般不萌发，阶段发育完成后抽生花茎。

3. 叶 叶片狭长，披针形或长卵形，营养生长期具叶柄，并具裂片，叶色浅蓝绿，被有蜡粉。在出现花球时，心叶自然向中心卷曲或扭转，能起到保护花球的作用。

4. 花 复总状花序，花冠黄色，4 强雄蕊。花球一般为白色，也有黄色和紫红色的。花椰菜的花球是花器畸形发育的产物，由短缩的肉质花茎、花枝与密集的花蕾聚合而成，是营养贮藏器官。主花球采收后，腋芽长出形成侧枝，并在侧枝上形成次级花球，可再次采收。当温度等条件适宜时，花器进一步发育，花球逐渐松散，花枝、花薹迅速伸长，继而开花结实。

5. 果实 果实为荚果、长角果。

6. 种子 种子圆形、褐色。

花椰菜的叶片和花球形态见图 7 - 3。

（二）生长发育周期

花椰菜的生长发育周期包括发芽期、幼苗期、莲座期、花球形成期、抽薹期、开花期、结荚期。

1. 发芽期 发芽期是指从种子萌动、子叶展开至真叶显露的时期。生长适温为 20～25℃，春夏季需 8～15d，冬季需 15～20d。水分充足时出芽最好，出苗最齐。

2. 幼苗期 幼苗期指从第一片真叶显露至第一叶序的 5 个叶片完全展开的时期。其生长适温为 15～25℃，需 20～30d。

3. 莲座期 莲座期指从第一叶序展开到莲座叶

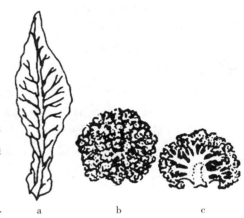

图 7 - 3 花椰菜的叶片和花球
a. 叶片 b. 花球全形 c. 花球纵切面

全部展开，叶片封垄并出现花球（茎端现 0.5cm 大小的小花球）的时期。此期生长适温为 15～20℃，早熟品种约需 20d，中熟品种约需 40d，晚熟品种需 70～80d。莲座期长短受品种熟性及栽培季节影响，一般早熟品种叶片较少，莲座期较短，在较高的温度及充足的肥水条件下，进入莲座期要快。

4. 花球形成期 花球形成期是指由花球始现到花球充分长成的时期，需 20～30d。生长适温为 14～18℃，25℃以上花球形成受阻，由叶片营养生长转入花芽分化须有低温刺激。较低的温度、较强的光照和充足的肥水有利于花球形成。

5. 抽薹期 抽薹期指花球成熟后，从花球松散、花枝从花球上抽出、花序逐渐向上生长至开花前的过程。此期的适宜温度为 15～20℃，需 20d 左右。

6. 开花期 开花期指从始花到终花的阶段。该期适温为 15～20℃，个体植株花期 20～30d，群体花期 40～50d。

7. 结荚期 结荚期指花谢到种荚黄熟、种子成熟的时期。其适温为 15～30℃，历时 50～60d。阳光充足、肥水均衡的条件有利于开花结荚。

（三）对环境条件的要求

1. 温度 花椰菜喜冷凉温和气候，属半耐寒性蔬菜，不耐炎热干旱又不耐霜冻。花椰菜种子在 2～3℃下能缓慢发芽，发芽最适温度为 20～25℃。营养生长适温范围为 8～24℃，花球的发育适温为 15～18℃，8℃以下花球生长缓慢，0℃以下时易受冻害，24℃以上花球易松散，品质差，超过 30℃时花球不能形成。花椰菜从种子发芽到幼苗期均可接受低温通过春化作用，其春化作用的温度较高，5～20℃的温度均可通过春化阶段，以 10～17℃幼苗较大时通过最快。在 2～5℃低温或 20～30℃的高温条件下不易通过春化阶段，因而不能形成花球，或形成小花球并很快解体。通过春化作用的温度因品种而异。极早熟品种在 20～23℃的温暖条件下可发育并形成花球，中熟品种在 15～17℃，晚熟品种则要求在 15℃以下。通过春化作用的时间，早熟品种短，晚熟品种长，正常温度条件下，花球形状端正，约 3 周完成。

2. 光照　花椰菜属于低温长日照植物。光照长短对营养生长影响不大，但充足阳光和较强的光照有利于生长旺盛，提高产量。花球在阳光直射下，易由白变黄，降低产品品质，因此在花球发育过程中应适当遮阳。

3. 水分　花椰菜喜湿润，不耐涝，忌炎热干旱，在叶簇旺盛生长和花球形成时期要求有充足的水分。若缺水加之高温则叶片短缩，叶柄及节间伸长，植株生长不良，影响花球产量及品质。花球生长期水分过多，易引起花球松散，花枝霉烂，甚至烂根。

4. 土壤　花椰菜适合在有机质丰富、疏松肥沃、土层深厚、排水良好、保水保肥能力较强的壤土或轻沙壤土上栽培。

5. 养分　花椰菜喜肥耐肥，氮、磷、钾及微量元素硼和钼对提高花椰菜的产量和品质都具有重要作用。

二、类型与品种

（一）类型

花椰菜按生育期长短可分为早熟品种、中熟品种和晚熟品种 3 类。

1. 早熟品种　从定植到收获约 60d。植株较矮小，花球外叶较小而狭长，叶 15～20 片。叶蓝绿色，蜡粉较多。花球扁圆，较小，成熟快。较耐热，冬性弱。南方栽培的代表品种有早雪球、夏雪 40、早露玉、高富等。

2. 中熟品种　从定植到收获需 70～90d。植株较早熟品种高大，叶簇开展或半开展，外叶较多，20～30 片。花球较大而紧实，半圆形，中等大小。较耐热，冬性较强。代表品种有天山雪、高白 1 号、荷兰 48、瑞士雪球、福农 10 号等。

3. 晚熟品种　从定植到收获需 90d 以上。植株高大，生长势强。叶片多而宽阔，蜡粉较少。花球大，半圆形，产量高。耐寒，冬性强。代表品种有冬花 240、龙丰特大 120 天、津雪 88、晚旺心 180 天、申花 5 号等。

（二）品种

1. 白公主 2 号　植株直立性好，花球外叶自抱，半圆形，洁白紧实，单球重 1.0～1.5kg。春季定植后 70d 左右采收，秋季定植后 90～100d 采收。

2. 雪松　中晚熟品种。植株高，稍卷心，蕾茎绿色，蕾球洁白，单球重 1.2～1.3kg，定植后 65d 可收获。

3. 晚旺心　植株较矮，生长整齐一致，株形紧凑，株高 60cm 左右，开展度 75cm。外叶较多，有明显的叶柄，叶面较皱，叶色深绿，蜡质较多。花球高 14cm、横径 17cm 左右，圆整洁白，花粒较细，商品性较好。单球重 0.9～1.1kg，每亩产量为 1 300kg，全生育期 240d。

4. 绿彗星 极早熟品种。株型稍偏开张，生长势极强，从定植到初收需 60d。花球紧密，花蕾中细，单球重 260～300g，深绿色。

三、栽培季节与茬口安排

（一）栽培季节

花椰菜可在春、秋、冬三季栽培。适合花椰菜生长发育特点的最适栽培季节为夏秋季播种，秋冬季采收，此季栽培产量高、品质优。利用早、中、晚熟品种搭配，根据当地的气候特点，通过调节播种期，排开播种，采用夏季保护地遮阳降温防雨栽培及冷凉山区露地栽培等措施，可以一年多茬栽培，周年供应。

（二）茬口安排

1. 春花椰菜 于 11 月下旬至 12 月上旬在保护地内播种育苗，翌年 2 月下旬至 3 月上旬定植于露地，5 月上旬至 6 月采收。采用地膜或小拱棚栽培，采收期可提前 1 个月左右。

2. 夏花椰菜 在 6 月采取遮阳网降温育苗，7 月定植，采收期在 9 月上旬至 10 月上旬，少数可提早到 8 月下旬采收。

3. 秋花椰菜 秋茬是主要栽培茬口。一般选用生育期在 80～100d 的中熟品种，在 7 月上旬至 8 月上旬采用遮阳网育苗；晚熟种于 8 月上中旬播种；早熟品种可提前至 6 月下旬播种，8 月上旬至 9 月上旬定植，11—12 月采收。

4. 冬花椰菜 8 月上中旬播种育苗，9 月上中旬定植，12 月至翌年 4 月采收。

四、生产技术

（一）整地做畦

花椰菜忌连作，需肥量大，耐肥，应选择土层深厚肥沃、排灌方便、保水保肥能力强及向阳的土壤栽培。前作收获后，应及时深翻晒垡，耙细整平，施足基肥，基肥应以充分腐熟的堆肥和人畜粪的混合肥为好。早熟品种生长期短，基肥应以速效性氮肥为主；中晚熟品种，基肥应以厩肥并配合磷、钾肥料施用。一般每亩施有机肥 4 000～5 000kg、过磷酸钙或钙镁磷肥 50kg、钾肥 12～20kg，采用深沟高畦栽培，以利排水。

花椰菜对硼、钼等微量元素十分敏感，每亩可用钼酸铵或钼酸钠 10g 左右配成水溶液施于定植穴。植株缺镁会出现叶脉间黄化，用钙镁磷肥作基肥可以避免黄化。

（二）播种育苗

夏季播种花椰菜，播种初期正值梅雨季节，而在幼苗生长期间又恰好遇到高温炎热、多雷阵雨和飓风的时期。因此，必须采取降温、防暴雨的措施，以保证培育壮苗。近年来，南方各地推广应用遮阳网进行遮阳，用营养钵或穴盘育苗。

1. 苗床设置 苗床土质以肥沃的粉沙壤土和沙质壤土为宜。选地后，需及早翻耕晒白，捣碎土块。按南北畦向，做成畦面宽 1.0～1.2m，沟宽 40～60cm、深 40cm 的深沟高畦。

2. 播种 苗床准备就绪，如土壤湿润，可以立即播种，如遇土壤干旱，采取干播或湿播。

（1）干播。先将种子均匀的撒播在苗床上，并薄薄的覆盖一层细土，随后浇水或翌日浇水，以促进种子的发芽出土。

（2）湿播。先将苗床用水浇湿，待水分透入土中，在土面再撒一层干细土，然后再进行播种，并且用细土盖没种子。一般湿播土壤湿润、疏松，种子发芽比较整齐。

一般早熟、中熟的品种较晚熟品种播种稀，夏播高温季节较秋播、冬播季节播种稀，当年收的种子较隔年陈种播种稀。夏季播种，每 $100m^2$ 苗床需 150g 左右种子。

3. 设置凉棚　播种后要搭好遮阳凉棚，能防止剧烈阳光直射并能适当透进阳光，降低棚内温度，减少水分蒸发，适当提高棚内空气相对湿度。

4. 浇水　夏季播种后，正处于高温多雨或高温干旱季节，应及时浇水、排水以确保苗全苗壮。幼苗出土后，灌水量不可过多，对初出土的幼苗，每天浇水 1 次，以后隔天浇水 1 次。当幼苗具 3 片真叶、苗高 5cm 后，减少浇水次数。

5. 间苗　一般分 3 次间苗，以除去密苗、弱苗、劣苗为原则。最后 1 次间苗按 6～7cm 的株行距留良苗 1 株。用营养钵或营养土块、穴盘播种的，每钵留良苗 1 株。

（三）定植

冬花椰菜一般于 9 月上中旬定植，早秋花椰菜一般于 7 月定植，春花椰菜一般于 12 月定植。一般选择具有 6～7 片真叶的壮苗带土定植，宜在阴天或傍晚进行，起苗时要尽量带土坨少伤根。定植密度因品种而定。一般早熟品种行株距 40cm×（30～40）cm，每亩栽 3 300～4 000 株；中晚熟品种行株距 55cm×（50～60）cm，每亩栽 2 500～3 000 株。

（四）田间管理

1. 追肥　花椰菜的花球主要借助于贮藏在短缩茎中的养分及叶片光合作用形成的营养物质来生长，肥力不足或施肥不当，植株发育不良，花球也必然小。因此在施足基肥的基础上，要强调早期追施氮肥和一定量的磷、钾肥，促其营养生长，保证花球的发育。

定植后一般追肥 3～4 次。第一次在定植后 10d 左右，一般每亩施 10%～20% 的腐熟人畜粪 1 000～1 500kg 或氮肥 7.5kg；进入莲座期进行第二次追肥，每亩施 20%～30% 的腐熟人畜粪 1 000～1 500kg、尿素 15kg；莲座期末追施第三次肥，每亩施 40%～50% 的腐熟人畜粪 1 000～1 500kg、尿素 5～10kg、氯化钾 15～20kg；花球形成期追施第四次肥，结合灌水每亩施尿素 10kg、过磷酸钙 20kg、氯化钾 15～20kg 或三元复合肥 30kg。此外，在莲座期、现花球时用 0.1%～0.2% 硼砂、0.05%～0.1% 的钼酸铵和 0.1% 硫酸镁混合液进行 1 次根外追肥，在阴天或傍晚喷施。

花椰菜因品种和生长发育期的不同，在水肥管理上应有所差异。早熟品种生长期短，而且一般是在高温条件下种植，因此对水肥要求迫切，应用速效性肥料分期勤施。中熟品种，在叶簇生长时期，也应用速效肥料分期勤施；在花球形成时期，气温正适宜于生长发育，应当加重施肥量以促进叶和花球的生长。中晚熟品种应在早熟品种施肥基础上，适当增加钾肥和氮肥的用量。硼和钼对花球形成有重要作用，在植株生长期间可用 0.1%～0.2% 的硼砂和钼酸铵喷雾作根外追肥。花椰菜在整个生长时期施肥都应以氮肥为主，当进入花球形成期，应适当增施磷、钾肥料。

2. 水分管理　花椰菜喜湿润，怕旱怕涝，在整个生长过程中需要水分较多，叶簇旺盛生长和花球形成时期，是水分临界期，如不能及时满足其对水的需求，往往影响花球长大。因此，定植后应及时浇定根水，高温久旱时必须及时灌水，要结合追肥勤浇水。花球形成期要注意勤浇水，保持土壤湿润。在雨多的地区须注意清沟排水，下雨后及时排除积水，切忌积水，以免浸泡时间过长，引起沤根现象。

3. 中耕除草 应结合施肥和灌水进行中耕除草、适当培土，一般在封行前中耕除草 2～3 次。

4. 束叶盖球 花椰菜的花球在阳光直射下容易由白色变成淡黄色，致使品质下降。束叶盖球是保证花椰菜品质的技术之一，在花球形成的中后期即需进行盖球，以免花球变色。盖球有束叶和折叶两种方法。束叶是用花球外面的 2～3 片大叶将花球包裹，再用稻草等物轻轻捆扎一圈，捆扎时注意不得损伤叶片；折叶是将花球附近的大叶主脉扭折，然后将叶片覆盖在花球上，叶变黄时及时更换。注意不要使病叶接触花球，以免把病害传染到花球上。

（五）采收

花椰菜花球充分长大，表面圆整，基部花枝略有松散时开始分期采收。自出现花球到采收的天数，因品种和气候而异。早熟品种在气温比较高时花球形成快，20d 左右便可采收；中晚熟品种在晚秋和冬季常需 1 个月左右；晚熟品种在春季自现花球到采收需 20d 以上。

早秋早熟种花球易松散应及时采收；冬花菜花球易遭霜冻，在严霜来临之前采收。花椰菜花球的形成，在植株个体之间有时很不一致，应分期采收。采收的方法是花球充分长大后，在带花球下 3～4 片叶片割下，以保护花球，方便包装运输。

项目小结 ◇

白菜类蔬菜性喜冷凉、湿润，对光照要求不严，一般以秋冬季栽培为主，部分类型和品种较耐热，一年四季均可栽培。结球白菜春季生产中要选择适宜当地生产的优良品种，适时播种，以免发生未熟抽薹。花椰菜要防后期高温造成花球开散，要注意品种选择，严格控制播期和菜苗大小。秋季大白菜可进行直播也可育苗移栽，花椰菜多进行育苗移栽，适宜苗龄30～40d。反季节栽培要进行育苗。

实训指导 ◇

技能实训　白菜类蔬菜形态特征与产品器官结构观察

一、目的要求

通过识别白菜类蔬菜的种类和品种类型、形态特征，在生产实践中能因地制宜地运用相关知识。

二、材料用具

各种类型的结球白菜、不结球白菜的成长植株，粗天平，直尺等。

三、相关知识

白菜类均属十字花科芸薹属芸薹种，包括结球白菜和不结球白菜。

（一）结球白菜

结球白菜可分为 4 个栽培变种。

1. 散叶白菜　散叶白菜叶丛披展，不形成叶球，外叶为产品，为结球白菜原始的变种，生产上已淘汰，如济南面白菜。

2. 半结球白菜　半结球白菜由散叶白菜进化而来，形成叶球，但球心空虚，球顶不闭合，多在高寒地区栽培，如辽宁兴城大矬菜。

3. 花心白菜　花心白菜形成较坚实的叶球，但球叶的叶尖包不拢，向外翻卷呈花心状，如翻心白、翻心黄，一般作为早熟栽培。

4. 结球白菜　结球白菜是栽培上最主要的变种，形成坚实的叶球。按结球白菜球叶数和叶重的关系，可分为叶重型（青麻叶）、叶数型（福山包头）和叶重-叶数型（郑州早黑叶）。按结球白菜的包心形式可分为叠抱（洛阳包头、石特1号）、拧抱（青麻叶）和褶抱（福山包头）型。叶球外形因类型品种不同而异，又可分为3个基本生态型。

（1）直筒生态型。叶球细长圆筒形，高度大于直径的4倍以上，如青麻叶、核桃纹。

（2）平头生态型。叶球呈倒圆锥形，上平下锐，高度和直径大致相等，如洛阳包头、郑州包头、石特1号。

（3）卵圆生态型。叶球短，卵圆形，顶部尖或稍圆，高度为直径的1.5倍左右，如福山包头。

（二）不结球白菜

根据其生物学特性，结合品种植株性状与生产特点可分为普通白菜、塌菜和菜薹3个生产变种。

1. 普通白菜　植株直立，叶柄有圆梗（花叶大菜）、扁梗（高桩）、半圆梗（无锡青菜）、白梗（矮脚黄、常州短白梗）和青梗（苏州青、扬州大头矮）之分，按其成熟抽薹期的早晚又分为3类。

（1）秋冬白菜。株型直立，开展或束腰，宜秋冬栽培，多在2—3月抽薹，故又称二月白或早白菜，如矮脚黄、苏州青、南京高桩和常州短白梗。

（2）春白菜。植株多开展，少数直立或微束腰，中矮桩居多，冬季栽培，露地越冬，耐寒、晚熟，如上海四月慢、五月慢。

（3）夏白菜（伏白菜）。夏季高温不适于白菜生长，但为了使白菜能周年供应，此时又正是淡季，夏白菜就成为重要蔬菜之一。各地夏白菜品种不一，但都需选生长迅速且耐热品种，如南京的高桩、扬州高脚花叶白菜、杭州用火白菜、广州地区用佛山乌叶，而四川却采用结球白菜品种如小白口等。

2. 塌菜　植株塌地或半塌地，叶色浓绿至墨绿，叶面平滑或皱缩，耐寒力较强，经霜后品质极佳，但生长很慢，产量不高。

（1）塌地型。植株紧贴地面，如上海乌塌菜、常州塌棵菜。

（2）半塌地型。植株开张角度与地面呈45°以内，如南京瓢儿菜、杭州塌棵菜。

3. 菜薹　植株较小，丛生叶小，一年生或二年生，生长迅速，抽薹后发生肥嫩花茎作为食用，其花茎的颜色分为绿色和紫色两种，如紫菜薹、广州四九菜心。

四、方法步骤

（1）先由老师带同学到标本区，讲解各种白菜类型的形态特征。

（2）每组分别取天津青麻叶、郑州早黑叶、福山包头各1株，称取株重、外叶重及球叶重，求出外叶占叶球重的百分率，比较大白菜的叶重型、叶数型和叶重-叶数型。在剥除外叶后，测量其叶球的高度及叶球直径，计算叶球的紧实度 $P=(H-h)/n$，（P 为紧实度，H 为叶球高度，h 为内茎长度，n 为球叶数）及叶球的球形指数 $I=H/D$（H 为叶球高度，D 为叶球直径，I 为指数）。

若 $I=1$ 表示叶球的球形指数为 1。若球形指数近于 1，则叶球为平头生态型；若大于 1，则叶球为长圆形；若球形指数大于 3，为直筒生态型；若球形指数约 1.5，顶部尖或稍圆的为卵圆生态型；若球形指数小于 1，则为扁圆形。

五、作　　业

（1）将结球白菜类型品种的形态特征记入表 7-1。

（2）标本区白菜类的蔬菜属于哪些品种类型？

表 7-1　结球白菜类型品种的形态特征记录

品种名称	类型	植株							叶球							
		高度/cm	开展度/cm	株重/g	叶形	叶重/g	叶重/株重	叶数	球重/株重	占株重/%	高度/cm	直径/cm	内茎长/cm	叶数	紧实度	指数

复习思考题 ◇

1. 白菜类蔬菜有哪些共同特性？

2. 秋播大白菜的生产技术要点有哪些？

3. 春大白菜为什么会出现未熟抽薹现象？如何防止？

4. 花椰菜生产中出现花球品质劣变现象的原因有哪些？防止其发生的措施有哪些？

根菜类蔬菜生产技术

根菜类蔬菜是指以肥大的肉质直根为食用器官的一类蔬菜的总称。我国种目前栽培的根菜类蔬菜有十字花科的萝卜、根用芥菜（大头菜）、芜菁、芜菁甘蓝、辣根，伞形科的胡萝卜、美国防风、根芹菜，菊科的牛蒡、菊牛蒡、婆罗门参，藜科的根甜菜等。其中主要栽培的是萝卜、胡萝卜，其次为根用芥菜和芜菁甘蓝。

这类蔬菜多为温带原产的二年生植物，少数为一年生及多年生植物。一般秋凉季节形成肥大的肉质根，翌年春季抽薹开花结果，属低温长日照型作物。适宜在温和的季节里生长，在气温由高逐渐变低的环境中较易获得优质丰产。

均适宜在土层深厚、肥沃疏松、排灌良好的沙壤土中栽培，土质过于黏重、瘠薄或多砖石瓦砾，则肉质根生长不良，品质粗劣，畸形根多，产量低。

除用作加工的种类采用育苗移栽外，均宜直播。

学习任务

任务一　萝卜生产技术

萝卜别名莱菔、芦菔，十字花科萝卜属二年生或一年生草本植物。我国是萝卜的起源中心之一，有着悠久的栽培历史，南北方各地普遍栽培。

萝卜属半耐寒性蔬菜，喜冷凉，要求中等强度光照，喜湿怕涝又不耐干旱，在土层深厚、富含有机质、保水和排水良好的沙壤土中生长良好。萝卜属于异花授粉植物，采种时需严格隔离。

一、生产特性

（一）形态特征

1. 根　直根系，深根性，其根系分为吸收根和肉质根。吸收根的入土深度可达 60～150cm，主要根系分布在 20～40cm 土层中。肉质根由根头、根颈和真根 3 个部分组成（图8-1）。肉质根的种类很多，形状有圆形、长圆筒形、长圆锥形、扁圆形等，皮色有红、绿、紫、白等，肉色有白、紫红、青绿等。肉质根的质量一般为几百克，而大的可达几千克，小的甚至仅几克。

2. 茎　萝卜的营养茎是短缩茎，进入生殖生长期后抽生花茎，花茎上可产生分枝。

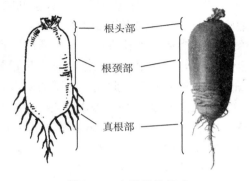

图8-1　肉质根的组成

3. 叶　萝卜具有两片子叶，肾形。第一对真叶对生称为基生叶，随后在营养生长期间丛生在短缩茎上的叶均称为莲座叶（图8-2）。莲座叶的形状、大小、颜色等因品种而异，如板叶、花叶等。

图8-2　萝卜的莲座叶

4. 花　总状花序，异花授粉，虫媒花。花的颜色有白色、淡紫色等。

5. 果实　果实为长角果，每个果荚内有 3～8 粒种子，果荚成熟时不易开裂。

6. 种子　种子为不规则球形，种皮浅黄色至暗褐色。种子千粒重为 7～15g，发芽年限 5 年，生产上宜选用 1～2 年的种子。

（二）生长发育周期

1. 营养生长阶段

（1）发芽期。从种子萌动到第一片真叶显露为发芽期，需 4～6d。此期要防止高温干旱和暴雨死苗。

（2）幼苗期。从真叶显露到根部"破肚"为幼苗期，需 18～23d。此期叶片加速分化，叶面积不断扩大，要求较高温度和较强的光照。由于直根不断加粗生长，而外部初生皮层不能相应地生长和膨大，引起初生皮层破裂，称为"破肚"。此后肉质根的生长加快，应及时间苗、定苗、中耕、培土。

（3）莲座期。从"破肚"到"露肩"为莲座期，需 20～25d。此期肉质根与叶丛同时旺盛生长，幼苗叶及以下叶片开始脱落衰亡，莲座叶旺盛生长，肉质根迅速膨大。初期地上部生长量大于地下部，后期肉质根增长加快，根头膨大，直根稳扎，这种现象称为"露肩"或"定橛"。"露肩"标志着叶片生长盛期的结束。莲座前期以促为主，莲座后期以控为主，促使其生长中心转向肉质根膨大。

（4）肉质根生长盛期。从"露肩"到收获为肉质根生长盛期，需 40～60d。此期肉质根生长迅速，肉质根的生长量占总生长量的 80%以上，地上部生长趋于缓慢，而同化产物大量贮藏于肉质根内。此期对水肥的要求也最多，如遇干旱易引起空心。

2. 生殖生长阶段 萝卜经冬贮后，翌年春季在长日照条件下抽薹、开花、结实。从现蕾到开花历时 20～30d，开花到种子成熟还需 30d 左右。此期养分主要输送到生殖器官，供开花结实之用。

（三）对环境条件的要求

1. 温度 萝卜属半耐寒性蔬菜，喜冷凉。种子发芽起始温度为 2～3℃，适温为 20～25℃。幼苗期可耐 25℃左右较高温度和短时间−3～−2℃的低温。叶片生长的温度为 5～25℃，适温为 15～20℃。肉质根生长的适温为 13～18℃。温度高于 25℃时，植株长势弱，产品质量差；低于−1℃时，肉质根易遭冻害。萝卜是种子春化型植物，从种子萌动开始到幼苗生长、肉质根膨大及贮藏等时期，都能感受低温而通过春化阶段，大多数品种在 2～4℃低温下春化期为 10～20d。按照品种的冬性强弱，将萝卜品种分为春性系统、弱冬性系统、冬性系统、强冬性系统四大类型。在我国南方亚热带和热带地区及长江流域种植的萝卜品种，多属春性系统和弱冬性系统，通过春化阶段低温条件不严格，可以在较高的温度条件下通过春化阶段。冬性系统和强冬性系统分布在我国冬季寒冷、昼夜温差大、降水量较少、阳光充足的华北、西北和东北广大地区，这一类型的萝卜品种通过春化阶段低温条件要求严格，适应范围广，品质优良，产量高，但耐热性稍差。如果将南方的弱冬性系统萝卜品种引入北方种植，极易引起先期抽薹或生长不良。

2. 光照 萝卜要求中等强度光照，光饱和点为 18～25klx，光补偿点为 0.6～0.8klx。光照不足，肉质根膨大速度慢，产量低，品质差。萝卜为长日照植物，通过春化的植株在 12～14h 的长日照及高温条件下迅速抽生花薹。

3. 水分 萝卜喜湿怕涝又不耐干旱。在土壤含水量为持水量的 65%～80%、空气相对湿度为 80%～90%条件下易获得高产、优质的产品。土壤忽干忽湿易导致肉质根开裂。

4. 土壤及养分 萝卜在土层深厚、富含有机质、保水和排水良好的沙壤土中生长良好。萝卜吸肥力较强，施肥应以缓效性有机肥为主，并注意氮、磷、钾的配合，特别在肉质根生长盛期，增施钾肥能显著提高品质。每生产 1 000kg 产品需吸收氮 2.16kg、磷 0.26kg、钾 2.95kg、钙 2.5kg、镁 0.5kg。

二、类型与品种

（一）类型

我国萝卜品种资源丰富，分类方法不一。按栽培季节可分为以下 5 种类型。

1. 秋冬萝卜 夏末秋初播种，秋末冬初收获，生长期 60～100d。秋冬萝卜多为大中型品种，产量高，品质好，耐贮藏，供应期长，是各类萝卜中生产面积最大的一类。优良品种有浙大长、青圆脆、秦茶 1 号、心里美、大红袍、沈阳红丰 1 号、吉林通园红 2 号等。

2. 冬春萝卜 南方栽培较多，晚秋或初冬播种，露地越冬，翌年 2—3 月收获，耐寒性强，不易空心，抽薹迟，是解决当地春淡的主要品种。优良品种有武汉春不老、杭州迟花萝卜、昆明三月萝卜等。

3. 春夏萝卜 3—4 月播种，5—6 月收获，生育期 45～70d，产量低，供应期短，栽培不当易抽薹。优良品种有锥子把、克山红、旅大小五缨、春萝 1 号、白玉春等。

4. 夏秋萝卜 具有耐热、耐旱、抗病虫的特性。北方多夏播秋收，于 9 月缺菜季节供应，生长期正值高温季节，必须加强管理。优良品种有象牙白、美浓早生、青岛刀把萝卜、泰安红心萝卜、杭州小钩白、南京中秋红萝卜等。

5. 四季萝卜 肉质根小，生长期短（30～40d），较耐寒，适应性强，抽薹迟，四季皆可种植。优良品种有上海小红萝卜、烟台红丁萝卜、北京四缨萝卜、南京扬花萝卜等。

（二）品种

1. 春秋红 一代杂交，味甜质脆，宜生食，耐贮运，不易慷心。植株健壮，叶平展、深绿色。肉质根呈短圆筒形，尾根细而粉红色，表面光滑，单根重 600～800g，肉质根瓤色鲜艳，每亩产量为 4 000～5 000kg。宜用高畦直播，行株距 25～56cm。北方 7—8 月播种，11 月收获。南方 3—4 月播种，5 月收获；7 月种植的，10 月收获。

2. 秦茶 1 号 肉质根长圆筒形，单根重 1.8～2.5g，肉质淡绿，质地脆嫩，含水多，味甜。秋季栽培，生育期 90d。

3. 英东萝卜 根部光滑，有光泽，根形美，商品性高。直径 6～9cm，根长 24～29cm，单根重 1.2～1.5kg，5 月中下旬播种。

4. 翠玉春 一代杂交，春季栽培，生育期 75d，叶簇半直立，花叶形，肉质根近圆筒形，出土部分为绿色，入土部分为白色，尾根浅绿色，肉质鲜红，瓤色红，肉质紧密，味美脆甜，每亩产量为 3 000～4 000kg。

三、栽培季节与茬口安排

萝卜的栽培季节，因地区和所用类型品种不同，差别很大。在长江流域以南，几乎四季都可进行栽培。在北方大部分地区可行春、夏、秋三季种植。一般以秋萝卜为主要茬口，生产面积大，产品供应期长，其他季节生产主要用于调节市场供应。我国部分地区萝卜的栽培季节见表 8-1。

表 8-1 我国部分地区萝卜的栽培季节

地区	萝卜类型	播种期	生长日数/d	收获期
南京	春夏萝卜	2 月中旬至 4 月上旬	50～60	4 月中旬至 6 月上旬
	夏秋萝卜	7 月上旬至 7 月下旬	50～70	9 月上旬至 10 月上旬
	秋冬萝卜	8 月上旬至 8 月中旬	70～110	11 月上旬至 11 月下旬

（续）

地区	萝卜类型	播种期	生长日数/d	收获期
上海	春夏萝卜	2月中旬至3月下旬	50～60	4月上旬至6月上旬
	夏秋萝卜	7月上旬至8月上旬	50～70	8月下旬至10月中旬
	秋冬萝卜	8月中旬至9月中旬	70～100	10月下旬至11月下旬
广州	冬春萝卜	10—12月	90～100	翌年1—3月
	夏秋萝卜	5—7月	50～60	7—9月
	秋冬萝卜	8—10月	60～90	11—12月
北京	春夏萝卜	3月中旬至3月下旬	50～60	5月中旬至5月下旬
	秋冬萝卜	7月下旬至8月上旬	90～100	10月中旬至10月下旬

四、生产技术

（一）秋冬萝卜露地栽培技术

1. 品种选择 早秋萝卜多选用生长期短、上市早的圆萝卜，如宁波圆白萝卜、昆山圆白萝卜等。晚秋萝卜的品种有夏美浓4号、天春大根、胶州青萝卜等。露地越冬宜选用肉质根全埋或微露土面的品种，如太湖晚长白、杭州迟花萝卜、上海筒子萝卜等。北方一季生产则宜选用潍坊萝卜、翘头青、露八分、大青皮、大红袍、灯笼红、王兆红等。

2. 整地施肥 前茬宜选用非十字花科的作物、土层深厚肥沃、排水良好的沙壤土最适于肉质根的膨大。前茬收获后，每亩需用腐熟有机肥5 000kg，并加入过磷酸钙25kg、草木灰50kg，肥料撒施后将土壤深翻、整细、整平。生产中小型品种做成平畦，生产大型品种做成高垄。

3. 播种 播种采用直播法。选用纯度高、粒大饱满的新种子，播前应做好种子质量检验。用种量和种植密度见表8-2，播种深度1.5～2.0cm。

表8-2　不同类型萝卜的用种量和种植密度

品种类型	每亩用种量	种植密度	
		行距/cm	株距/cm
大型品种	穴播需0.3～0.5kg，每穴点播6～7粒	50～60	25～40
中型品种	条播需0.6～1.2kg	40～50	15～25
小型品种	撒播需1.8～2.0kg	8～15	8～15

4. 田间管理

（1）中耕松土和培土。苗出齐后及时中耕松土，大、中型萝卜于幼苗期到封垄前，一般要求结合除草中耕2～3次，后期进行根际培土。

（2）间苗和定苗。幼苗出土后生长迅速，要及时间苗。间苗的原则是早间、分次间、适时定。在"破肚"时选择具有原品种特征的单株定苗。

（3）水分管理。幼苗期和叶片生长盛期浇水以地面见干见湿为原则，同时配合浅中耕、培土，适当蹲苗。根部生长盛期，需充分均匀地供水，以达到高产优质。在多雨季节，应注意排水。收获前 7d 停止浇水。

（4）施肥。萝卜施肥以基肥为主，追肥为辅。幼苗具 2～3 片真叶时追施 1 次提苗肥，结合灌水每亩施尿素 10kg。肉质根开始膨大时追第二次肥，每亩追施萝卜专用肥 15～20kg，或施尿素 15kg、硫酸钾 15kg。

5. 收获 当田间萝卜肉质根充分膨大，叶色转淡渐变黄绿色时，为收获适期。秋播的多为中、晚熟品种，需要贮藏或延期供应，可稍迟收获，但需防糠心，防受冻，一定要在霜冻前收完。

（二）樱桃萝卜设施栽培技术

樱桃萝卜是一种小型萝卜，为中国四季萝卜中的一种，因其外貌与樱桃相似，故取名为樱桃萝卜。樱桃萝卜设施栽培于 10 月上中旬至翌年 3 月中旬进行，可在塑料大棚、改良阳畦内陆续播种，分期采收。春秋季生产可于 3 月中旬至 5 月上旬，8 月上旬至 10 月下旬陆续播种，分期采收。冬季生产当温度低于 15℃时可用塑料薄膜覆盖促进其生长。除高温多雨的夏季不适生产外，其他季节均可生产。

1. 品种选择 目前生产中常用品种有日本的二十日大根和四十日大根、红丁萝卜、德国的早红等。

2. 整地施肥 整地要求深耕、平整、细致。施肥要均匀，以保证肉质根形状端正，外表光洁，色泽美观，并有利于吸收根吸收养分和水。施肥以基肥为主，每亩施腐熟有机肥 2 000kg、草木灰 50kg，施用饼肥效果更佳。

3. 播种 一般采用平畦条播，畦宽 1.2m。播种前造足底墒。按行距 10cm 开播种沟，沟深 1.5cm，每亩用种量 1.0～1.5kg，种子播好后用细土覆盖并镇压。

4. 田间管理 樱桃萝卜生长的适宜温度为 6～20℃，6℃以下生长缓慢并易通过春化阶段而造成未熟抽薹，因此，设施栽培要保证最低温度不低于 6℃。播种后当气温达到 20～25℃时，2～3d 即可出苗。定苗前间苗 2 次，将病弱或过密幼苗除去。当幼苗具有 3～4 片真叶时进行定苗，株距 4cm 左右。生长过程中要求保持土壤湿润，由于其生长期较短，生长期间基本上无须再追肥。

5. 适时采收 樱桃萝卜一般生长 25～35d 后即可采收，少数需 40d 左右。

（三）生产中常见问题及防止措施

1. 先期抽薹

（1）主要原因。种子萌动后遇到低温或使用陈种子；播种过早，又遇高温干旱；品种选用不当；管理粗放。

（2）防止措施。选用冬性强的品种；严格控制从低纬度地区向高纬度地区引种；采用新种子播种；适期播种，加强肥水管理；防止品种混杂；如发现先期抽薹，及时摘薹，大水大肥，在抽薹前及时上市。

2. 糠心 糠心是在萝卜生长后期在肉质根中央纵生圆筒状孔洞的一种现象（图 8-3）。轻者发生在肉质根下部，重者整个肉质根发生空洞，不但质量减小，而且糖分减少，影响食用、加工及贮藏品质。

图 8-3 糠心萝卜剖面

（1）主要原因。

①与品种有关。肉质疏松的大型品种容易糠心。

②与播种期有关。如播种过早，会造成叶片早衰，容易出现糠心。

③与先期抽薹有关。发生先期抽薹，大部分有机营养物质用于抽薹开花，因而容易糠心。

④与种植密度有关。株行距过大易糠心。

⑤与施肥有关。生长后期多氮容易引起糠心。

⑥与环境有关。生长中期，夜温过高，呼吸作用旺盛，消耗大量营养物质，容易引起糠心。多数萝卜品种，在短日照条件下肉质根膨大的速度快，容易糠心，但也有少数品种相反。到肉质根膨大后期，土壤干旱，肉质根的部分细胞因缺水而衰老，容易糠心。

（2）防止措施。

①合理选用品种。选择肉质致密、干物质含量高的品种，如心里美、卫青等品种都不易糠心。

②适期播种。一般在适播期内，适当晚播能减少糠心。

③防止先期抽薹。减少因抽薹而引起的糠心。

④合理密植。特别是大型品种，适当增加栽植密度，能减少糠心。

⑤合理施肥。少施氮肥，增施钾肥。

⑥合理灌水。供水均匀，特别要防止前期土壤湿润而后期土壤干旱。

3. 裂根 裂根是萝卜肉质根开裂的现象（图 8-4）。

（1）主要原因。肉质根膨大初期，由于供水不均造成的。膨大前期由于缺水，肉质根周皮组织硬化；当水分充足时，肉质根再次膨大，即产生裂根。

（2）防止措施。肉质根膨大期要均匀供水。

4. 辣味或苦味 辣味是由于芥子油含量偏高而出现的，苦味则是由苦瓜素造成。

（1）主要原因。

①辣味常与炎热、缺肥、干旱、病虫危害、肉质根未充分膨大等有关。

图 8-4 萝卜裂根

②氮过多，磷、钾不足易造成萝卜苦味的形成。

（2）防止措施。

①合理施肥。少施氮肥，增施磷、钾肥。

②合理灌水。供水均匀，特别要防止前期土壤湿润而后期土壤干旱。

③适时防治病虫害。减少因病虫危害造成的影响。

5. 歧根（分杈） 歧根就是肉质根短小、分杈现象，是侧根由吸收转为贮藏的结果（图 8-5）。

图 8-5 萝卜歧根

（1）主要原因。

①土壤性状不良。土质过于坚硬或土中有石块，肉质根不能下扎而使其弯曲、分枝，成为歧根。

②有机肥料没有彻底腐熟。施有机肥作底肥的，有机肥未充分腐熟，发生烧根，肉质根不能继续伸长，而刺激侧根膨大，形成歧根。

③土壤害虫的侵害。害虫咬伤主根，主根不能继续生长，促进侧根膨大。

④种子生活力弱。使用 2 年以上的陈年种子播种的，种子生活力弱，发芽不良，影响幼根先端生长，发生歧根。

（2）防止措施。

①精耕细作，深翻暴晒，土壤要整平整细。

②有机肥要充分腐熟。

③播种前要防治地下害虫。

④要用当年新采的种子，不用陈种。

任务二 胡萝卜生产技术

胡萝卜又称红萝卜，属伞形科胡萝卜属二年生草本植物，原产于中亚细亚一带。由于它具有适应性强、生长健壮、病虫害少、管理省工、耐贮运等特点，分布遍及全国各地，尤以北方栽培更为普遍，为冬春主要蔬菜之一。

一、生产特性

（一）形态特征

1. 根 胡萝卜的根分为肉质根和吸收根。肉质根也分为根头、根颈和真根 3 部分，其中真根占肉质根的绝大部分。肉质根的颜色多为橘红、橘黄（含大量胡萝卜素所致），少数为浅紫、红褐、黄或白色。从解剖结构上说，胡萝卜肉质根的主要食用部分是次生韧皮部（图 8-6）。胡萝卜的吸收根有 4 列，呈纵向对称排列。胡萝卜为深根性蔬菜，主根较深，成株深者可达 1.8m 以上，横向扩展为 0.6m 左右，较耐旱。

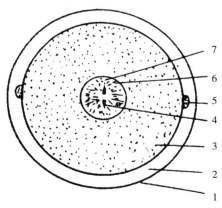

图 8-6 肉质根的横切面

1. 周皮 2. 皮层 3. 次生韧皮部 4. 初生木质部 5. 初生韧皮部 6. 形成层 7. 次生木质部

2. 茎　营养生长时期为短缩茎，生殖生长时期抽出花茎。

3. 叶　叶丛着生于短缩茎上，叶柄长，叶浓绿色，为三回羽状复叶，全裂，15～22 片，叶面密生茸毛，具有耐旱特性（图8-7）。

图 8-7　胡萝卜的叶

4. 花　复伞形花序，虫媒花。

5. 果实　双悬果，成熟时分裂为 2 个独立的半果实，即为生产上的种子。

6. 种子　种子扁椭圆形，黄褐色，皮革质，含有挥发油，不易吸水，有特殊香气。种子小，出土能力差，胚常发育不正常，发芽率低，一般为 70% 左右。千粒重 1.1～1.5g。

（二）对环境条件的要求

1. 温度　胡萝卜为半耐寒性蔬菜，其耐寒性和耐热性都比萝卜稍强，生产上较秋冬萝卜播种早而收获迟。种子发芽起始温度为 4～5℃，最适温为 20～25℃。幼苗能耐短期 -5～-3℃低温和较长时间的 27℃ 以上高温。叶生长适温为 23～25℃。肉质根肥大期适温是 13～20℃，低于 3℃ 停止生长。开花结实的适温为 25℃ 左右。胡萝卜为绿体春化型植物，幼苗需达到一定大小时（一般在 10 片叶以后），在 1～6℃ 低温条件下，经 60～100d 才能通过春化。

2. 光照　胡萝卜属长日照植物，在长日照下通过光照阶段，要求中等光照度。

3. 水分　胡萝卜属于耐旱性较强的蔬菜。根系发达，能利用土壤深层水分，叶片抗旱。

4. 土壤及养分　胡萝卜适宜 pH 为 5～8，在土层深厚、富含腐殖质、排水良好的沙壤土中生长最好。土层薄、结构紧实、缺少有机质、易积水受涝的地块，常导致肉质根分杈、开裂，降低品质，不宜选用。对肥料三要素的吸收量：钾最多，氮次之，磷最少。

二、类型与品种

（一）类型

1. 长圆柱形　肉质根长 20～40cm，肩部柱状，尾部钝圆，晚熟（图8-8）。代表品种有沙苑红萝卜、常州胡萝卜、南京长红胡萝卜等。

2. 长圆锥形　肉质根细长，一般长 20～40cm，先端渐尖，熟期多为中、晚熟（图8-8）。代表品种有小顶金红、汕头红胡萝卜、四川小缨胡萝卜、山西等地的蜡烛台等。

3. 短圆锥形 根长在 19cm 以下，圆锥形（图 8-9）。如烟台五寸、夏播鲜红五寸、新黑田五寸等。

图 8-8 长圆柱形（左）和长圆锥形（右）胡萝卜　　　图 8-9 短圆锥形胡萝卜

（二）品种

1. 托福黑田五寸 适期播种，105～120d 后，根长 20cm，单根重达 300g 以上。根近圆柱形，芯小，"三红"率高，品质优良。

2. 春蒔鲜红五寸 耐抽薹的春秋兼用种。根部鲜红色，典型"三红"，根形好，整齐度高，根长 20cm，单根重 200～250g。抽根少，不易出现青头，商品性良好。较适于春播，也可用于夏播。

3. 红春秀 植株长势强，耐低温，抗抽薹，表皮光滑，呈圆柱型，根型整齐，根粗约 4cm，根长为 20～22cm，平均单根重 206g，表皮、韧皮部、髓部均为红色，适于早春露地和保护地栽培。

4. 齐头黄金宝 叶簇直立，长势较强，生长期 100d。肉质根圆锥形，上下粗细基本相同，长 20cm 左右，横径 5.2cm 左右，表皮、根肉、芯部均为米黄色，心柱细小亦有小顶，肉质细嫩、味甜、脆、品质佳，单根重 250～350g，生食熟食均宜，腌渍亦可。每亩产量为 5 000kg。

三、栽培季节与茬口安排

胡萝卜可春秋两季栽培，以秋季栽培为主，也有少量夏季栽培和春季地膜覆盖或塑料棚栽培。春季栽培多于 3—4 月播种，6—7 月收获，利用地膜和小拱棚覆盖，播种期还可适当提前。秋季栽培，北方多于 6—7 月播种，10 月中下旬至 11 月上旬收获；长江流域可于 7 月下旬至 8 月中下旬播种，11 月下旬至 12 月上旬收获；华南地区则于 8—10 月播种，露地越冬后，翌年春季 2—3 月收获。

四、生产技术

（一）品种选择

春播胡萝卜对品种的要求十分严格，宜选用抽薹晚、耐热性强、生长期短的小型品种。目前生产中常用的品种主要有两大类：一是国外引进的新黑田五寸、花知旭光和春时金五寸等；二是国内品种，如三寸胡萝卜、北京黄胡萝卜、烟台三寸等。

（二）整地施肥

胡萝卜对土壤的要求较高，宜选择耕层较深、土质疏松、排水良好的壤土或沙壤土。每亩施入充分腐熟的有机肥 3 000kg、草木灰 150kg 或生物钾肥 12kg，深耕细耙，清除砖石杂物。北方地区多用低畦，南方地区多用高畦，畦宽 1.5～2.0m。

（三）播种

胡萝卜春播过早容易抽薹，过晚则易导致肉质根膨大处在高温雨季，造成肉质根畸形或沤根。根据生产上的经验，在选用耐抽薹春播品种的前提下，可在日平均温度 10℃ 与夜平均温度 7℃ 时播种。胡萝卜播种的种子是果实，发芽慢，发芽率低，为提高出苗率，可催芽后播种。播种时按 15～20cm 行距开深、宽均为 2cm 的沟，将种子拌湿沙均匀地撒在沟内，每亩用种量为 1.5kg 左右。播后覆土 1.0～1.5cm，然后镇压、浇水。为了保持土壤中的水分，防止阳光暴晒产生高温，播种后可在垄上覆盖一些麦秸或稻草，出苗后再陆续撤去覆盖物。

（四）田间管理

1. 及时间苗　第一次间苗在 2～3 片真叶时进行，留苗株距 3cm；第二次间苗在 3～4 片真叶时进行，留苗株距 6cm。每次间苗时都要结合中耕松土。在 4～5 片真叶时定苗，小型品种株距 12cm，每亩保苗 4 万株左右；大型品种株距 15～18cm，每亩保苗 3 万株左右。间、定苗的同时进行除草，条播的还需进行中耕松土。

2. 水分管理　播种至齐苗期间需保持土壤湿润，一般应连续浇水 2～3 次。幼苗期应尽量控制浇水，保持土壤见干见湿，防止叶片徒长。幼苗具有 7～8 片真叶、肉质根开始膨大时，结束蹲苗。肉质根膨大期间应保持地面湿润，防止忽干忽湿，避免出现裂根等肉质根品质问题。

3. 施肥　整个生长期追肥 2～3 次。第一次在定苗后施用，以后每隔 20d 左右追施 1 次。由于胡萝卜对土壤溶液浓度很敏感，追肥量宜小，并结合浇水进行。通常每次每亩追施优质有机肥 150kg 左右或复合肥 25kg。

4. 中耕培土　用锄头等工具把植株周围的土壤疏松，并将土培到根部，防止肉质根膨大露出地面形成青肩胡萝卜。

（五）收获

胡萝卜播种至采收的天数依品种而定，早熟品种需 80～90d，中晚熟品种需 100～120d。一般来说肉质根充分发育，符合商品要求时，即可随时收获上市。

◆ 项目小结 ◇

根菜类均以肥大的肉质根为产品，产品耐贮运，可生食、炒食、腌渍和加工，适宜在土层深厚、肥沃疏松、排水良好的沙壤土生产。生产上多用种子直播，不耐移植；多为耐寒性或半耐寒性二年生蔬菜，在低温下通过春化阶段，在长日照下通过光照阶段；均属于异花授粉植物，采种时需严格隔离；同科的根菜有共同的病虫害，不宜连作。

实训指导 ◇

技能实训 根菜类蔬菜肉质根形态与结构观察

一、目的要求

识别萝卜、胡萝卜等根菜类蔬菜的主要类型品种，并观察其肉质根的外部形态及内部构造，以了解它们的食用品质和生产上对农业技术的要求。

二、材料用具

萝卜、胡萝卜等根菜类不同类型多个品种的成株标本。

三、相关知识

根菜类是指食用器官为其地下肉质直根的各种蔬菜。十字花科的有萝卜、根用芥菜、芜菁、芜菁甘蓝等，伞形科的有胡萝卜、美国防风、根用芹菜等，藜科有根用甜菜。

（一）萝卜、胡萝卜主要类型品种

1. 萝卜

（1）根据栽培季节分类。

①秋冬萝卜。如青圆脆、心里美、大红袍、沈阳红丰 1 号、吉林通园红 2 号等。

②冬春萝卜。如丰美一代。

③春夏萝卜。如东洋萝卜、成都春不老、五月红等。

④夏秋萝卜。如南京泡里红、火车头等。

⑤四季萝卜。如杨花萝卜。

（2）根据用途不同分类。

①菜用种。肉质细密，煮食易烂，味甜质糯，皮色洁白、鲜红或浓绿，如江农大红、穿心红、徐州大红袍。

②生食种。味甜多汁，组织致密，质地脆嫩，肉厚皮薄，无苦辣味，外形美观，如心里美、青园脆等。

③加工种。组织致密，干物质多，质地脆嫩，如新闸红萝卜、黄州萝卜、鸭蛋头等。

2. 胡萝卜

（1）根据根色分类。

①红胡萝卜。如红森胡萝卜。

②黄胡萝卜。如韩育齐头黄。

③紫胡萝卜。如天紫 1 号。

（2）根据根形分类。

①长圆柱形。如南京长红胡萝卜。

②长圆锥形。如烟台五寸胡萝卜。

③短圆锥形。如烟台三寸胡萝卜。

（二）根菜类肉质根的外部形态观察

肉质根在外部结构可分为：

1. 根头部 根头部为短缩的茎部，由幼苗子叶以上的上胚轴发育而成。

2. 根颈部 根颈部由幼苗下胚轴发育而成，此部无叶痕，无侧根。

3. 真根部 真根部由幼苗初生根肥大而成，上生侧根，十字花科与藜科的肉质根上生 2 列侧根，伞形科肉质根上生 4 列侧根。

根头、根颈、直根 3 个部分比例大小依品种不同而异，受生产条件的影响。萝卜由于 3 个部分比例的不同，可分为：露身种，如露八分、大钩白；半隐身种，如浙大长，穿心红 等；隐身种，如东洋萝卜、扬州埋头白萝卜。这些特征与生产和选种都有密切的关系。

（三）根菜类肉质根解剖学上的结构观察

以十字花科的萝卜、伞形科的胡萝卜等代表。进行肉质根解剖学上的结构观察。

四、作 业

（1）对主要根菜类的种类和品种进行识别，并填写表 8 - 3。

表 8 - 3 萝卜与胡萝卜的形态特征

品种	类型	叶形	叶数	叶重 T/g	根形	根色	根重 R/g	T/R	单株重/g

（2）绘制萝卜、胡萝卜的肉质直根横切面构造简图，并注明各部分名称。

复习思考题 ◇

1. 萝卜在栽培过程中肉质根易出现哪些质量问题？如何防止？

2. 简述露地秋萝卜栽培技术要点。

3. 简述根菜类蔬菜高产优质栽培的肥水管理技术要点。

4. 根菜类蔬菜病虫害的综合防治措施有哪些？

5. 生产中怎样提高胡萝卜的播种质量？

项目九 XIANGMU 9

绿叶菜类蔬菜生产技术

项目导读 ◇

本项目主要介绍芹菜、蕹菜的生产特性、类型品种、栽培季节与茬口安排及生产技术等。

学习目标 ◇

知识目标：了解绿叶菜类蔬菜生产特性，掌握绿叶菜类蔬菜的生长发育规律。

技能目标：掌握绿叶菜类蔬菜育苗、直播技术，能进行绿叶菜类蔬菜生产管理，能对绿叶菜类蔬菜栽培设施环境进行控制。

绿叶菜类蔬菜包括芹菜、莴苣、菠菜、芫荽、茼蒿、普通白菜、苋菜、蕹菜、落葵、荠菜等，是以柔嫩的叶、叶柄、小型叶球、嫩茎等为产品的蔬菜。其植株矮小，生长期短，可排开播种，分期收获，是调节淡季和间、套作的重要蔬菜。

绿叶菜类蔬菜种类多，依对环境条件的要求可大致分为两类：一类喜冷凉，如芹菜、莴苣、菠菜、芫荽、茼蒿等，生长适温为 15～20℃，能耐短期霜冻；另一类喜温暖，如蕹菜、苋菜、落葵等，生长适温为 20～25℃。

多数绿叶菜类蔬菜根系较浅，单位面积上株数多，因此对土壤和肥水条件要求较高。

学习任务 ◇

任务一 芹菜生产技术

芹菜为伞形科二年生草本植物，原产于地中海沿岸的沼泽地带。其含有丰富的维生素、矿物质及挥发性芳香油，具有特殊香味，能促进食欲。

一、生产特性

（一）形态特征

1. 根 根系分布较浅，主要根群密集于 7～15cm 的土层内，水平分布 30cm 左右，吸收面积小，耐旱耐涝能力均弱，主根受伤后能发生大量侧根，适于育苗移栽。

2. 茎 茎在营养生长时期为短缩茎，叶片簇生于短缩茎上，生殖生长时期抽出花茎（花薹）。花薹纤维多，组织老化，一般不作食用，生产中要控制花薹的生长。

3. 叶 叶着生于短缩茎的基部，为基数二回羽状复叶。叶柄发达，其薄壁组织内含有大量养分和水分，质地鲜嫩，为主要食用器官。

4. 花 复伞形花序，花小，白色，虫媒花，异花授粉。

5. 果实 双悬果，圆球形，棕褐色。生产上使用的种子实际上是果实。因果皮革质，并具油腺，所以透水性差，发芽缓慢。

6. 种子 种子小，千粒重 0.4～0.5g。刚采收的种子需经 3～4 个月的休眠期后才能发芽，种子的有效使用年限为 2～3 年。

（二）生育周期

1. 营养生长阶段

（1）发芽期。从种子萌动到子叶展开为发芽期，需 10～15d。

（2）幼苗期。从子叶展开到长出 4～5 片真叶为幼苗期，一般需 45～60d。

（3）叶丛生长初期。从 4～5 片真叶到长出 8～9 片真叶为叶丛生长初期。此期植株大量产生新根和分化新叶，短缩茎不断增粗，叶丛生长缓慢，株高可达 30～40cm，历时 30～40d。

（4）叶丛旺盛生长期。8～9 片叶后直至收获，新叶直立是进入旺盛生长期的重要标志。此期叶柄迅速伸长、增粗，生长量占植株总生长量的 70%～80%，是形成产量的关键时期。

2. 生殖生长阶段 植株在通过低温春化后，翌春在长日照和适温条件下抽薹、开花、结实。

（三）对环境条件的要求

1. 温度 芹菜属半耐寒性蔬菜，要求冷凉湿润的环境条件。种子发芽适温为 15～20℃，温度过高，发芽困难，30℃ 以上不能发芽。生长适温为 15～20℃，幼苗可耐 −5～−4℃ 低温和 30℃ 的高温，成株可耐短期 −10～−7℃ 的低温，26℃ 以上的高温会使生长受阻，品质变劣。一般在 3～4 片真叶，遇 10℃ 以下的低温，10～15d 通过春化。

2. 光照 芹菜属长日照作物。种子发芽需弱光，在黑暗条件下发芽不良。植株生长前期，光照充足，能促进植株横展，抑制向上生长，有利于植株的健壮生长；生长后期，短日照和较弱的光照，能使植株高大，品质好。

3. 水分 芹菜耐旱力较弱，要求较高的土壤湿度和空气湿度。

4. 土壤 芹菜根系浅，吸收能力弱，对土壤水分和养分要求严格。适宜在富含有机质、保水保肥能力强的中性或微酸性的壤土或黏壤土上栽培。

5. 养分 整个生长期以氮肥为主，生长初期需磷较多，后期需钾较多。生产 1 000kg 芹菜需氮（N）2kg、磷（P_2O_5）1kg、钾（K_2O）4kg。

二、类型和品种

（一）类型

目前我国生产的芹菜根据叶片形态不同，通常分为本芹和西芹两大类型（图 9-1）。

1. 本芹 本芹又名中国芹菜，在我国生产历史悠久。根大，叶柄较细长，多中空，呈绿色或紫色，纤维较多，香味浓，可食部分较少。

2. 西芹 西芹又名洋芹，由国外引进。植株较大，叶柄宽厚，多为实心，纤维少，肉质脆，味甜，略具香气。

（二）品种

1. 津南冬芹 叶柄较粗，淡绿色，香味适口。株高 90cm，单株重 0.25kg，分枝极少，最适冬季保护地栽培使用。

2. 铁杆芹菜 植株高大，叶色深绿，有光泽，叶柄绿色，实心或半实心，单株重 0.25kg。

3. 文图拉 植株高大，生长旺盛，株高 80cm以上。定植后 80d 可上市，单株重 1kg 以上。

4. 佛罗里达 683 植株高大，株高 75cm 以上，生长势强，味甜。定植后 90d 可上市，单株重 1kg 以上。

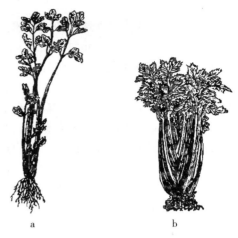

图 9-1 芹菜类型
a. 本芹　b. 西芹

三、栽培季节与茬口安排

芹菜最适春秋两季栽培，以秋播为主。因幼苗对不良环境有一定的适应能力，故播种期不严格，只要能避过先期抽薹，也可在其他季节栽培。长江流域和华南地区，夏季炎热，冬季温暖，适宜春、秋、冬三季栽培。如长江流域从 6 月中下旬至 10 月上旬均可播种，从 9月中、下旬至 12 月下旬陆续供应，播种稍迟的还可延长到翌年早春。抽薹晚的品种从 1 月至 3 月上旬春播，用塑料薄膜短期覆盖以减少低温影响，避免未熟抽薹。北方地区冬季寒冷，适宜春、夏、秋栽培，利用不同的栽培方式及保护设施栽培，基本上可以周年供应（表 9-1）。

表 9-1　芹菜周年栽培时间

栽培方式	播种期	定植期	收获期	备注
塑料中小棚越冬根茬	7 月上旬至 7 月下旬	9 月上旬至 9 月下旬	12 月上旬至翌年 4 月下旬	露地育苗
塑料大棚越冬根茬	7 月上旬至 7 月中旬	9 月下旬	3 月中下旬	露地育苗
风障越冬根茬	7 月上旬至 8 月初	9 月中旬至 10 月上旬	4 月上旬至 5 月上旬	露地育苗
春季露地	2 月上旬至 3 月上旬	3 月下旬至 4 月上旬	5 月下旬至 6 月下旬	大棚育苗
夏季露地	4 月至 5 月下旬	6 月中旬至 7 月中旬	8 月上旬至 9 月中旬	露地育苗
秋季露地	6 月中下旬	8 月上旬至 8 月下旬	10 月下旬至 11 月中旬	露地育苗，产品可贮藏

四、生产技术

（一）露地秋芹菜生产技术

1. 播种育苗 秋芹菜播种时正值高温季节，对种子萌发和幼苗生长都不利，生产上一般进行设施育苗。

（1）苗床准备。宜选阴凉、排灌方便、土壤疏松肥沃、保水保肥性能好的地块。施入腐熟有机肥 15kg/m²、三元复合肥 100g/m²，加 50％多菌灵可湿性粉剂 50g/m²。翻耕细耙，做成 1.0～1.2m 宽的畦，南方宜做高畦，北方为低畦。

（2）种子处理。秋芹菜的育苗期正值高温季节，种子发芽率低，出苗参差不齐。应用冷水浸泡种子 24h，浸种过程中需搓洗几遍，以利吸水。将浸泡过的种子捞出，用清水洗净沥干后，用透气性良好的湿纱布包好，再用湿毛巾覆盖，放在 15～20℃ 条件下催芽，每天翻动 2～3 次，让其见光促进发芽。当有 50％种子露白时即可播种。

（3）播种。夏季应在早晚或阴天播种。定植每亩约需种子 200g，育苗床为 50m²。播前苗床浇透底水，待水渗下后撒一层薄细土，再撒播种子，然后覆盖细土厚 0.5cm 左右。

（4）苗期管理。播种后应在畦面上搭遮阳棚或盖遮阳网形成花荫，避免阳光直射和雨水冲击。出苗前保持畦面湿润，幼苗顶土时浅浇一次水，以后经常保持土壤湿润。齐苗后去掉遮阳物，浇施一次 0.2％尿素水溶液，促进幼苗生长。当幼苗长出 2～3 片叶后，及时间苗，使苗距扩大到 2cm 左右，间苗后要及时浇水。当苗高 10cm 左右，有 4～5 片真叶时，可以定植。

2. 定植

（1）整地施基肥。前茬作物收获后，及时翻耕，每亩撒施腐熟有机肥 3～4m³、三元复合肥 40～50kg、石灰 50～75kg，深翻 20cm，使土壤和肥料充分混匀，整细耙平，做成 1.0～1.2m 宽的畦。

（2）定植。定植密度依品种类型而定。本芹 2～3 株丛栽，行株距均为 13～15cm；西芹单株定植，一般行距 40cm，株距 25cm 左右。

（3）定植方法。移栽前 3～4d 停止浇水，带土取苗，起苗时主根留 4cm 切断，以促发大量侧根，单株或多株定植。定植深度应与幼苗在苗床上的入土深度相同，露出心叶，随栽随浇水。

3. 田间管理

（1）培土、遮阳、防雨、防倒伏。

①培土。培土是芹菜高产优质的关键措施之一，一般定植后 10d 左右进行第一次培土，培土材料宜选用火烧土、塘泥、稻田土等，并注意不使植株受伤。从定植到植株封行前一般培土 2～3 次。

②遮阳防雨。夏秋栽培定植后应立即盖遮阳网遮阳降温。遮阳网应在晴天盖，阴天揭；晴天早上盖，傍晚揭。下雨时应在遮阳网上盖塑料薄膜挡雨，防止雨淋后引起病害。

③防倒伏。芹菜叶柄脆，易倒伏，应在苗高 15～20cm 时在畦四周每隔 30cm 用竹篱笆作支架，后用稻草或芦苇沿畦四周围起，围裙高 40～60cm。篱笆围裙，以达到软化栽培的目的，使叶柄洁白柔嫩，品质上乘。

（2）肥水管理。定植后及时浇水，3～5d 后浇缓苗水，雨天及时排涝。缓苗后要控制浇水，进行中耕、除草，蹲苗 15～20d，促进新根发生，防止外叶徒长并促进新叶分化。若植株表现缺肥症状，可追施一次提苗肥，每亩施加硫酸铵 10kg，或腐熟人粪尿 500kg 左右。蹲苗结束后，气候逐渐凉爽，植株生长量增大，进入旺盛生长期。此期结合浇水追施速效性氮肥，以后分期追施 2～3 次，适当配施磷、钾肥，以充分满足芹菜后期对钾的需要。第一次，每亩追施硫酸铵 15～20kg，然后浇水，10d 后随水施入人粪尿 750～1 000kg；10～15d 后再追施 1 次硫酸铵，并追施钾、磷肥各 10kg 左右，然后浇水，一般每 2～3d 浇 1 次水，以经常保持土壤湿润为宜；秋分后气温渐低，宜减少浇水次数，每 4～5d 浇 1 次水，采收前 10d 左右停止浇水，利于贮藏。收获前 15～20d 喷 20mg/kg 赤霉素，可提高产量。

4. 采收　芹菜生长期长，当株高达 40～60cm 时可陆续采收。收获时连根铲起，削去侧根后扎捆。已成熟的芹菜收获不可过晚，否则会使产量和品质下降。准备贮藏的芹菜，在不受冻害的前提下可适当延迟收获。

（二）温室生产技术要点

温室生产芹菜病虫少，产量高，效益好。

1. 品种选择　应选择耐寒性强、不易抽薹、生长快、丰产、优质的品种。

2. 育苗　根据大棚的保温条件确定芹菜的播种期。大棚芹菜既可进行春季早熟栽培，也可进行秋延后栽培。华南地区秋季延迟栽培一般在 8—10 月播种，春早熟栽培的一般在 11 月下旬播种。适宜苗龄为 60d 左右。

3. 田间管理　定植以后，气温逐渐下降，由于塑料薄膜覆盖，水分消耗很慢。在中午前后，棚内气温常会升到 25℃ 以上，为防止幼苗徒长和高温、高湿引起病害，必须坚持每天放风排湿，并控制浇水，使苗发粗、发壮而不拔高。立春以后，棚内芹菜因气温回升而开始迅速生长，应抓紧肥水管理。可结合浇水，施尿素、硫酸钾作追肥，每次每亩各施 10kg，一般施 2 次即可。

任务二　蕹菜生产技术

蕹菜别名空心菜、竹叶菜、藤藤菜、通菜，属旋花科一年生或多年生蔓生蔬菜，用种子繁殖或无性繁殖，起源于我国及东南亚热带地区。其适应性强、喜温耐热、产量高、栽培技术简单、供应期长、栽培成本低、风味好、营养价值较高，是夏秋季主要的绿叶类蔬菜之一，市场需求量大，全国各地均有栽培。

一、生产特性

（一）形态特征

1. 根　须根，着生在茎蔓各个节上。长 20～40cm，数量多，分布于浅土层或水中。

2. 茎　茎蔓长达 4～5m，横切面圆形中空，茎有绿、浅绿、绿带紫色等多种颜色，茎每节生有分枝。

3. 叶　长卵形或阔披针形，基部心脏形，全缘，叶面光滑，叶片大小因品种不同而有较大差异。有的品种叶片长不到 10cm，宽不过 1cm，有的品种叶片可超过 20cm，宽可超过 10cm，叶柄长 7～15cm。

4. 花　花从叶腋发生，单生或着生于聚伞花序上。花冠由 5 片花瓣合生而成，呈漏斗形，似牵牛花，白色或粉色，花中有雌蕊 1 枚，雄蕊多枚。

5. 果实　蒴果，卵球形，褐色，内含种子 2～4 粒。

6. 种子　种子黑褐色，种皮坚硬，近圆形，千粒重 32～40g。有些品种花而不实，甚至很少开花。

（二）对环境条件的要求

1. 温度 蕹菜喜高温多湿环境，种子在 15℃以上开始发芽。种藤腋芽萌发初期，温度保持 30℃以上，发芽快而整齐。幼苗期生长适温 20～25℃，10℃以下生长受阻。茎、叶在 25～30℃条件下生长旺盛，能耐 35～40℃高温；15℃以下，茎叶生长缓慢；10℃以下则停止生长。蕹菜不耐寒，遇霜地上茎叶枯死。

2. 光照 蕹菜属高温短日照作物，并较耐强光，开花结籽要求短日照和充足光照。子蕹对光周期适应范围较广，藤蕹对短日照要求比较严格，在长江流域及广州也不能开花结籽，或只能少量开花，但不能结籽。

3. 水分 蕹菜喜湿润土壤及较高的空气湿度，若土壤水分不足，空气干燥，则产品纤维发达，甚至粗老不堪食用，产量和品质降低。

4. 土壤 蕹菜适应性较强，对土壤要求不严，但以保水、保肥的中壤土或重壤土为好。

5. 养分 蕹菜分枝力强，生长速度快，需肥量大，在生长期间需注意补充氮肥。

二、类型与品种

（一）类型

1. 根据对水分的适应性不同分类 可分为旱蕹和水蕹。旱蕹品种适于旱地栽培，水蕹适于浅水或深水栽培。

2. 根据能否结籽分类 可分为子蕹和藤蕹。

（1）子蕹。主要用种子繁殖，也可以扦插繁殖。多旱地栽培，也可水生栽培。生长势旺，茎粗，叶大，色浅绿，夏季开花结籽。按花色又可分为白花子蕹和紫花子蕹两种。白花子蕹品质好，产量高，栽培面积大。

（2）藤蕹。用茎蔓繁殖，一般很少开花，更难结籽。多于水田或沼泽地栽培，也可旱地栽培。其品质优于子蕹，生长期长，产量高。

（二）品种

1. 大叶蕹菜 江西吉安等地的地方品种，属于白花子蕹。植株半直立，茎叶茂盛，株高 50cm 左右。叶较大，呈心脏形，深绿色，叶面光滑全缘。茎管状，中空有节。适应性强，较耐高温高湿，怕霜冻，喜欢疏松肥沃土壤。茎叶柔嫩，纤维少，品质优。

2. 大骨青 也称青壳，为广州农家品种，属于白花子蕹，株高 55cm 左右，分枝较少。茎梢细，青黄色。叶片长卵形，深绿色。适宜水田早熟栽培。

3. 永丰藤蕹 植株匍匐生长，系水蕹，行无性繁殖，茎长 100～300cm，呈紫红色，茎中空有节，茎壁肉厚。叶片宽大，心脏形，长 10～12cm，宽 11cm，绿色，光滑全缘。分枝力特强，耐高温，茎叶肥嫩，纤维少，产量高，品质佳，适宜肥沃湿润环境条件生长。2月底3月初将窖藏母蔓取出进行小拱棚保温育苗，3月底至4月上旬移栽，5月上中旬至11月上旬分期采收，亩产量 6 500～8 000kg。

三、栽培季节与茬口安排

露地栽培时间为 3—9 月，广州为 12 月至翌年 2 月，长江中下游一带为 4—10 月。大棚栽培基本上可以周年生产、周年供应，为了能获得较高的经济效益，应安排在 10—12 月播种，12 月至翌年 3 月上市。

四、生产技术

1. 品种选择　根据不同的季节选用抗病、品质优、商品性好的品种，如泰国空心菜和适合早春种植的竹叶空心菜。

2. 播种育苗

（1）整地施肥。蕹菜生长速度快，分枝能力强，需肥水较多，宜选择湿润而肥沃的土壤，播种前深耕细耙，畦面土要整细。蕹菜宜直播，也可育苗移栽。播前施足基肥，播种前根据土壤肥力情况，一般每亩施入腐熟有机肥 1 500～2 000kg、草木灰 100kg，充分与土壤混匀，然后做高 20cm、宽 130～150cm 的畦（包沟）。

（2）浸种催芽。蕹菜种子的种皮厚而硬，若直接播种会因温度低而发芽慢，如遇长时间的低温阴雨天气，则会引起种子腐烂，因此宜进行催芽。可用 30℃左右的温水浸种 18～20h，然后用纱布包好置于 30℃的催芽箱内催芽，当种子有 50％～60％露白时即可进行播种。

（3）播种。可撒播或条播，每亩用种量为 1.5～2.0kg。撒播后用细土覆盖 1cm 左右厚，条播可在畦面上横划一条 2～3cm 深的浅沟，沟距 15cm，然后将种子均匀地撒施在沟内，再用细土覆盖，然后用遮阳网覆盖畦面，再淋水，出苗后即可揭开遮阳网。

3. 田间管理　经常保持土壤湿润，掌握"薄肥勤施，先淡后浓，以氮为主"的施肥原则。出苗后 7d，用 10％的沼气液或腐熟人畜粪尿浇施，也可每亩用尿素 5～8kg 加复合肥 3kg 兑水浇施。以后加大施肥浓度，每次采收后应追肥 1 次，收前 10d 停止施肥。

4. 大棚内的管理　冬季蕹菜大棚栽培时，气温低，湿度大，且持续的低温阴雨天气时间长，对喜温的蕹菜生长极为不利，因而保温防寒是反季节栽培的关键。播种后，应及时密封好大棚，保证棚内温度高于 10℃，否则会引起冻害，同时在阳光充足、温度较高时，加强通风排湿，尽量避免大棚内的温度高于 35℃，防止植株发生病害，保持植株旺盛生长，提高产量。大棚内的空气相对湿度在较高湿度和阴雨天可能会达到 100％，此时必须及时揭开大棚两端或四周的薄膜进行通风。其他田间管理同露地栽培。

5. 采收　蕹菜适时采收是高产优质的关键。一般播种后 35～45d，当蕹菜植株生长到 35cm 高时应及时采收。采用摘心采收时，在第一、第二次采收时，留基部 2～3 节采摘，以促进侧蔓萌发而提高产量，以后仅留 1～2 芽即可。

项目小结 ◆

绿叶菜类蔬菜植株矮小，根系浅，生长期短，对土壤和肥水条件要求较高，生产可排开播种，分期收获。芹菜整个生长期施肥以氮肥为主，生长初期需磷较多，后期需钾较多；夏秋生产定植后应立即盖遮阳网遮阳降温；为防倒伏，可用篱笆围裙。蕹菜适应性较强，以保水保肥的中壤土或重壤土为好，其分枝力强，生长速度快，需肥量大，在生长期间需注意补充氮肥。

实训指导 ◇

技能实训 芹菜设施育苗技术

一、目的要求

掌握芹菜设施育苗技术。

二、材料用具

芹菜种子、赤霉素、硫脲、多菌灵等。

三、方法步骤

（一）苗床准备

选择阴凉、排灌方便、土壤疏松肥沃、保水保肥性能好的地块，做成 $1.0 \sim 1.2 m$ 宽的畦，施入腐熟有机肥 $15 kg/m^2$、复合肥 $100 g/m^2$，加 50% 多菌灵可湿性粉剂 $50 g/m^2$。

（二）种子处理

1. 植物生长调节剂处理 播种前将种子在 $5 mg/L$ 的赤霉素溶液中浸泡 12h，或用 $1\,000 mg/L$ 的硫脲浸泡 $10 \sim 12 h$。

2. 浸种催芽 将芹菜种子在冷水浸泡种子 24h，搓洗几遍，以利吸水。将浸泡过的种子捞出，用清水洗净沥干后，用透气性良好的湿纱布包好，再用湿毛巾覆盖，放在 $15 \sim 20 ℃$ 条件下催芽，每天翻动 $2 \sim 3$ 次，让其见光促发芽。催芽期间每天均需用清水冲洗种子 1 次，以洗掉种子萌发过程中产生的黏液，当有 50% 种子露白时即可播种。

（三）播种

夏季应在早晚或阴天播种。播前苗床浇透底水，待水渗下后撒一层薄细土，再撒播种子，然后覆盖细土 0.5cm 左右厚。

（四）苗期管理

1. 遮阳 播种后应在畦面上搭遮阳棚或盖遮阳网形成花荫，避免阳光直射和雨水冲击。

2. 浇水 出苗前保持畦面湿润，幼苗顶土时浅浇一次水，以后经常保持土壤湿润。齐苗后去掉遮阳物，浇施一次 0.2% 尿素水，促进幼苗生长。

3. 间苗 当幼苗长出 $2 \sim 3$ 片叶后，及时间苗，并除去苗床中的杂草，使苗距扩大到 2cm 左右，间苗后要及时浇水。

4. 定植 当苗高 10cm 左右，具 $5 \sim 6$ 片叶时即可定植。

四、作　　业

提交一份实验报告，记录芹菜育苗技术步骤及整个生长发育过程。

复习思考题 ◇

1. 绿叶菜类蔬菜在蔬菜周年供应中起何作用？

2. 芹菜对栽培环境条件有何要求？
3. 西芹和本芹有何不同？
4. 蕹菜有哪些类型？
5. 蕹菜大棚生产如何管理温湿度？
6. 如何安排蕹菜茬口？

葱蒜类蔬菜生产技术

本项目主要介绍葱蒜类蔬菜的生产特性、品种类型、栽培季节与茬口安排以及生产技术。

知识目标：了解葱蒜类蔬菜生产特性，掌握葱蒜类蔬菜的生长发育规律，理解韭菜跳根、分蘖的特性，理解大蒜蒜珠的复壮原因。

技能目标：掌握葱蒜类蔬菜营养育苗、直播技术，能进行葱蒜类蔬菜生产管理，能进行韭蒜软化栽培。

葱蒜类蔬菜属于百合科葱属的二年生或多年生草本植物，包括韭菜、大葱、洋葱、大蒜、分葱、韭葱、细香葱、薤头等，普遍生产的有韭菜、大蒜、大葱和洋葱等。葱蒜类蔬菜营养价值高，风味鲜美，其茎叶中含有特殊香辛物质——硫化丙烯，有开胃消食之功效，也是解腥调味之佳品。

葱蒜类蔬菜在形态上都具有短缩的茎盘、喜湿的根系和耐旱的叶形以及具有贮藏功能的鳞茎；在生理上表现为喜凉、耐寒，要求中等强度的光照、较低的空气湿度和较高的土壤湿度、疏松肥沃保水力强的土壤，不耐高温、强光、干旱和瘠薄；严寒季节地上部枯萎，以地下根茎越冬，高温季节营养生长停滞或被迫休眠；均为绿体春化型植物，在低温下通过春化后，在长日照和适温条件下，抽薹、开花、结籽；种子小，寿命短，种皮坚硬，表面皱缩并角质化，不易吸水，发芽缓慢；有共同的病虫害，栽培时应避免连作；根系可分泌植物杀菌素，杀灭土壤中一些病原菌，是其他作物的良好前茬和间套作作物。

任务一　韭菜生产技术

韭菜别名丰本、草钟乳、起阳草、懒人菜、长生韭、壮阳草、扁菜等，为百合科多年生宿根草本蔬菜，原产亚洲东南部，现世界各国已普遍栽培。其适应性强，我国南北方各地普遍生产。韭菜的食用部分主要是柔嫩多汁的叶片和叶鞘（假茎），韭薹、韭花、韭根经加工腌渍也可供食用，营养丰富，气味芳香，深受人们喜爱。

一、生产特性

（一）形态特征

1. 根 弦线状须根，10～20条，主、侧根无主次之分，极少根毛，着生在短缩茎盘的基部和周围，密集于10～30cm的土层内，除吸收机能外，还有一定的贮藏功能。春季萌发吸收根和半贮藏根，其上有3～4条侧根；秋季萌发短粗的贮藏根，其上无侧根。随着植株的分蘖，生根的位置和根系也在根茎上逐年上移，使新老根系不断更替，俗称"跳根"或"换根"。在正常生长状态，每年"跳根"高度1.5～2.0cm。根的寿命长，为1～2年（图10-1）。

2. 茎 茎分为营养茎和花茎。一二年生韭菜的营养茎为短缩的盘状茎，故称为"茎盘"。茎盘下部生根，上部由功能叶和叶鞘包裹着，呈半圆球形白色的部分称"鳞茎"（韭葫芦），是韭菜贮藏养分的重要器官。随株龄的增长和逐年分蘖，新生成的营养茎不断上移，遗留在下面的茎盘和早期鳞茎形成杈状分枝，称为根状茎，寿命为2～3

图10-1 韭菜植株

年。植株通过春化阶段后，进入生殖生长阶段，鳞茎的顶芽分化为花芽，抽生花茎，花茎也称韭薹，高30～40cm，嫩茎可食。

3. 叶 叶由叶身和叶鞘两部分组成，单株5～9片叶簇生。叶身扁平、狭长、带状，是主要的同化器官和产品器官，表面被有蜡粉，耐旱。叶片基部呈筒状，称为叶鞘。多层叶鞘层层抱合成圆柱形，称为假茎。叶的生长缘于细胞分裂和膨大，叶的分生带在叶鞘基部。在叶子生长初期，整片叶子均处于分生状态，但叶身生长早于叶鞘，到叶身先端停止生长时，叶鞘仍在继续延伸生长，在叶不断生长的同时还不断分化出新叶，故收割不久又可长出新叶。

4. 花 伞形花序，着生在花茎的顶端，未开放以前由总苞包裹着，每一总苞有小花20～30朵。两性花，灰白色，异花授粉。韭菜属绿体春化型，当年播种的韭菜未经秋冬低温春化极少抽薹；二年生以上的韭菜植株多于大暑至立秋抽薹，立秋至处暑开花。

5. 果实 果实为蒴果，三心室，每室有种子两粒。

6. 种子 成熟的种子为黑色，盾形，表皮布满细密皱纹，背面凸出，腹面凹陷，千粒重4～6g。种皮坚硬，发芽缓慢。种子寿命短，一般1～2年，播种时要用上一年生产的新种子，2年以上的种子发芽能力大幅度降低。

（二）生长发育周期

韭菜的生长发育周期可分为营养生长阶段和生殖生长阶段。当年播种的韭菜，一般只有营养生长阶段，而无生殖生长阶段。二年生以上的韭菜两个阶段交替进行。

1. 营养生长阶段

（1）发芽期。从种子萌动至第一片真叶出现为发芽期，需10～20d。幼苗"弓形出土"，即萌动初期，子叶首先伸长，迫使胚根和胚轴顶出种皮，胚根露出种皮后即向地下生长，此时子叶继续伸长，但子叶尖端仍留在种壳中吸收胚乳中的养分。因此，幼苗出土时上部倒折，先由折合处顶土成拱形（称"顶鼻"或"打弓"）出土，以后由于胚轴伸长，才将子叶尖端牵引出土，称"伸腰"或"直钩"。

（2）幼苗期。从第一片真叶出现至幼苗具有 5 片叶，苗高 18~20cm 时为幼苗期。此期地上部生长缓慢而根系生长较快，需 80~120d。当苗高达 18~20cm 时即可定植。

（3）营养生长盛期。植株具有 5 片真叶至花芽分化为营养生长盛期。此期植株相继发生新根，叶片不断生长，叶片同化产物不断向根茎运输，植株旺盛生长。当植株长出 5~6 片叶时，开始发生分蘖。每年分蘖 2~3 次，植株通过分蘖，群体数量增多。

（4）越冬休眠期。初冬季节，当气温逐渐下降到 −7~−5℃时，韭菜出现生长停滞或茎叶枯萎现象而进入休眠，一般经过 10~20d，如遇适宜条件便可恢复旺盛生长。

2. 生殖生长阶段　当年播种的韭株在营养生长盛期已完成花芽分化的准备工作，遇到低温长日照条件即开始花芽分化，进入生殖生长阶段。二年生以上的韭菜，营养生长与生殖生长交替进行，每年秋季抽薹开花。韭菜花期较短，花期不齐，种子很难同时成熟，要分批采收。收获种子后，植株又转入分株生长，到翌年夏季又转入生殖生长。

（1）抽薹期。从花芽分化到花薹长成、花序总苞破裂。抽薹时营养集中用于花薹生长，暂停分株。瘦弱而营养不良的植株不能抽薹。

（2）开花期。从花苞破裂到整个花序开花结束为开花期。韭菜花序较小，花期较短，一般 7~10d。

（3）种子成熟期。从开花结束到整个花序上的种子成熟为种子成熟期，约需 30d。

（三）对环境条件的要求

1. 温度　韭菜是绿体春化型作物，在冷凉气候条件下生长良好，对温度适应范围广，耐低温，不耐高温。叶片能忍受 −5~−4℃的低温，在 −7~−6℃时，叶片才枯萎。根茎含糖量高，生长点位于地面以下，加上受到土壤保护，而使其耐寒能力更强，耐寒品种当气温降至 −40℃，根茎也能安全越冬，翌年春季地温回升到 2~3℃时即可萌发。韭菜生长适温为 13~20℃，露地条件下，气温超过 25℃时生长缓慢，尤其在高温、强光、干旱情况下，叶片纤维增多，品质降低；但在温室、高湿、弱光和较大昼夜温差条件下，28~30℃的高温也不会影响其品质。韭菜在不同生育阶段对温度的要求不同，种子发芽最低温度为 2~3℃，发芽适温为 15~18℃。幼苗期生长温度要求在 12℃以上。茎叶生长的适温为 12~23℃，抽薹开花期对温度要求偏高，一般为 20~26℃。喜冷凉气候，耐寒力极强。

2. 光照　韭菜喜光，耐阴，光饱和点为 40klx，光补偿点为 1 220lx，适宜光照度为 20~40klx。韭菜在发棵养根和抽薹开花时需要有良好的光照条件，但在产品形成期则喜弱光。光照过强时，植株生长受到抑制，纤维增多，叶肉组织粗硬，品质变劣，甚至引起叶片凋萎；光照过弱时，植株的同化作用减弱，干物质合成少，叶片小，分蘖少，产量低。韭菜属长日照植物，花芽分化需要有长日照的诱导，否则不能抽薹。

3. 水分　韭菜属于半喜湿性蔬菜，叶部表现耐旱，根系表现喜湿。要求较低的空气湿度，适宜的空气相对湿度为 60%~70%。对土壤的湿度要求较高，适宜的土壤湿度为田间持水量的 80%~90%。如多雨季节排水不良，易发生涝害。韭菜以嫩叶为产品，水分是决定产量和品质的主要条件，所以韭菜进入生长盛期时不能缺水，否则品质差，产量低。

4. 土壤　韭菜对土壤质地适应性强，在沙土、壤土、黏土中都可以生长，但在土质疏松、土层深厚、富含有机质、保水保肥能力强的肥沃壤土上生产易获高产。适宜 pH 5.5～6.5。韭菜的成株对盐碱有一定的忍受能力，成株能在含盐量 0.25% 的土壤中正常生长。因此可在中性土壤中播种育苗，而后再移栽到轻度盐碱地上。

5. 养分　韭菜需肥量大，吸肥力中等，耐肥能力强，较喜氮肥，每生产 1 000kg 韭菜产品，吸收氮 1.5～1.8kg、磷 0.5～0.6kg、钾 1.7～2.0kg。多年生的韭菜每年施用一次硫、镁、铜、硼等微量元素肥料可促进植株生长健旺，增加分蘖，延长采收年限。

（四）生育特性

1. 分蘖　分蘖是韭菜一个很重要的生育特性，也是韭菜更新复壮的主要方式。分蘖属于营养生长范畴。首先在靠近生长点上位叶腋处形成蘖芽，分蘖初期，蘖芽和原有植株被包在同一叶鞘中，后来由于分蘖的增粗，胀破叶鞘而发育成新的植株。春播一年生韭菜，植株长出 5～6 片叶时便可发生分蘖，以后逐年进行。每年分蘖 1～3 次，以春秋两季为主，每次分蘖以 2 株最多，也有一次分 1 株或 3 株的。分蘖达一定密度，株数不再增加，甚至逐渐减少，因密度大，营养不良，逐年死掉，到一定株龄以后，植株的新生和死亡达到动态平衡。分蘖的多少与品种、株龄、植株的营养状况和管理水平有关。品种分蘖能力强，正处于播后 2～4 年的壮龄期，密度适宜，肥水供应充足，病虫危害少，收获次数适宜，则分蘖多。

2. 跳根　因为分蘖是在靠近生长点的上位叶腋发生的，所以新植株必然高于原有植株，当蘖芽发育成一个新的植株，便从地下长出新的须根，也高于原株老根，随着分蘖有层次地上移，生根的位置也不断上升。当年的新根到来年又成为老根，而下层老根年年衰老死亡，新生的根系逐年向上移动，逐渐接近地面，这种现象称"跳根"（图 10 - 2）。

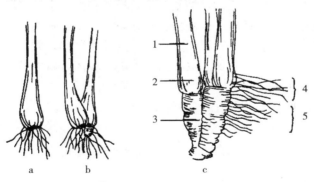

图 10 - 2　韭菜分蘖与跳根
a. 一年生苗　b. 一年生苗（具分蘖）　c. 多年生植株
1. 假茎　2. 鳞茎　3. 根茎　4. 新根　5. 老根

每次跳根的高度与分蘖和收获次数有关，一般每年分蘖 2 次，收获 4～5 次，其跳根高度为 1.5～2.0cm。由于跳根，根系逐渐外露，所以生产上应采取垄作，容易培土。如畦作，可采用多施农家肥或压土压沙等措施，以克服跳根带来的生长势下降的问题。覆土厚度应根据韭菜每年上跳高度而定，一般 2～3cm（图 10 - 3）。

3. 休眠　韭菜在长江以南冬夏常青，在我国北方则冬季地上部干枯，地下部分在土壤的保护下以休眠的状态越冬。由于品种、原产地不同，韭菜长期经历的气候条件使它们形成了不同的休眠方式。

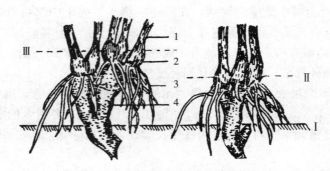

图 10 - 3　韭菜分蘖、跳根与覆土关系

Ⅰ. 地平面（定植时的土层）　Ⅱ. 第二年的覆土层　Ⅲ. 第三年的覆土层

1. 叶鞘　2. 小鳞茎　3. 须根　4. 根茎

二、类型与品种

（一）类型

1. 根据食用部分不同分类　可分为根韭、叶韭、花韭、叶花兼用韭 4 种类型。

（1）根韭。根韭主要分布在我国云南、贵州、四川、西藏等地，又名茎韭、宽叶韭、大叶韭、山韭菜、鸡脚韭菜等，食用部位为根和花薹。根系粗壮，肉质化，有辛香味，可加工腌渍或煮食。花薹肥嫩，可炒食，嫩叶也可食用。根韭以无性繁殖为主，分蘖力强，生长势旺，易栽培。以秋季收刈为主。

（2）叶韭。叶韭叶片宽厚、柔嫩，抽薹率低，虽然在生殖生长阶段也能抽薹供食，但主要以叶片、叶鞘供食用，我国各地普遍栽培。软化栽培时主要利用此类。

（3）花韭。花韭专以收获韭菜花薹部分供食。其叶片短小，质地粗硬，分蘖力强，抽薹率高。花薹高而粗，品质脆嫩，形似蒜薹，风味尤美。我国甘肃省兰州市、台湾地区栽培较多，山东等地也有零星引种栽培。

（4）叶花兼用韭。叶片、花薹发育良好，均可食用。目前国内栽培的韭菜品种多数为这一类型。该类型也可用于软化栽培。

2. 根据韭菜叶片的宽度不同分类　可分为宽叶韭和窄叶韭两类。

（1）宽叶韭。叶片宽厚，叶鞘粗壮，色泽较浅，品质柔嫩，生长旺盛，产量高，唯香味稍淡，易倒伏。适于露地或软化栽培。主要优良品种有汉中冬韭（图 10 - 4）、北京大白根、天津大黄苗、河南 791、寿光独根红、嘉兴白根、犀浦韭菜等。

（2）窄叶韭。叶片狭长，叶色深绿，纤维稍多。叶鞘细高，直立性强，不易倒伏，香味浓，品质优。产量较宽叶韭略低，耐寒性较强，适于露地栽培。主要优良品种有天津大青苗、保定红根韭、北京铁丝苗、太原黑韭、诸城大金钩韭等。

（二）品种

1. 西蒲韭　又名铁杆子，四川成都地方品种。叶簇直立，

图 10 - 4　汉中冬韭

株高 38～40cm，分蘖较多，叶深绿色，叶片较多，叶片宽，叶长 36cm、宽 0.7cm，叶肉较厚，叶鞘（假茎）粗硬，不易倒伏、不易浮蔸。产量高，品质好，较耐热、耐寒、耐湿。在长沙地区可终年生长，可露地栽培收获青韭，也可软化栽培收获韭黄。

2. 香韭菜 湖南农家品种。叶肉厚，宽条形，深绿色，无蜡粉，叶鞘绿白色，分蘖能力中等。不耐寒、耐热、耐旱、耐渍，适宜在夏季露地作青韭栽培，冬季保护地作青韭栽培。

3. 汉中冬韭 叶鞘较长，横断面圆形，叶丛直立，叶片肥厚、宽大，叶数较多，鲜嫩，纤维少，色浅绿。耐寒，春季萌发早，生长快，长势壮，高产，但味较淡，品质中等。适于露地作青韭栽培和软化栽培。

4. 成都马蔺韭 成都地方品种。叶簇直立，叶鞘扁圆形，叶片宽而长，色淡绿，叶肉厚，不耐寒，但夏季生长迅速。适于春夏季露地作青韭栽培和软化栽培。

三、栽培季节与茬口安排

韭菜极耐寒，长江以南地区可周年露地栽培，长江以北地区，冬季休眠，可采用保护设施进行盖韭或囤韭栽培。我国栽培韭菜的历史悠久，人们在长期的生产实践中创造了多种多样的栽培方式，如露地栽培、风障栽培、阳畦栽培、塑料薄膜覆盖栽培、温室栽培、软化栽培等，加之南韭北种的品种搭配，基本实现了周年生产和周年供应。韭菜周年生产茬口安排见表 10-1。

表 10-1　韭菜周年生产茬口安排

生产方式		月份											
		1	2	3	4	5	6	7	8	9	10	11	12
露地	常规			…	…	…	～	～	～	～			
			×	×	×	×	×						
	秋延后			…	…	…	…	～	～	～			
大棚	常规			…	…	…	～	～					
			（ ）	×	×	×							
	秋延后			…	…	…			～	～	（×）	×	
温室	常规			…	…	…						（ ）	
			×	×	×								
	秋冬连续			…	…	…	…	～	～	～	（×）	×	
		×	×	×	×	×							

注："…"表示播种期，"～"表示养根期，"×"表示收割期，"（ ）"表示扣棚。

四、生产技术

（一）韭菜露地栽培技术

韭菜栽培可育苗移栽，在春季或秋季播种育苗，当年秋季或翌年春季定植，也可直播。

1. 播种育苗

（1）播种时期。在清明节到立夏前播种。

（2）品种选择。选择优良品种，如汉中冬韭、嘉兴白根、犀浦韭菜等。

（3）播种方法。分干籽播种和湿籽播种。

①干籽播种。按 10～20cm 的行距开 1.5～2.0cm 深的浅沟，将种子均匀撒在沟内，播后平沟覆土，轻轻踩一遍后浇水，幼苗出土前保持土壤湿润，防止地表板结。每亩用种 6～7kg。

②湿籽播种。湿籽播种即用经过浸种催芽的种子播种。首先在畦内浇足底水，一般水层 7～9cm，这样的水量可以使幼苗出土后长到 6～7cm 高时无须浇水，待水渗下后，于畦面撒厚 0.2～0.3cm 的底土，上底土后即可播种，一般采用撒播，以每亩用种 8～10kg 为宜。播后覆过筛细土 1～2cm 厚，再在畦面上覆盖地膜，以提高土壤湿度和保墒。

（4）苗期管理。幼苗出土后，在管理技术上掌握前期促苗、后期蹲苗的原则。幼苗出土长出第一片真叶到 3～4 片叶时，植株根系细弱且多分布在土壤表层，因此不可缺水，要保持畦面不干，一般每隔 5～7d 浇 1 次水。当幼苗长出 5 片叶、苗高 15～18cm 时，根系已比较发达，可适当控制浇水，以防止徒长引起倒伏。从苗高 15cm 左右到雨季之前应结合浇水追肥 2～3 次，每亩追施尿素 10～15kg，对培育壮苗有重要作用。

2. 定植

（1）定植时期。春季播种，在立秋到处暑，株高 18～20cm、7～9 片叶时定植。秋季播种，以幼苗越冬，翌年清明前后定植。

（2）施肥做畦。韭菜的耐肥力很强，定植前深翻整地，施足腐熟基肥，每亩施 2 000kg，施肥原则是有机肥和无机肥配合使用，比例不低于 1∶1。做宽 1.2～1.5m，沟深 13～15cm 的高畦。

（3）定植方式。主要有单株密植、小丛密植、小垄丛植、宽垄大撮等。株行距 10cm×20cm，每穴栽苗 8～10 株；或株行距（30～36)cm×20cm，每穴定植 20～30 株。

（4）定植方法。将韭菜苗起出，剪去过长须根先端，留 2～3cm，以促新根发育；再剪去一部分叶子的先端，减少叶面蒸发，以利缓苗。栽植深度以不埋住分蘖节为宜。如埋土过深，则抑制了秧苗的生长；埋土太浅，则根系太近地表，影响根系生长发育。栽后立即浇水，促发根缓苗。

3. 田间管理

（1）肥水管理。除施底肥外，每次收割后还都要追肥 1～2 次。一般在收割后 3～4d 进行，待伤口愈合，株高 8～10cm，新叶长出后施入。以速效氮肥和人粪尿为主，可随水或开沟施入，每次每亩施尿素 15～20kg。收第一刀后开始浇水，每刀韭菜相隔 25d 左右。

（2）培土。韭菜长到 10cm 左右时，在行间取土培到韭菜根部，每次培土 3～4cm，共 2～3 次，最后培成 10cm 的小高垄。培土不但可软化假茎，提高韭菜的品质，同时为顺沟浇水提供了方便。另外，对于一些叶片向外伸展的韭菜品种，可将叶丛紧紧拢到垄中央，有利于改善行间通风透光，提高地温，减少病害，便于收割。

4. 采收 从春到夏，收割青韭 2～4 次。收割时留 3～5cm 叶鞘的基部，以免伤害叶鞘的分生组织和幼芽，影响下一次的产量。7—8 月，南方夏季高温闷热，不适合韭菜叶的生长，此期不收青韭，只收韭薹。入秋后，收青韭 1～2 次或不收，以养根为主。采收宜在早晨或者傍晚时进行，边割边捆把，每把质量在 0.25～0.50kg。收割后的韭菜要避免阳光直射，尽快装箱，盖严，防止风吹失水萎蔫。

（二）韭菜直播技术要点

1. 品种选择　选抗寒性强、产量高的优良品种，如平韭 4 号、河南 791 等。

2. 施肥整地　每亩施农家肥 6 000kg、尿素 5kg、过磷酸钙 25kg，整平做畦，浇足底水。

3. 播种　地温稳定在 12℃即可播种，一般在 3 月下旬至 5 月下旬进行，应适时早播，每亩播种量 2kg 左右。用干籽直播，按 10～12cm 的行距开 1.5～2.0cm 的浅沟，将种子均匀撒于沟内，再平整畦面，覆盖种子后镇压。

4. 播后管理　播种后浇一小水，使用除草剂进行土壤封闭，盖地膜。小水勤浇，3～4d浇 1 次水以促出苗。出苗后保持土壤湿润。当苗高 4～6cm 时及时浇水，以后每隔 5～6d 浇1 次；当苗高 10cm 时，每亩随水追尿素 10kg；苗高 15cm 后，适当控水。

5. 越夏期管理　进入 6 月，气温升高，韭菜生长缓慢，不旱不浇水，注意排除沥涝积水。

6. 秋季管理　立秋后，天气转凉，韭菜进入快速生长期，应加强肥水管理。8 月中旬随水每亩追施饼肥 200kg，以后 5～6d 浇 1 次水。9 月中旬每亩追尿素 25～30kg、硫酸钾10kg，保持土壤见干见湿。进入 10 月，天气渐冷，生长速度减慢，叶片中的营养物质逐渐贮藏于鳞茎和根系之中，此时根系吸收能力减弱，应减少灌水，保持地面不干即可。土壤封冻前浇足封冻水。

7. 第二年的管理　当年新播的韭菜，如果播种适时，肥水管理得当，当年秋季可收割1～2 刀。但为了养好根，一般不收割。从第二年开始进入韭菜的正常的收割和管理。

（1）管理。早春为了提高地温，促进萌芽，应将畦面上的枯叶和杂草清除。每亩施腐熟有机肥 2 000～3 000kg。苗高 20cm 左右，开始浇水，并追施尿素 30kg、硫酸钾 10kg。以后刀刀追肥浇水。

（2）收割。3 月底当韭菜长到 3～4 片叶时可收割第一刀，抢早上市。以后苗高 35cm，长有 4～5 片叶时即可收割。一般亩产 8 000～9 000kg，高产地块可达 10 000kg。

（三）韭菜塑料大棚栽培技术要点

1. 品种选择　选用起源于北方的深休眠品种，如海韭 1 号、平丰 6 号、韭星 21 等；或起源于长江以南的浅休眠韭菜品种，如平韭 6 号、久星 5 号等。

2. 露地直播养根

（1）播种时期。春播，一般从土地化冻开始至小满播种。

（2）播种方法。沟播，先按 35～40cm 行距开沟，沟深 15～20cm，顺沟浇 1 次透水，采用干籽直播，每亩用种量为 4～5kg。

（3）苗期管理。播种后出苗前保持土壤湿润。出苗后要先促后控，开始 7～8d 浇 1 次水，保持土壤湿润。幼苗长至 15cm 以前，每亩可随水施入腐熟农家肥 500kg 或硫酸铵15kg。此后要适当控水，防止幼苗徒长，及时除草。

（4）越夏期管理。雨季要及时排除积水。将上部叶片割掉 1/3～1/2，以减轻上部质量，增加株间光照，防倒伏。

（5）秋季管理。适时浇水追肥，促进茎叶生长，使其制造充足的养分回流到地下部。在花薹刚刚抽出时就掐掉花蕾。

3. 大棚管理

（1）温度管理。韭菜叶片的生长适温为 18～20℃。如果低于 5℃，生长停止；如果高于 25℃，则会发生叶尖卷起、烧叶和枯死等现象。

浅休眠韭菜扣膜初期，外界温度较高，应加强通风，夜间也不闭风，最好将温度控制在白天不高于 20℃，夜间不高于 10℃。深休眠韭菜扣膜较晚，扣膜初期，气温可尽量高些，以促地温，使韭菜迅速萌发。第一刀韭菜生长期间，日温宜掌握在 17～23℃，尽量不超过 24℃。在以后各刀的生长期间，控制的温度上限均可比上刀高出 2～3℃，但也不能超过 30℃；夜温不宜太低，昼夜温差控制在 10～15℃，否则易造成叶面结露，诱发病害。

（2）湿度管理。韭菜叶片喜干燥，一般空气相对湿度为 60％～70％，土壤相对湿度为 80％～90％。

（3）水肥管理。由于韭菜在扣膜前大都浇过冻水，扣膜后不需再浇水，只需在头刀韭菜收割前 5～7d 浇 1 次增产水。追肥在收割后 4～5d 为宜，可随水施入或开沟施入。

（4）多次培土。收割次数越多，跳根距离越大，新根大部分布于土壤表层，每年要培土。

4. 收获

（1）深休眠韭菜当年播种当年扣膜栽培时，扣膜前不允许收割；二年生的韭根准备冬季栽培时，也应严格控制收割次数，以便使其茎叶制造更多的养分贮藏在根部，供扣膜后生长需要。

（2）浅休眠韭菜塑料大棚秋冬连续栽培时，在扣膜之前收割头一刀，这刀韭菜是在秋季生长的成株；第二刀、第三刀韭菜的生长期是在扣膜以后，处在温光条件对韭菜生长有利的季节；第四刀韭菜生长期处在光照弱、日照短、温度偏低的条件下，很大程度上靠鳞茎和根茎积累的养分。

任务二　大蒜生产技术

大蒜别名葫蒜，原产于中亚高山地区，属百合科一二年生蔬菜。

一、生产特性

（一）形态特征

1. 根　弦线状须根，数量多而根毛极少，发根部位以蒜瓣背面的基部为主，腹面根量极少。根系分布浅，主要根群密集于 25cm 以内的表土层内，横展直径约 30cm，吸收水分和养分的能力较弱。

2. 茎　营养生长时期为不规则的盘状短缩茎（茎盘），茎盘的基部和边缘生根，顶端分化叶原基，生长点被层层叶鞘所覆盖。花芽分化后，茎盘顶端抽生花薹，同时内部叶鞘的基部开始形成侧芽，逐渐发育成鳞芽。蒜头成熟后茎盘组织干缩硬化成盘踵。

3. 花茎和气生鳞茎　花薹长 60～70cm，圆柱形，实心，在花茎顶端的总苞内混生着发育不完全的紫色小花和气生鳞茎。多数品种只抽薹不开花或虽开花但花器退化不能结实，无种子。气生鳞茎（又称蒜珠或天蒜）多达数十个，其结构与蒜瓣相似，平均质量为 0.1～

0.4g，可用作播种繁殖或蒜种的提纯复壮。

4.叶 叶分为叶身和叶鞘两部分。叶身扁平披针形，表面有蜡粉，可减少叶面蒸发，耐旱；叶鞘环绕茎盘而生，多层叶鞘抱合成假茎，除具有同化功能外，也是养分的临时贮藏器官。叶互生，着生方向与蒜瓣背腹连线垂直。成株的叶数因品种而异，叶数越多假茎越粗壮。鳞茎成熟时，外层叶鞘基部的营养物质逐渐运转到蒜瓣，而后干缩成膜状包被着鳞茎，使鳞茎得到长期保存。

大蒜的形态及各组成部分见图 10-5。

(二) 生长发育周期

大蒜生育周期的长短因播种期不同有很大差异，春播大蒜的生长发育周期较短，仅 90～110d，秋播大蒜因经过越冬期而长达 220～280d。根据大蒜生长发育过程所表现的特点不同可分为 5 个时期，即发芽期、幼苗期、鳞芽分化期、鳞茎膨大期和休眠期。此外，生产上还有一个重要的时期为蒜薹伸长期，其与鳞茎膨大期的前期重合。大蒜的生育周期见图 10-6。

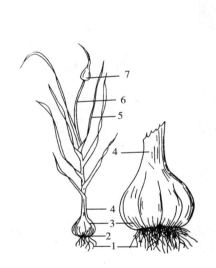

图 10-5 大蒜植株

1. 须根 2. 茎盘 3. 鳞茎 4. 假茎
5. 叶片 6. 花薹 7. 总苞

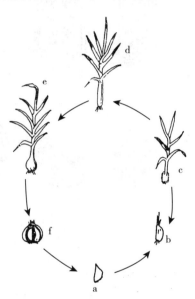

图 10-6 大蒜生育周期示意

a. 播种 b. 初生叶展开 c. 退母
d. 黄尖 e. 白苞 f. 收获

1.发芽期 大蒜播种以后，从开始萌芽到初生叶展开为发芽期，一般需 10～15d。这一时期主要依靠母瓣的养分供给大蒜的生长，在生产上要创造适宜的土壤温度和湿度条件，以利于幼根及幼芽的分化和生长。

2.幼苗期 由初生叶展开到鳞芽开始分化为幼苗期，春播大蒜约需 25d，秋播大蒜则需 5～6 个月。此期适于幼苗生长的温度为 14～20℃，但幼苗能耐短期的-5～-3℃低温。苗期根系继续扩展，并由纵向生长转向横向生长，新叶也不断分化和生长，为鳞芽分化奠定了物质基础。幼苗期末新叶分化结束，是大蒜由依靠种瓣贮藏营养向自身制造营养过渡的时期，最终完成由异养生长向自养生长的转变。在此过程中，大蒜种瓣内的营养物质逐渐消耗殆尽，蒜母逐渐干瘪成膜状物，生产上称之为"退母"或"烂母"。大蒜幼苗期不断生根长叶，生长比较缓慢，鳞芽处于刚刚分化阶段，在生产上仍要创造适宜的水肥条件，以使幼苗健壮生长。

3. 鳞芽分化期 由鳞芽开始分化到分化结束为鳞芽分化期，需 10d 左右，是大蒜生长发育的关键时期。此时内层叶腋处形成侧芽，植株已长出 7～8 叶真叶，叶面积约占总面积的 1/2，根系生长增强，营养物质的积累加速，为鳞茎的生长打下基础。此期株植生长迅速，鳞芽又可在分化形成，生产上也称为分瓣期。由于这一时期蒜母消失，同时植株需要的养分增多，会造成养分供应的暂时不平衡，常出现叶片黄尖现象。黄尖时间愈长，生长愈缓慢。因此在生产上应根据天气情况及幼苗表现，及时地满足其对肥水的要求，以保证鳞芽的正常形成。鳞芽分化后逐渐膨大，叶鞘基部也随之加粗，形成鳞茎即蒜头（图 10 - 7）。鳞茎成熟后，外层叶鞘干缩成膜状，通称蒜皮。

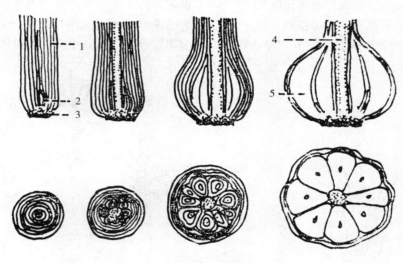

图 10 - 7　大蒜鳞茎的发育过程
1. 叶鞘基部　2. 芽　3. 茎盘　4. 蒜薹　5. 蒜瓣

4. 蒜薹伸长期 由花芽分化结束到收获蒜薹为蒜薹伸长期，约需 30d。此期分化的叶已全部长成，叶面积达最大值。在蒜薹迅速伸长的同时，鳞芽也逐渐膨大。

5. 鳞茎膨大期 由鳞芽开始膨大到收获为鳞茎膨大期，约需 50d。其中前 30d 与蒜薹生长重叠，生长较为缓慢，后 20d 鳞茎开始迅速膨大。在生产上为了使叶鞘中贮藏的养分及叶片制造的养分迅速运转到鳞茎，应保证水肥充足供给。

6. 休眠期 鳞茎收获后，即进入生理休眠期。此期长短因品种而异，需 20～75d。生理休眠期结束后，常因高温而进入被迫休眠期。秋播时为打破生理休眠，可采用剥除包裹蒜瓣的薄膜或切除蒜瓣尖端一部分的方法。

（三）对环境条件的要求

1. 温度 大蒜喜冷凉气候，耐寒性较强。蒜瓣萌发的适宜温度在 12℃ 以上，萌芽的最低温度为 35℃；幼苗生长的适宜温度为 14～20℃，可耐 -5～-3℃ 的低温；鳞茎形成的适宜温度为 15～20℃，10℃ 以下生长缓慢，25℃ 以上鳞茎进入休眠期。大蒜为绿体春化类型，幼苗在 0～4℃ 的低温下经 30～40d 通过春化阶段。春播过晚，不能满足春化所需的低温和持续时间，就不能形成花芽而形成无薹多瓣蒜头；如果植株偏小，营养又供应不足，则只能形成不分瓣的独头蒜（图 10-8）。

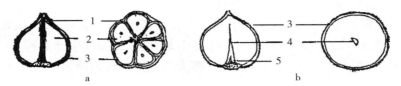

图 10-8　无薹多瓣蒜与独头蒜

a. 无薹多瓣蒜　b. 独头蒜

1. 叶鞘　2. 鳞芽　3. 膜质鳞片　4. 芽孔　5. 胚芽

2. 光照　大蒜属长日照植物，需在 13～14h 以上的长日照下才能抽薹。另外，大蒜的鳞芽分化和形成也需要长日照诱导，光照时数不足则只长蒜叶而不能形成鳞茎。

3. 水分　大蒜根系分布浅，根毛少，对水分要求比较严格。播种后缺水，会严重影响出苗；苗期缺水，会妨碍幼苗生长，致使第 1～4 片叶片提前黄尖；采薹后缺水，会抑制植株和鳞茎的生长；鳞茎膨大期缺水，则阻碍养分顺利地运入鳞茎中。

4. 土壤　大蒜对土壤的适应性广，以土层深厚、富含有机质、中性及微酸性的沙壤土栽培效果最好。

5. 养分　大蒜对土壤肥力要求较高，在幼苗期因由母瓣供养无须施速效性肥，"退母"后应供足肥水。每生产 1 000kg 鲜蒜，需吸收氮 4.5～5.0kg、磷 1.1～1.3kg、钾 4.1～4.7kg，其比例约为 1：0.25：0.9。

二、类型与品种

(一) 类型

1. 根据鳞茎外皮色泽分类　可分为白皮蒜和紫皮蒜。

(1) 白皮蒜。叶数较多，假茎较高，蒜头大，辣味淡，成熟晚，耐寒。分大小瓣两种：大瓣种每头 5～8 瓣，较优良的品种有苍山大蒜、永年大蒜、舒城大蒜、嘉定大蒜等；小瓣种每头 10 瓣以上，较优良的品种有白皮马牙蒜、拉萨白皮蒜、狗牙蒜等。

(2) 紫皮蒜。每头瓣数较少，一般 4～8 瓣。辣味浓郁，质佳，耐寒性差，适于春播。较优良的品种有阿城大蒜、蔡家坡紫皮蒜、川西大蒜、海城大蒜、安丘大蒜、应县大蒜、北京紫皮蒜等。

2. 根据瓣型分类　分为多瓣蒜和少瓣蒜。

(1) 多瓣蒜。多瓣蒜又称为小瓣蒜，蒜头小（7g 左右），蒜瓣多。

(2) 少瓣蒜。少瓣蒜又称为大瓣蒜，蒜头大，蒜瓣少，如果环境条件不适合，未能通过春化阶段，则花芽和鳞芽可能不分化、少分化，而形成独头蒜、少瓣蒜。

(二) 品种

1. 蒲棵蒜　山东省兰陵县秋播面积最大，达 90% 以上。植株高 80～90cm，株幅 36cm，假茎高 35cm 左右，粗 1.4～1.5cm。叶色浓绿，全株叶片数 12 片，最大叶长 63cm，最大叶宽 2.9cm。蒜头近圆形，横径 4.0～4.5cm，形状整齐，外皮薄，白色，单头重 35g 左右，重者达 40g 以上。每个蒜头有 6～7 个蒜瓣，分 2 层排列，瓣形整齐。蒜衣 2 层，稍呈红色，平均单瓣重 3.5g 左右，抽薹性好，蒜薹长 35～50cm、粗 0.46～0.65cm，单薹重 25～35g，质嫩，味佳。一般每亩产蒜薹 500kg 左右，蒜头 800～900kg，为蒜头和蒜薹兼用良种。生育期 240d 左右，属中晚熟品种。耐寒性较强。

2. 糙蒜　植株高 80～90cm，假茎高 35～40cm、粗 1.3～1.5cm。全株叶片数 11～12 片，叶色淡绿，叶片较蒲棵蒜稍窄，最大叶宽 1.5～2.0cm。蒜头近圆形，白皮，单头重 35g，重者达 40g，每个蒜头有 4～5 个蒜瓣，瓣大而整齐。生育期 230～235d。适宜作地膜覆盖栽培。

3. 高脚子蒜　长势强，植株高大，株高 85～90cm，高者达 1m 以上，假茎高 35～40cm，粗 1.4～1.6cm。全株叶片数 11～12 片，叶片肥大，浓绿色。蒜头近圆形，皮白色，单头重一般在 35g 以上，每个蒜头一般有 6 个蒜瓣，瓣大而高，瓣形整齐，蒜衣白色。抽薹性好，蒜薹粗而长，长 35～55cm、粗 0.7cm 左右。一般每亩产蒜薹 500kg，产蒜头 900kg。晚熟品种，生育期 240d，适应性强，较耐寒。

4. 狗牙蒜　株高 65～75cm，假茎粗壮，横径达 1.3cm。单株有叶 7～8 片，灰绿色，叶呈条带形，长 38～43cm、宽 1.5cm，肥厚。一般不抽薹，鳞茎球大，外被白色膜质鳞衣，内有蒜瓣 9～10 个，单头重 30g。辛辣味较淡，但耐贮存，嫩鳞茎适宜腌渍，可用于加工糖醋蒜。晚熟，生长期 155d。抗病性较强，耐肥水，抗寒性略差。适宜作青蒜苗或软化蒜黄栽培。每亩产蒜头 750kg。

三、栽培季节与茬口安排

大蒜可春播或秋播，一般以北纬 35°～38°为界。北纬 35°以南地区冬季不太寒冷，幼苗可露地安全越冬，以秋播为主，来年初夏收获；北纬 38°以北地区冬季多寒冷，幼苗露地越冬较困难，宜春播。秋播的日均温为 20～22℃，应使幼苗在越冬前长有 4～5 片叶，以利幼苗安全越冬。春播宜早，当地土壤化冻后即可顶凌播种早春播种，夏中或夏末收获。

大蒜忌连作，应与非葱蒜类蔬菜轮作 3～4 年。

四、生产技术

（一）露地秋播大蒜生产技术

1. 品种选择　宜选择抗寒力强、休眠期短的品种，如永年大蒜、安丘白皮大蒜、苍山大蒜等。

2. 施肥做畦　播种用地要深翻 30cm 以上，提前晒垡 10～15d。结合深翻，每亩基施优质圈肥 7 000～8 000kg、硫酸钾 15kg、过磷酸钙 50kg、碳酸氢铵 30kg，施加的化肥要事先加入有机肥料当中，掺匀沤制 10～15d 再使用，碱性土地还需掺加硫酸亚铁 10kg。如果重茬种植，大蒜病害发生比较严重的地块，可以结合耙地，撒施熟石灰 100kg，进行土壤消毒灭菌。深翻后，每逢晴天过后要重复耙地，耙地最少 3 次以上，耙细耙匀，后细致整地。大蒜对前茬作物选择不严，其前茬一般以玉米、豆类、瓜类、茄果类、马铃薯较好。大蒜对土壤适应性较强，除盐碱沙荒地外都能生长。大蒜根系入土浅，要求表土营养丰富，对基肥质量要求较高，喜氮、磷、钾全效性有机肥料。整地做成平畦，畦宽 1.2～1.5m。

3. 选种　蒜种大小与产量有密切关系。蒜种愈大，长出的植株愈苗壮，形成的鳞茎愈肥大。因此为自留蒜种，收获后要选头，播种时要选瓣，选择蒜瓣肥大、色泽洁白、无病斑、无伤口的蒜瓣，剔除发黄、发软、虫蛀、顶芽受伤或茎盘变黄及腐烂的蒜瓣。然后将蒜瓣分为大、中、小3级，大、中级播种，小级的一般不种。

4. 种瓣处理 蒜皮和茎踵（干茎盘）均能影响蒜种吸水，也妨碍新根的发生。因此在播种前选蒜瓣的同时，应剥皮去踵，以利于促进发芽长根。播种前先用清水洗涤种瓣，后用77％硫酸铜钙可湿性粉剂拌种，每100kg种瓣用药粉150g兑水8kg拌种，或用96％噁霉灵浸种20min，晾后播种。

5. 播种

（1）适时播种。大蒜在越冬前长到5～6片叶时，植株抗寒力最强，在严寒冬季不致被冻死，并为植株顺利通过春化打下良好基础，此期是播种的最适时期。长江流域及其以南地区，一般在9月中下旬播种。如播种过早，幼苗在越冬前生长过旺而消耗养分，则越冬能力降低，还可能再行春化，引起二次生长，第二年形成复瓣蒜，降低大蒜品质；播种过晚，则苗子小，组织柔嫩，根系弱，积累养分较少，抗寒力较低，越冬期间死亡多。

（2）合理密植。密植是增产的基础。蒜薹和蒜头的产量是由每亩株数、单株蒜瓣数和薹重、瓣重三者构成的。应按品种的特点做到适当密植，使每亩有较多的株数。早熟品种一般植株较矮小，叶数少，生长期也较短，密度相应要大，以每亩栽5万株左右为好，行距为14～17cm，株距为7～8cm，每亩用种150～200kg；中晚熟品种生育期长，植株高大，叶数也较多，密度相应小些，才能使群体结构合理，以充分利用光能，密度宜掌握在每亩栽4万株上下，行距16～18cm，株距10cm左右，每亩用种150kg左右。

（3）播种。"深栽葱子浅栽蒜"是农民多年实践得出的经验。大蒜栽种不宜过深，过深则出苗迟，假茎过长，根系吸水肥多，生长过旺，蒜头形成受到土壤挤压难于膨大；但栽植也不宜过浅，过浅出苗时易"跳瓣"，幼苗期根际容易缺水，根系发育差，越冬时易受冻死亡。种植深度以种瓣露土1/3～1/2为宜，一般适宜深度为3～4cm。大蒜播种方法有两种：一种是插种，即将种瓣插入土中，播后覆土、踏实；二是开沟播种，即用锄头开一浅沟，将种瓣点播土中，同时将开出的土覆在前一行种瓣上。播种时将大蒜瓣的弓背朝向畦面，使大蒜叶片在田间分布均匀，采光性能良好。播完盖上细土至种瓣露尖，覆土厚度2cm左右，用脚轻度踏实，浇透水，再覆盖一层稻草，以保湿利于齐苗。

6. 田间管理

（1）萌芽期。大蒜一般播种1周即齐苗后，施1次催苗肥提苗，施清淡人粪尿，忌施碳酸氢铵，以防烧伤幼苗。播种60～80d后，重施1次盛长肥，每亩施腐熟人畜肥100kg加硫酸铵10kg、硫酸钾或氯化钾5kg，做到早熟品种早追，中晚熟品种迟追，促进幼苗长势旺，茎叶粗壮，到烂母时少黄尖或不黄尖。追施催苗肥后，若田土较干，可灌水1次，促苗生长。可于播种至出苗前喷除草剂，每亩用50％扑草净100～150g。

（2）幼苗期。幼苗期是大蒜营养器官分化和形成的关键时期。大蒜齐苗后进入幼苗生长前期，由于齐苗后灌水1次，加之长江流域地区此期也正值秋雨较多的时期，因此要控制灌水，并注意秋雨后田间的排水工作。越冬前到退母结束为幼苗中后期，此阶段较长，也正是大蒜营养生长的重要时期。越冬前许多地方降雨已明显减少，土壤较干，应浇灌1次；越冬后气温渐渐回升，幼苗又开始进入旺盛生长，应及时灌水，以促进蒜叶生长及假茎增粗。大蒜幼苗生长期中，当杂草刚萌生时应进行中耕并结合除草，对株间难以中耕的杂草也要及早拔除，避免与蒜苗争肥。

（3）蒜薹伸长期。种蒜烂母后，花芽和鳞芽陆续分化进入花茎伸长期。此期旧根衰老，新根大量发生，同时茎叶和蒜薹也迅速伸长，蒜头也开始缓慢膨大，因而需养分多，应重施孕薹肥，每亩施复合肥 10～15kg，于"现尾"（蒜薹顶端从叶鞘中抽出）前半月左右施入（可剥苗观察到假茎下部的短薹），以满足需要，促使蒜薹抽生快、旺盛生长。抽薹期蒜苗分化的叶已全部展出，叶面积增长达到顶峰，根系也已扩展到最大范围，蒜薹的生长加快，此期是需肥水量最大的时期，应于追孕薹肥后及时浇灌抽薹水。"现尾"后要连续浇水，以水促薹，直到收薹前 2～3d 才停止浇灌水，以利提薹贮运。结合浇水每亩追施复合肥 20kg 或尿素 15kg、硫酸钾 10kg。

（4）鳞茎膨大期。对于早熟和早中熟品种，由于蒜头膨大时气温还不高，蒜头膨大期相应较长，为促进蒜头肥大，须于蒜薹采收前追施蒜头膨大肥，以每亩施复合肥 5～10kg 或尿素 5kg 左右即可，不能追施过多，否则会引起已形成的蒜瓣幼芽返青，又重新长叶而消耗蒜瓣的养分。追肥应于蒜薹采收前进行，当蒜薹采收后即有丰富的养分促进蒜头膨大，若追肥于蒜薹采收后进行，则易导致贪青减产。若田土较肥，蒜叶肥大色深，则可不施膨大肥。对于中、晚熟品种由于抽薹晚，温度较高，收薹后一般 20～25d 即收蒜头，故也可免追膨大肥。蒜薹采收后立即浇水以促进蒜头迅速膨大和增重。收获蒜头前 5d 停止浇水，控制长势，促进叶部的同化物质加速向蒜头转运，防止蒜头散瓣。

7. 采收

（1）采收蒜薹。一般蒜薹抽出叶鞘并开始甩弯时是收获蒜薹的适宜时期。采收蒜薹早晚对蒜薹产量和品质有很大影响。采薹过早，产量不高，易折断，商品性差；采薹过晚，虽然可提高产量，但消耗过多养分，影响蒜头生长发育，而且蒜薹组织尤其蒜薹基部组织老化，纤维增多，不堪食用。

采收蒜薹最好在晴天中午和下午进行，此时植株有些萎蔫，蒜薹水分较少，韧性强，不易折断，叶鞘与蒜薹容易分离，并且叶片有韧性，不易折断，可减少伤叶。若在雨天或雨后采收蒜薹，植株已充分吸水，蒜薹和叶片韧性差，极易折断。

采薹方法应根据具体情况来定。以采收蒜薹为主要目的，如二水早大蒜叶鞘紧，为获高产，可剖开或用针划开假茎，蒜薹产量高、品质优，但假茎剖开后，植株易枯死，蒜头产量低，且易散瓣。以收获蒜头为主要目的，如苍山大蒜采薹时应尽量保持假茎完好，促进蒜头生长，采薹时一般左手于倒数 3～4 叶处捏住假茎，右手抽出蒜薹。该方法虽使蒜薹产量稍低，但假茎受损伤轻，植株仍保持直立状态，利于蒜头膨大生长。

蒜薹拔除后，需折倒上部的第一片叶，覆盖住露口，防止雨水进入叶鞘内而使伤口腐烂，影响植株生长。

（2）采收蒜头。收蒜薹后 15～20d（多数是 18d）即可收蒜头。适期收蒜头的标志是：基部叶片大都干枯，上部叶片褪色成灰绿色，叶尖干枯下垂，假茎处于柔软状态，蒜头基本长成。收获过早，蒜头嫩而水分多，组织不充实，不饱满，贮藏后易干瘪；收获过晚，蒜头容易散头，拔蒜时蒜瓣易散落，失去商品价值。收获蒜头时，硬地应用镢挖，软地直接用手拔出。起蒜后运到场上，后一排的蒜叶搭在前一排的头上，只晒秧，不晒头，防止蒜头灼伤或变绿，并经常翻动，2～3d 后，茎叶干燥即可贮藏。

（二）蒜黄生产技术要点

1. 品种选择 选择发芽快、叶尖金黄色、品质好、产量高的品种，如苍山大蒜、永年大蒜等。而后再挑选单头重 45g 左右，一般每头 7～10 瓣，无病虫害、无机械损伤的蒜头。

2. 浸泡蒜种 将蒜头剥皮去踵分瓣后，用赤霉素 20 000 倍液浸种 3～4h。

3. 播种 蒜黄对温度适应范围广，在 10～30℃ 条件下均能生长，除寒冬、三伏天外，初春、初夏、秋、初冬都可栽培。播种又称排蒜，即将浸泡好的蒜种摆放在生产池上，头部朝上，根盘朝下，头头排紧，空隙处可排些散蒜。整个床面都要排满，并用工具压平，覆盖厚 3～4cm 的细土或细沙，浇一次透水。一般每平方米需蒜种 15～19kg。

4. 生产管理

（1）环境调控。栽蒜初期应提高温度，控制在 25～27℃，促进蒜芽早萌发。萌芽后，随着蒜黄的生长，室温逐步降至 18～22℃。收获前 5～6d 降低温度，白天 18～20℃，夜间 13～15℃。栽蒜后，室内空气相对湿度维持 85%～90%。生长中后期，蒜叶密集生长，应排湿，防止株丛糜烂。收获前为减少产品的失水萎蔫，室内空气相对湿度应维持在 75%～80%。待幼芽出土后，及时盖帘遮光，遮光要严实。

（2）适时浇水。应掌握前期水量要小、后期水量要大的原则。一般前 10d，每天浇水 1～2 次，每 20m² 的栽培床每次浇水不超过 5min，水量不超过 0.5m³。10d 以后，每次浇水可达 7～8min，水量为 0.7m³ 左右，每天浇水可达 2～3 次。

（3）防止倒伏。在畦面上方 20cm 处覆盖纱网，4 个角用木柱固定，可支撑蒜黄植株，预防倒伏，提高品质。

5. 适时收获 当蒜黄高度达到 35～45cm 时即可收获。一般从大蒜栽种到割头刀需要 25d，再过 20d 左右可收第二刀。收割时要割齐，不要连根拔起，扎成捆，在阳光下晾晒一下，使蒜叶由白色转变为金黄色。

项目小结 ◆

葱蒜类蔬菜春秋两季均可播种，以秋季栽培为主。采用育苗移栽，要精细播种，及时除草和间苗、适时浇水追肥以培育壮苗，也可用肥大的变态茎进行营养繁殖。起苗或排种时要大小分级，分别栽植。大田管理要着重抓好深翻整地、重施有机肥、及时中耕除草和培土（软化）工作，在产品器官快速形成期要大肥大水促成高产。

实训指导 ◆

技能实训 韭、蒜软化栽培

一、目的要求

掌握葱蒜类蔬菜的软化栽培技术。

二、材料用具

韭根蒜黑色塑料薄膜、秸秆、竹片、鳞茎、做畦工具等。

三、方法步骤

1. 整地做畦 在日光温室内做南北向低畦，一般畦长 15～20m、宽 1.0～1.5m，埂高

20cm 左右。

2. 处理 将一年生的韭根按鳞茎大小分别捆成直径 10cm 左右的捆。选择生长壮实、肥大、分瓣少、无病虫害、无机械损伤的大鳞茎作种蒜。将蒜头外面的碎皮去掉，用清水浸泡 12～24h，使其充分吸水膨胀，外皮可用手搓掉，捞出后放置 1～2d，然后用小刀或铁钉挖掉茎盘，抽出残留的花薹，以利于蒜瓣发根。

2. 囤栽 韭根随捆随栽，要求一捆挨一捆码紧密。排蒜要求蒜头底部平整，蒜头能够直立，并保持蒜瓣顶部平整，栽满畦后，覆盖细沙土 3～5cm，以保持水分并便于收割。蒜种用量 15～18kg/m²。

3. 覆盖 将竹片在畦上弯成圆拱形，两端插入地下约 50cm，每隔 50cm 一根，拱顶离畦面 50cm，架上用黑色塑料薄膜盖严实，并加以固定，再盖一层秸秆，厚度以不漏光为宜。

4. 管理

（1）温度。生长适宜温度一般为 18～22℃。初期一般为 25～28℃，最好不超过 30℃；中期以白天温度 18～20℃、晚上 14～18℃为宜，促苗快速生长。采收前 4～5d，温度应控制在 12℃左右。

（2）水分。囤栽初期，因畦内较干燥、宜适当多灌水，渗水深度以 4cm 为宜，一般空气相对湿度掌握在 85%～90%。生长盛期每 3～5d 灌 1 次小水，水量约 3cm，一般空气相对湿度应保持在 75%～80%。

（3）培土。培过筛细土，一般需要 2～3 次，每次培土厚度为 2cm 左右。土要疏松，不能拍得太实，以利于通气，减少病害。培土不可一次太厚，以免压住叶片影响光合作用。

（4）检查。软化期间应保证棚架不透光和不淋雨。经常检查，防止薄膜破损、秸秆和薄膜被风吹掉。如果雨水过多淋入棚架内，会引起腐烂，造成产量和品质下降。

（5）收获。栽后 25～30d，株高达到 30～40cm 时即可收获。收割时，将韭、蒜黄叶片扶向一侧，把土扒开至露出韭、蒜根时，在离地面 2cm 左右处用刀平直收割。过低会损伤叶鞘基部的分生组织，影响下茬产量，并易使植株遭虫害而出现早衰。每 1.0～2.5kg 捆成一捆。

四、作　业

（1）简述鳞茎的处理措施。

（2）叙述软化期间的管理措施。

复习思考题 ◇

1. 葱蒜类蔬菜的生产特性有何共同点？

2. 韭菜分蘖和跳根与生产有什么关系？

3. 大蒜鳞茎发育与环境条件有什么关系？

4. 简述韭菜软化栽培技术要点？

5. 简述蒜苗生产技术要点？

6. 为什么大蒜的气生鳞茎能进行复壮？

薯蓣类蔬菜生产技术

项目导读 ◇

本项目主要介绍马铃薯、芋生产特性，生长发育规律及马铃薯退化的原因及防止方法，马铃薯、芋高产高效生产技术。

学习目标 ◇

知识目标：了解薯蓣类蔬菜生产特性，掌握薯蓣类蔬菜生长发育规律，理解马铃薯退化的原因。

技能目标：学会薯蓣类蔬菜种苗处理技术，能进行薯蓣类蔬菜生产管理，掌握防止马铃薯退化的措施。

薯蓣类是以块茎、根状茎、球茎和块根为产品的一类蔬菜。薯蓣类肥大的食用部分含有丰富的淀粉和糖，可作蔬菜、粮食和饲料，还能进行副食品加工。

薯蓣类种类繁多，而生产环境和条件基本相同。薯蓣类大多喜温暖气候，不耐霜冻，由于薯蓣类的食用器官在土壤中，因此在土层深厚、肥沃疏松、富含有机质的土壤生长良好，易获得高产。土壤的温、湿度和透气性对产品的产量和品质也有很大影响。

薯蓣类蔬菜除豆薯用种子繁殖外，其他都以营养器官无性繁殖，易于保持品种的特性。薯蓣类蔬菜不宜连作，否则常因病害而导致减产。

学习任务 ◇

任务一　马铃薯生产技术

马铃薯又称土豆、洋芋等，原产于南美洲安第斯山区，块茎可供食用，是重要的粮菜兼用作物。马铃薯产量高，营养丰富，对环境的适应性较强，现已遍布世界各地。中国马铃薯的主产区是西南山区、西北、内蒙古和东北地区。东北的黑龙江省、吉林省是商品薯产地与种薯、工业加工原料产地；华北的内蒙古自治区、河北省、山西省是菜用薯和现代快餐食品加工基地；西北甘肃省、宁夏回族自治区是商品薯重要产地；南方各省份以贵州省栽培面积最大，云南省、四川省、重庆市、湖南省、湖北省等冬作马铃薯发展很快，已成为当地农民增收致富的重要产业。

<h1 style="text-align:center">一、生产特性</h1>

（一）形态特征

马铃薯为茄科茄属一年生草本植物，可以用块茎或块茎上产生的芽条繁殖，也可以用种子繁殖，其形态特征如图 11-1 所示。

1. 根 用种子繁殖的植株为直根系，用块茎繁殖的为须根系。须根从种薯幼芽基部靠芽眼处密集的 3～4 节根节发出，而后又分枝形成许多侧枝，一般分布在 30～70cm 土层中。一般早熟品种根系入土浅，横向分布范围较小，中、晚熟品种则较深，分布范围较广。

2. 茎 茎可分为主茎、匍匐茎和块茎。主茎是由块茎芽眼中抽生的枝条，分为地上茎和地下茎两部分，地上茎直立、半直立或匍匐。茎有分枝习性，早熟品种植株矮小，茎高 40～70cm，分枝少，一般从主茎中部发生 1～4 个分枝；晚熟品种植株高大，分枝多，着生节位较低，分枝较长。从主茎地下茎的腋芽伸长形成的侧枝为匍匐茎，匍匐茎在黑暗的条件下顶端膨大形成块茎，块茎的结构如图 11-2 所示。薯块形状呈圆形、椭圆形及长形等，薯皮光滑、粗糙或呈网纹状，皮色有白、黄、红及紫色等，肉有白、黄、浅红色等。

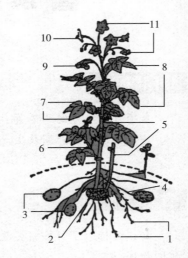

图 11-1 马铃薯的植株

1. 根 2. 母薯 3. 块茎 4. 匍匐茎
5. 主茎 6. 分枝 7. 复叶 8. 小叶
9. 果实 10. 花 11. 花序

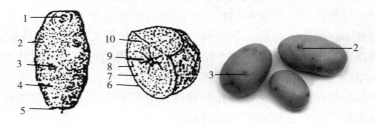

图 11-2 马铃薯的块茎

1. 顶部 2. 芽眉 3. 芽眼 4. 皮孔 5. 脐部 6. 周皮 7. 皮层 8. 维管束环 9. 内髓层 10. 外髓层

3. 叶 叶片互生，为奇数羽状复叶。复叶由顶生小叶、侧生小叶、侧生小叶间的二次小裂叶和叶柄基部的托叶状小叶组成。叶表皮有茸毛与腺毛，茸毛与腺毛能减少蒸腾作用，吸附或吸入空气中的水分，增强植株抗旱能力。

4. 花、果实、种子 马铃薯为自花授粉作物，花序为分支型聚伞花序，花序从主基质顶芽萌发，花瓣呈五角形，有白、浅红、紫红等。果实为淡绿色或紫绿色浆果，圆形，含 100～250 粒种子。种子很小，千粒重 0.5～0.6g，呈扁平或卵圆形，黄色或暗灰色（图 11-3）。

图 11 - 3　马铃薯的花、果实、种子

（二）生长发育周期

马铃薯生产中，其生长发育周期是指薯块经过休眠，进入营养生长，形成产品器官的过程。马铃薯是营养繁殖作物，其生育期长短伸缩性很大，早、中、晚熟品种不同，早熟种75d 左右，中早熟种 70～85d，中熟种 86～95d，中晚熟种 96～105d，晚熟中 105d 以上。马铃薯在田间生长发育过程经历 5 个时期。

1. 发芽期　从种薯萌动到幼芽出土为发芽期。块茎萌芽出苗时间与土温有关，当土温达 7℃时幼苗开始生长，8～9℃时需 35～40d，13～15℃时需 25～30d，16～18℃时需 20～21d，18～20℃时需 15d 左右。此期器官形成是以根系形成和芽的生长为中心，同时进行叶、侧芽、花原基的分化。在此期间根系发育强大是构成壮苗的基础。

2. 幼苗期　从出苗到孕蕾为幼苗期，是以茎叶生长和根系发育为中心，同时伴随匍匐茎的伸长和花芽分化。当幼苗 7～13 片叶时，第一段茎的顶芽孕蕾，将由侧芽代替主轴生长，因而茎的向上生长表现为暂时延缓，标志植株进入孕蕾期，幼苗期结束，此期长 15～20d。此时匍匐茎已形成，并且先端开始膨大。

3. 发棵期　从孕蕾开始，至主茎出现 9～17 片叶，地上部开始开花，地下块茎直径约3cm 时结束为发棵期，历时 20～30d。此期侧枝陆续形成，根系不断伸展，同一植株块茎大多在这一时期形成，是决定结薯多少的关键时期。

4. 结薯期　从进入盛花到茎叶衰老枯萎为结薯期，需 30～50d。正常情况下块茎体积和质量快速增长，最盛时期与地上部盛花期相一致。生育期长的中晚熟或晚熟品种花期长，块茎膨大的持续期也长，早熟与中早熟品种与此相反。块茎形成末期，开花结实后，茎叶生长缓慢直至停止，叶片开始枯黄。

5. 休眠期　块茎收获后进入休眠期。因品种和贮藏条件不同，休眠期长短不一。休眠期短的，块茎收获后 30～60d 即可发芽，休眠期长的品种需 90d 以上才能发芽。

（三）对环境条件的要求

1. 温度　马铃薯喜冷凉湿润的气候，土温在 4～5℃时种薯开始萌芽，15～18℃发芽最快。茎叶生长的适宜温度在 17～20℃。块茎膨大适宜的温度为 16～18℃，昼夜温差大对块茎形成和膨大有利，当温度超过 25℃或以上时薯块几乎停止膨大，超过 30℃时茎叶变细小或停止生长，当温度降到 0℃时茎叶将受冻害。

2. 水分　整个生长期中，土壤相对湿度应维持在田间持水量的 60%～80%最适宜，但各生育阶段的需水量不同。结薯前要适当控制水分，以利适时转入结薯，土壤相对湿度应由 80%下降到 60%；结薯期要求土壤相对湿度达 60%～80%（黏土种植土壤相对湿度在 60%～70%，沙土种植在 70%～80%）；结薯后期应控制水分。

3. 光照　较短的日照和较低的夜温有利于马铃薯块茎的形成和养分的积累，不同的品种对光周期要求不同。一般晚熟品种对光周期要求比较严格，在长日照条件下，有利于茎、叶、花、果实生长，而延迟块茎形成甚至不能形成；早熟品种对光周期要求不严格，在长日照和短日照下都能形成块茎。

4. 土壤及养分　马铃薯生长以土层深厚、疏松、富含有机质的壤土或沙壤土为好。在整个生长期中吸收钾肥最多，氮肥次之，磷肥最少。试验表明，每亩产 5 000kg 马铃薯约需氮 22.5kg、磷 10.1kg、钾 50.8kg。在生长中期喷施微量元素硼、钼和锌，可以增产、抗病、改善品质。马铃薯耐酸能力强，以 pH 5.5～6.5 适于块茎成长，在碱性土壤中块茎易发生疮痂病。

5. 植物生长调节剂　在马铃薯块茎形成中，植物生长调节剂是一个很重要的环节。NAA 与 IAA 可以增大块茎体积，细胞激动素促进马铃薯侧芽向匍匐茎发育。如施用丁酰肼可以增加块茎数目，加快块茎膨大速度，提高产量。

二、类型与品种

（一）类型

1. 根据商品用途分类　可分为鲜食、食品加工、淀粉加工等。

2. 根据薯皮颜色分类　可分为白皮、黄皮、红皮和紫皮等。

3. 根据薯肉颜色分类　可分为黄肉、白肉和紫肉等。

4. 根据块茎形状分类　可分为圆形、椭圆形、长筒形和卵圆形等。

5. 根据块茎成熟期分类　可分为早熟、中熟和晚熟。

（1）早熟品种。从出苗到收获需 50～70d。植株低矮，产量低，淀粉含量中等，不耐贮存，芽眼多且浅。优良品种有丰收白、白头第、秦山 1 号、克新 4 号等。

（2）中熟品种。从出苗到收获需 80～90d。植株较高，产量中等，薯块中的淀粉含量中等偏高。优良品种有克新 1 号、克新 3 号等。

（3）晚熟品种。从出苗到收获需 100d 以上。植株高大，产量高，淀粉含量高，较耐贮存，芽眼较深。优良品种有高原 3 号、高原 7 号等。

（二）品种

马铃薯商业品种繁多，生产气候条件、加工方式不同，选种的品种的不同。南方部分省份主栽品种见表 11-1。

1. 威芋 5 号　中晚熟，生育期 95d 左右。株高 67cm，主茎数 3～5 个，叶淡绿色，茎绿微带褐，花白色，开花繁茂，天然结实少。薯块椭圆形微带扁圆形，芽眼深度中等，表皮光滑稍有网纹，黄皮黄肉，薯块大小均匀，整齐度良好，集食、饲、加工等兼用。

表 11 - 1 南方部分地区主栽品种

地区	主要生产品种
广东	Favorita、Cadinal、金冠、东农 303、冀农 958 等
广西	克新 1 号、金冠、丰收白等
福建	克新 3 号、克新 2 号、春薯 4 号、德友 1 号等
云南	米拉、会-2、合作 88、中甸红、大西洋等
贵州	米拉、威芋 3 号、会-2、Favorita、坝薯 10 号、宣薯 2 号等

2. 陇薯 3 号 中晚熟，生育期 110d 左右。株型半直立较紧凑，株高 60～70cm。薯块扁圆或椭圆形，大而整齐，黄皮黄肉，芽眼较浅并呈淡紫红色，结薯集中，单株结薯 5～7块。块茎休眠期长，耐贮藏。

3. 黔芋 1 号 中晚熟，生育期 107d，株形半扩散，株高 68.5cm，茎粗 1.08cm，茎、叶绿色，花冠白色，有天然结实性。结薯集中，黄皮黄肉，薯形长椭圆，表皮粗糙，芽眼较浅，休眠期较短。

4. 合作 88 中晚熟，生育期 108d。茎红褐色，叶浅绿色，块茎红色，株丛直立，结薯分散，薯块长椭圆形，红皮黄肉，芽眼浅，薯皮光滑。

三、栽培季节与茬口安排

中国地域广阔，由于地区间纬度、海拔、地理和气候条件的差异，造成了光照、温度、水分、土壤类型的不同，而且马铃薯种植具有很强的地域性，在全国不同地区形成了各具特点的生产方式和栽作类型。滕宗璠等（1989）把中国马铃薯适宜种植区分为北方一作区，中原二作区，南方二作区，西南一、二作垂直分布区。20 世纪末 21 世纪初，南方的广东、广西、福建等利用秋季冬闲田种植一季马铃薯的种植模式得到推广，栽培季节与传统的南方二作区有所不同。因此，李勤志等（2009）把马铃薯产区分为北方一作区、中原二作区、南方冬作区和西南混作区。北方一作区和西南混作区产量占全国总产量的 90% 以上，是中国最主要的马铃薯生产区；中原二作区和南方冬作区所占比例较小。

自然气候条件的不同，栽培季节与茬口安排不同，各地区栽培季节安排见表 11 - 2。

表 11 - 2 马铃薯栽培季节安排

地区	播种期	收获期	栽培季节
东北、甘肃、青海等地区	4 月下旬至 5 月初	9 月中旬至 10 月上旬	春季（春种秋收），多为中熟、晚熟品种
山东西南部、河南、河北、山西等地区	2—3 月 8 月（处暑前）	6—7 月 10—11 月	春、秋两季（中原二作区），多为早熟、极早熟品种
江苏、浙江等地区	1—2 月 9 月（白露后秋分前）	5—6 月 12 月	

（续）

地区	播种期	收获期	栽培季节
广东、广西、海南、福建、湖南、湖北南部、江西南部、台湾等地区	10月中下旬至11月（霜降后立冬前）	翌年2—3月	南方冬作区有秋冬、春三季
云南、贵州、四川、西藏等西南混作区	此区多系山地和高原，地势复杂，海拔高度变化大，立体气候特点突出，不同栽作类型呈垂直交错分布的格局，马铃薯生产类型多样化（一作、二作、冬作），占全国总面积40%		

四、生产技术

马铃薯种植方式多样，有单作、轮作、间作、套作，有设施栽培、露地栽培，有侧膜种植、全膜种植、半膜垄种等多种方式。

（一）马铃薯露地栽培技术

1. 选用品种 按照用途、熟制选用相应品种。

2. 整地施肥 马铃薯忌连作，宜采用轮作、间套作方式。播种前应充分深翻晒垡，增加土温，减少病虫害。播前再犁翻1～2次，整平耙细土块。按种植规格开沟起垄，垄面宽窄依地势、土壤和种植方式而定。南方各省的起垄规格有：小垄单行，行距60～65cm起垄，垄上穴距25cm；宽垄双行，垄距82～100cm，小行距40cm，每垄双行穴距25cm。应重施基肥，每亩施农家肥2 000～3 000kg、普通过磷酸钙25～50kg、硫酸钾25kg，基肥宜占总施配量的3/4。华中地区采用的垄作方式如图11-4所示。

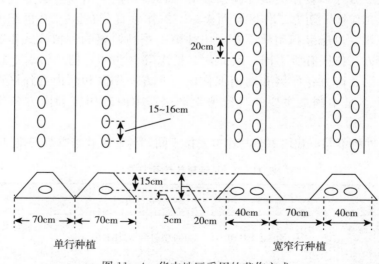

图11-4 华中地区采用的垄作方式

3. 播种

（1）播种时期。适期播种是使马铃薯各生育期处于适宜外界条件下良好生长的重要措施。应遵循以下原则：一是根据品种特性将结薯期安排在年平均气温15℃以上、23℃以下，日照长度超过 14h 的时期，出苗后不遭受晚霜危害；二是趋利避害，躲过自然灾害与病害盛发期；三是利用前后作及间、套作作物的安排，如春作马铃薯早播早熟，可增加一茬秋季作物，间、套作时缩短共生期。

春播一作马铃薯一般在晚霜前 20～25d，气温稳定在 5～7℃，10cm 土层温度达到 7～8℃时为播种适期。二季作地区应适时早播，使块茎在夏季高温来临前已充分膨大成熟。在冬、春两季无霜或基本无霜地区，可冬播马铃薯，播期在 11 月上旬至 12 月下旬。

（2）播种前的种薯处理。

①种薯消毒。种薯消毒是用药剂杀死种表面所带病菌。从外地调进的种薯，必须进行种薯消毒。可用 40％甲醛水溶液 1 份加水 200 份喷洒种薯表面，或浸种 5min 后用薄膜覆盖闷种 2h，再薄摊晾干。

②种薯切块。切块采用纵切，大小以 30～50g 为宜（图 11-5），每块有 1～3 个芽眼，切创面小，切后可用草木灰蘸伤口，并放在空气相对湿度为 85％、温度为 15～23℃的条件下，避免日光直射，3～5d 切面木栓化后即可播种。也可用小整薯作种，小整薯比同等大小的切块芽眼多，每穴茎多，出苗快、整齐，抗旱、抗寒力强，还可防止秋播的烂种死苗，增产效果好；小整薯还有节省切薯费用、减少种薯感病率、便于机械化播种等优点。

>200g   >150g   >100g   <50g

图 11-5　马铃薯种薯切块

③催芽。用秋薯作春播用种或春薯作秋播种薯时，由于种薯尚未通过休眠期，直接播种不能发芽，必须进行催芽。最常用的催芽方法是湿沙层积法，在温度为 15～18℃、空气相对湿度为 60％～70％的暗室中持续 15～20d 即可萌芽。未通过休眠期的种薯，催芽前应先打破休眠，打破休眠常用 5～10mg/kg 的赤霉素（GA₃）水溶液浸种 10～15min，也可用 2％硫脲浸种 30min。

（3）种植方法与密度。马铃薯的种植方法主要有垄作，平作和畦作 3 种。南方一般采用高畦双行栽培，宽行 66cm，窄行 33cm，株距 17～33cm，每亩播种 4 000～6 000 穴，播种量为 100～150kg。适宜的密度应因品种、地力以及栽培制度而定。二季作区种植密度较大，一季作区种植密度较小；早熟品种与结薯集中的品种宜密，晚熟品种与结薯分散的品种宜稀。通常每亩出苗数达 2 000 株左右，才能保证产量（图 11-6）。

4. 田间管理

（1）苗期管理。发芽出苗期间，苗高 6cm 时，应进行查苗、补苗。幼苗期的田间管理工作，以促根、促匍匐茎生长为主，以达到苗齐、苗壮、根深叶茂为目的。

（2）中耕除草与培土。中耕使表土疏松，通气良好，消除杂草。齐苗后及时进行第一次中耕，深度 8～10cm，10～15d 后进行第二次中耕。现蕾期进行最后一次中耕，此次深度宜

图 11-6　马铃薯栽培

浅。每次中耕结合培土，每次培土总厚度不超过 10cm，培土具体方法参考图 11-7。中期中耕促进块茎膨大。培土有利于多发、早发匍匐茎，避免匍匐茎长出地面形成地上枝，可使已形成的块茎不会暴露地面而变绿。

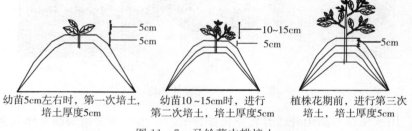

幼苗5cm左右时，第一次培土，培土厚度5cm　　幼苗10~15cm时，进行第二次培土，培土厚度5cm　　植株花期前，进行第三次培土，培土厚度5cm

图 11-7　马铃薯中耕培土

（3）水肥管理。出苗后要结合中耕除草进行追肥，一般是齐苗前后追施芽、苗肥，可每亩每次浇施 1∶（50～100）的腐殖酸肥和尿素 8～10kg。现蕾初期每亩追施尿素 15～20kg，同时追施硫酸钾 15kg 或喷施磷酸二氢钾 2～3 次，每次 100g，易获高产。

5. 采收与留种　马铃落成熟时，地上枝叶渐次枯黄，匍匐茎干缩、块茎表皮木栓化。不同类型的品种依据成熟期的不同进行适时采收。

留种用马铃薯应提前 15～30d 采收，可使下一代生长健壮，减少病毒病及晚疫病的发生，并能增产 16％～32％。马铃薯采收后应选 20～50g 大小的无伤无病小整薯作种。贮藏前不能泡水，应在冷凉、干燥、通风、透光的条件下贮藏。堆放厚度不超过 45cm 或用浅筐排放，每隔 10d 翻 1 次，使贮藏温度保持在 20℃左右，及时排出二氧化碳、水和热气，减少烂薯。

（二）马铃薯稻草免耕覆盖栽培技术

稻草免耕覆盖栽培技术简称马铃薯免耕栽培，是根据马铃薯在温度湿度适宜条件下只要将植株基部能遮光就能结薯的原理，在晚稻等前作收获后，未经深翻犁耙，直接开沟成畦，将种薯摆放在畦面上，用稻草等全程覆盖，适当施肥与管理，收获时将稻草扒开，在地上捡薯的一项栽培技术（图 11-8）。

图 11-8　马铃薯稻草免耕覆盖栽培技术

1. 选地整地　选择土壤肥力中等以上、排灌方便的沙壤土，晚稻收获前不浇水，收割时留茬不宜过高、以齐泥留桩为宜。播前分畦开沟，沟宽 30cm、深 15cm，并挖好排灌沟。挖排灌沟时，部分沟土用于填平畦面低洼处，将地面整成龟背形或弓背形，以利淋水、培土和防渍。其余的沟土在施肥播种后用来覆盖种薯和肥料，或在覆盖稻草后均匀地撒于畦面。采用宽畦种植的畦宽 130～150cm，每畦播种 4～5 行；宽窄行种植的，中间为宽行，大行距 30～35cm，两边为窄行，小行距 20～25cm，株距均为 20～25cm，畦边各留 20cm，按"品"字形摆放种薯，每亩种植 6 000～7 000 株；窄畦种植的畦宽 70cm，每畦播种 2 行，行距 30cm，株距 20～25cm，畦边各留 20cm，按"品"字形摆放种薯，每亩种植 5 000～6 500 株。

2. 品种选择　品种选择要根据当地气候条件和市场需求，选择生育期适中，适销对路的高产、优质、抗病、休眠期已过的优质脱毒种薯。

3. 适时播种　马铃薯稻草免覆盖耕栽培主要是秋播或冬播，如有霜冻的地方要通过调整播种期避开霜冻危害。一般秋播于 9 月中下旬进行，冬播于 12 月中下旬进行。

播种时将种薯直接放在畦面上，芽眼向下或向上，切口朝下与土壤接触，可稍用力向下压一下，也可盖一些细土。播后每亩用草木灰拌腐熟猪粪 150kg 盖种，再在畦面上撒些复合肥，然后覆盖稻草 8～10cm 厚。稻草与畦面垂直，按草尖对草尖的方式均匀覆盖整个畦平，随手放下即可，不压紧、不提松、不留空隙，要盖到畦边两侧，每亩需 1 300m³ 左右的稻草。稻草覆盖后进行清沟，用沟中清理出的灰土在稻草上压若干个点，有保护覆盖物和防止种薯外露的作用，但压泥不能过多。播后若遇天旱，需用水浇淋稻草保湿；如遇大风要用树枝压住稻草，防止被风吹走。稻草不足时可用甘蔗叶、玉米秆、木薯皮等覆盖或加盖黑色地膜。冬种春收的马铃薯采用稻草包芯＋菇渣（土杂肥）＋培土栽培技术，可创造通透性良好的土壤环境，有利于块茎和根系生长，促进多结薯、结大薯，提高产量和商品性。

4. 田间管理

（1）破膜放苗。出苗后适时破膜放苗，防止膜内温度过高而引起烧苗。破口不宜过大，放苗后立即用湿泥封严破口，防止冷空气进入，降低膜内温度，防止遭遇大风引起掀膜。及时清理排灌沟，将清出来的沟土压在稻草上。如果稻草交错缠绕而出现卡苗，应进行人工引苗。

（2）肥水管理。生长前期可施 1～2 次肥，生长中后期脱肥的可每亩用磷酸二氢钾 150g 或尿素 250g 兑清水 50L 进行叶面喷施，连喷 2～3 次。在施足基肥的情况下，展叶起每 10d 用 0.1％磷酸二氢钾叶面喷施 1 次，连喷 3～5 次，能显著提高产量。覆草栽培时，因根系入土浅，薯块也长在地表，无附着力，极易发生倒伏，中后期要注意严格控制氮肥的施用量，防止地上部生长过旺。也可在马铃薯进入盛薯期时每亩用 15％多效唑可湿性粉剂 50g 兑水 60～70L 叶面喷施，以控上促下，促进块茎膨大。如果有花蕾要及时掐去。利用稻草覆盖种植马铃薯生长前期必须保证充足的水分，整个生长期土壤相对含水量应保持 60％～80％。以湿润灌溉为主，一般出苗前不宜灌溉，块茎形成期及时适量浇水，应小水顺畦沟灌，使之慢慢渗入畦内，不能用大水浸灌，注意及时排水落干，避免水泡种薯。在多雨季或低洼处应注意防涝，严防积水，收获前 7～10d 停止灌水。

（3）温度管理。在生长期间出现霜冻，可采用以下措施预防：在霜冻到来前的 1～2d，放水进沟，保持土壤湿润；用草木灰撒施叶面或用稻草、草帘、席子、麻袋、塑料薄膜等遮盖物覆盖；用秸秆、谷壳、树叶、杂草等作燃料，在上风口堆火烟熏，每亩设烟堆 3～5 个，慢慢熏烧，使地面上笼罩一层烟雾；施用抗冻剂或复合生物菌肥，可起到一定的预防作用；霜冻发生后的早上在太阳出来前及时淋水或人工去除叶面上的冰块，减轻霜冻危害。

5. 收获 一般在 5 月，当马铃薯叶呈黄色，匍匐茎与块茎容易脱落，块茎表皮韧性大、皮层厚、色泽正常时即可采收。稻草覆盖栽培的，70％的薯块生长在地面上，收获时掀开稻草捡薯即可，入土的块茎可用木棍或竹签挖出来。可先收大薯，把小薯留下用稻草盖起来，让其继续生长，长大后再收获。收获后稍微晾晒即可装筐运走，应避免雨淋和日光暴晒，以免块茎腐烂和变绿，确保产品质量。

（三）马铃薯种性退化及防止对策

马铃薯长期采用无性繁殖，引起长势逐年削弱，植株矮化，分枝减少，茎叶卷缩，薯块变小，产量显著下降，品质变劣，最后失去使用价值，这些现象称为马铃薯种性退化现象。马铃薯种性退化是世界上普遍存在的问题，严重限制了该作物种植面积的扩大和产量的提高。

1. 退化原因 关于马铃薯种性退化的原因有多种说法，但现在已经公认病毒是引起马铃薯种性退化的主要原因，蚜虫等昆虫是传播病毒的媒介，高温等条件加快了病毒的增殖与侵染。

2. 防止措施

（1）品种选择。一般选用适宜的优良品种。南方及长江流域应以早熟品种为主，也可用块茎膨大较快、丰产性能高的中熟品种，并在留种选种时，选用抗病、退化轻的品种作为下一年度的种薯，有利于防止退化。

（2）采用实生苗块茎作种。种子繁殖产生的块茎称为实生块茎，实生块茎变异大，必须注意严格选优去劣。

（3）二季作留种。二季作留种主要是使留存种薯的生长期避开高温气候，如结薯期处于冷凉季节（秋冬）或者早春低温。

（4）采用茎尖脱毒培养法培育马铃薯脱毒原种（图11-9）。

图11-9 马铃薯脱毒原种

任务二 芋生产技术

芋又名芋艿、芋头，为天南星科多年生宿根草本植物，原产于亚洲南部，我国以珠江流域及台湾地区最多，长江流域次之，水田或旱地均可栽培。生产中常作一年生作物栽培，一般以地下块茎作粮食或蔬菜，其叶柄、花、花茎也可作蔬菜。块茎营养丰富，含有蛋白质1.0%～2.5%，淀粉10%～20%。芋耐贮运，从8月至翌年4月均可供应，在蔬菜周年均衡供应中有着重要的调节作用。

一、生产特性

芋植株形态见图11-10。

（一）形态特征

1.根 根为肉质纤维根，着生在母芋及子芋下部节上。根毛很少，吸收力弱，不耐干旱。根系主要分布在球茎周围50cm左右的土壤中。

2.茎 茎分为球茎和根状茎。植株基部茎缩短成地下球茎，逐渐累积养分肥大成肉质球茎，称为"芋头"或"母芋"，母芋每节都有一个腋芽，但以中下部节位的腋芽活动力强，发生第一次分蘖，形成小的球茎称为"孙芋"，再从子芋发生"子芋"，在适宜条件下，可形成"曾孙芋"或"玄孙芋"等。

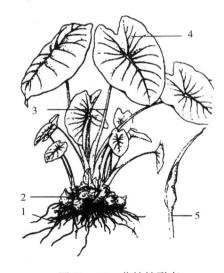

图11-10 芋植株形态
1.根 2.球茎 3.叶柄 4.叶片 5.花序
（黄新芳，2017.优质芋头高产高效栽培）

223

球茎上有棕色鳞片毛，是叶鞘残迹。母芋的形状分为球形、莲花形、椭圆形或狗蹄形等（图 11-11），子芋和孙芋形状分为长卵形、倒圆锥形、卵圆形等（图 11-12）。

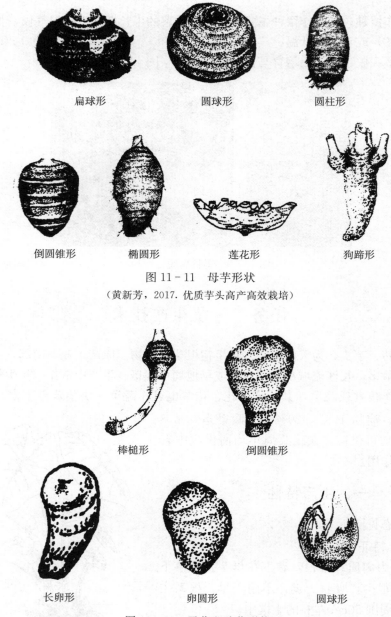

扁球形　　　　　　圆球形　　　　　　圆柱形

倒圆锥形　　椭圆形　　　莲花形　　　狗蹄形

图 11-11　母芋形状
（黄新芳，2017. 优质芋头高产高效栽培）

棒槌形　　　　　　倒圆锥形

长卵形　　　　　卵圆形　　　　　圆球形

图 11-12　子芋和孙芋形状
（黄新芳，2017. 优质芋头高产高效栽培）

3. 叶　叶互生，表面有密集的乳突，保蓄空气形成气垫，使水滴形成圆珠，不会沾湿叶面。叶柄直立或开展，呈绿、红、紫等颜色，常作为品种命名的依据（例如红梗芋、白梗芋）。叶片及叶柄有明显的气腔，木质部不发达，叶片脆弱，叶柄长而中空，易受风害。

4. 花 花为肉穗花序，温带很少开花、结实。

（二）生长发育周期

在我国，芋的生长发育周期是指球茎经过越冬休眠、播种出苗，进入营养生长期，最后形成新一代子芋、母芋的过程，一般无明显的划分界限。通过植株地上部和地下部生长发育特点和季节，芋生长发育周期划分为萌芽期、幼苗期、发棵期、结芋期和球茎休眠期 5 个时期。

1. 萌芽期 芋以球茎作繁殖材料，称为种芋，在适宜的温度和湿度条件下，种球萌发至第一片真叶开展为发芽期，约需 30d。

2. 幼苗期 顶芽出土至第 4～5 片真叶展开的时期为幼苗期，此时南方已进入 4 月上旬。幼苗期植株生长缓慢，吸收土壤水分、养分不多，前期主要靠种芋本身贮存养分，以后逐渐从土壤中吸收和同化养分，幼苗期经历 35d 左右。第一片叶平展之后开始向大田定植，随后第二片叶开始缓慢生长。从第二片叶开始平展到第四片叶展开，气温和地温较低，生长缓慢，地下部种芋逐渐缩小，种芋在发芽期形成的不定根由白色变褐色后枯死。这一时期以叶片和根系生长为主，为后期发棵和结芋奠定基础。

3. 发棵期 植株发棵放叶，茎基部短缩，随着植株生长，逐渐膨大而形成新的母芋，为发棵期。发棵一般经历 35～45d，因品种而有差异，为营养生长的主要阶段，要求水肥供应充足，防止高温干旱。第四片叶平展后进入旺盛生长期，叶片数迅速增加，叶面积急剧扩大，球茎的质量迅速增加，是形成产品器官的主要时期。"四叶平"是生产上的转折点，发棵期时长江流域是梅雨季，雨水多，旱芋喜湿，但不耐涝，应做好排涝工作。

4. 结芋期 母芋每节均有 1 个腋芽，其中健壮腋芽形成球茎称"子芋"。子芋与母芋都充分变大，为结芋期。当长到一定程度后，子芋中下部位又可形成小球茎称为"孙芋"。本阶段经历时间一般为 80～110d，因品种和生产条件而异。露地栽培芋，长江流域以南地区一般 7—9 月为球茎形成盛期，在此时期子芋膨大，且不断繁殖孙芋及曾孙芋，9 月以后叶的生长减缓，养分向球茎转移，淀粉含量增多。

5. 球茎休眠期 气温降到 15℃以下，植株地上部分生长完全停止，并不断枯黄，经霜完全枯死，以球茎留存土中，在 8～15℃和比较干燥的条件下进入休眠越冬，直到翌年春季，球茎萌动发芽的这段时期。

（三）对环境条件的要求

1. 温度 芋喜高温多湿，13～15℃芋的球茎开始萌发，幼苗期生长适温为 20～25℃，发棵期生长适温为 20～30℃。昼夜温差较大有利于球茎的形成，球茎形成期以白天 28～30℃，夜间 18～20℃最适宜。不同类型的芋对温度要求不同，多子芋适应较低的温度，魁芋要求高温，并需较长的生长季节，以使其球茎充分长大。所以中国大魁芋多产于珠江流域，而长江、黄河流域适宜生产多子芋、多头芋。

2. 光照 芋较耐阴，对光照度要求不是很严格。在散射光下生长良好，球茎的形成和膨大要求短日照条件。

3. 水分 无论是水芋或是旱芋都喜欢湿润的自然环境条件。旱芋生长期要求土壤湿润，尤其叶片旺盛生长期和球茎形成期，需水量大，要求增加浇水量或在行沟里灌浅水。水芋生长期要求有一定水层，幼苗期水层 3～5cm。叶片生长盛期以水深 5～7cm 为好，收获前 6～7d 要控制浇水和灌水，以防球茎含水过多，不耐贮藏。

4. 土壤　水芋适于水中生长，需选择水田、低洼地或水沟栽培。旱芋虽可在旱地生长，但仍保持沼泽植物的生态型，宜选择潮湿地带种植。芋是喜肥性作物，其球茎是在地下土层中形成的，因此应选择有机质丰富、土层深厚的壤土或黏壤土，以 pH 5.5～7.0 最适宜。

5. 养分　充足的氮、钾肥，有利于芋产量和品质的提高。

二、类型与品种

(一) 类型

1. 根据生态条件分类　分为水芋和旱芋。

2. 根据食用部位分类　分为球茎芋变种、花用芋变种、叶用芋变种。

(1) 球茎芋变种。主要以食用芋的块茎为主，是利用最多和品种最多的类型，分为魁芋、多子芋和多头芋类型。

①魁芋类。植株高大，可达 160～180cm，食母芋为主，子芋少而小，仅供繁殖用。母芋淀粉含量高、质细软、香味浓、品质好，大部分为晚熟品种。在我国南方较多，如江苏宜兴的龙头芋、浙江的奉化芋、广西的荔浦芋等。

②多子芋类。子芋大而多，易分离，质地黏；母芋纤维多，肉质粗。此类型多为早熟品种，在我国长江流域较多，如宜昌白荷芋、红芋，长沙姜荷芋，上海、杭州的白梗芋、红梗芋等。

③多头芋类。植株较矮，最多 50～60cm，块茎形状不规则，母芋、子芋无明显的区别，相互密接重叠，质地介于粉质与黏质之间，味道好，产量低，如江西新余狗头芋、浙江金华切芋、福建长脚九头芋、广东狗爪芋、四川莲花芋等。

(2) 花用芋变种。花用芋变种是一些地区的特有种，以采收花、花序为主，而块茎含纤维多，麻口，一般不食用，如开花芋、甜弯根。

(3) 叶用芋变种。叶用芋变种以无涩味或淡涩味的叶柄为产品，如广东红柄水芋、浙江宁波水芋、四川武隆叶菜芋等。

(二) 品种

1. 香酥芋　又名红梗芋。株高 100～120cm，叶互生，叶片长 80cm、宽 60cm，叶柄长 120cm。属子芋类，母芋中大、圆形、下部稍尖，子芋较多，芽红色，肉质糯而甘滑，味醇香。

2. 黄粉芋　产于浙江余姚。早中熟，叶柄绿色，子芋椭圆形，孙芋近圆形，每株结芋 20～25 个，球茎含淀粉量高，质细面，品质好。

3. 荔浦芋　产于广西荔浦县，为清朝贡品。母芋近短炮弹形，中间略大，两端略细，质量为 1.5～3.0kg。切开后芋肉是紫色的，肉质细腻，煮熟后甘香松软，风味独特。

4. 杭州香梗芋　属多子芋类型。子芋质粉，有香气，母芋质松，子、母芋品质均好。母芋椭圆形，质量为 0.3kg，每株结芋共 18～10 个，总质量为 0.6kg，芽眼红色，球茎上的棕色鳞片毛较多。

三、栽培季节与茬口安排

芋喜高温多湿的环境，在 13～15℃开始发芽，生长期要求 20℃以上的温度，球茎在 27～30℃时发育良好，比较耐阴，短日照能促进球茎形成。我国南方多山区且多为温暖气候的特点决定芋栽培的外部环境。我国芋的生产主要集中在珠江流域（广东、广西、福建等），长江流域次之。

长江流域各省露地栽培一般3月下旬至4月上旬播种，秋末冬初霜降到来之前收获，也可通过培土等防护措施就地安全越冬，一直收获至翌年3月下旬至4月下旬。现在有些芋生产区采用塑料大棚、中棚及地膜覆盖等保护栽培，应根据各种保护地栽培类型不同来确定播种期。如采用大棚栽培于1月上旬即可播种，覆地膜，加盖小拱棚，早熟品种8月下旬、晚熟品种9月中旬即可采收；采用拱棚栽培一般于2月下旬播种，地膜加小拱棚覆盖，早熟品种9月上旬、中熟品种9月中旬、晚熟品种9月下旬即可采收；地膜覆盖保护一般于3月上旬播种，早熟品种9月中旬、晚熟品种10月上旬采收。

华南地区雨量充沛，气温较高，全年无霜，不加任何覆盖物芋可在地里安全越冬，2—5月可排开定植，最晚可到6月，9月以后可随收随上市。

南方地区蔬菜生产就是利用优越的温、光资源，一年多茬栽培，土地利用率高。如浙江台州推广的芋—马铃薯—萝卜模式，不仅产量高，而且芋的上市时间比露地覆膜栽培提早40～50d。还有广西柳州市柳北区推广的生姜套种芋栽培模式，福建厦门的芋套种毛豆模式等。各地安排蔬菜栽培茬口，应根据不同蔬菜对气候条件的不同要求，合理安排种植季节，以获得高产。

四、生产技术

（一）芋露地栽培技术

1. 整地施肥　要求选用土壤深厚、肥沃、疏松、排灌方便，前一年未种过芋头的田块。选地后深翻晒垡，如是老地，可在犁耙时每亩用生石灰50kg进行消毒。

冬前深翻25～30cm，经冻垡、日晒达到土壤风化、细碎。大田整地提倡"三沟配套"，即腰沟、围沟、畦沟三沟配套在生长盛期及球茎形成期遇干旱要勤灌溉，有利于发棵长粗和球茎膨大。

整地采用双行高畦种植，畦面宽90～100cm，沟宽40cm、深30cm，结合整地施足基肥，每亩用腐熟农家肥2 000～3 000kg、生物有机肥50～100kg，混合施于种植行中间。

2. 芋种处理

（1）选种。一般选择子芋的长度较短，个大肥美的芋头是较为优秀的种芋。母芋要有明显的品种特征，柄长中等，较为肥大。特别注意的是母芋需要粗壮完整，此外盲眼芋是不能作为种芋的。为了防病菌，可用50%多菌灵可湿性粉剂500倍液左右进行杀菌。

（2）催芽。催芽的时机宜选在冬至前后，选一处背风的向阳地，土壤选用易于排水的沙壤土。将被切开的种芋上擦上草木灰后放在沙壤土上，再用细沙土在表面薄薄地覆上3cm左右。或者直接将种芋混在细土堆中，在种芋放入苗床后浇水，再保持适宜的稳定温度在20～25℃即可。

3. 播种、移植　长江流域多栽培多子芋，清明前后直播，选中等大、小子芋作种，行距66～83cm，株距33cm，穴深10～13cm，每穴用1个子芋，每亩用种100～112kg。为了安排茬口及早熟栽培，可提前在3月20日左右在温床或塑料棚内播种育苗，将芋种密排在床土中，保持20～25℃的床温，经苗期肥水管理，至1～2片真叶时定植，其密度与直播相同。

4. 田间管理

（1）肥料管理。在施足基肥的前提下，前期可适当施稀薄沼气水、粪水或腐殖酸肥，待芋长至6月初开始膨大时，每亩用腐熟厩肥1000kg，硫酸钾15kg，生物有机肥50kg，复合型硼、锌、镁肥2kg施于厢边并覆土。在7月中旬大暑前，每亩用氮、磷、钾（15-15-15）复合肥25kg，硫酸钾15kg均匀混合后施于厢面上，浅土盖肥，施肥前应拔除田间四周杂草。8月以后不再施肥，在芋迅速膨大期（6—7月）可结合防治病虫害，喷施膨大素与磷酸二氢钾等，以促进芋的块茎膨大，提高产量。

（2）水分管理。在幼苗期，只要保持湿润（土壤相对湿度60%～70%）即可，有利于根和幼苗生长，此时水量过大会影响发芽，引起烂种。进入发棵期，茎基部开始膨大结芋，此期光热充足，是植株生长的旺盛时期，需水量大，应及时浇水，保持土壤始终在湿润状态，土壤相对湿度以70%～75%为宜。沙性土壤浇水时，以浇半沟水为好，不能漫过芋的生长位置以上。浇水适合在早晚进行，应注意小水灌注，忌大水漫灌。浇水后还要注意及时松土，除去田间的杂草，提高土壤的通透性。

（3）中耕培土。自出苗或定植活棵后，要多次中耕除草，以提高地温，促进早发。分次培土壅根对芋的生长发育有重要作用，江苏兴化芋农有"小霜小壅，大暑大卵，七月不壅，等于不种"的说法。若不培土，子芋顶芽当年萌发成分蘖，消耗养分。而培土能抑制子芋顶芽生长，抑制分蘖的形成，并在较低温度和湿润环境中，有利球茎肥大，增加子芋、孙芋的产量。此外，若不培土，已经形成的子芋暴露于地面，往往呈青绿色，涩味增加，品质下降。

（4）切除子芋。当芋长到7～8叶时开始发生子芋。为减少养分分散和消耗，利用母芋膨大，应在子芋1叶1心时，用小刀或小铁铲小心将子芋生长点割除，注意不要割伤母芋。

5. 采收　长江流域早播的早熟品种多在9月上旬至10月上旬采收，迟播的多在9月下旬至10月下旬采收；中晚熟品种多在9月底至11月上旬采收。因市场需要，可以适当提前或延迟采收，一般应在重霜前收完，以防冻害。采后切除多余的子芋，注意在收获和搬运贮藏时避免碰撞摩擦造成损伤。贮藏时待芋自然风干即把芋倒放，放一层芋，覆盖一层细沙，可单层或多层码放，并注意剔除损伤或有病芋，避免传染。

（二）芋大棚栽培技术

随着种植业结构调整，近年利用设施栽培芋的面积在不断扩大，现就其大棚高效栽培技术总结如下：

1. 选用高产优质早熟品种　根据市场需求与生产区生产条件选用优质高产，具有明显品种特征的品种。

2. 适期播种，保温催芽　为了提早上市和充分利用大棚增温优势，在大棚内用小拱棚保温催芽种芋。催芽前将种芋晒2～3d，并除去种芋上的鳞片毛，使其与土壤密切接触，更易吸收水分。在1月中旬挑晴天中午把种芋小头朝下按次排紧，排紧后上面覆盖2cm左右的湿细土，然后覆盖地膜进行保温保湿，再盖一个小拱棚，最后把大棚门封紧保温。

3. 施足基肥，整地做畦　芋需肥量很大，要施足基肥，一般每亩施腐熟有机肥2000kg、尿素15kg、磷酸二铵25kg、磷酸钾25kg，然后进行深翻整地。平整后开沟做畦，畦宽40cm，沟宽25cm，畦高25cm左右，同时在播种沟内撒施毒饵防除地下害虫。

4. 合理密植，及时除草　到2月中旬，经催芽的种芋芽长达1.5cm，此时把有芽的种芋重新栽种到大棚的播种沟内，株距 25cm，每亩种 4 000 株左右，破膜前一般不要开大棚门，以保温为主。

5. 田间管理

（1）破膜放苗。栽种后 25d 左右，发现种芋第一片叶出土后立即进行破膜放苗，防止膜内温度过高烧伤叶片，影响全苗。待到 3～4 片真叶时揭去地膜，进行除草和第一次浇水。

（2）培土壅根。培土壅根能抑制子芋、孙芋顶芽萌发和分蘖叶片抽生，使芋充分膨大，并促生大量不定根，一般进行 3 次。第一次在揭膜浇水后进行，此次培土不宜太多，一般 4～5cm 厚即可。第二次结合追肥进行，在植株 7～8 片真叶时，每亩用尿素 25kg 和有机肥 1 500kg，撒施在芋棵间后进行壅根，一般壅 15cm 左右，壅后及时浇水，此次壅根时要把抽生的边荷埋入土中，以减少养分消耗，利于子芋、孙芋膨大。第三次结合除草，在植株 12～13 片真叶时进行，一般壅 10cm 左右。经 3 次壅根后在根部形成了疏松的高垄，非常有利于子芋、孙芋的膨大，并且形状美观，这是提高芋产量和商品性的有效措施。

（3）通风降温。4 月中旬开始，中午棚内温度超过 35℃时，应揭开棚门通风降温，防止高温烧伤叶片，傍晚再关上棚门，保证中午温度不高、晚间能保持温度。到 5 月底 6 月初揭去大棚膜，让其自然生长。

（4）适时灌溉。生长前期大棚内不需浇水，到开大棚门通风时，棚内空气对流强烈、蒸发量大，必须每隔 3～4d 灌溉 1 次，确保土壤始终湿润但又不积水；到生长中后期揭去大棚膜时，应根据天气情况进行灌溉，连续高温干旱天气要每隔 2d 灌溉 1 次，一般在傍晚进行，满足其生态、生理需水。如果出现焦叶现象，说明已严重缺水，必须及时灌水。

项目小结

薯芋类蔬菜苗期较耐干旱，喜半干半湿，产品形成期对水分反应敏感，应小水勤浇。以变态茎为食用器官，耐贮运。均采用无性繁殖，播种前应对种薯、种芋的切块、消毒、催芽等进行处理。要求疏松透气、富含有机质的土壤，耐肥，需肥量大，喜磷钾肥。适宜高畦或垄作栽培，在生产过程中需要进行培土，防止产品器官变绿，口感发涩。芋喜高温、光照充足，而马铃薯在冷凉气候、昼夜温差大时利于产品器官形成。

实训指导

技能实训　马铃薯脱毒种薯繁殖技术

一、目的要求

学习马铃薯脱毒种薯繁殖技术中的组织培养脱毒技术与一级种薯繁育技术。

二、材料用具

生长健壮的马铃薯品种单株、培养基、超净工作台、解剖镜、解剖针、脱毒马铃薯原种、切刀、75%乙醇、草木灰、锄耙等。

三、相关知识

马铃薯种薯生产体系包括两个阶段：即在设施条件下生产组培苗、原原种和在田间自然条件下生产原种、一级种薯和二级种薯（图 11 - 13）。

脱毒马铃薯一级种薯，是指利用组织培养的脱毒马铃薯原原种（微型薯）种植一代后繁育出原种，再用脱毒马铃薯原种种植繁育出的马铃薯种。一级种薯可直接运用于马铃薯大面积栽培，或者再繁育一代，将二级种薯运用于大面积栽培。

马铃薯原原种与原种繁育，对技术与环境条件要求较高，主要在科研单位或比较专业的马铃薯种薯繁育公司进行。一级种薯对技术和环境条件要求相对较低，主要在隔离条件良好的高海拔地区进行，由种业公司组织，一般用户承担。

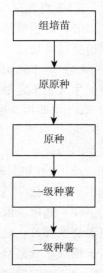

图 11 - 13 种薯生产
体系流程

四、方法步骤

（一）茎尖脱毒技术

1. 取材与消毒

（1）取材。进行茎尖组织培养之前，应于生育期选择具有品种典型、生长健壮的单株用于茎尖剥离。选中的无性系块茎通过休眠后播于温室内，待芽长至 50mm 剪取芽；或者切取带腋芽的插条，在实验室的营养液中生长进行取材。

（2）消毒。将带顶芽或侧芽部分一起放入自来水冲洗 0.5h，然后进入无菌室严格消毒。在 2‰次氯酸钠溶液中处理 5~10min，再用 10%漂白粉溶液浸泡 5~10min，最后用无菌水冲洗。

2. 茎尖剥离与接种 将消毒好的茎尖放入超净工作台，在 40 倍解剖镜下进行剥离，一只手用镊子将茎芽按住，另一只手用解剖针将幼叶和大的叶原基剥掉，直至露出圆亮的生长点。用解剖刀将带有 1~2 个叶原基的小茎尖切下，迅速接种到培养基上。

3. 茎尖培养与病毒检测 茎尖培养常采用的培养基是 MS 培养基，附加少量的生长素或细胞分裂素，一般要求培养温度（22±2）℃，光照前 4 周是 1klx，4 周后为 2~3klx，每天 16h。培养 30~40d 后即可看见明显伸长的小茎，叶原基形成可见的小叶，120~150d 后即能发育成 3~4 个叶片的小植株，成苗后按照脱毒苗质量检测标准和病毒检测技术规程进行病毒检测，检测无毒的为脱毒苗。

4. 无病毒苗、薯的快速繁殖技术 脱毒苗快速繁殖方法主要包括脱毒苗茎段繁殖、试管微型薯和脱毒小薯的繁殖。

（二）脱毒马铃薯一级种薯繁育技术

马铃薯原原种与原种繁育，对技术与环境条件要求较高。本次实验只进行生产用种即一级种薯的繁育。

1. 选择原种 原种最好从科研单位引进，以保证纯度与质量。繁育的品种，应该是适合当地大面积推广或者符合市场需求的马铃薯新品种。原种大小控制在 75g 以下，且表皮完整，不带病虫。

2. 整地施肥 用机械或人力翻耕耙平，垡土，将表土整平，起好厢沟、腰沟、围沟，确保沟沟畅通，排水流畅。播种前按照 80cm 划线开沟，沟深 20cm 以上。先顺沟心撒施化肥，每亩施中氮、低磷、高钾复合肥 50kg，随后撒施腐熟农家肥，用量 1 500～2 000kg。以沟心为中轴线，从两侧取土埋肥起垄，垄高 20cm，垄面宽 60cm，垄沟宽 20cm。

3. 播种盖地膜 实验采用先盖膜后播种，即在播种前 2～3d 抢墒覆膜，提高地温。播种时在膜面用粗木棒或专用打孔器打孔，将种薯直接塞入孔中，用细土将洞口封严即可。原种最好选大小适中的整薯播种，避免切块时消毒不严导致病菌传播。太大的种薯（50g 以上）必须切块后使用，切分时注意每块应至少带 1～2 个健壮的芽眼。切过的种薯需在阳光下摊晾 40min 左右，再用新鲜草木灰消毒。为加快切块速度，最好用两把刀，将不用的刀浸泡在 75％乙醇中消毒。在晴天土壤墒情适宜时播种，在垄面交错打两排播种穴，穴距 30cm，垄内小行距 30cm，垄间大行距 50cm，每亩 5 000 穴，每穴 1～2 个薯块。播后盖种，覆土厚度 10cm。

4. 田间管理 整个田间管理主要是水肥调控与除杂。种薯出苗后，要及时破膜放苗，防止高温烧苗。齐苗后，根据地力情况确定是否追肥以及肥料数量，注意地膜内杂草清理，同时注意病虫害防治。在生长期，每 7～10d 进行 1 次田间检查，及时清除有明显差异的杂株，并带出田间销毁。

5. 收获分级 当马铃薯中下部叶片开始发黄时即可收获。种薯在晴天土壤干爽时开挖，注意轻挖轻放，尽量不要挖破弄伤种薯。挖出的种薯在田间摊晾一下，表皮晾干后除去泥土，运到室内进行检验分级，剔除畸形、破损、虫伤薯等，选择符合本品种特征且薯型完整、薯皮光滑、芽眼饱满的健康薯块作为种薯，按大小分级包装，一级薯 25～50g，二级薯 50～100g，三级薯 100～150g。

五、作　业

提交一份实训报告，其内容是记录茎尖脱毒技术步骤与注意事项、一级种薯繁育生长情况，并思考原原种、原种之间繁育的差异。

复习思考题 ◇

1. 马铃薯种薯播种前需哪些处理？
2. 马铃薯种性退化的原因和防止措施是什么？
3. 芋生产管理的关键技术是什么？

项目十二
XIANGMU 12

水生蔬菜生产技术

项目导读 ◆

本项目主要介绍莲藕、茭白生产特性、类型品种、栽培季节与茬口安排及生产技术等。

学习目标 ◆

知识目标：了解莲藕、茭白生产特性，掌握莲藕、茭白的生长发育规律。

技能目标：学会莲藕育苗、栽植技术，能进行莲藕、茭白的生产管理。

我国是世界上水生蔬菜种类最丰富的国家，栽培种类有十余种，其中茭白、菱、荸荠、蒲菜、水芹等都是我国原产，以莲藕、茭白、慈姑、荸荠、菱等栽培较多。

水生蔬菜大多原产于温暖、湿润的地区，生育期长，一般在 150～200d，生长期间都需要高温、高湿环境，除水芹外，均不耐霜冻。我国水生蔬菜主要分布在长江流域以南的水泽地区，如广州珠江三角洲及江、浙两省的莲藕，湖南、湖北的莲子，广东、广西的荸荠，江苏无锡的茭白，浙江嘉兴的无角菱，山东济南大明湖的蒲菜都是我国著名的特产，黄河流域也有少量生产。

水生蔬菜因长期在水中生长，植株的组织疏松，机械组织不发达，茎秆柔弱，易受风害或机械损伤，因此，生产时最好选择能避风的场所。

水生蔬菜除菱和芡实外，都用营养器官繁殖，繁殖系数小，要求在湿润的环境或在水中越冬。

学习任务 ◆

任务一　莲藕生产技术

莲属睡莲科多年生水生草本植物，起源于中国和印度，在我国已有 3 000 多年的历史。莲分布广，南北方均有栽培。其果实称为莲蓬，根茎称为莲藕，种子称为莲子，花称为荷。莲藕质脆味美，营养丰富，富含淀粉、蛋白质、维生素、无机盐等，可加工成藕粉、蜜饯，供应期较长，是冬春及秋淡重要蔬菜之一。莲藕既可生食、又可熟食，莲子可作为滋补食品，莲节、莲蓬、叶柄可作为医药用。近年来莲藕栽培面积有较大的发展，南方各地普遍栽培，湖南、江西、浙江、福建和广东等省份为主产区，在水生蔬菜中居于首位。

一、生产特性

（一）形态特征

1. 根 根为须状不定根，主根退化。不定根着生于地下茎的节上，束状，幼苗期根较少，成株期根较多。生长期根呈白色或淡紫红色，成熟后根变为黑褐色。

2. 茎 地下茎称为"藕鞭"或"莲鞭"，由主鞭以及多级侧鞭组成，藕鞭各节上环生须根。主鞭和侧鞭先端数节肥大形成"母藕"，亦称"亲藕"。母藕一般 3～5 节，多的可达 6节，长 0.6～1.0m。母藕先端的一节称"藕头"，与藕鞭相连的一节称"后把节"。母藕节上分生的小藕称"子藕"，较大的子藕节上还分生"孙藕"。

3. 叶 叶又称荷叶，藕鞭每节向上抽生一片叶。叶圆盘状，直径 30～90cm，全缘，绿色，顶生于荷梗上。初生荷叶最小，叶柄细软不能直立，沉入水中，称"钱叶"。主鞭及侧鞭的第一、二片叶，比钱叶大，亦不能直立，浮在水面，称"浮叶"。随后抽出的叶片，叶面积增大，叶柄粗硬有倒生刚刺，支撑叶片高出水面直立水中，称"立叶"。夏秋季，叶柄一个比一个高，逐渐形成上升阶梯叶群，上升到一定高度后又逐渐下降。结藕前在下降阶梯叶群中长出一片最大的立叶，叶柄高大粗硬，叶片宽阔，称"后栋叶"。植株出现后栋叶是开始结藕的标志。结藕后，藕节上抽生最后一片叶为卷叶，叶色最深、叶肉最厚、叶柄短而光滑、出水面或不出水面，称"终止叶"。主鞭从立叶到终止叶共有 12～13 片叶。将后栋叶与终止叶连成一线，即可指示出结藕位置。莲藕的形态如图 12-1 所示。

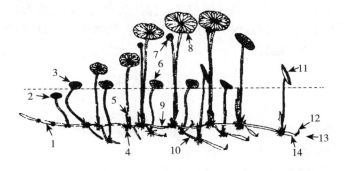

图 12-1 莲藕的形态

1. 种藕　2. 钱叶　3. 浮叶　4. 根群　5. 花芽　6. 浮叶　7. 果实（莲蓬）　8. 立叶　9. 地下主茎（尘鞭）
10. 二次地下侧枝（二次侧鞭）　11. 终止叶　12. 鳞片　13. 顶芽　14. 正在形成的一枝新藕

4. 花 花通称荷花，又称莲花。单生，白色或粉红色，两性花，雄蕊多数，花丝较长，花苞顶生。雌蕊柱头顶生，花柱短，子房上位，心皮多数，分离散生于肉质花托内。花一般自清晨开放，至下午闭合，花期 3～4d。藕莲早熟品种常无花，中、晚熟品种在发育良好的莲鞭上部分抽生荷花；子莲、花莲花多，开花持续时间长。

5. 果实 果实通称莲蓬，由花托膨大而成，属假果，其中分离嵌生莲子。坚果成熟后，果皮坚硬，革质，果皮内为膜质种皮，较薄而软，剥去种皮，为两片肥厚的子叶，中间夹生绿色的旺芽，通称"莲心"。莲子成熟时，莲蓬呈青褐色。

6. 种子 种子通称莲子，营养丰富，是公认的滋补营养品。种子寿命很长，在适宜的环境中，寿命可达千年。

（二）生长发育周期

莲藕一般以膨大的根状茎进行无性繁殖，全生育期 180～200d，按其生长发育规律，一般分以下几个时期：

1. 萌芽生长期 当春季气温上升到 15℃时，种藕的顶芽、侧芽和叶芽开始萌发，长出莲鞭，并相继生成钱叶、浮叶和第一片立叶，本阶段一般经历 30d 左右。

2. 旺盛生长期 从立叶长出到结藕前，此期气温迅速升高，在 20～28℃，茎、叶迅速生长，随着根状茎伸长和分枝，叶片数也快速增加，直至主茎上抽生最高大的后栋叶。本阶段一般经历 50～70d。

3. 结藕和开花结果期 营养生长后期开花，主茎和分枝先端先后膨大结藕，同时先后开花结果。藕莲结藕较大，开花结果较少或不开花；子莲开花结果较多，但结藕较小。气温降至 15℃以下，立叶陆续枯黄，新藕在地下进入休眠越冬。本阶段一般经历 80～90d。

（三）对环境条件的要求

1. 温度 莲藕喜温暖湿润、无风而阳光充足的环境，不耐霜冻，要求温度达 15℃以上才可萌芽，生长旺盛阶段要求气温 20～30℃、水温 21～25℃。结藕初期也要求温度较高，以利于藕身的膨大，后期则要求昼夜温差较大，白天 25℃左右、夜晚 15℃左右有利于养分的积累和藕身的充实。

2. 水分 莲藕在整个生育期内不能离水，萌芽生长阶段要求浅水，水位 5～10cm 为宜。随着植株进入旺盛生长阶段，水位可以逐步加深至 30～50cm。以后随着植株的开花、结果和结藕，水位宜逐渐落浅，及至莲藕休眠越冬，保持浅水或土壤充分湿润。

3. 土壤 莲藕对土质要求不严格，在较大范围内都能生长，适宜的 pH 为 6.5～7.5。耐肥，喜有机质丰富、耕作层较深（30～50cm）且保水能力强的黏质土壤。

二、类型和品种

（一）类型

1. 根据产品器官的利用价值分类 分为莲藕、子藕和花藕。

2. 根据食用部位分类 分为菜藕和子藕。

3. 根据生长适应水位高低分类 分为浅水藕和深水藕。

（1）浅水藕。浅水藕适于沤田浅塘或稻田栽培，水位多在 60cm 以下，最深不超过 1m。这类莲藕，一般多属早熟品种，如苏州的花藕、湖北的六月报、重庆的反背肘、广东的玉藕、杭州的花藕、南京的花香藕等。

（2）深水藕。深水藕适于池塘或湖荡栽培，水位宜在 40～100cm，夏季深水达 120～150cm 也可栽种，一般多为中、晚熟品种。藕入土深，宜土层较厚、深水的湖荡种植，如江苏的美人红、湖南的泡子、广州丝苗等。

（二）品种

1. 苏州慢荷 江苏省苏州市地方种。早中熟，花白色，藕入泥深 30cm 左右，适宜浅水田栽和中水湖栽。亲藕藕身 4～5 节，表皮光滑，浅黄白色，肉白色，单支藕重 2.5～

3.0kg。可生食和炒、煮食。较耐肥，子藕、孙藕较多。

2. 飘花莲藕 安徽省合肥市地方品种。早熟，无花，浅水田栽培。亲藕藕身一般 4～6 节，粗方桶形。表皮黄玉色，顶芽黄玉色，叶芽紫玉色。藕质脆嫩，粉而无渣，易煮烂，可生食、炒食和煨汤，品质佳。

3. 古荡藕 又名杭州白花藕，浙江省杭州市地方品种。早熟，浅水田栽培。亲藕藕身一般 4～5 节，圆筒形。皮黄白色，叶芽黄玉色。藕质脆嫩，味甜，宜生食，品质佳。每亩产 1 200～1 500kg。

4. 鄂莲 2 号 又名武莲 3 号，湖北省武汉市蔬菜科学研究所从绍兴田藕天然杂交后代中选育而成。晚熟，花白色，中水位田栽。亲藕藕身 5 节，粗圆筒形。藕粉质，宜煨汤，品质佳。

三、栽培季节与茬口安排

莲藕多在炎热多雨季节生长。长江流域 4 月中旬至 5 月上旬栽植，7 月下旬开始采收；华南地区 2 月下旬栽植，6 月开始采收。夏季开始采收嫩藕，秋、冬采收老熟藕。在越冬不致受冻的条件下，可暂留在田间，陆续采收至翌年春季。其中子莲多在江南地区种植，生育期较长，于夏、秋两季分次采收，冬前结束。

由于莲藕的土传病害较多，极易引起严重的连作障碍而导致减产，因此不宜连作，常与其他水生蔬菜或水稻实行轮作。浅水藕利用水田栽培，多与茭白、慈姑、水芹等进行轮作，也可与水稻轮作。深水藕利用湖荡种植，常为种植 1 次，连收 3～5 年，然后换茬，可与菱进行轮作。

四、生产技术

（一）藕田选择

选择地势较低、土壤保水保肥力较强、灌溉排水比较方便的水田，一般多与茭白、慈姑、荸荠、水芹等水生蔬菜进行轮作。

（二）种藕选择

选择具有该品种形态特征的较大子藕，质量达 250g 以上，注意选用子藕生长方向一致的做种（即在亲藕的一侧），藕节为 2 节以上，必须保留完整的芽。挖时注意不要碰伤，否则定植后易腐烂。此外，除了整藕定植外，还可用藕头顶端一节（含顶芽）或顶芽（留节）或莲鞭提前大棚育苗移栽，这种方式虽可节约大量藕种，但技术要求高，植株生长整齐度稍差。

种藕需留在原田内过冬，于春季种植前随挖、随选、随栽，不宜在空气中存放过久，否则芽头容易干萎。挖取种藕时，藕身和藕节都不能挖破，以防泥水由伤口灌入藕中，引起腐烂。

（三）整地施肥

前茬收获后，首先要整修田埂，平整田地，并施足基肥。每亩施腐熟的厩肥或腐熟人粪尿 3 000kg，再加青草 2 000kg、生石灰 80kg，施后深耕 20～30cm，耕细耙平，放入 3～5cm 的浅水。若田水不易排干可带水耕耙，并尽量排浅田水。

（四）栽植

在当地平均气温上升到15℃以上时定植。株行距一般（200～400）cm×200cm，每亩栽种芽头数400个左右。定植的方法是先将藕种按一定株行距摆放在田间，行与行之间各株交错摆放，四周芽头向内。其余各行也顺向一边，中间可空留一行。田间芽头应走向均匀。栽种时种藕前部按10°～20°的角度斜插泥中，藕头入泥5～10cm，尾稍可露出水面，种藕随挖随栽。

（五）田间管理

1. 水层管理 灌水按前期浅、中期深、后期浅的原则加以控制。生长前期保持5～10cm浅水，有利于水温、土温升高，促进萌芽生长；生长中期（6—8月）保持水深10～20cm；枯荷后，下降至10cm左右。冬季藕田内不宜干水，应保持一定深度的水层，防止莲藕受冻。

2. 追肥 一般追肥2～3次。第一次在长出1～2片立叶时，每亩追肥腐熟粪肥2 000～4 000kg或尿素15kg；第二次在封行前，追施复合肥20～25kg；第三次在结藕前，追施尿素10～15kg。施肥前降低水深，施肥后应及时浇水冲洗叶片。

3. 除草 从藕种定植后15d左右开始耘田，将杂草拔除后埋入土中作肥料，一般耘田3～5次，到植株封垄为止。拔草时注意不要踏压匍匐茎。

4. 转藕头 为了使莲鞭在田间分布均匀，或防止莲鞭穿越田埂，应随时将生长较密地方的莲鞭移植到较稀处，也应随时将田埂周围的莲鞭转向田内生长。因莲鞭较嫩，操作时应特别小心，以免折断。

5. 摘花打莲蓬 藕莲的多数品种都开花结实，在生长期内将其摘除，以利营养向地下部位转移，也可防止莲子老熟后落入田内发芽造成藕种混杂。

（六）采收与留种

莲藕在7月下旬开始采收，此次采收的藕称为"青荷藕"。采收青荷藕的品种多为早熟品种，入泥较浅。在采收青荷藕前一周，宜先割去荷梗，以减少藕锈。在采收青荷藕后，可将主藕出售，而将较小的子藕继续栽在原田，作为翌年的藕种。或在采收时只收主藕，而子藕原位不动继续生长，至9—10月可采收第二藕。枯荷藕在秋、冬至翌年春季都可以挖取。枯荷藕采收有两种方式：一是全田挖完，留下一小块作翌年的藕种；二是抽行挖取，挖取3/4面积的藕，留下1/4不挖，存留原地作种，留种行应间隔均匀。

任务二 茭白生产技术

茭白属禾本科菰属的多年生水生宿根性草本植物，原产于我国。茭白主要以肉质嫩茎供食用，其肉质茎是由于体内寄生的一种食用黑粉菌分泌生长激素刺激花茎不能正常抽生而畸形膨大形成。肉质茎中含有蛋白质、糖类、纤维素以及维生素和矿物质等，营养丰富，味道鲜美。茭白的采收期夏季在5—6月，秋季在10月左右，对调剂淡季、丰富产品品种有一定作用。

一、生产特性

（一）形态特征

1. 根 无主根，为须根系，着生在茎节上，每个茎节少的5～6条，多的20条左右。

新生的根为白色，逐渐变为棕色，但无根毛，长 20～80cm，主要分布在地下 30cm 的土层中。

2. 茎 茎有地上茎和地下茎之分。地下茎匍匐横生于土中，其先端数节的芽向上生长能形成新分株，称"游茭"，是茭白营养繁殖的主要材料。地上茎由叶鞘抱呈短缩状，俗称"薹管"，部分埋入土中，节上分蘖芽能产生多数分蘖，呈丛生状态。当地上茎生长到 10 节以上，主茎及早期的分蘖常自短缩茎上拔节，抽生花茎，花茎受到黑粉菌的寄生和刺激，使先端数节畸形膨大成肥嫩的肉质茎，即"茭白"。茭白一般有 4 节，顶端不膨大，下部肥大，从而形成长 12～20cm 纺锤形的肉质茎。不同品种的茭白，其肉质茎的形状、大小、颜色、光洁度和紧密度等均有明显差异。到冬季，地上部枯死，以根株留存土中越冬。

3. 叶 叶片细长，呈披针形，平行脉，叶鞘肥厚。叶片与叶鞘交接处有白色带状环的叶枕，称为"茭白眼"（图 12-2）。茭叶对孕茭的作用很大，秋茭从 11 叶开始孕茭，夏茭从 8 叶左右开始孕茭，最后 3 叶与茭白的大小有密切关系。

4. 花 花为单性花，雌雄同株，但一般不易抽薹开花，只有未被黑粉菌侵染的植株，才能开花结实，这种植株俗称"雄茭"，茭白的雌花着生在花序的下部。

茭白形成后，如不及时采收，则菌丝体继续蔓延，形成黑褐色的厚垣孢子，茭白的组织呈现黑色斑点，并逐渐增大，形成黑条，形成孢子块，呈黑色粉末状，称为"灰茭"。雄茭、正常茭和灰茭的茎部比较如图 12-3 所示。

（1）雄茭。植株高大，生长势强，叶片先端下垂，假茎圆，不膨大，花茎中空，薹管较高。

图 12-2 茭白植株

（2）正常茭。生长势中等偏弱，植株较矮，叶片宽阔，最后一片心叶显著缩短，叶色较淡。茭肉长，茭肉肥大时，会在叶鞘一侧裂开。

（3）灰茭。生长势较正常茭略强，叶片较宽，叶色深绿，叶鞘发黄，始终不会裂开。没有夏茭，秋茭全墩分蘖的茭肉，都会产生厚垣孢子。

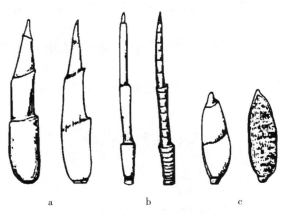

图 12-3 雄茭、正常茭和灰茭茎的比较
a. 正常茭 b. 雄茭 c. 灰茭

（二）生育周期

茭白一般不开花结实，以分株进行无性繁殖，其生长发育可分为萌芽期、分蘖期、孕茭期和休眠期 4 个时期。

1. 萌芽期 每年春季当气温回升至 5℃ 以上时，水位保持 3～6cm，茭白越冬母株基部茎节及地下茎先端的休眠芽开始萌发，匍匐茎的萌芽比短缩茎早，然后出叶，发根，形成新苗，从出苗至 4 片叶需 40～50d。

2. 分蘖期 一般气温升至 20℃ 以上，具有 4 片叶以上的新苗，从主茎基部叶腋中开始抽生分蘖，至地下、地上茎分蘖基本停止，主茎开始孕茭为分蘖期，需 120～150d。分蘖分一次分蘖和二次分蘖。一次分蘖及分蘖前期发生的二次分蘖，为有效分蘖，都能孕茭；分蘖后期发生的二次分蘖，生长期短，多数为无效分蘖，不能孕茭。

3. 孕茭期 从茎拔节至肉质茎膨大充实为孕茭期，一般单株从开始孕茭到成熟采收需 15～20d，株丛孕茭期持续 35～50d。孕茭适宜的温度随品种不同而有所差异，目前我国已形成了以江苏苏州为代表的低温孕茭型种群和以江苏无锡为代表的高温孕茭型种群的双季茭两大类型。茭白孕茭的标志为心叶缩短，有效分蘖茎开始由圆变扁，茎中下部开始膨大，在"茭白眼"处紧束。

4. 休眠期 地上部叶片全部枯死，从地上茎中下部和地下根状茎先端的休眠芽越冬开始，至翌年春季休眠芽开始萌芽为止为休眠期，需 80～120d。

（三）对环境条件的要求

1. 温度 喜温，5℃ 以上开始萌芽，萌芽适温为 10～20℃，生长适温为 15～30℃。孕茭适温为 15～25℃，低于 10℃ 或超过 30℃ 不能孕茭。15℃ 以下分蘖停止，地上部生长也逐渐停滞。5℃ 以下时地上部枯死，进入休眠阶段。

2. 水分 浅水水生植物，整个生长期不能断水，水位要根据茭白不同生育阶段进行调节。植株从萌芽到孕茭，水位应逐渐加深，一般从 5cm 逐渐加深到 25cm，才能促进有效分蘖和分株孕茭，并使茭肉白嫩，同时减少无效分蘖发生。茭白生长发育后期水位宜浅，水位最深不能淹没"茭白眼"，否则会降低产量和品质，能保持土壤充分湿润过冬即可。

3. 光照 茭白生长和孕茭都需要充足的光照。茭白为短日照植物，一熟茭只有在短日照条件下才能孕茭或抽生花茎，而两熟茭则对日照长短的反应不太敏感，在短日照和长日照条件下都能孕茭。

4. 土壤 茭白不宜连作，要求土层深厚达到 20cm，土壤有机质含量达 1.5%，以黏壤土或壤土为宜，pH 6～7。

5. 养分 对肥料要求以氮、钾为主，适量配施磷肥，氮、磷、钾的适宜比例为 1：0.8：1.2。

二、类型和品种

（一）类型

根据栽培季节分为一熟茭和两熟茭。

1. 一熟茭 又称单季茭。春季栽种，当年秋季采收，以后每年 9—10 月采收 1 次。由于采收时正值农历八月，又称"八月茭"。一熟茭遍布全国各地，优良品种有一点红、象牙茭、美人茭、寒头茭、蒋墅茭、大苗茭白、贵州伏茭白、丰城茭、青麻壳、西安茭等。

2. 二熟茭 又称双季茭。春季或夏季移栽，秋季采收，以老墩在田中越冬，翌年春季萌发后，夏季再收一季。两熟茭主要分布在江、浙一带，优良品种有浙茭2号、绍兴早茭、小蜡台、中秋茭、无锡早夏茭、青练茭等。

（二）品种

1. 寒头茭 中晚熟，江苏苏州市地方品种，分蘖能力中等。叶片长披针形，色青绿。茭肉长15～16cm，皮色淡黄，单茭肉重50g左右。苏州地区9月中旬开始上市，收获期15d左右。

2. 象牙茭 浙江省杭州市余姚地方品种。生长势强，密蘖型，分蘖力弱。单茭肉重110～120g，形似象牙，故名象牙茭。杭州地区于9月下旬至10月上旬上市。

3. 广州大苗 广东省广州市郊地方品种。株高230～250cm，叶长160cm左右，叶鞘长55cm，单茭肉重150～200g。品质好，食口甜、脆、嫩。

4. 鄂茭2号 由湖北省武汉市蔬菜科学研究所选育而成。茭肉洁白、光滑，商品性好。茭肉长20～21cm、粗3.5～4.0cm，单茭肉重90～100g。武汉地区秋茭9月上旬上市，夏茭于6月上旬上市。

三、栽培季节与茬口安排

茭白生育期较长，以露地栽培为主。一熟茭一般均为春栽秋收，2～3年再择田栽植，耐粗放管理，可利用水边、沟边、塘边零星种植。长江流域常在4月中下旬定植，9—11月采收。两熟茭有两种栽培形式：一是4月下旬栽植，当年秋茭产量高；另一种是8月上旬栽植，翌年夏茭产量高。秋茭采收期略迟于一熟茭，晚熟品种多春栽，早熟品种多夏、秋定植。

四、生产技术

1. 田块准备 选择疏松肥沃、水源充足的浅水田。前茬收获后，深翻20cm左右，晒垡或冻垡。整地同时，在茭田四周固筑田埂，高25～30cm，内侧拍实，防止漏水。

茭白植株高大，生长期长，需肥量大。在茭白栽植前10～15d，结合翻耕，每亩施腐熟有机肥1 500～2 000kg。施肥后耕翻、耙细、整平，浇水至2～3cm。

2. 栽植 以春栽为主，栽植前带泥将母株丛挖出，用快刀顺着分蘖切成若干小墩，尽量不伤及蘖和新根。每小墩要求带有老茎，并有健全分蘖苗3～5根，随挖、随分、随栽。插种前先灌浅水，按照行株距60cm×100cm插种，插种深度以老茎薹管入土为宜，插入后不倒伏，灌水后不浮起。留株高30cm左右，以确保成活率。

3. 肥水管理 追肥掌握前促、中控、后促的原则，结合水分管理，以促进前期有效分蘖，控制后期无效分蘖。一般在栽后10d左右施1次"提苗肥"，每亩施尿素5kg或人粪尿500kg促进生长。第二次在分蘖初期，每亩施尿素20kg、人粪尿1 000kg或碳酸氢铵60kg，以促进生长和分蘖。茭白生长中期，要保持植株稳健生长，如遇长势较差、黄叶较多等时，可适当追肥。孕茭期追肥要特别注意：施肥过早，植株还未孕茭，引起徒长，推迟孕茭；施肥过迟，不能满足孕茭需要，会影响产量。一般在全田有20%～30%的株丛开始进入扁秆期即开始孕茭时追施一次"催茭肥"，可每亩施入尿素20～25kg、钾肥20kg。在采茭过程中，如果植株落黄过快，且尚有大量分蘖还未膨大，可适量补施一些速效化肥。

茭白移栽至成活后，每隔 8～10d 耘田去除杂草，到植株分蘖苗基本封行时，同时补上缺株，保证全苗。田间株丛分蘖间相互拥挤，应将植株基部的黄叶摘掉，使植株间通风透光。

水层管理应掌握"浅—深—浅"的原则，浅水促分蘖，萌芽期及分蘖期宜浅水，分蘖后期将水层逐渐加深，控制后期无效分蘖，促进提高孕茭。每次追肥前宜放浅田水。秋茭采收时期，宜保持 6cm 左右浅水层，以利采收作业。秋茭采收后，保持田间潮湿状态过冬。

4. 采收 孕茭部位显著膨大，叶鞘一侧开裂，微露茭肉即"露白"时可以采收。为提高品质，采收宜适当偏早，过迟采，品质差。采收秋茭时在薹管中部拧断，不能伤及根系，每 3～5d 采收 1 次。采收期间，应认真进行选种，将孕茭早而整齐、长势中等、品种纯正的茭墩做上标记，作为翌年的种墩。及时铲除雄茭和灰茭。

项目小结 ◇

水生蔬菜生育期长，生长期都需要高温、高湿，组织疏松，茎秆柔软，种植时选择能避风的场所。莲藕对土质要求不严格，耐肥，喜有机质丰富、耕作层较深（30～50cm）且保水能力强的黏质土壤，其土传病害较多，不宜连作，常与其他水生蔬菜或水稻实行轮作，一般以膨大的根状茎进行无性繁殖。生育期内追肥 2～3 次，要摘花打莲蓬，以利于营养向地下部位转移。茭白主要以肉质嫩茎供食用，其肉质茎是由于体内寄生的一种食用黑粉菌分泌生长激素刺激花茎不能正常抽生而畸形膨大形成的。茭白一般不开花结实，以分株进行无性繁殖，整个生长期不能断水，追肥要掌握前促、中控、后促的原则。

复习思考题 ◇

1. 调查当地莲的品种和生产特性。
2. 露地浅水藕生产如何控制肥水？
3. 怎样做好莲藕的采收与留种工作？
4. 调查当地茭白品种的生产特性。
5. 茭白移栽应注意哪些问题？
6. 怎样做好茭白的管理工作？
7. 怎样做好茭白的采收工作？

项目十三

XIANGMU 13

多年生蔬菜生产技术

项目导读 ◆

　　本项目主要介绍芦笋、黄花菜生产特性、类型品种、栽培季节与茬口安排及生产技术等。

学习目标 ◆

　　知识目标：了解芦笋、黄花菜生产特性，掌握芦笋、黄花菜的生长发育规律。
　　技能目标：学会芦笋、黄花菜的育苗技术，能进行芦笋、黄花菜的生产管理。

　　多年生蔬菜是指一次种植可多年生长和采收的蔬菜种类，包括多年生草本蔬菜和多年生木本蔬菜。草本蔬菜主要有芦笋、黄花菜、百合等，木本蔬菜有竹笋、香椿等。

　　多年生蔬菜中，除了竹笋以南方生产为主外，其余种类南北均有。陕西大荔、甘肃庆阳、湖南邵东、江苏宿迁为中国著名的四大黄花菜产区。芦笋味美鲜香，柔软可口，营养丰富，特别是绿芦笋的维生素和钙、铁等营养成分含量更高。

学习任务 ◆

任务一　芦笋生产技术

　　芦笋别名石刁柏、龙须菜，属百合科天门冬属多年生宿根草本蔬菜，原产于地中海东岸及小亚细亚一带，已有2 000多年栽培历史。中国引进种植始于清代末年，20世纪七八十年代得到了较大规模发展。芦笋以嫩茎为食，质脆味美，营养丰富，并具有较高的药用价值，能促进新陈代谢，增进身体健康，是国际公认的"抗癌蔬菜"；可鲜食，也可加工制罐，是我国出口创汇的重要蔬菜。

一、生产特性

（一）形态特征

1. 根　根为须根系，有两种类型。一种是贮藏根，肉质，具有贮藏养分的功能，寿命较长，只要不损伤生长点，每年可以不断向前延伸；另一种是生长在贮藏根上的吸收根，寿命较短，环境条件不适时易萎缩。不定根由根状茎节发生，形成肉质根，肉质根又发生须根吸收养分，肉质根还具有固定植株、输送和贮藏养分之功能。

2. 茎　茎包括地下根状茎和地上茎。地下茎又称根状茎，是短缩的变态茎，多于地下12～15cm处水平生长，有许多节，节上着生鳞芽，鳞芽群萌发产生嫩茎——芦笋的产品器官。芦笋的地上茎有节无叶，每节有鳞片和腋芽（图13-1）。

3. 叶　叶分为真叶和拟叶两种。真叶退化成鳞片；茎上腋芽萌发形成分枝，分枝的腋芽萌发形成二级分枝，枝上丛生针状的变态枝，称为"拟叶"，绿色，是芦笋进行光合作用的主要器官（图13-2）。

图13-1　芦笋的地上茎

图13-2　芦笋的"拟叶"

4. 花　一般于生产第二年后开花，花淡黄或绿白色，小钟形，虫媒花，花小，雌雄异株。雌株较雄株高大，但分枝发生迟而少；雄株较矮，分枝早而稠密，抽生嫩茎略细，但数量多，产量高。

5. 果实　果实为浆果，幼果绿色，成熟果赤色，3心室，每室1～2粒种子。

6. 种子　种子黑色，坚硬，千粒重25g。

（二）生长发育周期

芦笋一年内经历生长和休眠两个阶段，称年周期。芦笋一生中经历幼苗期、壮年期、成年期和衰老期4个阶段，称为生命周期。

1. 年周期

（1）生长期。每年地温回升到10℃以上时，芦笋的鳞芽萌发长成嫩茎，进而长成植株，地温下降到5℃左右时，逐渐干枯死亡。地上茎随气温升高生长速度逐渐加快，地下的鳞茎也在不断抽生嫩茎，1个月左右抽生一批。秋季来临，养分转入肉质根贮藏，当年养分积累多少决定翌年产量高低。

（2）休眠期。从秋末冬初地上部茎叶枯死直到翌年春季芽萌动为休眠期。

2. 生命周期

（1）幼苗期。从种子发芽到定植为幼苗期。

（2）壮年期。从定植到开始采收嫩茎为壮年期。此期植株不断扩展，根深叶茂，肉质根已达到应有的粗度和长度，地下茎不断发生分枝，形成一定大小的鳞芽群。

（3）成年期。植株继续扩展，地下茎处于重叠状态，形成强大的鳞芽群，并大量萌发抽生嫩茎，嫩茎肥大、粗细均匀，品质好，产量高。

（4）衰老期。植株扩展速度减慢，出现大量细弱茎，生长势明显下降，嫩茎数量减少，细弱、弯曲、畸形笋增多，产量、品质明显下降，需及时复壮或更新。

（三）对环境条件的要求

1. 温度 芦笋原产温带，性喜冷凉气候，不耐热也不抗寒，最适宜在四季分明的温带生产。种子萌发适温为 25～30℃，15～17℃最适于嫩芽形成，冬季寒冷地区地上部枯萎，根状茎和肉质根进入休眠期越冬。

2. 光照 芦笋喜光，光照充足，嫩茎产量高，品质好。

3. 水分 芦笋耐旱不耐涝，在嫩茎采收期间，水分供应要充足。

4. 土壤 芦笋较喜土层深厚、有机质含量高、质地松软的壤土及沙壤土，pH 5.8～6.7，耐盐碱能力较强。

5. 养分 需要氮肥较多，磷、钾肥次之，缺硼易空心。

二、类型与品种

（一）类型

1. 白芦笋 经培土软化栽培而形成的白色茎，一般用于罐藏加工（图 13-3）。

2. 绿芦笋 接受阳光照射变成绿色的嫩茎，多用于鲜食和速冻（图 13-3）。

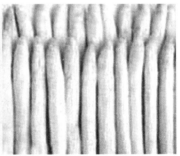

图 13-3　绿芦笋（左）和白芦笋（右）

（二）品种

我国现有的芦笋品种大都自国外引进。

1. 极雄皇冠 中早熟，嫩茎顶部鳞片抱合紧实，出笋整齐，优质品率高，笋茎 2cm 左右，抗性全面，产量高且稳产，是绿白兼用品种。

2. 法国全雄 早熟，植株全雄性，生长势较强，笋条顺直，粗细均匀一致，笋茎粗大，高产，抗病性极好，是绿白兼用品种。

3. 泽西奈特 抗病、抗逆性强，植株生长高大，养分积累率高，高产，嫩茎质地细腻，微甜，纤维含量少，口感好，是目前国际保鲜芦笋市场最佳品种。

4. 佛罗里达 中早熟，适应能力较强，抗性全面，产量增加显著，绿白兼用品种。

三、栽培季节与茬口安排

芦笋为多年生宿根植物，露地栽培，多采用春播育苗移栽。初霜前 60～80d 采用设施播种育苗，初霜后定植于露地，当年秋季即可采收少量产品，翌年即可进入旺产期，可连续采收 10～15 年。

四、生产技术

（一）绿芦笋生产技术

1. 育苗　每亩需种子约 60g，播前须浸种催芽。种子充分吸水后，置于 28℃ 条件下，2～3d 就可出芽。播后控制温度在 20～25℃，10d 左右可出齐苗。出苗后，适当降温，白天控制在 20～25℃，夜间 15～18℃。出苗 20d 左右追 1 次氮、钾肥，提苗和促进根系发育。苗期 60d，保持土壤湿润，并注意除草，定植前 7～10d 开始通风炼苗。

2. 整地施肥　选择阳光充足、排灌良好、土层深厚的壤土或沙壤土种植。定植前深翻土地，按南北向挖宽、深均为 40cm，沟距 1.3～1.5m 的定植沟。挖沟时将 20cm 表土放在一侧，20cm 底土放在另一侧。沟内第一层每亩施入优质农家肥 5 000kg，并和表土拌匀，回填 15cm 厚左右；第二层每亩施过磷酸钙 30kg、复合肥 20kg，并用底层土拌匀，回填 15cm 厚左右。然后覆土 2cm 用脚踏实，留 8cm 深的定植沟以待定植。

3. 定植　按株距 25～30cm 摆苗，每亩定植 1 600～1 800 株，行距白芦笋为 1.6～1.8m，绿芦笋以 1.4～1.6m 为宜，每亩施圈肥 5 000～10 000kg。让鳞芽盘的伸展方向与定植沟的方向一致，以便使抽生的嫩茎集中着生在畦中央，便于培土和采收。苗放好后，先用少量细土轻轻踏实，使根与土壤密接。覆土后立即浇水，待水渗后再覆一层细土，填平定植沟。定植期一般安排在 5 月中旬至 6 月上旬。芦笋不耐涝，要避免笋田积水，要挖排水沟，注意雨后及时排涝。

4. 管理

（1）水肥管理。定植后经常中耕除草，适时浇水及排涝。秋季，芦笋进入旺盛生长阶段，应重施秋发肥，促进芦笋迅速生长。第二年后应重施春季的催芽肥和秋季采笋结束后的秋发肥，每亩施有机肥 2 000kg、复合肥 25kg。在采笋期间，每隔 15～20d 施复合肥 8～10kg，防止偏施氮肥。

（2）植株整理。定植第二年，芦笋植株长到 1.5m 以上，可剪去顶部部分，控制植株高度在 1.2m 左右。立竹竿拉绳，防止植株倒伏。适时疏枝，及早摘除果实，剪除长势转衰的母茎。夏季土面盖草，以利降温保墒。

（3）留养母茎。有两种留养母茎的方法：一是早春出笋时可陆续选留粗壮新笋作母茎；二是于当地初霜前 50～60d 终止采笋，将此后生长的所有新笋，全部留作母茎培育。

5. 采收　一般清明前后为采笋始期。将陆续抽生的嫩茎在齐地面处割下采收。采收标准为嫩茎长 20～25cm、粗 1.3～1.5cm，色泽淡绿，有光泽，嫩茎头较粗，鳞叶包裹紧密。

（二）白芦笋生产技术

1. 定植　白芦笋宜稀植，一般定植行距 1.5～1.8m、株距 35～40cm，每亩需种子 35～40g，栽植 1 000～1 300 株。

2. 培土　在采收前 10～15d 开始培土，选晴天将行间土壤耕耙 1 次，深 5～6cm，晒

2～3d后粉碎土块，然后将行间土培至定植行上，共3次，每次以垄面出现裂纹为培土的适宜时间，每次培土厚度约8cm，不可太厚。培土的高度依采收幼茎的规格而定，如采收幼茎的长度需17cm，则培土的高度需22cm。整个垄面做成扁平的半圆形，表面要拍光拍实。

3. 采收 白芦笋年采收持续期与笋龄和上年植株茎叶生长情况有关，一般第一年采笋可连续采收30d，第二年40d，第三年60d，第四年后80～90d。每天早、晚各收1次，以免见光变色。扒开表土，用采笋刀把幼茎撬出，不可损伤地下茎和鳞芽。嫩茎放入筐中，盖潮湿黑布。

4. 撤土 采收结束后选无雨天撤除培土，以防地下茎上移。撤土前开沟施肥，上盖撤下来的覆土。撤土后留高5cm的低垄，使鳞芽盘上有15cm高的覆土。撤土时将已出土的嫩茎全部割除，以免倒伏。

任务二　黄花菜生产技术

黄花菜又名金针菜、柠檬萱草、忘忧草，属百合科多年生草本植物（图13-4），原产于亚洲和欧洲，我国是原产地之一，全国各地都有栽培。黄花菜性味甘凉，有止血、消炎、清热、利湿、消食、明目、安神等功效，对吐血、大便带血、小便不通、失眠、乳汁不下等有疗效，可作为病后或产后的调补品。黄花菜的产品器官是肥大幼嫩的花蕾，鲜、干皆可菜用，干制加工品是我国重要的出口蔬菜之一，已远销日本、美国、东南亚各国等20多个国家和地区。

图13-4　黄花菜

一、生产特性

（一）形态特征

1. 根 根近肉质，中下部常有纺锤状膨大。根系丛生，不定根从短缩根状茎节处发生，多分布在深20～25cm的表土层中。

2. 茎　花薹长短不一，一般稍长于叶，基部三棱形，上部多少圆柱形，有分枝。

3. 叶　叶基生，狭长带状，对生于短缩茎节上，叶鞘相互抱合为扁阔的假茎，下端重叠，向上渐平展。叶7～20枚，长40～60cm、宽2～4cm，全缘，中脉于叶下面凸出（图13-5）。

图13-5　黄花菜的叶

4. 花　花多朵，最多可达100朵以上，花被淡黄色、橘红色、黑紫色。

5. 果实　果实为蒴果，钝三棱状椭圆形，革质，长3～5cm，花果期5—9月。

6. 种子　种子黑色，有棱，单个果实含种子20多枚，千粒重20～25g，从开花到种子成熟需40～60d。

（二）生育周期

1. 春苗生长期　黄花菜幼苗萌发出土到花薹开始显露前为春苗生长期。一般当月平均温度达5℃以上时，幼叶开始出土，随着温度的升高，叶片迅速生长。叶片生长适温15～20℃，此期长出16～20片叶。不同品种间，苗期天数和活动积温不同。如四月花与荆州花的苗期在40d以上，活动积温在4 500℃以上；马莲黄花苗期长达71～73d，活动积温需550℃以上。黄花菜萌芽后到抽薹前，叶片迅速生长，尤以3～5月生长最快。5月底至6月下旬抽薹后，同化物质大多供给花薹生长，叶片数目及大小增长缓慢。春季每个分蘖抽生的叶片数目为16～20片，随品种、土壤、气候及肥水管理而异。叶片少的，如重阳花、白花叶片仅约15片，多的如茄子花可达22片。

2. 抽薹现蕾期　黄花菜花薹露出心叶到花蕾开始采收为抽薹现蕾期，大约1个月的时间。花薹通常于5月中下旬开始抽生。花薹初抽生时先端由苞片包裹着，呈笔状，渐长后发生分枝并露出花蕾。从出现花薹到开始开花约需25d。在每个花薹上用肉眼能看到的花蕾数，开始很少，仅3～5个，以后逐渐增多，到开始开花时花蕾数可达58个以上，这时花薹先端还在不断地分化小花蕾。

3. 开花期　黄花菜从开始采收到结束需30～60d，依品种和管理情况而异。一般早熟种与晚熟种时间短，中熟种时间长，肥水条件好的，花期可以延长。采收期间，花芽还在不断地分化和发育，开花期的长短直接关系到产量的高低，所以仍需及时灌水、追肥。一个长约2cm的花蕾，距离开花的时间为7～8d。初期花蕾生长很慢，开始3～4d每天伸长0.1～0.5cm；但开花前3～4d生长迅速，每天伸长2cm左右。故严格掌握采收期，做到适时采收十分重要。采收最好是在花蕾"咧嘴"前 2h 左右进行,这时采收的产量高、品质好。

4. 冬苗生长期 黄花菜抽出花葶后,花葶下部的腋芽陆续萌发生长的苗子谓之冬苗。冬苗在花蕾采收完毕,特别是当春苗提早枯萎或受到机械损伤后,极易大量萌发。一般认为,春苗生长的好坏直接关系到当年的产量,而冬苗主要将光合作用制造的有机物贮积于根和短缩茎内,供来春发芽生长。所以冬苗生长的好坏,主要影响翌年的产量。

5. 休眠期 霜降后黄花菜植株的地上部枯死,进入休眠期。休眠期应注意在地面雍土,防止短缩茎露出地面。同时做好冬灌,为翌年春苗早发快长奠定基础。

(三)对环境条件的要求

1. 温度 月平均温度 5℃以上时幼苗开始出土,叶片生长适温为 15～20℃。开花期要求较高温度,20～25℃较为适宜。黄花菜地上部不耐寒,地下部耐 -10℃低温。

2. 光照 对光照适应范围广,可与较为高大的作物间作。

3. 水分 具有含水量较多的肉质根,耐旱力颇强。忌土壤过湿或积水,栽培时应注意及时排水防涝。

4. 土壤 耐瘠,对土壤要求不严,地缘或山坡均可栽培,适宜 pH 为 6.5～7.5。

5. 养分 施用氮、磷、钾肥的适宜比例为 1∶0.6∶0.85。

二、类型与品种

(一)类型

1. 根据种分类

(1)北黄花菜。北黄花菜又名金针菜,种根大小变化较大,但一般稍肉质,多绳索状,粗 2～4mm。叶长 20～70cm、宽 3～12mm。花较大,长 8～16cm,花被管长 3～5cm,黄色,芳香,午后开放,翌日午前凋萎。根可入药。分布在欧洲、俄罗斯以及中国大陆的山西、甘肃、江苏、黑龙江、河北、辽宁、山东、陕西等地。

(2)小黄花菜。种根较细,绳索状。花较小,长 7～10cm,花被管长 1～3cm。根供药用。分布于我国北部各省份。

(3)萱草。种根近肉质,中下部有纺锤状膨大。叶一般较宽。花橘红色,无香味。根作药用。我国广泛栽培。

2. 根据熟期分类

(1)早熟型。全生育期 140d 左右,5 月下旬开始采摘,采摘期 30～40d。抗寒抗病性较强。如四月花、清早花、早茶山条子花等。

(2)中熟型。全生育期 160～180d,6 月中旬开始采摘,采摘期 50d。产量高,品质好。如猛子花、白花等。

(3)晚熟型。全生育期 180d 以上,6 月下旬开始采摘,采摘期 60～80d。采摘期长,产量高。如中秋花、倒箭花、细叶子花、中秋花、大叶子花等。

(二)品种

1. 马蔺黄花 植株健壮,基出叶 14～20 片,长 80～130cm,宽 1.5～3.5cm。花葶高 90～130cm,上端分枝 3～4 个,长 8～12cm,每花茎上有花蕾 20～64 朵,最多者达 100 朵。花蕾长 15cm,顶端有黑紫色斑点,花瓣 6 片,长 10cm,花药黄色,筒部长 4～5cm。干菜身条较粗，肉质较薄，每千克有 1 600 条上下。抗旱、抗寒性强，产量一般 450～1 025kg/hm²。

2. 线黄花 基出叶 12～16 片，叶长 50～100cm。花薹上部分枝 2～3 个，每花薹上生 20～30 朵花蕾。花蕾长 10～12cm，通身淡黄色，无黑嘴，花瓣 6 片，长 7～8cm，花药黄色，筒部长 3～4cm。抗寒抗旱，品质极佳，唯产量低，一般 450～1 025kg/hm²。

3. 荆州花 湖南邵东县主栽品种。中熟种，植株生长势强，叶片较软而披散。花薹高 160～190cm，花蕾黄色，顶端略带紫色，长约 13cm，花被厚，干制率高。在当地于 6 月中下旬开始采摘，持续 60～70d。植株抗病性和抗旱性强，不易落蕾。分蘖较弱，分株栽植的要经过 5 年进入盛产期。干制品色泽深黄，干花产量 2 200～3 000kg/hm²，高的可达 5 000kg/hm²。

4. 沙苑金针菜 陕西大荔县品种。植株生长势强，花薹高 100～150cm，一般每薹生 20～30 个花蕾，6 月上旬开始采摘。该品种很少结实，花薹肥胖，抗病性强，品质好，干花产量约 2 200kg/hm²。

三、生产技术

（一）繁殖方法

1. 分株繁殖 分株繁殖是最常用的繁殖方法。分株的方式有两种，一是将母株丛全部挖出，重新分栽；另一种是由母株丛一侧挖出一部分植株做种苗，留下的让其继续生长。分株后的种苗可用草木灰与多菌灵混合后蘸根。分株时间春秋两季均可。

挖苗和分苗时要尽量少伤根，随着挖苗和分苗随即栽苗。种苗挖出后应抖去泥土，一株一株地分开或每 2～3 个芽片为一丛，由母株上掰下，将根茎下部生长的老根、朽根和病根剪除，只保留 1～2 层新根，并把过长的根剪去，约留 10cm 长即可。

2. 种子繁殖 在花开后 10～60min 进行人工授粉。黄花菜受精的适宜温度为 28～32℃，空气相对湿度为 53%～82%。为防止天然杂交"串花"，可用线扎住花蕾，但不宜套袋，以免袋内温度过高。为了提高坐果率，还可从开花前 2d 起，每隔 7～10d 用 0.1%硼砂、1：300 的磷酸二氢钾、2%过磷酸钙或 1%尿素和氯化钾等水溶液作叶面喷施，直至最后一批蒴果坐果后 20d 为止。黄花菜以主花序顶端分枝及第二分枝的结果率最高，从节位看，第一和第二果节的结果率最高。为此，对于第 1～4 个分枝，可以保留 1～4 果节上的花蕾，主花序顶端分枝可保留第一和第二果节上的花蕾，其余的花蕾应疏掉，使养分集中于果实和籽粒。

（二）定植

1. 合理密植 采用密植可发挥群体优势，增加分蘖、抽薹和花蕾数，达到提高产量的目的。一般多采用宽窄行栽培，宽行 60～75cm，窄行 30～45cm，穴距 9～15cm，每穴栽 2～3 株，栽植 4.5 万～7.5 万株/hm²。

2. 适当深栽 黄花菜的根群从短缩茎周围生出，具有 1 年 1 层、自下而上发根、部位逐年上移的特点，因此适当深栽利于植株成活发棵，适栽深度为 10～15cm。定植后应浇定根水，秋苗长出前应经常保持土壤湿润，以利于新苗的生长。

（三）管理

1. 中耕培土 黄花菜为肉质根系，需要肥沃疏松的土壤环境条件，才能有利于根群的生长发育。生育期间应根据生长和土壤板结情况，中耕 3～4 次，第一次在幼苗正出土时进行，第 2～4 次在抽薹期结合中耕进行培土。

2. 施肥 黄花菜要求施足冬肥（基肥），早施苗肥，重施薹肥，补施蕾肥。冬肥以有机肥为主，薹肥和蕾肥以速效氮肥为主，并注意磷、钾肥的施用。

（1）冬肥（基肥）。应在黄花菜地上部分停止生长，即秋苗经霜凋萎后或种植时进行，以有机肥为主，施优质农家肥 30t/hm^2、过磷酸钙 750kg/hm^2。

（2）苗肥。苗肥主要用于出苗、长叶，促进叶片早生快发。苗肥宜早不宜迟，应在黄花菜开始萌芽时追施，追施过磷酸钙 150kg/hm^2、硫酸钾 75kg/hm^2。

（3）薹肥。黄花菜抽薹期是从营养生长转入生殖生长的重要时期，此期需肥较多，应在花薹开始抽出时追施，可用尿素 225kg/hm^2、过磷酸钙 150kg/hm^2、硫酸钾 75kg/hm^2。

（4）蕾肥。蕾肥可防止黄花菜脱肥早衰，提高成蕾率，延长采摘期，增加产量。应在开始采摘后 7～10d，追施尿素 75kg/hm^2。同时采摘期每隔 7d 左右叶面喷施 0.2％的磷酸二氢钾，加 0.4％尿素、1％～2％过磷酸钙（经过滤）水溶液，另加 15～20mg/kg 赤霉素于 17 时后喷 1 次，对壮蕾和防止脱蕾有明显效果。

（四）收获

黄花菜的花薹从叶丛中抽出，形成花枝 4～8 个，聚伞花序，一个花薹可着生 20～70 个花蕾。花蕾黄色或黄绿色，长 12～14cm，表面有蜜腺分布点，常诱集蜜蜂、蚂蚁采食，也易引起蚜虫危害。花蕾已充分肥大而未"松苞""咧嘴"，色泽黄亮或黄绿色，花被上纵沟明显时及时采收。采收的时间因地区和品种而异，一般在开花前 3～4h 采摘完毕。雨天因生长快，还应提前采收。采后及时加工，以防咧嘴开花。

采收时要做到"两注意"：一是注意避免碰伤花和幼蕾，以免茎梗和花蕾交接处断离；二是注意采摘的顺序，每一株应自上而下、由外向里逐一采收。

项目小结 ◆

多年生草本蔬菜，冬季地上部多枯死，以休眠状态度过不利的气候条件，待环境条件转好后，重新发芽、生长发育，周而复始。这类蔬菜一般要求土层深厚，土壤肥沃。繁殖方法有无性繁殖、有性繁殖及孢子繁殖。除鲜食外，很多种类适于干制、罐藏，可出口创汇。

复习思考题 ◆

1. 常见的黄花菜品种有哪些？
2. 黄花菜生长发育的特点是什么？
3. 调查当地生产的芦笋品种和特性。
4. 怎样安排芦笋栽培茬口？
5. 如何进行绿芦笋的定植准备？
6. 简述白芦笋的软化栽培要点。

项目十四

XIANGMU 14

无土栽培技术

项目导读 ◆

　　本项目主要介绍无土栽培的含义、特点、类型、发展趋势及栽培技术，重点掌握基质栽培、水培和芽苗菜栽培技术。

学习目标 ◆

　　知识目标：了解无土栽培的含义，掌握无土栽培的类型。

　　技能目标：学会基质栽培、水培及芽苗菜栽培技术，能进行相应的栽培管理。

　　无土栽培是指不使用天然土壤或基质，而利用含有植物生长发育所必需的元素的营养液来提供营养，并可使植物能够正常地完成整个生命周期的栽培方法。

　　有关无土栽培的研究至今已有140多年的历史，其优点有：一是生产地点不受土壤条件的限制，避免了土传病虫害及连作障碍；二是提高作物产量，改善品质；三是节水节肥，提高了水、肥利用效率；四是节省劳力，降低了劳动强度，有利于自动化和现代化管理；五是无土栽培可以在海岛、荒滩、盐渍化土地进行；六是有机生态型无土栽培达到了无公害蔬菜产品生产标准。不足主要表现在：一是一次性设备投资较大，用电多，肥料费用高；二是对技术水平要求高，营养液的配制、调整与管理均要求有一些专业知识的人进行操作。根据基质的有无，无土栽培可分为基质栽培和无基质栽培两种类型（图14-1）。

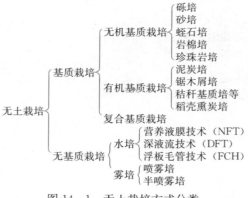

图14-1　无土栽培方式分类

学习任务 ◇

任务一　基质栽培技术

基质栽培又称基质培，是指植物根系生长在以各种各样天然或人工合成材料作为基质的环境中，利用这些基质来固定植株并保持和供应营养和氧气的方法。基质栽培根据基质的种类又可分为有机基质栽培、无机基质栽培以及复合基质栽培3种类型。

一、基质的类型

（一）无机基质

1. 砾石　砾培是最早用于生产的无土栽培方式。用于砾培的砾石，一般为直径在10mm以上的不规则碎石，且最好不是石灰岩，这样通气性和保水性较好。砾培床的结构设置为槽式，以利于营养液的供排。

2. 砂　用直径2mm和0.6mm的砂粒作为栽培基质，在床周围用塑料薄膜围起，供液方式常采用点滴软管进行，在床的底部设排液管。

3. 蛭石　蛭石是由含云母的矿石在1 100℃高温下加热膨胀而成，水分可以蒸汽形式存在云母的薄层中。蛭石的密度一般在100～160g/L，具有缓冲能力高的特点，一般呈中性。

4. 岩棉　岩棉是用玄武岩经1 600℃左右高温溶解并纤维化的工业制品。

5. 珍珠岩　珍珠岩是用硅酸化合物经760℃高温膨胀后的颗粒状基质，密度仅为80～130g/L，其直径为1.6～2.2mm，pH 6.0～8.0。

（二）有机基质

1. 草炭　草炭是水生植物、沼泽植物等经部分分解所得，其分解度、各元素含量、pH等差异很大。草炭较为轻便，保水性能较好。

2. 木屑　木屑价格便宜，使用效果较好，但需注意木屑的质地，一般以松木、椴木、桦木屑为宜，有些木屑常含有一些有害成分。木屑在使用一定时间后会发生分解，因此要注意及时更换。

（三）复合基质

由于各种基质保水性和透气性的差异，生产上经常使用由以上2种或2种以上的材料复合而成的基质进行栽培。

二、基质的选择

（一）根系的适应性

基质的优点之一是可以创造植物根系生长所需要的最佳环境条件，即最佳的水气比例。气生根、肉质根需要很好的通气性，同时需要保持根系周围基质的相对湿度达80%，粗壮根系要求达80%以上，通气较好；纤细根系如杜鹃花根系要求根系环境相对湿度达80%以上，甚至100%，同时要求通气良好。在空气湿度大的地区，一些透气性良好的基质如松针、锯末非常适合根系生长，而在大气干燥的环境中，这种基质的透气性过大，根系容易风干。

（二）基质的适用性

基质的适用性是指选用的基质是否适合所要种植的作物。一般来说，基质的容重在 $0.5 g/cm^3$ 左右，总孔隙度在 60% 左右，大小孔隙比在 0.5 左右，化学稳定性强（不易分解出影响物质），酸碱度接近中性，没有有毒物质存在时，都是适用的。当有些基质的某些性状有碍作物栽培时，如果采取经济有效的措施能够改良该性状，则这些基质也是适用的。例如，新鲜甘蔗渣的碳氮比很高，在种植作物过程中会发生微生物对氮的强烈固定而妨碍作物的生长，但经过采用比较简易而有效的堆沤方法，就可使其碳氮比降低而成为很好的基质。

有时基质的某种性状在一种情况下是适用的，而在另一种情况下就变得不适用了。例如，颗粒较细的泥炭，对育苗是适用的，对袋培滴灌则因其太细而不适用。生产设施条件不同，可选用不同的基质。槽栽或钵盆栽可用蛭石、砂做基质，袋培或柱状栽培可用锯末或泥炭＋砂的混合基质，滴灌栽培时岩棉是较理想的基质。

世界各国在无土栽培中对基质的选择均立足本国实际。例如，南非以蛭石生产居多，加拿大采用锯末栽培，西欧各国岩棉栽培发展迅速。我国可供选用的基质种类较多，各地应根据实际情况选择适当的基质材料。

决定基质是否适用，还应该有针对性地进行栽培试验，提高选择基质的准确性。

（三）基质的经济性

有些基质虽对植物生长有良好的作用，但来源不易或价格太高，因而不宜使用。现已证明，岩棉、泥炭、椰糠是较好的基质，但我国的农用岩棉仍需靠进口，这无疑会增加生产成本。泥炭在我国南方的贮量远较北方少，而且价格也比较高，但南方作物的茎秆、稻壳、椰糠等植物性材料很丰富，如用这些材料作基质，则来源广泛，而且价格也便宜。因此，选用基质既要考虑对作物生长的效果，又要考虑基质来源难易，价格高低，经济效益，对环境的影响，使用便利程度（包括混合难易和消毒难易等），可利用时间长短以及外观洁美程度等因素。

三、基质培的模式

根据盛装基质的容器不同，基质培模式可分为槽式基质培、袋式基质培、立体基质培 3 种；根据基质种类不同，常用的有岩棉培、砂培以及复合基质培；根据消耗能源的多少和对生态环境的影响，可分为有机生态型和无机耗能型。

（一）槽式基质培

槽式基质培是指将栽培用固体基质装入一定容器种植槽中以生产作物的方式，由种植槽、供液系统、排液系统和贮液池等组成（图 14-2）。种植槽框由砖水泥砂浆砌成或水泥预制板、塑料板、木板等做成。种植槽的规格视作物类别而异，一般长×宽×高为（15～30）m×（50～120）cm×（25～35）cm，形状有矩形、V 形等。供液和排液系统由水泵、供液管道、电磁阀、定时器、自动转换轮灌阀门以及控制水位及水泵工作的液位感应器等部分组成。种植槽可分为地面槽式和吊槽式。地面槽式即在地面上，用砖、水泥或木板等材料做成相对固定的生产槽，把固体基质装入种植槽中，通过与种植槽配套的供液、排液系统、贮液池等设施进行作物栽培的方式，适用于一般有机基质栽培和容重较大的重基质栽培。吊槽式即在温室空间顺畦作方向吊挂生产槽，生产槽一般长 0.3m、宽 0.15m、高 0.1m，内装轻质基质，滴灌供液。

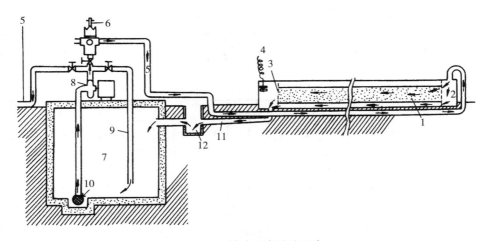

图 14-2 槽式生产设施示意

1. 石砾层 2. 供液缓冲间 3. 排液缓冲间 4. 液位传感器 5. 供液管 6. 转换式供液阀
7. 贮液池 8. 水泵 9. 分液管 10. 水泵滤网 11. 排液管 12. 沉降池

（二）袋式基质培

袋式基质培一般用于容重较小的轻型基质，是指把栽培用固体基质装入塑料袋中，排列放置于地面上以种植作物的方式，如筒式栽培、枕头式栽培（图 14-3）。筒式栽培是把基质装入直径 30～35cm、高 35cm 的圆筒状塑料袋内，栽植 1 株大株型作物，每袋基质为 10～15L；枕头式栽培是在长 70cm、直径 30～35cm 的枕头状塑料袋内，装入 20～30L 基质，在袋上开两个直径为 10cm 的定植孔，两孔中心距离为 40cm，种植 2 株大型作物。袋子通常由抗紫外线的聚乙烯薄膜制成，至少可使用 2 年。在高温季节或南方地区，塑料袋表面以白色为好，以便反射阳光防止基质升温；而在低温地区，袋表面应以黑色为好，以利于吸收热量，保持袋中的基质温度。

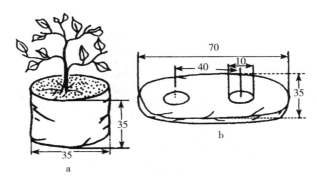

图 14-3 袋式基质培（单位：cm）
a. 筒式栽培 b. 枕头式栽培

（三）立体基质培

立体栽培也称垂直栽培，是在尽量不影响地面栽培的前提下，通过竖立起来的栽培柱或其他形式作为植物生长的载体，向空间发展，充分利用温室空间和太阳能，发挥有限地面的生产潜力的一种无土栽培形式。立体基质培主要用于容重较小的轻型基质，有袋式立体栽培、立柱式立体栽培（图 14-4）等。立柱式立体栽培也称柱状栽培，是采用直径为 20～25cm 的杯状石棉水泥管、硬质塑料管、陶瓷管或瓦管等作容器，在生产容器四周钻出直径 5cm 的孔作为定植孔，并做成耳状突出，每一周等分出 5 个孔，柱上每隔 30～40cm 种植 1 层作物。

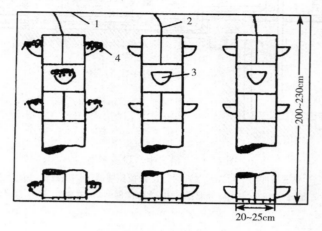

图 14-4　立柱式立体栽培
1. 供液管　2. 滴灌管　3. 种植孔　4. 作物

（四）岩棉培

岩棉培是以岩棉作为植物生长基质的一种无土栽培技术，是以定型的（多为四方形）用白色塑料薄膜包裹的岩棉块为生长基质即种植垫，种植时在岩棉种植垫表面的塑料薄膜上开孔，放入已育好小苗的育苗块，然后以各种形式向岩棉种植垫中滴入营养液来种植作物的一种方式（图 14-5）。据营养液的利用方式不同，有开放式和循环式两种。

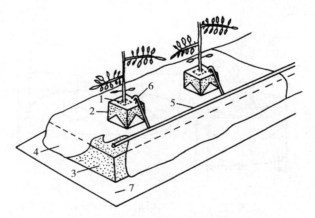

图 14-5　岩棉种植垫种植植物示意
1. 育苗用岩棉块　2. 包裹岩棉块的黑色塑料薄膜　3. 岩棉种植垫
4. 白色或银灰色塑料薄膜　5. 供液管　6. 滴灌管　7. 种植槽

（五）有机生态型无土栽培

有机生态型无土栽培是指利用有机肥代替营养液，并用清水灌溉的一种无土栽培技术，由中国农业科学院蔬菜花卉研究所研究开发成功。有机生态型无土栽培一般采用槽式栽培（图 14-6），除具有一般无土栽培的特点外，还具有如下特点。

1. 用固态有机肥取代传统的营养液 有机生态型无土栽培是以各种有机肥的固体形态直接混施于基质中，作为供应栽培作物所需营养的基础，在作物的整个生长期中，可隔几天分若干次将固态肥直接追施于基质表面上，以保持养分的供应浓度。

2. 操作管理简单 有机生态型无土栽培在基质中施用有机肥，不仅各种营养元素齐全，而且微量元素也可满足需要。因此，在管理上主要着重考虑氮、磷、钾三要素的供应总量及其平衡状况，大大地简化了营养液的管理过程。

3. 大幅度降低无土栽培设施系统的一次性投资 由于有机生态型无土栽培不使用营养液，从而可全部取消配制营养液所需的设备、测试系统、定时器、循环泵等，大大降低了无土栽培设施系统的一次性投资。

4. 大量节省生产费用 有机生态型无土栽培主要使用消毒的有机肥，与营养液相比，其肥料成本降低 $60\%\sim80\%$，从而大大节省了无土栽培的生产成本。

5. 对环境无污染 有机生态型无土栽培系统排出液中硝酸盐的含量只有 $1\sim4mg/L$，对环境无污染；而岩棉生产系统排出液中硝酸盐含量高达 $212mg/L$，对地下水污染严重。

6. 产品品质优良无害 从栽培基质到所施用的肥料，均以有机物质为主，所用有机肥经过一定加工处理后，在其分解和释放养分过程中不会出现过多的有害无机盐，使用的少量无机化肥不含硝态氮肥，没有亚硝酸盐危害，从而可使产品安全无害。

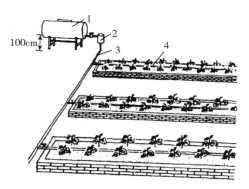

图 14-6　有机生态型无土栽培
1. 贮液罐　2. 过滤器　3. 供液管　4. 滴灌带

四、基质培在生产中的应用

以西葫芦基质培技术为例，介绍基质培在生产中的应用。

（一）育苗

采用基质穴盘育苗。先用 40% 氯化钠溶液剔除未完全成熟的种子，并反复搓洗掉污物。用 $55\sim60℃$ 热水浸种 $10\sim15min$（温汤浸种）或者高锰酸钾 $1\,000$ 倍液浸种 $20h$ 后，再在 $25\sim30℃$ 温水浸种 $8\sim10h$，然后在 $25\sim30℃$ 气温下进行催芽，待芽达种长的 50% 时播种。

（二）定植

定植前先将基质翻匀整平，对每个栽培槽内的基质进行大水漫灌，使基质充分吸水。水渗后每槽定植 2 行，基质略高于苗茎基部，株距 $45cm$，每亩定植 $2\,000$ 株，栽后轻浇小水。

（三）管理

1. 肥水管理 一般定植后 $5\sim7d$ 浇 1 次水，保持根际基质湿润，使西葫芦长势中等。坐果后晴天上午、下午各浇 1 次，阴天可视具体情况少浇或不浇。追肥一般在定植后 $20d$ 开始，此后每隔 $10d$ 追肥 1 次，每次每株追施专用肥 $15g$，坐果后每次每株 $25g$。将肥料均匀撒在离根 5cm 处，温室内可根据需要追施二氧化碳气肥。

2. 温度、光照管理　定植后，温度保持白天 20～25℃，夜间 12℃左右。坐瓜后，保持白天 25～28℃，夜间 12～15℃。西葫芦喜温、喜光，应早拉晚放草苫，尽量让植株多见光。

3. 植株调整　根瓜采收后，用塑料绳吊蔓，并及时摘除侧芽、卷须和病残老叶，以利于通风和减少养分消耗。

4. 人工授粉与植物生长调节剂处理　6—9 时摘取雄花，将花药轻轻地涂在雌药柱头，1 朵雄花授 2～3 朵雌花。10 时左右用 20～30μL/L 的防落素涂抹瓜柄和柱头。

（四）采收

定植后 50d 左右根瓜即可坐住，质量 250g 左右即可采收上市，以后的西葫芦 500g 左右大小即可采收上市。

任务二　水培技术

水培属于非固体基质栽培，它是指植物根系生长环境中没有使用固体基质来固定根系，根系生长在营养液中。根际环境中除了育苗采用固体基质外，一般不用固体基质。

一、营养液

（一）营养液的基本组成

营养液是将含有各种植物营养元素的化合物溶解于水中配制而成的溶液。其主要原料就是水和含有营养元素的化合物。

1. 水　生产中常用自来水、井水、河水和雨水作为水源。无土栽培的水质要求如下：

（1）硬度。水的硬度统一用单位体积的 CaO 含量来表示，即每度相当于 10mg CaO/L。水有软水和硬水之分。一般地，利用 15°以下的硬水来进行无土栽培较好。

（2）酸碱度。酸碱度范围较广，pH 6.5～8.5 的水均可使用。

（3）悬浮物。悬浮物应≤10mg/L，河水、水库水等要经过澄清之后才可使用。

（4）氯化钠含量。氯化钠含量应≤200mg/L，但不同作物、不同生育时期要求不同。

（5）溶解氧。溶解氧无严格要求，最好未使用之前氧气含量≥3mg/L。

（6）氯。氯主要来自自来水消毒时残存于水中的余氯和进行设施消毒时所用的含氯消毒剂，如次氯酸钠或次氯酸钙残留的氯。

2. 含营养元素的化合物

（1）含氮化合物。含氮化合物主要有硝酸钙、硝酸铵、硝酸钾、硫酸铵、尿素。其中，用得最广泛的是硝酸钙。

（2）含磷化合物。含磷化合物主要有磷酸二氢钾、磷酸二氢铵、磷酸氢二铵。由于磷酸二氢钾溶解于水中时，磷酸根解离有不同的价态，因此对溶液 pH 的变化有一定的缓冲作用，它可同时提供钾和磷两种营养元素，是无土栽培中重要的磷源。

（3）含钾化合物。含钾化合物主要有硫酸钾、氯化钾、磷酸二氢钾。硫酸钾水溶液呈中性，属生理酸性肥料，是无土栽培中良好的钾素肥源。氯化钾含有较多的氯离子，对于马铃薯、甜菜等"忌氯作物"的产量和品质有不良的影响，不宜使用。磷酸二氢钾同时也是无土栽培中重要的钾源。

（4）含镁、钙化合物。含镁、钙化合物主要有硫酸镁、氯化钙、硫酸钙。硫酸镁是无土栽培中最常用的镁源。氯化钙不宜在"忌氯作物"上使用，其他作物上使用时也要慎重。硫酸钙大多不使用，在极个别的配方中可能使用硫酸钙作为钙盐。

（5）含铁化合物。含铁化合物主要有硫酸亚铁、三氯化铁、螯合铁。硫酸亚铁是工业的副产品，来源广泛，价格便宜，是无土栽培中良好的铁源，但由于硫酸亚铁在营养液中易被氧化和与其他化合物（特别时磷酸盐）形成难溶性磷酸铁沉淀，因此，现在的大多数营养液配方中都不直接使用硫酸亚铁作为铁源，而是采用络合铁或硫酸亚铁与络合剂（如乙二胺四乙酸、二乙烯三胺五乙酸等）先行络合之后才使用，以保证其在营养液中维持较长时间的有效性。同时，还要注意营养液的 pH 不要过高（＞7.5），应保持 pH 在 7 以下，否则也会因高 pH 而产生沉淀，导致铁有效性的降低。如果发现硫酸亚铁被严重氧化，外观颜色变为棕红色时则不宜使用。三氯化铁在营养液 pH 较高时，易产生沉淀而降低其有效性，故现较少单独作为营养液的铁源。

（6）微量元素化合物。微量元素化合物主要有硼酸、硼砂、硫酸锰、硫酸锌、硫酸铜、氯化铜。

（二）营养液的配制

1. 营养液的配方

（1）传统配方。硝酸钾 860mg/L、硝酸铵 58mg/L、硫酸镁 184mg/L、硫酸钾 54mg/L、硝酸钙 190mg/L、螯合铁 16mg/L（硫酸亚铁 10mg/L，乙二胺四乙酸 14mg/L）、硼酸 3mg/L、硫酸锰 2mg/L、硫酸锌 0.22mg/L、硫酸铜 0.08mg/L、钼酸铵 0.5mg/L、磷酸 0.224mg/L 配制营养液。

（2）Hoagland's（霍格兰氏）营养液配方。硝酸钙 945mg/L、硝酸钾 607mg/L、磷酸铵 115mg/L、硫酸镁 493mg/L、铁盐溶液 2.5ml/L、微量元素 5ml/L，pH 为 6.0。

2. 营养液配方制订的原则

制订一个营养液配方，必须符合以下几个原则：

（1）营养液中必须含有植物生长所必需的营养元素，这些营养元素化合物应是植物根系直接吸收利用的形态。经过植物生理学家一百多年来的研究，发现在植物体内存在着近 60 种不同元素，然而其中大部分元素并不是植物生长发育所必需。植物生长发育必需的元素只有 16 种，即碳、氢、氧、氮、磷、硫、钾、钙、镁、铁、锰、锌、铜、钼、硼和氯，缺少了其中任何一种，植物的生长发育就不会正常，而且每一种元素不能互相取代，也不能由化学性质非常相近的元素代替。

16 种必需元素中的碳、氢、氧来自大气和水，其余 13 种元素一般称为矿质营养元素，它们均靠植物根系从土壤中吸收，是无土栽培营养液的核心。每种元素的化合物形态很多，但根系只能吸收其自身可以利用的化合物形态。例如，对于氮元素来说，大多数植物只能吸收铵态氮和硝态氮。

（2）各种营养元素的数量、比例都应符合植物生长发育的要求。尤其是元素之间的比例应遵循养分平衡的原则，必须按不同作物的要求配给。

（3）营养液的总盐分浓度及酸碱反应都应符合植物生长发育的要求。配制营养液的元素主要是无机盐，按配方用量加入水中而配成的具有一定浓度的营养液。营养液的浓度又称为盐分浓度，可用离子浓度来表示，通常用电导仪测定，以电导率表示，符号为 EC。EC 值越高，含盐量越大，溶液的渗透性越大。

在无土栽培中，营养液的酸碱度也是很重要的，不同的作物，pH 要求也不同，多数植物 pH 为 5.5～6.5。

（4）组成营养液的各种化合物，应在较长的时间内保持有效形态。营养液配制要避免出现难溶性沉淀，降低营养元素的有效成分。如硝酸钙与硫酸钾相遇，容易产生硫酸钙沉淀；硝酸钙与磷酸盐相遇，也容易产生磷酸钙沉淀。

（5）植物吸收营养造成的生理酸碱反应较平稳。营养液的 pH 影响作物的代谢和作物对营养元素的吸收。如铁对营养液的 pH 特别敏感，无土栽培营养液应维持 pH 的稳定，以保证植物对铁的吸收。因为当营养液呈碱性时，大部分的铁生成不溶性沉淀，植物不能利用；相反，溶液中的 pH 越低，铁溶解的量虽多，但对植物根系造成伤害。作物生长期间，氮素对营养液反应最大，常用的含氮无机盐主要有铵盐和硝酸盐两种，随着作物对养分的吸收，硝酸盐呈生理碱性反应，使营养液的 pH 升高，铵盐呈生理酸性反应，使 pH 下降，引起酸化反应，这就需要适当调节铵态氮和硝态氮的比例，使溶液的 pH 稳定。

3. 营养液的配制

（1）配制母液 A、B、C。用 50℃左右的少量温水将无机盐分别溶化。

①母液 A。以钙盐为中心，将不与钙产生沉淀的肥料溶在一起，浓度较工作浓度浓缩 200 倍。

②母液 B。以磷酸盐为中心，将不与磷酸根形成沉淀的盐溶在一起，浓度较工作浓度浓缩 200 倍液。

③母液 C。由铁和微量元素组成，浓度较工作浓度浓缩 1 000 倍液。

（2）配制工作营养液（即栽培用营养液）。按顺序将母液 A、B、C 分别缓缓倒入贮液池中，并迅速搅动，使肥水混合均匀，最后测定 pH 5.5～6.5，若 pH 不适宜则用酸或碱进行调节。

4. 营养液的管理

（1）栽培季节与 EC 值的管理。夏天高温干燥季节，一般果菜类小苗的供液浓度（EC 值）在 1.4～1.6mS/cm，生长盛期的供液 EC 值在 1.6～1.8mS/cm；春秋季节一般可以掌握在 2.0～2.2mS/cm；冬季（低温、高湿、光照少）则应提高供液浓度，一般掌握在 2.2～2.5mS/cm。多数作物 pH 5.5～6.5。

（2）生育阶段与 EC 值的管理。果菜类一般苗期至作物结果前的营养液浓度应适当偏低管理，结果后适当提高。叶菜类苗期浓度偏低管理，定植后开始升高，至采收前应再降低为好，同时还应减少硝态氮肥用量，以减轻产品中硝酸盐的积累。

（3）根际 EC 值和 pH 的管理。基质栽培作物根系活动范围小，基质的缓冲性也不如土壤，根际周围基质中的 EC 值和 pH 变化比较大，一般夏秋季节 EC 值易升高，冬春季节易下降。pH 与 EC 值变化相反，EC 值高时 pH 会降低，EC 值低时 pH 会升高。植株越大，吸收越旺盛，根部基质中的浓度和酸碱度变化也越大。因此，供液 EC 值应根据作物根部基质的 EC 值来调节。

番茄、茄子、西葫芦、西瓜等的根部基质 EC 值夏秋季节应控制在 2.5～2.8mS/cm，最高不超出 3.0mS/cm；冬春季节控制在 3.0～3.2mS/cm，最高不超出 3.6mS/cm。小黄瓜、彩椒的根部 EC 值夏秋季节控制在 2.2～2.5mS/cm，不要超出 2.8mS/cm；冬春季节控制在 2.5～2.8mS/cm，最高不要超出 3.2mS/cm。

所以，夏季应每天检测根部基质的 EC 值，冬春季节可以每 3～5d 检测 1 次，以便随时掌握根部 EC 值、pH 的变化情况，及时采取调控措施。有条件的单位可以对营养液配制和基质中的 EC 值、pH 实现在线检测和在线调控。

二、水培的模式

水培分为平面式和立体式两种。平面式水培技术又根据营养液液层深浅分为营养液膜技术（NFT）、深液流循环技术（DFT）、浮板毛管栽培技术（FCH）、动态浮根栽培技术（DRF）。立体式水培技术又可分为 DFT 立体水培和 NFT 立体水培。

（一）平面式水培技术

1. 营养液膜技术 营养液膜技术是指将植物种植在浅层流动的营养液中的水培方法。其主要由种植槽、贮液池、营养液循环流动装置和一些辅助设施组成（图 14 - 7）。营养液在生产床的底面作薄层循环流动，既能使根系不断地吸收养分和水分，又保证有充足的氧气供应。该技术以其造价低廉、易于实现栽培管理自动化等特点，在世界各地推广。主要应用于叶用莴苣、菠菜、薤菜等速生园艺作物栽培，在番茄等果菜栽培上也大量采用。

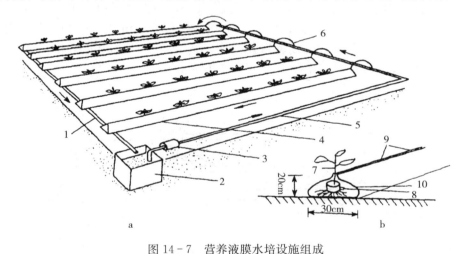

图 14 - 7 营养液膜水培设施组成
a. NFT 系统示意   b. 种植槽示意

1. 回流管 2. 贮液池 3. 泵 4. 种植槽 5. 供液主管 6. 供液支管 7. 苗
8. 育苗钵 9. 木夹子 10. 黑白双面塑料薄膜

2. 深液流技术 深液流技术是 1929 年由美国加州农业试验站的格里克首先应用于商业生产，后在日本普遍使用，我国也有一定的生产面积，主要集中在华南及华东地区。深液流技术现已成为一种管理方便、性能稳定、设施耐用、高效的无土栽培类型。深液流水培设施包括种植槽、固定植株的定植板块、地下贮液池、营养液自动循环系统等 4 部分（图 14 - 8）。流动的营养液层深度 5～10cm，植物的根系大部分可浸入营养液中，吸收营养和氧气，同时装置可向营养液中补充氧气。

3. 浮板毛管栽培技术 浮板毛管栽培技术是浙江省农业科学院东南沿海地区蔬菜无土栽培研究中心与南京农业大学吸收日本 NFT 设施的优点，结合我国的国情及南方气候特点

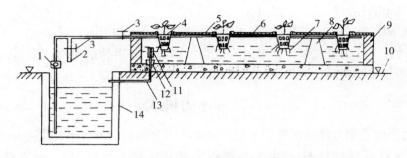

图 14 - 8　深液流水培设施组成纵切面示意
1. 水泵　2. 充氧支管　3. 流量调节阀　4. 定植杯 5. 定植板　6. 供液管　7. 营养液　8. 支承墩
9. 种植槽　10. 地面　11. 液层控制管　12. 橡皮塞　13. 回流管　14. 贮液池

设计的，它克服了 NFT 的缺点，减少了液温变化，增加了供氧量，使根系环境条件稳定，避免了停电、停泵对根系造成的不良影响。该装置主要由贮液池、种植槽、循环系统和供液系统 4 部分组成，除种植槽以外，其他 3 部分设施基本与 NFT 相同。种植槽由聚苯乙烯板做成长 1m、宽 40～50cm、高 10cm 的凹形槽，然后连接成长 15～20m 的长槽，槽内铺 0.8mm 厚无破损的聚乙烯薄膜，营养液深度为 3～6cm，液面漂浮厚 1.25cm、宽 10～20cm 的聚苯乙烯泡沫板，板上覆盖一层亲水性无纺布（密度 50g/m²），两侧延伸入营养液内（图 14 - 9）。此种方法简单易行，设备造价低廉，适合我国目前的生产水平，在番茄、辣椒、芹菜、叶用莴苣等多种蔬菜生产上应用取得良好效果。

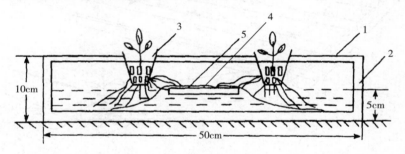

图 14 - 9　浮板毛管栽培种植槽横切面示意
1. 定植板　2. 种植槽　3. 定植杯　4. 浮板　5. 无纺布

4. 动态浮根栽培技术　动态浮根系统是指栽培作物在栽培床内进行营养液灌溉时，根系随着营养液的液位变化而上下左右波动。当灌满 8cm 的水层后，由栽培床内的自动排液器，将营养液排出去，使水位降至 4cm 的深度，此时上部根系暴露在空气中可以吸氧，下部根系浸在营养液中不断吸收水分和养分，不用担心夏季高温使营养液温度上升、氧的溶解度降低，可以满足植物生长的需要。动态浮根系统主要由栽培床、营养液池、空气混入器、排液器与定时器等组成（图 14 - 10）。

（二）立体式水培生产技术

1. DFT 立体水培

（1）管道 DFT 立体水培。可分为报架式和床式两种类型。报架式管道 DFT 水培装置状如报架，用直径 11～16cm 的聚氯乙烯（PVC）管或不锈钢管作栽培容器，其上按一定间距

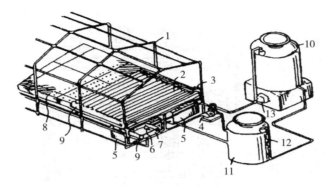

图 14 - 10　动态浮根系统的主要组成部分

1. 管结构温室　2. 栽培床　3. 空气混入器　4. 水泵　5. 水池　6. 营养液液面调节器　7. 营养液交换箱
8. 板条　9. 营养液出口堵头　10. 高位营养液罐　11. 低位营养液罐　12. 浮动开关　13. 电源自动控制器

开定植孔，安放塑料定植杯，每个定植杯处安放 1 个滴头或不安放滴头，营养液通过水泵从安放在栽培架下或旁边贮液箱或贮液池供液，营养液循环流动（图 14 - 11）。

图 14 - 11　报架式管道 DFT 装置示意
1. 定植孔　2. 管道　3. 报架

床式管道 DFT 水培装置是将 5～6 根塑料管并排平放于床式栽培架上，彼此连接，营养液自床的一端供液，从另一端流回贮液池或贮液箱，循环供液。

（2）槽式 DFT 立体水培。三层槽式立体水培是将槽按 80cm 距离架设于空中而成，栽培形式为 DFT 水培，营养液顺槽的方向逆水层流动（图 14 - 12）。

2. NFT 立体水培　NFT 立体栽培装置由栽培架、贮液箱、小型潜水泵、栽培槽组成。栽培槽上下分层摆放，植物的根系置于栽培槽底，循环供液。

三、水培在生产中的应用

以叶用莴苣水培技术为例，介绍水培在生产中的应用。

（一）播种育苗

1. 品种选择　选早熟耐热、晚抽薹的品种，如北山 3 号、民谣、凯撒、大湖 366。

2. 播前准备　将 3cm 厚的海绵裁成略小于育苗盘大小的块状，再把其切成 3cm×3cm 的小块，切时相互之间连接一点，便于码平。种子用清水浸泡 24h 或进行低温处理。低温处理时，将叶用莴苣籽在冷水中浸泡 30min，控去多余的水分，用纱布包好，装入密封塑料袋

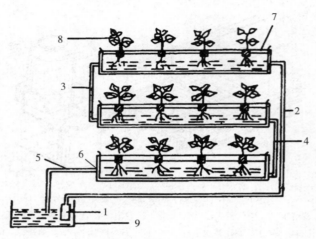

图 14-12　三层槽式立体水培示意

1. 水泵　2. 进液管　3. 中层进液管　4. 下层进液管　5. 回液管　6. 栽培槽　7. 定植板　8. 植株　9. 贮液池

中，然后放入冰箱冷藏室（1～2℃）存放 2d 后取出播种。

3. 播种　播种时将浸泡后的种子直接抹于海绵块表面，每块放置 2～3 粒，然后将育苗盘中加足水至将海绵块浸透。

4. 苗期管理　每天用喷壶给种子表面喷雾 2～3 次，直至出芽。海绵保持湿度为 90%，使种子表面湿润，必要时盖遮阳网。在播种后 10d 左右，真叶开始显露时进行间苗，每个海绵块上只留 1 株，然后将苗盘中的水尽量控干，喷入营养液，使营养液浸至海绵块表面。出苗后，用 EC 值为 2mS/cm 的营养液浇灌。

（二）定植

1. 定植前的准备工作　在聚苯板上按叶用莴苣栽植密度打孔，孔径略小于 3cm，叶用莴苣栽植密度一般以 20cm×20cm 为宜。用 EC 值为 2.0～2.5mS/cm 的营养液加满栽培槽，保持 5～8cm 深的水位，并试着用泵循环。检查营养液槽、栽培槽是否漏水及回液量大小等。

2. 定植　苗龄 20～25d，有 2～3 片真叶，根尖从海绵块底部扎出即可定植。定植时把幼苗连同海绵块从苗盘中撕下，塞入定植孔中，要求根系定植并悬浮于营养液层 1/3 处。

（三）营养液管理

1. 温度管理　一般来说，最高液温不应超过 28℃，最低液温不应低于 15℃，大多数植物的最适液温为 18～20℃。

2. 浓度管理　一般用电导仪进行测定营养液浓度。电导率升高表明浓度增加，应及时补充水分，直到所需浓度为止；相反，电导率下降，表明浓度降低，应及时补充肥料。

3. 酸度管理　叶用莴苣生长的最适 pH 是 6.0～6.9（微酸性），用磷酸调节酸度。

4. 含氧量管理　营养液温度为 15～20℃、含氧量为 4.0～5.0mg/L 时，即可满足大多数植物的生长，生产中将营养液进行循环流动。

（四）采收

一般情况下，每月采收 1 次。每次采收后将定植板取出，清理根系和腐烂叶片，并将营养液排出，对栽培槽进行彻底清洗。

任务三　芽苗菜生产技术

一、芽苗菜概述

（一）定义

1994 年中国农业科学院蔬菜花卉研究所芽苗菜课题组将芽苗菜进行了定义：凡利用植物种子或其他营养器官，在黑暗或弱光条件下直接生长出可供食用的嫩芽、芽苗、芽球、幼梢或幼茎均可称为芽苗类蔬菜，简称芽苗菜（图 14 - 13）。常见芽苗菜有豌豆芽、绿豆芽、萝卜芽、香椿芽、苜蓿芽、花生芽等。

图 14 - 13　芽苗菜

芽苗菜产品在人工调控条件下生长，具有工厂化、规模化的特点，可以周年生产，均衡供应，有效缓解淡季蔬菜供应不足的问题，且产值可观，属典型的节地型农业。

（二）分类

1. 根据食用部位不同分类　分为芽菜和苗菜两类。

（1）芽菜。芽菜是由种子发芽，胚根和胚轴伸长，以胚轴为主要食用部分，如黄豆芽、绿豆芽等。

（2）苗菜。苗菜是由胚芽生长形成幼嫩的茎和真叶，或由其他营养器官形成的茎、叶为主要食用部位，如豌豆苗、苜蓿苗、萝卜芽苗、蚕豆苗、花椒芽等。

2. 根据营养来源不同分类　分为种芽菜和体芽菜两类。

（1）种芽菜。种芽菜指利用种子中贮存的养分直接培育成幼嫩的芽或芽苗（多数子叶展开，真叶露心）。如黄豆、绿豆、赤豆、蚕豆以及香椿、豌豆、萝卜、荞麦、蕹菜、苜蓿芽苗等。

（2）体芽菜。体芽菜多指利用二年生或多年生作物的宿根、肉质直根、根茎或枝条中累积的养分，培育成芽球、嫩芽、幼芽或幼梢。如由肉质直根在黑暗条件下培育的芽球菊苣，由宿根培育的菊花脑、苦菜芽等（均为幼芽或幼梢），由根茎培育成的姜芽、薄芽（均为幼茎）以及由植株、枝条培育的树芽香椿、枸杞头、花椒脑（均为嫩芽）和豌豆芽、辣椒尖、佛手瓜尖（均为幼梢）等。

（三）特点

1. 产品器官生长年龄短　所有的芽苗菜均是在植物生育周期中最幼嫩的时期采收的，

如黄豆芽、绿豆芽是在发芽期采收的，豌豆芽、苜蓿芽是在幼苗期采收的。这些芽苗菜产品的形成年龄很小，生产中需时间少。

2. 营养价值高 绝大多数芽苗菜的营养丰富，便于人体吸收，品质柔嫩，口感好，风味独特，并具有特殊的医疗保健功能。这是由于种子、植物某些器官所贮藏的营养，在发芽时转化成可溶性营养输入到芽、苗中去，这些营养大多数便于人体吸收。

3. 无公害 芽苗菜的生长期很短，感染病虫害的机会少；芽苗菜的生产环境多为人工保护设施，如温室、大棚等，易于保护及病虫害的防治；芽苗菜多数依靠种子、营养器官贮藏的营养生长发育，一般不施肥，绝大多数芽苗菜施农药、化肥的次数和量极少，因而污染也少，较易达到绿色食品的标准。

4. 经济效益高 豌豆苗、绿豆芽等芽苗菜的生物产量，一般可达到投入生产干种子质量的 4~12 倍；由于采用立体栽培，可扩大栽培面积 4~6 倍；加上栽培周期短，一般只需 7~15d，常年的复种指数达 30 以上。

5. 生产方式多样化 由于大多数芽苗菜较耐弱光和低温，因此既可以在露地进行遮光栽培，也可于严寒冬季在温室、大棚、改良阳畦等保护设施内以及轻工业用厂房和空闲民房中进行栽培；不但可采用传统的土壤平面栽培，也可采用无土立体栽培；此外，还可在不同强弱光照或黑暗的条件下进行"绿化型""半软化型"和"软化型"产品的栽培。

（四）生产条件

1. 生产场地及其条件 生产区应统一规划。目前，用于芽苗菜生产的设施主要是塑料大棚和房舍，必须具备下列条件。

（1）温度。芽苗菜生产要求一定的温度。一般是白天保持 20~25℃，夜间不低于 16℃。当露地气温平均在 18℃时，可在露地栽培。外界气温过低时，应在塑料大棚、中棚、小棚内，或有锅炉、暖气等加热设施的房屋内进行；外界气温过高时，应有遮阳网、通风、空调等降温设施。

（2）光照。芽苗菜生产一般不需要强光。在豌豆苗生产时，室内保持 200~5 000lx 的光照度即可，只要温室、房屋等有占墙壁 30% 以上的窗户即可。生产黄豆芽、绿豆芽等芽苗菜，在催芽室内，应保持黑暗状态，可用遮光幕、关闭窗户等措施阻挡光线射入。

（3）空气。需设通风设施，使芽苗菜栽培场地能自然通风或强制通风，保持空气新鲜，有充足的氧气，且维持 60%~90% 的空气相对湿度。

（4）水分。芽苗菜生产需要大量的水分。因此，栽培场地应有方便的水源供应。应具有自来水、贮水罐或备用水箱等水源装置，在房舍内栽培还应具有隔水和防漏能力，并设置排水系统。

2. 生产设备

（1）栽培架。为便于立体栽培，充分利用空间，提高产地利用率，应制作栽培架。可用 30mm×30mm×4mm 角钢制作，也可用红松方木制作。架高 160~210cm、宽 60cm、长 150cm，一般分 6 层，层间距 50cm。有条件的，栽培架上安设车轮，以便于运输。栽培架安设在栽培室内，上放栽培盘。

为了便于整盘活体销售，还应有集装架。其形状同栽培架，但层间距可缩小至 23cm，大小尺寸应与运输工具相配套。

（2）栽培容器。一般用蔬菜塑料育苗盘，规格为外径长 62cm、宽 23.6cm、高 3.8cm，或用长 60cm、宽 25cm、高 5cm 的塑料盘，也可用木板、铝皮、铁皮等做成这样大的盘代替。要求苗盘大小适当，底面平整，形状规范。

（3）基质。一般用废纸（要求使用后残留物容易处理的纸张，如报纸、包装用纸、纸巾纸等）、白棉布、无纺布、泡沫塑料、珍珠岩、河沙等，要求洁净、无毒、质轻等。

（4）其他用具。盆、缸、桶或砌砖水泥池等浸种及苗盘清洗容器，喷雾器、淋浴喷头等喷淋器械，人力平板三轮车、自行车及箱式汽车等运输工具。

二、芽苗菜生产流程

（一）种子准备

1. 选种　剔除虫蛀、破损、畸形、腐霉、特小粒及已发芽的种子。

2. 浸种　20～30℃清水淘洗 2～3 遍，清水浸泡种子，浸种时间一般豌豆 24h、萝卜 8h、荞麦 36h、香椿 24h，换清水 1～2 次，淘洗干净，捞出待播，水量为种子量的 2～3 倍。

（二）播种

用 0.3%～0.5% 漂白粉液洗刷育苗盘，清水冲净，盘底铺一层纸，纸略大于盘。撒播均匀，一般每盘干种子用量为豌豆 500g、萝卜 75g、荞麦 150g、香椿 50～100g。

（三）叠盘催芽

在黑暗、高湿的催芽室内，将盘叠起催芽，上下对齐，最下放一保湿盘，最上放一保湿盘和湿麻袋布或黑膜。保持 20～25℃（香椿 20～22℃），每天喷 1 次水，水量不宜大，否则容易烂芽。调整上下、左右、前后位置。

（四）出盘

催芽后，将苗盘放于栽培室的栽培架上，进行芽苗绿化。豌豆、萝卜、荞麦需 3d 出盘，香椿需 4～5d。

（五）管理

出盘第一天，应保持湿度稳定、弱光、防芽干。芽苗在黑暗中生长迅速，不易纤维化。生产过程中要求散射光，夏天强光时应采用遮阳网遮阳。保持白天 25℃，夜间 16℃，温度高时则放风，以降温、降湿。小水勤浇，冬天每天喷 3 次，夏天喷 4 次，喷洒均匀，先上层，再依次下层，以盘底不大量滴水为度。倒盘利于芽生长整齐。幼苗高 4～5cm 时，揭去覆盖物，见光绿化。

（六）采收与贮运

豌豆苗栽培 8～9d 即可采收。采收时可切割梢部 7～8cm，每盘可采收 350～500g；萝卜苗，栽培 5～7d，苗高 6～10cm、子叶展开并充分肥大时可采收，食用时齐根切割，每盘可采收 500～600g；荞麦苗栽培 9～10d，苗高 10～12cm 时可采收，食用时齐根切割，每盘可采收 400～500g；香椿从催芽起经 18d，苗高 7～10cm、子叶展开并充分肥大且心叶未长出时可采收，食用时齐根切割或连根拔起，每盘可采收 500～600g。

采收的芽苗菜可用封口袋、透明塑料盒、泡沫塑料托盘与保鲜膜包装。无冷藏时，应整盘活体销售。

三、常见芽苗菜生产技术

（一）豌豆苗生产技术

豌豆苗菜是以豌豆种子培育而成的新型蔬菜，它品质柔嫩，富含维生素 C 和铁元素，无污染。其培育方法如下：

1. 材料准备 豌豆芽苗生长适温为 18～23℃，如室外平均气温高于 18℃，则不需任何保护设施。准备好栽培架、育苗盘、基质、喷水设施、加温设施和浸种容器。生产架一般 3～6 层，每层间距 30～40cm。

2. 选种 可选用青豌豆、麻豌豆、紫豌豆等，要求是纯度和清洁度高、籽粒饱满、无污染的新鲜种子。

3. 催芽 晒种 2d，淘洗 2～3 遍，清水浸泡 18～24h，再淘洗 2～3 遍。捞出后沥干水分。将种子放在平底且漏水的容器中，上盖湿布，置于 18～23℃恒温处催芽，2d 后种子露芽时即可播种。

4. 播种 在育苗盘盘底铺 1 层报纸，吸足水分后均匀撒播已催芽的种子。每层摆 6 盘，放在栽培架上，每天调换 1 次苗盘上下、前后的位置，并向苗盘均匀喷水。

5. 管理 保持中光或弱光，使苗盘内基质湿润且不大量滴水，空气相对湿度控制在 85％左右。

6. 采收 当苗高 10～12cm，顶部复叶刚展开，苗呈浅黄绿色时采收。从距基部 2～3cm 处剪断，按每盒 100g 装盒或每袋 300～400g 装袋上市。

（二）香椿苗生产技术

香椿苗菜利用香椿种子作为生产材料，在弱光下生产出苗供食用。香椿芽苗菜含有丰富的维生素，多种人体必需的微量元素，并具有较高的医疗保健作用，美味可口，深受人们喜爱。其生产技术如下：

1. 种子处理 应选出芽率在 85％以上、纯度高、净度高、籽粒饱满、无污染的新种子。将新鲜香椿种子揉搓去种翅，清水浸泡 5～6h，用 0.01％高锰酸钾溶液浸泡 15min 消毒后，再用清水继续浸泡，其间用 20～25℃温水淘洗 2 次，直至香椿种子吸水膨胀，然后晾干。用 3 层干净的湿布将种子包好，放在容器中遮光催芽，催芽期间每天用 20～25℃的温水冲洗 1～2 遍。一般 4～8d 露白时，即可播种。

2. 播种 在消毒后的育苗盘中平铺 1 层草纸、无纺布或纱布等，再铺 2.5cm 厚的珍珠岩，将催过芽的种子撒播在上面，播种量每盘约 150g，播种后在种子上覆盖 1.5cm 厚的珍珠岩，最后用 20～25℃温水喷湿后放于栽培架上。

3. 管理 播种后每天早晚喷 20～25℃温水 2 次，空气相对湿度保持在 80％左右，避免基质持水量过大或托盘积水。播种后前 3d，白天温度控制在 20～25℃，夜间保持在 12～15℃；芽苗拱出基质后，白天控制在 18～23℃。温度偏低时生长速度较慢，温度偏高时生长速度加快，品质下降，易木质化。

4. 采收包装 一般播种后 12～14d，芽长 5～7cm，子叶尚未展开，芽体粗壮白嫩而根尖未变黄时即可采收。采收时连根拔起，甩净根上附带的珍珠岩，捆成小把装入小塑料袋上市。

项目小结

　　无土栽培是现代化、工厂化的栽培技术，与土壤栽培相比，具有类型多样、场地灵活、洁净无害等优点，包括基质培和水培的相关技术以及芽苗菜的生产技术。通过介绍让学生掌握蔬菜无土栽培技术。

复习思考题

　　1. 无土栽培分为哪些类型？

　　2. 基质种类有哪些？

　　3. 基质培的类型有哪些？

　　4. 水培的类型有哪些？

　　5. 营养液的配制原则有哪些？

　　6. 营养液的酸碱度管理技术要点有哪些？

　　7. 什么是芽苗菜？

　　8. 市场上主要的芽苗菜有哪些？

　　9. 简述香椿芽苗菜生产技术。

　　10. 自己如何用简易方法试种芽苗菜？

项目十五

XIANGMU 15

蔬菜标准化生产技术

项目导读 ◇

本项目主要介绍无公害蔬菜、绿色蔬菜和有机蔬菜的定义、质量标准、标志及生产技术，重点掌握其生产技术规程。

学习目标 ◇

知识目标：了解无公害蔬菜、绿色蔬菜和有机蔬菜的定义、标志及生产要求。

技能目标：掌握蔬菜标准化生产中病虫害的合理防治技术及肥料施用的原则，能按照生产技术规程进行操作。

随着生活水平的提高，人们对蔬菜质量安全的要求越来越高，我国蔬菜质量安全水平也不断提升。优质安全的蔬菜是生产出来的，因此要从源头开始管理，在生产环节加大投入，大力推行蔬菜标准化生产，规范使用农药、化肥，大力研发和推广蔬菜生产的绿色防控技术，减少农药的使用量。

学习任务 ◇

任务一　无公害蔬菜生产技术

公害是指人类生活和生产活动给人类自身带来的危害，在蔬菜上表现为农药、重金属、硝酸盐等残留污染给人体造成伤害。无公害应该是蔬菜产品的最低要求。

一、认识无公害蔬菜

（一）无公害蔬菜的定义与标志

1. 定义　无公害蔬菜是严格按照无公害蔬菜生产安全标准和栽培技术规范生产的无污染、安全、优质的营养型蔬菜。蔬菜产品中农药残留、重金属、硝酸盐、亚硝酸盐及其他对人体有毒、有害的物质的含量控制在法定允许限量之内，符合有关标准规定，经专门机构认定，许可使用无公害食品标志。

2. 标志 无公害蔬菜属无公害农产品。无公害农产品标志图案主要由麦穗、对勾和"无公害农产品"字样组成。麦穗代表农产品，对勾表示合格，金色寓意成熟和丰收，绿色象征环保和安全（图 15-1）。

3. 认证机构 无公害农产品认证的办理机构为省级农业农村行政部门，负责无公害农产品的认定审核专家评审、颁发证书和证后监管等工作，经认证的农产品可在产品或其包装上张贴无公害蔬菜标志。证书使用者必须严格履行《无公害农产品标志使用协议书》，并接受环境和质量检测部门的定期抽检。《无公害农产品认证证书》有效期为 3 年，期满后需要继续使用的，证书持有人应当在有效期满前日内按照程序重新办理。

图 15-1　无公害农产品标志

（二）无公害蔬菜产品质量标准

1. 感官要求 无公害蔬菜产品应在感官上符合以下要求：具有本品种固有的形状、色泽、风味、大小等典型性状；果实的成熟程度基本一致，大小（长度）、质量达到规定标准，同一品种（或相似品种）基本均匀，无明显缺陷（缺陷包括机械伤、腐烂、异味和病虫害）；新鲜有光泽、硬实、不萎蔫，无枯黄、烂叶；果面清洁，表面不附有污物、泥沙、杂物或其他外来物，无因病原菌的侵染导致腐败变质现象；无因栽培或贮运环境的污染所造成的不良气味和滋味等异味；果实无因受强光照射使果面温度过高而造成的灼伤、表面出现褐色的水渍状斑；无因挤、压、碰等外力所造成的机械伤害。

2. 内在品质要求 达到该品种应有的有效成分含量（如蛋白质、脂肪、糖类、矿物质、维生素等），固有的风味（如酸、甜、苦、辣等），一些有特殊作用的蔬菜还要检测其有效成分的含量（如辣椒素、大蒜素等）。

3. 卫生指标 无公害蔬菜中重金属、硝酸盐、亚硝酸盐和农药残留等对人体有毒、有害物质的含量应控制在规定允许的限量之内，符合有关标准要求。

（三）无公害蔬菜生产发展前景

在现代蔬菜生产中，由于化肥、农药的大量施用以及工业"三废"、生活污水等的大量排放，使环境受到污染，造成了严重的生态问题，污染到蔬菜产品。长期食用有毒有害物质残留量超过国家规定标准的产品，危害到消费者的身体健康，可能引发严重疾病甚至癌症；有些生产者不遵守国家的有关规定和禁令，在蔬菜作物上施用剧毒农药，或在安全间隔期内施药，或超剂量、超次数施药，形成人为的"毒菜"，使食用"毒菜"的消费者发生急性中毒，甚至丧生。推广、发展无公害蔬菜生产，能从根本上改变这一状况。

随着我国进入小康社会，人们生活水平的不断提高，公众的环境意识和健康意识显著增强，消费理念也发生了根本性变化，不仅要求品种多样、新鲜、具有蔬菜品种本身固有的独特风味，而且要求卫生、安全、营养等。因此，不含有对人体有害的物质、高品质的无公害蔬菜产品已成为人们的普遍要求。无公害蔬菜生产遵循绿色食品标准，满足人们对蔬菜产品的各种需求，能保障食用者身体健康，符合低碳环保、可持续发展的理念。因此，生产无公害以致达到绿色食品标准的蔬菜是蔬菜生产发展的方向。无公害蔬菜产品越来越受到人们的欢迎，在各地市场上走俏，市场销量日益增大，市场前景广阔。

我国政府为了应对加入世界贸易组织的新形势，已将推动"无公害食品行动计划"，加强农产品质量标准和监测体系建设，尽快使我国农产品质量标准与国际标准接轨，以提高我国农产品的国际竞争力，作为今后巩固和加强农业基础地位，增加农民收入的一项重要措施来抓。同时，为了保障民众健康，保护消费者，政府将完善监督管理机制，加强监督管理，达不到无公害标准的蔬菜产品将难以进入市场。因此，推广生产无公害蔬菜已势在必行，无公害蔬菜生产正面临无限的商机。无公害蔬菜生产依托科学技术进步，与常规蔬菜生产相比，无公害蔬菜生产中投入的各类农业生产资料将得到更为有效、合理的使用，成本降低，经济效益显著。

二、无公害蔬菜的产地环境质量标准

无公害蔬菜生产对产地土壤、灌溉水、空气等环境质量有一定要求，应符合如下标准。

1. 土壤环境质量标准　土壤是蔬菜的立地条件，蔬菜靠吸收土壤中的养分、水分及有益物质而生长发育，土壤环境质量的好坏对蔬菜品质和产量有直接影响。土壤环境质量指标具体要求见表 15-1。

表 15-1　农用地污染风险筛选值（基本项目）

单位：mg/kg

污染物项目[ab]		风险筛选值			
		pH≤5.5	5.5＜pH≤6.5	6.5＜pH≤7.5	pH＞7.5
镉	水田	0.3	0.4	0.6	0.8
	其他	0.3	0.3	0.3	0.6
汞	水田	0.5	0.5	0.6	1.0
	其他	1.3	1.8	2.4	3.4
砷	水田	30	30	25	20
	其他	40	40	30	25
铅	水田	80	100	140	240
	其他	70	90	120	170
铬	水田	250	250	300	350
	其他	150	150	200	250
铜	果园	150	150	200	200
	其他	50	50	100	100
镍		60	70	100	190
锌		200	200	250	300

注：a. 重金属和类金属砷均按元素总量计。

b. 对于水旱轮作地，采用其中较严格的风险筛选值。

2. 灌溉水质量标准　因为蔬菜生长期比较短，根系比较浅，对水的要求比较严格，因此灌溉水质对蔬菜产量和质量有很大影响。灌溉水基本指标见表 15-2、表 15-3。

表 15 - 2　无公害蔬菜产地灌溉水基本指标

项目	指标			
	水田	旱地	菜地	食用菌
pH		5.5~8.5		6.5~8.5
总汞/(mg/L)		≤0.001		≤0.001
总镉/(mg/L)		≤0.01		≤0.005
总砷/(mg/L)	≤0.05	≤0.1	≤0.05	≤0.01
总铅/(mg/L)		≤0.2		≤0.01
铬（六价）/(mg/L)		≤0.1		≤0.05

注：实行水旱轮作、菜粮套种或果粮套种的种植方式的农地，执行其中较低标准值一项作物的标准值。

表 15 - 3　无公害蔬菜产地灌溉水选择性指标

项目	指标			
	水田	旱地	菜地	食用菌
化学需氧量/(mg/L)	≤150	≤200	≤100[a]，≤60[b]	—
氰化物/(mg/L)		≤0.5		≤0.05
挥发酚/(mg/L)		≤1		≤0.002
石油类/(mg/L)	≤5	≤10	≤1	—
全盐量/(mg/L)	≤1 000（非盐碱土地区），≤2 000（盐碱土地区）			
粪大肠菌群/(个/100mL)	≤4 000	≤4 000	≤2 000[a]，≤1 000[b]	

注：实行水旱轮作、菜粮套种或果粮套种的种植方式的农地，执行其中较低标准值一项作物的标准值。
a. 加工、烹饪及去皮蔬菜。
b. 生食类蔬菜、瓜果和草本水果。

3. 空气质量标准　根据当前我国空气质量的监测情况、空气中污染物对蔬菜产量和质量的影响以及我国当前经济技术条件，将总悬浮颗粒物、二氧化硫、氟化物 3 项指标作为无公害蔬菜产地大气质量控制指标。具体要求见表 15 - 4。

表 15 - 4　无公害蔬菜产地环境空气质量要求

项目	浓度限值			
	日平均		1h 平均	
总悬浮颗粒物（标准状态）/(mg/m³)	≤0.3		—	
二氧化硫（标准状态）/(mg/m³)	≤0.15[a]	≤0.25	≤0.5[a]	≤0.7
氟化物（标准状态）/(μg/m³)	≤1.5[b]	≤7	—	

注：日平均指任何旧的平均浓度；1h 平均指任何 1h 的平均浓度。
a. 菠菜、青菜、白菜、黄瓜、莴苣、南瓜、西葫芦的产地应满足此要求。
b. 甘蓝、菜豆的产地应满足此要求。

三、无公害蔬菜生产的技术措施

（一）生产基地的选择与建设

1. 蔬菜生产的主要污染源

（1）生长环境的污染。蔬菜的生长发育离不开环境，如果生长环境中的大气、水体、土壤等受到污染就会直接影响到蔬菜作物的生长发育，最终转移并残留于作物体内，造成食品污染，生长环境的污染是农产品污染的根本。随着经济的迅猛发展和城镇化、工业化进程的加快，工业"三废"和城市生活垃圾是这些污染的主要来源。

①大气污染。蔬菜的生长发育需要空气，空气受到污染必然影响蔬菜产品。大气污染来源于工业废气的排放以及能源的燃烧、交通运输过程车辆排放的废气等，如二氧化硫、氟化氢、氮氧化物、有毒的塑料薄膜、氯气、乙烯、酚类化合物等，直接对蔬菜地上部造成污染，进而影响蔬菜的产量和品质。

②水污染。蔬菜的生长发育离不开水，灌溉水污染后直接影响蔬菜的生长发育和生产。水污染主要来源于工业"三废"和城市生活"三废"。目前，我国对工业废水、废气的排放虽有规定，但管理不严格，一些企业不按照规定处理"三废"，这些工业废弃物中往往含有大量对人体有害的化合物和重金属，如氟化物、钼、汞等，污染了水源和土壤。

③土壤污染。土壤对于蔬菜的生长发育至关重要，它可以固定根系、支撑植株、供应水分和养分。若土壤受到污染，蔬菜的生长发育和品质必将受到污染。土壤中的主要污染物为有毒物质，有机废弃物，重金属中的铅、锌、铜、铬、镉、砷、汞，煤渣、矿渣、粉煤灰，放射性污染物等，主要来源于工业"三废"和城市生活垃圾。

（2）农药污染。蔬菜栽培周期短，病虫害多，致使施药频繁。一般农药都具有毒性，大量施用后，只有小部分农药沾附在蔬菜表面，起防治病虫害的作用，绝大部分散落在土壤中，溶于水后被根部吸收，但仍有部分农药残留在土壤中或蔬菜体内或渗入地下水中，形成危害。农药污染是化学农药在蔬菜作物尚未完全降解的残留物对人畜的直接毒害。在生产中，为达到较高的防治效果，一些菜农往往滥用有机磷、有机氯等结构稳定、高残留的农药，且施用量过大，导致害虫产生抗药性，也引起新的病虫害发生。目前，由于人们环保意识的提高，有机氯、有机汞、有机砷、有机磷等高毒农药的禁止生产和在蔬菜上的限制使用，农药危害已开始逐渐减轻。

（3）肥料污染。大量使用化肥对蔬菜高产、丰产起到了一定作用，但由于化肥使用不当和过量使用也造成了污染。目前对生态环境和生产影响最大的是氮肥，主要因为其用量大，过量施用时，分解产物多，流失严重，从而对水质和环境造成了污染。

蔬菜是一种天然易富集硝酸盐的食品，过量施用氮肥导致了蔬菜产品中硝酸盐和亚硝酸盐超标，人食用后硝酸盐在组织内积累还原成为亚硝酸盐时，可与血液中的血红蛋白结合，生成高铁血红蛋白，这种化合物是世界公认的致癌物质，它能降低血液向全身的输氧能力，对人体极为有害。另外，还会造成对土壤有机结构的破坏，使土壤板结，保湿、保肥能力降低，从而影响蔬菜生长。磷、钾、硼肥以矿产为原料，其中含有某些污染元素。如磷矿石中，除含五氧化二磷外，还含有砷、铬、镉、钯、氟等，对蔬菜生产造成污染。

2. 蔬菜生产基地的选择与建设 应选择无污染的生态环境建立无公害蔬菜生产基地。基地所处地区的大气、水体、土壤等未受污染，基地附近没有造成污染的工、矿企业；灌溉水应是深井地下水或水库等清洁水源，水中不得含有污染物，特别不能含有重金属元素和有毒、有害物质，避免使用污水灌溉，用水河流的上游没有排放有毒、有害物质的工厂；基地距公路主干道 50m 以上；基地菜田不能长期施用含有毒、有害物质的工业废渣来改良土壤，基地的土壤不能含有重金属元素和有毒、有害物质及剧毒农药残留；应定期进行基地的环境监测并严格保护，杜绝污染。总之，蔬菜生产基地及周边区域的大气、水体、土壤中有害物质含量应低于国家允许的标准。

对大环境现有轻微污染的蔬菜基地，应注意改良，通过连续施用微生物发酵肥料或多施充分腐熟的有机肥，改善土壤 pH，使一些重金属与土壤结合，从根本上解决环境污染的问题。

（二）合理施肥

1. 允许使用的肥料类型和种类

（1）优质有机肥。如堆肥、厩肥、沼气肥、绿肥、作物秸秆、泥肥、饼肥等。有机肥施用前应充分堆沤腐熟处理，禁止施用未经发酵腐熟、未达到无害化指标、重金属超标的人畜粪尿等有机肥料、城市生活垃圾、工业垃圾及医院垃圾。

（2）生物肥料。如腐殖酸类肥料、根瘤菌肥料、磷细菌肥料、复合微生物肥料等。

（3）无机肥料。如硫酸铵、尿素、过磷酸钙、硫酸钾等既不含氯又不含硝态氮的氮、磷、钾化肥，以及各地生产的蔬菜专用肥。

（4）微量元素肥料。以铜、铁、硼、锌、锰、钼等微量元素及其他有益元素为主要成分的肥料。

（5）其他肥料。如骨粉、氨基酸残渣和糖厂废料等。

2. 施肥技术

（1）实施测土配方平衡施肥。蔬菜种植前必须测定土壤的农化性状，根据蔬菜的营养特点和土壤供肥能力确定施肥种类、施肥时间、施肥量和施肥方法，制订合理的施肥方案，做到合理施肥。

在生产中应注意提高磷肥、钾肥的用量和降低氮肥的用量，注意平衡施肥，防止由于养分不足、过量或养分间平衡失调等问题而导致缺素和深度障碍的发生。根据蔬菜作物的生长需要合理搭配施用氮、磷、钾，不仅可以提高产量和品质，充分发挥肥效，而且可以有效降低成本，减少硝态氮的危害和对土壤的破坏。

为减少蔬菜的硝酸盐污染，降低蔬菜中硝酸盐含量，要控制化学氮肥的施用量，特别是针对易吸收积累硝态氮的蔬菜品种，要严格控制硝态氮肥的施用。

（2）掌握适当的施肥方法。化肥、蔬菜专用肥要深施、早施。深施，既可减少肥料与空气接触，防止氮素挥发，又可减少铵离子被氧化成硝酸根离子以降低对蔬菜的污染。一般铵态氮施于 6cm 以下土层，尿素施于 10cm 以下土层，磷、钾肥施于 15cm 以下土层，蔬菜专用肥施于 15cm 以下土层。早施氮肥可以降低产品中的硝酸盐积累量，一般产品器官形成期严禁使用氮肥。另外，在收获前 20d 内不得再追施速效氮肥。

（3）有机肥为主，氮、磷、钾及微肥合理配合使用。菜地要注意增施腐熟的有机肥，不但可以增加土壤有机质含量，改善土壤物理性状，提高土壤肥力，而且可以改良沙性土壤，促进土壤对有毒物质的吸附，提高土壤净化能力，减少化肥对蔬菜生产的污染，提高蔬菜品质，降低蔬菜的硝酸盐和亚硝酸盐的积累。蔬菜生长中、后期，要施用无公害蔬菜专用复合肥、有机肥和其他有机或无机多元复合肥，不得偏施氮肥；尽量限制化肥的施用，特别是硝态氮肥的使用，以降低蔬菜中硝酸盐的含量。

（4）采用根际施肥，不用叶面喷施。叶面喷施氮肥后，氮直接与空气接触，铵离子易变成硝酸根离子被叶片吸收，增加植株体内的硝酸盐含量，进而提高果实中的硝酸盐含量，因此要少用叶面喷肥的方法，结果期严禁叶面施用氮肥。

（三）病虫害综合防治

1. 采取综合防治措施 从生物与环境整体观点出发，按照预防为主的原则，本着安全、有效、经济、简便，因地制宜合理运用生物的、农业的、物理的方法及其他有效的生态手段，把病虫的危害控制在经济阈值以下，以达到提高经济效益、社会效益和生态效益的目的。

（1）农业防治。

①选用抗病虫良种。在符合当地消费者消费习惯的前提下，选择适合当地气候条件的高产、抗病虫害、抗逆性强的优良品种。

②实行合理的轮作倒茬。如瓜类的轮作不仅可明显减轻病虫害，而且有良好的增产效果；棚室蔬菜种植两年后，在夏季种一季大葱、大蒜也有很好的防病效果。

③及时清洁田园。彻底消除病株残体、病果和杂草，集中深埋销毁，切断传播途径；合理密植、起垄栽培等措施，改善通风透光条件。

④利用嫁接育苗栽培。利用黑籽南瓜嫁接黄瓜、西葫芦，能有效防治枯萎病、灰霉病，提高抗病性和丰产性；推广无土栽培和净沙栽培，减少土传病虫害侵染。

（2）物理防治。

①晒种、温汤浸种。播种或浸种催芽前，将种子在阳光下晒 2～3d，可利用阳光杀灭附着在种子上的病菌；茄果类、瓜类的种子用 55℃温水浸种 10～15min，均能起到消毒杀菌的作用；用 10％氯化钠溶液浸种 10min，可将混入芸豆、豆角种子里的菌核病残体及病菌漂出和杀灭，然后用清水冲洗种子再播种，可防菌核病等。

②利用太阳能高温消毒、灭病灭虫。常用方法是高温闷棚或烤棚，夏季休闲期间将大棚覆盖后密闭，选晴天闷晒增温，室温可达 60～70℃，高温闷棚 5～7d 就可杀灭土壤中的多种病虫害。

③诱杀技术。根据昆虫的生物习性，利用光、色诱等方式杀害虫或驱虫。如利用白粉虱、蚜虫的趋黄性，在棚内设置黄油板、黄水盆等诱杀害虫；采用银灰膜驱避或黄板诱杀蚜虫，频振式杀虫灯诱杀菜蛾，用性诱剂诱杀瓜实蝇等。

④喷洒无毒保护剂和保健剂。蔬菜叶面喷洒巴龙霉素 400～500 倍液，可使叶面形成高分子无毒脂膜，起到预防污染的作用；叶面喷施植物健生素，可增强植株抗病虫害的能力，且无腐蚀、无污染，安全方便。

（3）生物防治。利用有益生物（包括生物制剂）防治病虫害，比如白僵菌、绿僵菌、苏云金杆菌、烟碱等；保护天敌，充分发挥天敌昆虫的作用，创造有利于天敌生存的环境条件，选择对天敌杀伤力轻的农药；人工释放天敌，如捕食螨、寄生蜂等；利用赤眼蜂寄生卵的特性控制杀死棉铃虫、菜青虫等害虫。

2. 科学合理使用化学药剂防治

（1）遵循无公害蔬菜生产的农药安全使用标准。

（2）严禁使用在无公害蔬菜生产上禁使的农药。根据有关规定，目前无公害蔬菜生产上严禁使用的农药见附录一。

（3）科学、合理使用农药。能不用药尽可能不用，必须用药时，严格执行农药的安全使用标准，选用高效低毒、低残留的农药，禁止使用剧毒、高毒和高残留农药，尽量少用或不用激素农药和植物生长调节剂。不能随意加大用药量和多次重复使用一种化学农药，应合理轮换和混用农药。控制用药次数、用药浓度和注意用药安全间隔期。轮换用药，一种药剂在一茬作物上一般只用一次。特别注意在蔬菜安全采收时期禁止使用农药。蔬菜体内农药残留量与最后一次施药距采收时间的长短关系密切，间隔期越短残留量越高。

任务二　绿色蔬菜生产技术

绿色蔬菜在蔬菜质量金字塔中处于中间层次。从本质上讲，绿色蔬菜是从普通蔬菜向有机蔬菜发展的一种过渡性产品。

一、认识绿色蔬菜

（一）绿色蔬菜的定义与标志

1. 定义　绿色蔬菜是指遵循可持续发展的原则，在产地生态环境良好的前提下，按照特定的质量标准体系生产，并经专门机构认定，允许使用绿色食品标志的无污染的安全、优质、营养类蔬菜的总称。其可分为以下两个等级。

（1）AA级绿色蔬菜。产地环境质量符合《绿色食品　产地环境质量》（NY/T 391—2021）的要求，遵照绿色食品生产标准生产，生产过程中遵循自然规律和生态学原理，协调种植业和养殖业的平衡，不使用化学合成的肥料、农药、兽药、渔药、添加剂等物质，产品质量符合绿色食品产品标准，经专门机构许可使用绿色食品标志的产品。

（2）A级绿色蔬菜。产地环境质量符合《绿色食品　产地环境质量》（NY/T 391—2021）的要求，遵照绿色食品生产标准生产，生产过程中遵循自然规律和生态学原理，协调种植业和养殖业的平衡，限量使用限定的化学合成生产资料，产品质量符合绿色食品产品标准，经专门机构许可使用绿色食品标志的产品。

2. 标志　绿色食品标志由3部分构成：上方的太阳、下方的叶片和中心的蓓蕾，象征自然生态；颜色为绿色，象征着生命、农业、环保；图形为正圆形，意为保护。AA级绿色食品标志与字体为绿色，底色为白色，A级绿色食品标志与字体为白色，底色为绿色（图15-2）。整个图形描绘了一幅明媚阳光照耀下的和谐生机，告诉人们绿色食品是出自纯净、良好生态环境的安全、无污染食品，能给人们带来蓬勃的生命力。

A级绿色食品标志　　　　　　　　　AA级绿色食品标志

图15-2　绿色食品标志

3. 认证机构　绿色食品标志是由绿色食品发展中心在国家工商行政管理总局商标局正

式注册的质量证明标志。通过绿色食品认证的产品可以使用统一格式的绿色食品标志，有效期为3年，时间从通过认证获得证书当日算起，期满后，生产企业必须重新提出认证申请，获得通过才可以继续使用该标志，同时更改标志上的编号。从重新申请到获得认证为半年，这半年中，允许生产企业继续使用绿色食品标志。如果重新申请没能通过认证，企业必须立即停止使用标志。另外，在3年有效期内，中国绿色食品发展中心每年还要对产品按照绿色食品的环境、生产及质量标准进行检查，如不符合规定，中心会取消该产品使用标志。

（二）绿色蔬菜产品质量标准

绿色蔬菜产品必须经绿色食品定点监测机构检验，其感官、理化（重金属、农药残留、兽药残留等）和微生物学指标要符合绿色食品产品标准，产品包装必须符合《绿色食品包装通用准则》（NY/T 658—2015）要求，并按相关规定在包装上使用绿色食品标志。

二、绿色蔬菜的产地环境质量标准

发展绿色食品，要遵循自然规律和生态学原理，在保证农产品安全、生态安全和资源安全的前提下，合理利用农业资源，实现生态平衡、资源利用和可持续发展的长远目标。依据中华人民共和国农业农村部提出的农业行业标准《绿色食品 产地环境质量》（NY/T 391—2021）的规定，绿色蔬菜产地土壤、灌溉水、空气等环境质量应符合如下标准要求。

1. 土壤质量要求标准 土壤环境质量的好坏对蔬菜品质和产量有直接影响，土壤环境质量要求见表15-5。

表15-5 土壤质量要求

单位：mg/kg

项目	旱田			水田		
	pH<6.5	6.5≤pH≤7.5	pH>7.5	pH<6.5	6.5≤pH≤7.5	pH>7.5
总镉	≤0.30	≤0.30	≤0.40	≤0.30	≤0.30	≤0.40
总汞	≤0.25	≤0.30	≤0.35	≤0.30	≤0.40	≤0.40
总砷	≤25	≤20	≤20	≤20	≤20	≤15
总铅	≤50	≤50	≤50	≤50	≤50	≤50
总铬	≤120	≤120	≤120	≤120	≤120	≤120
总铜	≤50	≤60	≤60	≤50	≤60	≤60

注：1. 果园土壤中铜限量值为旱田中铜限量值的2倍。
2. 水旱轮作的标准值取严不取宽。
3. 底泥按照水田标准执行。

2. 农田灌溉水质量标准 灌溉水质对蔬菜产量和质量有很大影响。灌溉水质量要求见表15-6。

表15-6 灌溉水质量要求

项 目	浓度限值
pH	5.5~8.5
总汞/(mg/L)	≤0.001

（续）

项　　目	浓度限值
总镉/(mg/L)	≤0.005
总砷/(mg/L)	≤0.05
总铅/(mg/L)	≤0.1
六价铬/(mg/L)	≤0.1
氟化物/(mg/L)	≤2.0
化学需氧量（COD$_{cr}$）/(mg/L)	≤60
石油类/(mg/L)	≤1.0
粪大肠菌群[a]/(MPN/L)	≤10 000

注：a. 仅适用于灌溉蔬菜、瓜类和草本水果的地表水。

3. 空气质量标准　绿色食品产地空气质量要求见表 15-7。

表 15-7　空气质量要求（标准状态）

项　　目	浓度限值	
	日平均[a]	1h[b]
总悬浮颗粒物/(mg/m³)	≤0.3	—
二氧化硫/(mg/m³)	≤0.15	≤0.50
二氧化氮/(mg/m³)	≤0.08	≤0.20
氟化物/(μg/m³)	≤7	≤20

注：a. 日平均指任何一日的平均指示。
b. 1h 指任何 1h 的指标。

三、绿色蔬菜生产的技术措施

（一）生产基地的选择与建设

选择无污染的生态环境建立绿色蔬菜生产基地，基地所处地区的大气、水体、土壤等符合《绿色食品　产地环境质量》（NY/T 391—2021）中的要求。生产过程中定期进行基地的环境监测并严格保护，杜绝污染。

（二）合理施肥

1. 绿色蔬菜生产允许使用的肥料类型和种类

（1）农家肥料。就地取材，主要由植物和（或）动物残体、排泄物等富含有机物的物料制作而成的肥料。包括秸秆肥、绿肥、厩肥、堆肥、沤肥、沼肥、饼肥等。

①秸秆。以麦秸、稻草、玉米秸、豆秸、油菜秸等作物秸秆直接还田作为肥料。

②绿肥。新鲜植物体作为肥料就地翻压还田或异地施用，主要分为豆科绿肥和非豆科绿肥两大类。

③厩肥。圈养牛、马、羊、猪、鸡、鸭等畜禽的排泄物与秸秆等垫料发酵腐熟而成的肥料。

④堆肥。动植物的残体、排泄物等为主要原料，堆制发酵腐熟而成的肥料。

⑤沤肥。动植物残体、排泄物等有机物料在淹水条件下发酵腐熟而成的肥料。

⑥沼肥。动植物残体、排泄物等有机物料经沼气发酵后形成的沼液和沼渣肥料。

⑦饼肥。含油较多的植物种子经压榨去油后的残渣制成的肥料。

（2）有机肥料。主要来源于植物和（或）动物，经过发酵腐熟的含碳有机物料，其功能是改善土壤肥力、提供植物营养、提高作物品质。

（3）微生物肥料。含有特定微生物活体的制品，应用于农业生产，通过其中所含微生物的生命活动，增加植物养分的供应量或促进植物生长，提高产量，改善农产品品质及农业生态环境的肥料。

（4）有机-无机复混肥料。含有一定量有机肥料的复混肥料。其中复混肥料是指氮、磷、钾3种养分中，至少有两种养分标明量的由化学方法和（或）掺混方法制成的肥料。

（5）无机肥料。主要以无机盐形式存在，能直接为植物提供矿质营养的肥料。

（6）土壤调理剂。加入土壤中用于改善土壤的物理、化学和（或）生物性状的物料，功能包括改良土壤结构、降低土壤盐碱危害、调节土壤酸碱度、改善土壤水分状况、修复土壤污染等。

2. 肥料使用原则

（1）持续发展原则。绿色蔬菜生产中所使用的肥料应对环境无不良影响，有利于保护生态环境，保持或提高土壤肥力及土壤生物活性。

（2）安全优质原则。绿色蔬菜生产中应使用安全、优质的肥料产品，生产安全、优质的绿色食品，肥料的使用应对作物（营养、味道、品质和植物抗性）不产生不良后果。

（3）化肥减控原则。在保障植物营养有效供给的基础上减少化肥用量，兼顾元素之间的比例平衡，无机氮素用量不得高于当季作物需求量的一半。

（4）有机为主原则。绿色蔬菜生产过程中肥料种类的选取应以农家肥料、有机肥料、微生物肥料为主，化学肥料为辅。

3. 不应使用的肥料种类

（1）添加有稀土元素的肥料。

（2）成分不明确的、含有安全隐患成分的肥料。

（3）未经发酵腐熟的人畜粪尿。

（4）生活垃圾、污泥和含有害物质（如毒气、病原微生物、重金属等）的工业垃圾。

（5）转基因品种（产品）及其副产品为原料生产的肥料。

（6）国家法律法规规定不得使用的肥料。

（三）病虫害综合防治

1. 采取综合防治措施　参照无公害蔬菜生产技术中的病虫害综合防治措施。

2. 科学合理使用化学药剂防治

（1）绿色蔬菜生产的农药安全使用标准。是根据国家行业标准《食品安全国家标准　食品中农药最大残留量》（GB 2763—2021）的规定的绿色蔬菜生产的农药安全使用标准。

（2）绿色蔬菜生产农药选用原则。

①所选用的农药应符合相关的法律法规，并获得国家农药登记许可。

②应选择对主要防治对象有效的低风险农药品种，提倡兼治和不同作用机制农药交替使用。

③农药剂型宜选用悬浮剂、微囊悬浮剂、水剂、水乳剂、微乳剂、颗粒剂、水分散粒剂和可溶性粒剂等环境友好型剂型。

④AA级绿色蔬菜生产应按照附录二附表2-1中规定的允许使用的农药清单进行选择。

⑤A级绿色蔬菜生产应按照附录二的规定，优先从附表2-1中选用农药，在附表2-1所列农药不能满足有害生物防治需要时，还可适量使用附表2-2中所列举的农药。

任务三　有机蔬菜生产技术

有机蔬菜在蔬菜质量金字塔中处于最高层次。有机蔬菜生产强调人类活动应遵循自然规律，协调与种植业、养殖业的关系，通过采取一系列可持续发展的农业技术，达到人与自然秩序相和谐。

一、认识有机蔬菜

（一）有机蔬菜的定义与标志

1. 定义　有机蔬菜是指在蔬菜生产过程中严格按照有机生产规程，禁止使用任何化学合成的农药、化肥、植物生长调节剂等化学物质以及基因工程生物及其产物，而是遵循自然规律和生态学原理，采取一系列可持续发展的农业技术，协调种植平衡，维持农业生态系统持续稳定，且经过有机食品认证机构鉴定认证，并颁发有机食品证书的蔬菜产品。

2. 标志　有机食品标志（图15-3），采用国际通行的圆形构图，以手掌和叶片为创意元素，包含两种景象：一是一只手向上持着一片绿叶，寓意人类对自然和生命的渴望；二是两只手一上一下握在一起，将绿叶拟人化为自然的手，寓意人类的生存离不开大自然的呵护，人与自然需要和谐美好的生存关系。图形外围绿色圆环上标明中英文"有机食品"。有机食品概念的提出正是这种理念的实际应用。

图15-3　有机食品标志

3. 认证　有机食品认证范围包括种植、养殖和加工的全过程。有机蔬菜是有机食品中的一种，其认证的一般程序包括：生产者向认证机构提出申请和提交符合有机生产加工的证明材料，认证机构对材料进行评审、现场检查后批准。认证决定人员对申请人的基本情况调查表、检查员的检查报告和认证中心的评估意见等材料进行全面审查，做出同意颁证、有条件颁证、有机转换颁证或拒绝颁证的决定，证书有效期为1年。

（二）有机蔬菜质量标准

有机蔬菜讲究的是自然、安全的生产方式，有机蔬菜无化学残留，口感佳。包装材料应优先使用可重复使用、回收利用或可生物可降解的材料。外包装的印刷标志的油墨或可贴标签的黏着剂应无毒，且不应直接接触食品。可重复利用或回收利用的包装，其废弃物的处理和利用按GB/T 16716的规定执行。塑料包装不允许使用含氟氯烃化合物（CFC）的发泡聚苯乙烯（EPS）、聚氨酯（PUR）等产品。

二、有机蔬菜的产地环境质量标准

产地环境主要包括大气、水、土壤等因子，有机蔬菜生产需要在适宜的环境条件下进行。有机生产基地应远离城区、工矿区、交通主干线、工业污染源、生活垃圾场等，基地的环境质量应符合相应的要求。其中在风险评估的基础上选择适宜的土壤并符合《土壤环境质量　农用地土壤污染风险管控标准（试行）》（GB 15618—2018）的要求，农田灌溉用水水质符合《农田灌溉水质标准》（GB 5084—2021）的规定，环境空气质量符合《环境空气质量标准》（GB 3095—2012）的规定。

三、有机蔬菜生产的技术措施

（一）生产基地的选择与建设

有机蔬菜的种植需要在适宜的环境条件下进行，基地应远离城区、工矿区、交通主干线、工业污染区和生活垃圾场所等。

1. 建立缓冲带和栖息地　如果邻近常规地块的污染可能影响到有机蔬菜生产基地中的地块，则必须在有机和常规地块之间设置缓冲带或物理障碍物，防止临近常规地块的禁用物质漂移，保证有机地块不受污染。在种植基地周边应设置天敌栖息地，提供天敌活动、产卵和寄居的场所。

2. 要有转换期　转换期的开始时间从提交认证申请之日算起。一年生作物的转换期一般不少于 2 年，多年生作物的转换期一般不少于 3 年。新开荒的、长期撂荒的、长期按传统农业方式耕种的或有充分证据证明多年未使用禁用物质的农田，也应经过至少 1 年的转换期。转换期内必须完全按照有机农业的要求进行管理。

（二）种子和种苗选择

应选择有机种子或种苗。当从市场上无法获得有机种子或种苗时，可以选用未经禁用物质和方法处理过的常规种子或种苗，但应制订获得有机种子和种苗的计划。在品种的选择中应充分考虑保护蔬菜的遗传多样性。在适合本地气候和供应地消费习惯的前提下，选择抗性强的品种进行栽培。

（三）土肥管理

适合种植有机蔬菜的肥料种类包括有机肥、堆肥、沤肥、绿肥、矿物源肥料，以及一些厂家生产的允许在有机蔬菜上施用的纯有机肥和生物有机肥。

有机肥应主要源于本农场或有机农场（或畜场），遇特殊情况（如采用集约耕作方式）或处于有机转换期或证实有特殊的养分需求时，经认证机构许可可以购入一部分农场外的肥料，外购的商品有机肥，应通过有机认证或经认证机构许可。限制使用人粪尿，必须使用时，应当按照相关要求进行充分腐熟和无害化处理，并不得与作物食用部分接触，禁止在叶菜类、块茎类和块根类作物上施用。有机肥堆制过程中允许添加来自自然界的微生物，但禁止使用转基因生物及其产品。

天然矿物肥料和生物肥料不得作为系统中营养循环的替代物，矿物肥料只能作为长效肥料并保持其天然组分，禁止采用化学方法处理提高其溶解性。

在土壤培肥过程中允许使用和限制使用的土壤培肥和改良物质见附录三。使用附录三未列入的物质时，应由认证机构按照相关准则对该物质进行评估。

（四）病虫草害防治

病虫草害防治的基本原则应是从作物-病虫草害整个生态系统出发，综合运用各种防治措施，创造不利于病虫草害滋生和有利于各类天敌繁衍的环境条件，减少各类病虫草害所造成的损失。

采用各种农业措施，比如通过选用抗病抗虫品种，非化学药剂种子处理，培育壮苗，加强田间管理，中耕除草，秋季深翻晒土，清洁田园，进行轮作倒茬、间作套种等一系列措施起到防治病虫草害的作用。还应尽量利用物理防治措施如灯光、色彩诱杀害虫，机械捕捉害虫，机械和人工除草等措施，防治病虫草害。以上方法不能有效控制病虫害时，允许使用附录四所列出的物质。

项目小结

蔬菜标准化生产是现代农业蔬菜生产和管理的重要表现，只有标准化的农业生产才能适应农业发展的新形势与新要求，才能使农产品的质量得到提高，增强蔬菜农产品的市场竞争力，建立起新型的农业管理体系。

无公害蔬菜并不等同于有机蔬菜，有不少人把两者混淆起来。其实有机蔬菜与无公害蔬菜都是洁净蔬菜，有机蔬菜也是无公害蔬菜，而无公害蔬菜就不一定是有机蔬菜。其区别见表15-8。在生产过程中，根据无公害蔬菜生产、绿色蔬菜生产和有机蔬菜生产的规程生产出不同质量的蔬菜，满足人们生活需要。

表15-8　有机蔬菜与无公害蔬菜和绿色蔬菜的区别

类型	化学农药	化肥	植物生长调节剂
有机蔬菜	禁止使用	禁止使用	禁止使用
绿色蔬菜	限制使用	限制使用	限制使用
无公害蔬菜	限制使用	限制使用	不限制使用

复习思考题

1. 简述无公害蔬菜、绿色蔬菜、有机蔬菜的定义及其他们之间的关系。
2. 无公害蔬菜病虫害综合防治措施有哪些？
3. 绿色蔬菜对农药的使用有哪些要求？
4. 有机蔬菜对肥料的选择有何要求？

附录一

（规范性附录）
禁限用农药名录

附表 1-1　禁止（停止）使用的农药种类（46 种）

通用名	通用名
六六六、滴滴涕、毒杀芬、二溴氯丙烷、杀虫脒、二溴乙烷、除草醚、艾氏剂、狄氏剂、汞制剂、砷类、铅类、氟乙酰胺、敌枯双、甘氟、毒鼠强、氟乙酸钠、毒鼠硅、甲胺磷、对硫磷、甲基对硫磷、久效磷、磷胺	苯线磷、地虫硫磷、甲基硫环磷、磷化钙、磷化镁、磷化锌、蝇毒磷、治螟磷、特丁硫磷、氯磺隆、硫线磷、三氯杀螨醇、胺苯磺隆、甲磺隆、福美甲胂、福美胂、林丹、硫丹、溴甲烷、2,4-滴丁酯、百草枯、氟虫胺、杀扑磷

注：2,4-滴丁酯自 2023 年 1 月 29 日起禁止使用。

附表 1-2　在部分范围禁止使用的农药种类（20 种）

通用名	禁止使用范围
甲拌磷、甲基异柳磷、克百威、水胺硫磷、氧乐果、灭多威、涕灭威、灭线磷	禁止在蔬菜、瓜果、茶叶、菌类、中草药材上使用，禁止用于防治卫生害虫，禁止用于水生植物的病虫害防治
甲拌磷、甲基异柳磷、克百威	禁止在甘蔗作物上使用
内吸磷、硫环磷、氯唑磷	禁止在蔬菜、瓜果、茶叶、中草药材上使用
乙酰甲胺磷、丁硫克百威、乐果	禁止在蔬菜、瓜果、茶叶、菌类和中草药材上使用
毒死蜱、三唑磷	禁止在蔬菜上使用
丁酰肼（比久）	禁止在花生上使用
氰戊菊酯	禁止在茶叶上使用
氟虫腈	禁止在所有农作物上使用（玉米等部分旱田种子包衣除外）
氟苯虫酰胺	禁止在水稻上使用

附录二

（规范性附录）
绿色食品生产允许使用的农药清单

A.1 AA 级和 A 级绿色食品生产均允许使用的农药清单

AA 级和 A 级绿色食品生产可按照农药产品标签或 GB/T 8321 的规定使用附表 2-1 中农药。

附表 2-1　AA 级和 A 级绿色食品生产均允许使用的农药和其他植保产品清单

类别	组分名称	备注
Ⅰ.植物和动物来源	楝素（苦楝、印楝等提取物，如印楝素等）	杀虫
	天然除虫菊素（除虫菊科植物提取液）	杀虫
	苦参碱及氧化苦参碱（苦参等提取物）	杀虫
	蛇床子素（蛇床子提取物）	杀虫、杀菌
	小檗碱（黄连、黄柏等提取物）	杀菌
	大黄素甲醚（大黄、虎杖等提取物）	杀菌
	乙蒜素（大蒜提取物）	杀菌
	苦皮藤素（苦皮藤提取物）	杀虫
	藜芦碱（百合科藜芦属和喷嚏草属植物提取物）	杀虫
	桉油精（桉树叶提取物）	杀虫
	植物油（如薄荷油、松树油、香菜油、八角茴香油等）	杀虫、杀螨、杀真菌、抑制发芽
	寡聚糖（甲壳素）	杀菌、植物生长调节
	天然诱集和杀线虫剂（如万寿菊、孔雀草、芥子油等）	杀线虫
	具有诱杀作用的植物（如香根草等）	杀虫
	植物醋（如食醋、木醋和竹醋等）	杀菌
	菇类蛋白多糖（菇类提取物）	杀菌
	水解蛋白质	引诱
	蜂蜡	保护嫁接和修剪伤口
	明胶	杀虫
	具有驱避作用的植物提取物（大蒜、薄荷、辣椒、花椒、薰衣草、柴胡、艾草、辣根等的提取物）	驱避
	害虫天敌（如寄生蜂、瓢虫、草蛉、捕虫螨等）	控制虫害

（续）

类别	组分名称	备注
Ⅱ.微生物来源	真菌及真菌提取物（白僵菌、轮枝菌、木霉菌、耳霉菌、淡紫拟青霉、金龟子绿僵菌、寡雄腐霉菌等）	杀虫、杀菌、杀线虫
	细菌及细菌提取物（芽孢杆菌类、荧光假单胞杆菌、短稳杆菌等）	杀虫、杀菌
	病毒及病毒提取物（核型多角体病毒、质型多角体病毒、颗粒体病毒等）	杀虫
	多杀霉素、乙基多杀菌素	杀虫
	春雷霉素、多抗霉素、井冈霉素、嘧啶核苷类抗菌素、宁南霉素、申嗪霉素、中生菌素	杀菌
	S-诱抗素	植物生长调节
Ⅲ.生物化学产物	氨基寡糖素、低聚糖素、香菇多糖	杀菌、植物诱抗
	几丁聚糖	杀菌、植物诱抗、植物生长调节
	苄氨基嘌呤、超敏蛋白、赤霉酸、烯腺嘌呤、羟烯腺嘌呤、三十烷醇、乙烯利、吲哚丁酸、吲哚乙酸、芸薹素内酯	植物生长调节
Ⅳ.矿物来源	石硫合剂	杀菌、杀虫、杀螨
	铜盐（如波尔多液、氢氧化铜等）	杀菌，每年铜使用量不能超过 $6kg/hm^2$
	氢氧化钙（石灰水）	杀菌、杀虫
	硫黄	杀菌、杀螨、驱避
	高锰酸钾	杀菌，仅用于果树
	碳酸氢钾	杀菌
	矿物油	杀虫、杀螨、杀菌
	氯化钙	用于治疗缺钙带来的抗性减弱
	硅藻土	杀虫
	黏土（如斑脱土、珍珠岩、蛭石、沸石等）	杀虫
	硅酸盐（硅酸钠，石英）	驱避
	硫酸铁（3价铁离子）	杀软体动物
Ⅴ.其他	二氧化碳	杀虫，用于贮存设施
	过氧化物类和含氯类消毒剂（如过氧乙酸、二氧化氯、二氯异氰尿酸钠、三氯异氰尿酸等）	杀菌，用于土壤、培养基质、种子和设施消毒
	乙醇	杀菌
	海盐和盐水	杀菌，仅用于种子（如稻谷等）处理
	软皂（钾肥皂）	杀虫
	松脂酸钠	杀虫

（续）

类别	组分名称	备注
V. 其他	乙烯	催熟等
	石英砂	杀菌、杀螨、驱避
	昆虫性信息素	引诱或干扰
	磷酸氢二铵	引诱

注：1. 该清单每年都可能根据新的评估结果发布修改单。

2. 国家新禁用或列入《限制使用农药名录》的农药自动从该清单中删除。

A.2 A 级绿色食品生产允许使用的其他农药清单*

当表 A.1 所列农药和其他植保产品不能满足有害生物防治需要时，A 级绿色食品生产还可按照农药产品标签或 GB/T 8321 的规定使用下列农药（附表 2-2）：

附表 2-2 A 级绿色食品生产允许使用的其他农药清单

通用名	英文名	通用名	英文名
a. 杀虫杀螨剂			
1. 甲氨基阿维菌素苯甲酸盐	emamectin benzoate	21. 吡蚜酮	pymetrozine
2. 吡虫啉	imidacloprid	22. 除虫脲	diflubenzuron
3. 虫螨腈	chlorfenapyr	23. 氟虫脲	flufenoxuron
4. 啶虫脒	acetamiprid	24. 氟啶虫酰胺	flonicamid
5. 氟啶虫胺腈	sulfoxaflor	25. 甲氰菊酯	fenpropathrin
6. 氟铃脲	hexaflumuron	26. 吡丙醚	pyriproxifen
7. 高效氯氰菊酯	beta-cypermethrin	27. 四螨嗪	clofentezine
8. 苯丁锡	fenbutatin oxide	28. 抗蚜威	pirimicarb
9. 甲氧虫酰肼	methoxyfenoside	29. 喹螨醚	fenazaquin
10. 溴氢虫酰胺	cyantraniliprole	30. 硫酰氟	sulfuryl fluoride
11. 联苯肼酯	bifenazate	31. 螺螨酯	spirodiclofen
12. 螺虫乙酯	spirotetramat	32. 灭蝇胺	cyromazine
13. 氯虫苯甲酰胺	chlorantraniliprole	33. 噻嗪酮	buprofezin
14. 灭幼脲	chlorbenzuron	34. 噻虫啉	thiacloprid
15. 氢氟虫腙	metrflumizone	35. 噻螨酮	hexythiazox
16. 噻虫嗪	thiamethoxam	36. 虱螨脲	lufenuron
17. 杀虫双	bisultap thisultapdisodium	37. 乙螨唑	etoxazole
18. 杀铃脲	trifulmuron	38. 四聚乙醛	metaldehyde
19. 唑螨酯	fenpyroximate	39. 茚虫威	indoxacard
20. 辛硫磷	phoxim		

---

* 国家新禁用或列入《限制使用农药名录》的农药自动从清单中删除。

（续）

通用名	英文名	通用名	英文名
b. 杀菌剂			
1. 苯醚甲环唑	difenoconazole	30. 霜霉威	propamocarb
2. 吡唑醚菌酯	pyraclostrobin	31. 霜脲氰	cymoxanil
3. 丙环唑	propiconazol	32. 氟吗啉	flumorph
4. 代森联	metriam	33. 氟酰胺	flutolanil
5. 代森锰锌	mancozeb	34. 腐霉利	procymidone
6. 粉唑醇	flutriafol	35. 咯菌腈	fludioxonil
7. 代森锌	zineb	36. 甲基立枯磷	tolclofos - methyl
8. 多菌灵	carbendazim	37. 甲基硫菌灵	thiophanate - methyl
9. 噁霉灵	hymexazol	38. 腈苯唑	fenbuconazole
10. 噁霜灵	oxadixyl	39. 腈菌唑	myclobutanil
11. 稻瘟灵	isoprothiolane	40. 氟唑环菌胺	sedaxane
12. 噁唑菌酮	famoxadone	41. 精甲霜灵	metalaxyl - M
13. 啶氧菌酯	picoxystrobin	42. 克菌丹	captan
14. 啶酰菌胺	boscalid	43. 醚菌酯	kresoxim - methyl
15. 氟吡菌胺	fluopicolide	44. 嘧菌环胺	cyprodinil
16. 氟吡菌酰胺	fluopyram	45. 嘧菌酯	azoxystrobin
17. 氟啶胺	fluazinam	46. 喹啉酮	oxine - copper
18. 氟环唑	epoxiconazole	47. 嘧霉胺	pyrimethanil
19. 氟菌唑	triflumizole	48. 棉隆	dazomet
20. 氟硅唑	flusilazole	49. 萎锈灵	carboxin
21. 氰氨化钙	calcium cyanamide	50. 戊唑醇	tebuconazole
22. 噻呋酰胺	thifluzamide	51. 烯酰吗啉	dimethomorph
23. 噻菌灵	thiabendazole	52. 异菌脲	iprodione
24. 噻唑锌		53. 抑霉唑	imazalil
25. 氰霜唑	cyazofamid	54. 三环唑	tricyclazole
26. 三唑醇	triadimenol	55. 威百亩	metam - sodium
27. 三唑酮	triadimefon	56. 烯肟菌胺	
28. 三乙膦酸铝	fosetyl - aluminium	57. 肟菌酯	trifloxystrobin
29. 双炔酰菌胺	mandipropamid		
c. 除草剂			
1. 2 甲 4 氯	MCPA	4. 二甲戊灵	pendimethalin
2. 氨氯吡啶酸	picloram	5. 二氯吡啶酸	clopyralid
3. 丙炔氟草胺	flumioxazin	6. 丙草胺	pretilachlor

（续）

通用名	英文名	通用名	英文名
7. 灭草松	bentazone	24. 氟唑磺隆	flucarbazone‑sodium
8. 乳氟禾草灵	lactofen	25. 丙炔噁草酮	oxadiarhyl
9. 双氟磺草胺	florasulam	26. 咪唑喹啉酸	imazaquin
10. 甜菜安	desmedipham	27. 炔草酯	clodinafop‑propargyl
11. 环嗪酮	hexazinone	28. 噻吩磺隆	thifensulfuron‑methyl
12. 甲草胺	alachlor	29. 双草醚	bispyribac‑sodium
13. 绿麦隆	chlortoluron	30. 磺草酮	sulcotrione
14. 麦草畏	dicamba	31. 精吡氟禾草灵	fluazifop‑P
15. 甜菜宁	phenmedipham	32. 精喹禾灵	quizalofop‑P
16. 五氟磺草胺	penoxsulam	33. 氯氟吡氧乙酸（异辛酸）	fluroxypyr
17. 硝磺草酮	mesotrione	34. 精异丙甲草胺	s‑metolachlor
18. 烯草酮	clethodim	35. 烯禾啶	sethoxydim
19. 异丙隆	isoproturon	36. 乙氧氟草醚	oxyfluorfen
20. 草铵膦	glufosinate‑ammonium	37. 唑草酮	carfentrazone‑ethyl
21. 禾草灵	diclofop‑methyl	38. 酰嘧磺隆	amidosulfuron
22. 苄嘧磺隆	bensulfuron‑methyl	39. 烯效唑	uniconazole
23. 氰氟草酯	cyhalofop butyl		

d. 植物生长调节剂

通用名	英文名	通用名	英文名
1. 2,4‑滴	2,4‑D（只允许作为植物生长调节剂使用）	4. 萘乙酸	1‑naphthal acetic acid
2. 矮壮素	chlormequat	5. 烯效唑	uniconazole
3. 氯吡脲	forchlorfenuron	6.1‑甲基环丙烯	1‑methylcyclopropene

附录三

（规范性附录）
有机植物生产中允许使用的土壤培肥和改良物质

附表 3-1　有机植物生产中允许使用的土壤培肥和改良物质

物质类别	物质名称、组分和要求	使用条件
Ⅰ. 植物和动物来源	作物秸秆和绿肥	—
	畜禽粪便及其堆肥（包括圈肥）	经过堆制并充分腐熟
	禽畜粪便和植物材料厌氧发酵产品（沼肥）	—
	海草或海草产品	仅直接通过下列途经获得：物理过程，包括脱水、冷冻、研磨；用水或酸或碱溶液提取；发酵
	木料、树皮、锯屑、刨花、木灰、木炭	来自采伐后未经化学处理的木材，地面覆盖或经过堆制
	腐殖酸类物质（天然腐殖酸如：褐煤、风化褐煤等）	天然来源，未经化学处理、未添加化学合成物质
	动物来源的副产品（血粉、肉粉、骨粉、蹄粉、角粉等）	未添加禁用物质，经过充分腐熟和无害化处理
	鱼粉、虾蟹壳粉、皮毛、羽毛、毛发粉及提取物	仅直接通过下列途经获得：物理过程；用水或酸或碱溶液提取；发酵
	牛奶及乳制品	—
	食用菌培养废料和蚯蚓培养基质	培养基的初始原料限于本附录中的产品，经过堆制
	食用工业副产品	经过堆制或发酵处理
	草木灰	作为薪材燃烧后的产品
	泥炭	不含合成添加剂。不用于土壤改良；只允许作为盆栽基质使用
	饼粕	不能使用经化学方法加工的
Ⅱ. 矿物来源	磷矿石	天然来源，五氧化二磷中镉含量小于等于 90mg/kg
	钾矿粉	天然来源，未通过化学方法浓缩。氯的含量小于 60%
	硼砂	天然来源，未通过化学处理、未添加化学合成物质
	微量元素	天然来源，未通过化学处理、未添加化学合成物质
	镁矿粉	天然来源，未通过化学处理、未添加化学合成物质
	硫黄	天然来源，未通过化学处理、未添加化学合成物质

（续）

物质类别	物质名称、组分和要求	使用条件
Ⅱ. 矿物来源	石灰石、石膏和白垩	天然来源，未通过化学处理、未添加化学合成物质
	黏土（如珍珠岩、蛭石等）	天然来源，未通过化学处理、未添加化学合成物质
	氯化钠	天然来源，未通过化学处理、未添加化学合成物质
	石灰	仅用于茶园土壤 pH 调节
	窑灰	未通过化学处理、未添加化学合成物质
	碳酸钙镁	天然来源，未通过化学处理、未添加化学合成物质
	泻盐类	未通过化学处理、未添加化学合成物质
Ⅲ. 微生物来源	可生物降解的微生物加工副产品，如酿酒和蒸馏酒行业的加工副产品	未添加化学合成物质
	微生物及微生物制剂	非转基因，未添加化学合成物质

附录四

（规范性附录）
有机植物生产中允许使用的植物保护产品

附表 4-1　有机植物生产中允许使用的植物保护产品

物质类别	物质名称、组分要求	使用条件
I. 植物和动物来源	楝素（印楝、苦楝等提取物）	杀虫剂
	天然除虫菊素（除虫菊科植物提取液）	杀虫剂
	苦参碱及氧化苦参碱（苦参等提取液）	杀虫剂
	鱼藤酮类（如毛鱼藤）	杀虫剂
	茶皂素（茶籽等提取物）	杀虫剂
	皂角素（皂角等提取物）	杀虫剂、杀菌剂
	蛇床子素（蛇床子提取物）	杀虫剂、杀菌剂
	小檗碱（黄连、黄柏提取物）	杀菌剂
	大黄素甲醚（大连、虎杖等提取物）	杀菌剂
	植物油（薄荷油、香菜、松树油）	杀虫剂、杀螨剂、杀真菌剂、发芽抑制剂
	天然酸（如食醋、木醋和竹醋等）	杀菌剂
	寡聚糖（甲壳素）	杀菌剂、植物生长调节剂
	天然诱集和杀线虫剂（如万寿菊、孔雀草、芥子油）	杀线虫剂
	菇类蛋白多糖	杀菌剂
	水解蛋白质	引诱剂，只在批准使用的条件下，并与本附录中的适当产品结合使用
	牛奶	杀菌剂
	蜂蜡	用于嫁接和修剪
	蜂胶	杀菌剂
	明胶	杀虫剂
	卵磷脂	杀真菌剂
	具有驱避作用的植物提取物（大蒜、薄荷、辣椒、花椒、薰衣草、艾草等的提取物）	驱避剂
	昆虫天敌（如赤眼蜂、瓢虫、草蛉等）	控制虫害

（续）

物质类别	物质名称、组分要求	使用条件
Ⅱ.矿物来源	铜盐（如硫酸铜、氢氧化铜、氯氧化铜、辛酸铜等）	杀真菌剂，每年的铜的最大使用量每公顷不超过6kg
	石硫合剂	杀虫剂、杀螨剂、杀真菌剂
	波尔多液	杀真菌剂，每年的铜的最大使用量每公顷不超过6kg
	氢氧化钙（石灰水）	杀虫剂、杀真菌剂
	硫黄	杀螨剂、杀真菌剂、驱避剂
	高锰酸钾	杀真菌剂、杀细菌剂；仅用于果树和葡萄
	碳酸氢钾	杀真菌剂
	石蜡油	杀虫剂、杀螨剂
	轻矿物油	杀虫剂、杀真菌剂；仅用于果树、葡萄和热带作物（例如香蕉）
	氯化钙	用于治疗缺钙症
	硅藻土	杀虫剂
	黏土（斑脱土、珍珠岩、蛭石、沸石等）	杀虫剂
	硅酸盐（如硅酸钠、硅酸钾等）	驱避剂
	石英砂	杀真菌剂、杀螨剂、驱避剂
	磷酸铁（3价铁离子）	杀软体动物剂
Ⅲ.微生物来源	真菌及真菌制剂（如白僵菌、轮枝菌等）	杀虫剂、杀菌剂、除草剂
	细菌及细菌制剂（如苏云金芽孢杆菌、蜡质芽孢杆菌、地衣芽孢杆菌等）	杀虫剂、杀菌剂、除草剂
	病毒及病毒制剂（如核型多角体病毒、颗粒体病毒等）	杀虫剂
Ⅳ.其他	二氧化碳	杀虫剂，仅用于贮存设施
	乙醇	杀菌剂
	海盐和盐水	杀菌剂，仅用于种子处理
	明矾	杀菌剂
	软皂（钾肥皂）	杀虫剂
	乙烯	—
	昆虫性信息素	只用于诱捕器和散发皿中
	磷酸二氢铵	引诱剂，只限于诱捕器中使用
Ⅴ.诱捕器、屏障、驱避剂	物理措施（如色彩/气味诱捕器、机械诱捕器等）	—
	覆盖物（如标杆、杂草、地膜、防虫网等）	—

曹碚生，江解增，李良俊，2001. 水生蔬菜生产与病虫害防治技术［M］. 北京：中国农业出版社.

曹健，李桂花，2008. 豆类蔬菜生产实用技术［M］. 广州：广东科技出版社.

陈贵林，1999. 蔬菜嫁接育苗彩色图说［M］. 北京：中国农业出版社.

陈国元，1999. 园艺设施［M］. 北京：高等教育出版社.

陈国元，陈素娟，2004. 多年生精品蔬菜［M］. 南京：江苏科学技术出版社.

陈素娟，2011. 蔬菜生产技术（南方本）［M］. 2 版. 北京：中国农业出版社.

董金皋，申书兴，武占会，1999. 葱蒜类蔬菜栽培新技术［M］. 北京：中国农业出版社.

范双喜，2003. 现代蔬菜生产技术全书［M］. 北京：中国农业出版社.

冯洁，曹坳程，徐进，等，2016. 土壤熏蒸与南方生姜高产栽培彩色图说［M］. 北京：中国农业出版社.

葛晓光，张智敏，1997. 绿色蔬菜生产［M］. 北京：中国农业出版社.

韩世栋，2006. 蔬菜生产技术［M］. 北京：中国农业出版社.

河南省农业学校，2000. 蔬菜栽培［M］. 北京：中国农业出版社.

黄新芳，柯卫东，孙亚林，等，2016. 优质芋头高产高效栽培［M］. 北京：中国农业出版社.

金波，1997. 中国多年生蔬菜［M］. 北京：中国农业出版社.

李式军，2002. 设施园艺学［M］. 北京：中国农业出版社.

梁称福，2009. 蔬菜栽培技术（南方本）［M］. 北京：化学工业出版社.

刘德先，邱源，焦志高，2007. 新编西瓜生产技术大全［M］. 北京：中国农业出版社.

刘峻蓉，2017. 蔬菜生产技术（南方本）［M］. 北京：中国农业大学出版社.

龙静宜，2003. 菜豆豇豆荷兰豆无公害高效栽培［M］. 北京：金盾出版社.

吕家龙，2001. 蔬菜栽培学各论（南方本）［M］. 北京：中国农业出版社.

苗锦山，2019. 生姜高效栽培［M］. 北京：机械工业出版社.

乜兰春，李青云，2007. 西瓜标准化生产技术［M］. 北京：金盾出版社.

山东农业大学，2004. 蔬菜栽培学总论［M］. 北京：中国农业出版社.

宋元林，2009. 蔬菜茬口安排技术问答［M］. 北京：金盾出版社.

陶国栅，2010. 菜豆、豇豆无公害标准化栽培技术［M］. 北京：化学工业出版社.

王迪轩，2014. 豆类蔬菜优质高效栽培技术问答［M］. 2 版. 北京：化学工业出版社.

王坚，2010. 无子西瓜栽培技术［M］. 北京：金盾出版社.

王久兴，贺桂欣，2009. 图文精解设施果蔬栽培经验（西瓜分册）［M］. 北京：科学技术文献出版社.

王英磊，刘伟，孙振军，2017. 豆类蔬菜高效栽培技术［M］. 北京：中国农业科学技术出版社.

文信连，2009. 南方蔬菜优良品种及丰产栽培技术［M］. 南宁：广西科学出版社.

吴志行，2001. 蔬菜设施生产新技术［M］. 上海：上海科学技术出版社.

邢宝龙，方玉川，张万萍，等，2017. 中国高原地区马铃薯生产［M］. 北京：中国农业出版社.

徐坤，2002. 绿色食品蔬菜生产技术全编［M］. 北京：中国农业出版社.

张和义,王广印,李衍,2018.马铃薯优质高产栽培 [M].北京:中国科学技术出版社.

张建国,2009.提高豆类蔬菜商品性栽培技术问答 [M].北京:金盾出版社.

张彦萍,2001.苦瓜优质高产栽培 [M].北京:金盾出版社.

张振贤,艾希珍,王绍辉,等,2006.生姜生产关键技术百问百答 [M].北京:中国农业出版社.

图书在版编目（CIP）数据

蔬菜生产技术：南方本 / 陈绕生主编. —3 版. —
北京：中国农业出版社，2021.11
中等职业教育国家规划教材 中等职业教育农业农村
部"十三五"规划教材
ISBN 978-7-109-28352-7

Ⅰ.①蔬…　Ⅱ.①陈…　Ⅲ.①蔬菜园艺－中等专业学
校－教材　Ⅳ.①S63

中国版本图书馆 CIP 数据核字（2021）第 113262 号

中国农业出版社出版

地址：北京市朝阳区麦子店街 18 号楼
邮编：100125
责任编辑：吴　凯　加工编辑：刘　佳
版式设计：王　晨　责任校对：吴丽婷
印刷：中农印务有限公司
版次：2001 年 12 月第 1 版　2021 年 11 月第 3 版
印次：2021 年 11 月第 3 版北京第 1 次印刷
发行：新华书店北京发行所
开本：787mm×1092mm　1/16
印张：19.5
字数：500 千字
定价：55.00 元